대한민국
요즘

여행

KB068445

대한민국
요즘
여행

알에이치코리아

세상을 많이 다닌 사람일수록
국내 여행이 더 재미있어진다

1990년 1월, 나는 비행기 창밖으로 얼어붙은 공항을 내다보며 한숨을 쉬었다. 한 달간의 유럽 배낭여행을 마치고 길에서 막 돌아오던 참이었다. 코끝까지 점퍼의 지퍼를 올리고 방망이를 옆에 차고 서성거리는 전투경찰의 모습과 12시간 전 작별한 파리의 자유분방한 젊은이들의 모습이 오버랩 되었다. 그들은 코리아란 나라가 어디에 있냐고 물었고, 텔레비전의 채널이 고작 두 개인 것에 놀라며 프랑스에는 100개가 넘는 채널이 있다고 했다. 그들이 호들갑스럽게 지인들에게 소개하던 '미지의 나라에서 온 검은 머리 아가씨'는 비행기가 김포공항에 착륙하자마자 고민에 빠졌다. 유럽에서 만난 친구들이 한국에 온다면 나는 무엇을 보여줄 것인가. 개성 없이 즐비한 네모반듯한 아파트와 푸세식 화장실이 가장 마음에 걸렸다. 그때는 그랬다.

○

요즘 고속도로 휴게소 화장실을 드나들 때마다 어김없이 "오! 대단한데? 여기 앉아서 밥이라도 먹겠어." 하면서 호들갑스럽게 감탄하는 사람이 있다면 바로 나다. 정말 이토록 환골탈태한 대한민국 화장실을 만천하에 자랑하고 싶어진다. 낙서 하나 없고 인터넷까지 빵빵 터지는 지하철, 좋은 사람들과 어울려 기분 좋게 건배를 외치는 밤 문화, 덤을 듬뿍 얹어주는 재래시장에 디자인 좋고 가격마저도 착한 쇼핑몰…. 누구는 헬조선이라 하지만 나는 한국인이어서 행복하다.

○

이런 우리나라를 우리나라 사람들에게 가장 먼저 알려주고 싶다. 단언컨대, 이젠 어딜 가도 재미없는 곳은 없다. '투덜이 스머프'만 아니라면 여러분도 그러할 것이다. 어딜 가나 구석구석 볼거리와 맛집, 카페와 숙소가 다양하게 갖춰져 있다. 《대한민국 요즘 여행》에 소개한 지역은 국내 226개 기초자치단체 가운데 각종 빅 데이터가 보여주는 선호 여행지 중 엄선한 것이다.

○

특히, 맛집과 카페의 중요도가 높아지면서 정보 수집에 굉장한 공을 들였다. 지자체 홈페이지, 각종 매스컴의 기사, 블로그나 인스타그램, 유튜브, 맛집 사이트를 뒤지고 또 뒤졌다. 특히 〈수요미식회〉, 〈백종원의 3대 천왕〉, 〈허영만의 백반기행〉 등 TV에서 소개한 맛집과 핫한 인스타 맛집들을 검증하는 마음으로 찾아가기도 했다. 어떤 곳은 맛이 뛰어나서, 어떤 곳은 분위기가 좋아서, 또 어떤 곳은 대를 이어 내려온 역사 때문에 유명해진 곳들이니 어느 한 가지만 보고 불평하기보다 두루 즐기며 만족을 얻길 바란다.

○

아홉 살 때의 꿈은 죽기 전에 이 세상을 다 돌아보는 것이었다. 나이가 들수록 이상하리만치 상상력과 호기심은 더욱 강해졌는데 이건 필립 퍼키스의 말에 의하면 '니오타니(neoteny)' 병에 걸렸다는 증거라 했다. 거기에 모험심과 역마살까지 합체되자 세상 구석구석을 내 발로 직접 밟아보고 싶어졌다. 바라건대 언젠가 대한민국 모든 도시의 여행 콘텐츠를 이 책에 채석강처럼 차곡차곡 쌓고 싶다.

○

이 책은 매년 개정을 거듭하고 있는 《요즘 제주》처럼 여러모로 잘 만들어지기를 바랐다. 그래서 2년 내내 전국을 싸돌아다녔고, 원고를 정리하는 데만도 1년 가까이 시간을 들였다. 물론 코로나19로 인해 잠시 멈칫하기도 했지만 이제 다시 신발끈을 조여 맬 때가 되었다. 짧지 않은 시간 동안 이 책을 만드는 데 큰 도움을 준 아들 서준규 작가와 딸 은규에게 진한 사랑을 보낸다. 그리고 그 누구보다도 서로의 작업 스타일을 믿어주고 격려해주며 한시도 다운될 틈을 주지 않았던 환상의 복식조 최혜진 편집장에게 무한한 동지애와 존경을 보낸다. 에디터와 작가로 만난 우리는 진정한 최강의 '깔때기'였다. 우리보다도 우리 책을 더 좋아하는 독자가 있을까? 꼼꼼하게 빈틈을 메워주고 매끄러운 솜씨로 책을 완성해준 디자이너에게도 덕분에 이렇게 예쁜 책이 세상에 나왔다고 고마움을 전하고 싶다.

○

세상을 많이 돌아다닌 사람일수록 국내 여행이 더 재미있어진다고 말한다. 세상을 보는 자기만의 더듬이를 예민하게 다듬었기 때문이리라. 진심 어딘지 국내만 한 곳이 없다. 국내가 재밌다. 같이 가자, 우리랑.

목차

PART 1 요즘 전국 맛집 · 숙소

PART 2 취향저격 전국 여행

THEME

PART 3 강릉

PART 4 평창

PART 5 속초 · 양양

PART 6 삼척·동해

PART 7 춘천

PART 8 가평·포천

PART 9 양평

PART 10 인천 · 강화

PART 11 단양

PART 12 태안

PART 13 공주·부여

PART 14 전주 · 완주

PART 15 군산

PART 16 고창·부안

PART 17 광주 · 담양

PART 18 목포

PART 20 여수

PART 21 대구

PART 22 안동

PART 23 경주

PART 24 통영 · 거제

PART 25 부산

《대한민국 요즘 여행》미리 보기

1 여행 선호 도시 베스트 32곳을 한 권에!

《대한민국 요즘 여행》은 여행자가 가장 선호하는 32개 관광 도시를 엄선해 소개한다. 푸른 바다가 넘실대는 속초, 강릉을 비롯해 역사와 만나는 공주, 전주, 뉴트로 여행지로 부상하고 있는 대구, 군산, 목포까지! 《대한민국 요즘 여행》 한 권만 있으면 전국 여행에 실패란 없다.

2 22가지 테마 여행으로 취향저격!

가슴이 뻥 뚫리는 바다 여행, 전망 좋은 카페 여행, 스릴 넘치는 레포츠 여행. 《대한민국 요즘 여행》은 여행자의 취향을 저격하는 22가지 테마 여행을 제시하여 잠자는 여행 DNA를 깨운다. 어떻게 여행할지 막막하다면 당장 이 책을 펼쳐 들 것!

3 '진짜'만 엄선한 명소·맛집·카페·숙소

《대한민국 요즘 여행》 사전에 '적당히'는 없다. 여러 번 가보고, 직접 맛본 스폿 중 진짜만 골랐다. 수년간 취재한 곳 중 엄선한 스폿을 'SIGHTS(명소)·FOOD(맛집)·CAFE(카페)·STAY(숙소)'로 나누어 소개한다.

4 《대한민국 요즘 여행》 베스트 150 휴대용 전도

전국 여행지 중에서도 베스트 150개 스폿을 휴대용 전도에 담았다. 495x360mm의 시원시원한 사이즈에 명소, 맛집, 카페, 숙소 정보가 한눈에 들어오도록 직관적으로 구성했다. 지도 보는 법은 간단하다. ●=명소, ●=맛집 & 카페, ●=숙소.

속초
춘천
포천
양양
가평
강릉
강화
인천
양평
평창
동해
삼척
단양
태안
안동
공주
부여
군산
완주
경주
전주
대구
부안
고창
담양
부산
광주
순천
목포
보성
여수
통영 거제

일러두기

이 책에 실린 정보는 2022년 5월까지 이루어진 정보 수집을 바탕으로 합니다. 정확한 정보를 싣고자 노력했지만, 끊임없이 변하는 현지의 물가와 코로나19 등의 상황에 따라 여행 정보에 변동이 있을 수 있습니다. 도서를 이용하면서 불편한 점이나 틀린 정보에 대한 의견은 아래 메일로 제보 부탁드립니다.

옥미혜 작가 nikifoto@naver.com   RHK 출판사 shcha@rhk.co.kr

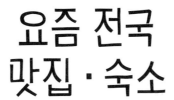

PART 1

요즘 전국
맛집·숙소

《대한민국 요즘 여행》은 나날이 인기를 더해가는 미식 여행의 수요를 반영하여 여행지 맛집, 향토음식, 간식을 꼼꼼하게 짚었다. 또 SNS에서 핫한 감성 숙소, 뉴트로 스타일 숙소, 뚜벅이 여행자를 위한 게스트하우스 등 다양한 숙소를 두루 실어 풍요로운 여행에 도움이 되고자 했다. 멋진 풍경과 맛있는 음식, '감성 뿜뿜' 카페와 꿀잠을 부르는 숙소가 당신의 여행 DNA를 충동질할 것이다. 일단 믿고 따라와 보시라. 여행 좀 한다는 '프로 여행러'들은 요즘 이렇게 여행한다.

요즘 전국 맛집

유명 맛집을 찾아가는 미식 여행은 이미 관광 트렌드로 자리잡았다. 강릉선 KTX 개통 등 교통편도 편리해지면서 전국구 별미를 찾는 일도 그리 어렵지 않게 되었다. 줄 서서 먹는 전국구 맛집, 현지인이 찾는 소박한 향토음식, 배가 불러도 빼놓을 수 없는 별미 간식, 시그니처 빵이 있는 전국구 빵집을 꼼꼼하게 짚었다.

줄 서는 전국구 맛집

강릉 엄지네포장마차

잘 삶아낸 오동통한 꼬막의 쫄깃함과 고소하고 감칠맛 나는 간장 양념장, 청양고추의 매콤함이 조화를 이루는 꼬막비빔밥으로 대박을 터뜨린 맛집이다. 원래 안주로 먹던 꼬막무침에 밥을 비비면 세 명이 식사를 해결하기 딱 맞다. **p103**

춘천 우성닭갈비

〈수요미식회〉에서 '철판 닭갈비의 교과서'라는 극찬을 받은 춘천 닭갈비 맛집이다. 이름은 닭갈비지만 100% 국내산 닭 다리 살을 비법 소스로 숙성시켜 떡, 채소와 함께 볶아준다. 양도 푸짐해 배부르지만, 볶음밥까지 클리어하게 된다. **p183**

군산 복성루

진하고 깊은 맛의 매콤한 해물 육수 속에 적당한 양의 면발, 그 위에 새우, 바지락, 홍합, 돼지고기 고명이 넉넉하게 올라가는 짬뽕으로 연중 줄을 세운다. 영업시간이 짧기 때문에 노력과 운이 따라야 맛볼 수 있는 것이 함정. **p336**

⟨ 속초 봉포머구리집 ⟩

매일 준비한 신선한 10여 가지 자연산 해산물을 아낌없이 넣고 살얼음 육수를 부어 만든 때깔 좋은 모둠물회와 성게알밥이 맛있다. 특히 모둠물회는 속초 바다가 한 그릇에 담겼다 할 만큼 다양한 종류의 해산물이 들어간다. p142

⟨ 양양 영광정메밀국수 ⟩

메밀국수 한 그릇을 위해 먼 길을 불사하게 만드는 집이다. 이집 메밀국수 비결은 비빔메밀국수에 잘 숙성된 동치미 육수 두 국자. 거기에 각자의 기호에 맞게 식초나 설탕, 겨자 등을 넣어 먹는다. p145

⟨ 전주 조점례남문피순대 ⟩

전국에 순대국밥 없는 곳 없지만 감칠맛만큼은 조점례남문피순대를 따를 곳이 없다. 둘이서 간다면 피순대도 꼭 맛봐야 한다. 당면 대신 몸에 좋은 10여 가지의 채소를 다져 넣은 피순대는 초고추장에 찍어 깻잎에 싸 먹는다. p316

⟨ 인천 부암갈비 ⟩

신선하고 맛있는 돼지 생갈비에 소금만 뿌려 화력 좋은 불에 직원 아주머니가 직접 구워준다. 갓김치나 갈치속젓과 코디하면 한층 업! 불판 가장자리에서 부드럽게 익어가는 달걀말이와 젓갈 볶음밥까지 먹어야 제대로 클리어. p239

⟨ 여수 두꺼비게장 ⟩

여수 게장골목에 있는 두꺼비게장에서는 돌게로 담근 간장게장과 양념게장, 쏙새우장 그리고 시원한 맛의 돌게된장찌개가 오른다. 게장은 2인 기준 한 가지 게장으로 한 번 리필된다. p446

소박해서 더욱 끌리는 **향토음식 맛집**

강릉 월성식당

겨울부터 봄까지 짧은 기간에 동해안 몇몇 식당에서만
별미로 맛볼 수 있는 장치찜으로 유명하다. 꾸덕꾸덕
하게 말린 장치를 감자와 더불어 매콤하게 조려낸 장
치찜은 말 그대로 밥도둑이다. **p105**

평창 남우수산

어린 송어를 나흘 정도 양식장에서 축양해 키운다. 회
는 30cm 정도의 송어로 뜬다. 깻잎과 당근으로 데코
레이션한 비주얼도 아름답고 송어회 하나로 네 가지
맛을 만끽하는 맛팁도 재미있다. **p122**

삼척 여정식당

생선탕의 최고봉은 잡다한 양념이 아니라
생선 그 자체의 신선함이 결정한다. 대구 낚
시로 유명한 임원항에 위치하고 있다는 사
실만으로도 이 식당 생대구맑은탕 맛은 믿
고 들어간다. **p165**

춘천 소양강다슬기

2cm나 될까 싶은 작은 다슬기를 삶고 살을 빼내는 작업도
만만치 않을 텐데 이 집은 매일 손질한 다슬기로 탕을 끓
인다. 부추를 듬뿍 넣어 속을 시원하게 풀어주는 다슬기탕
은 해장하러 갔다가 해장술을 마시게 한다. **p184**

강릉 강릉감자옹심이

곱게 갈아낸 강원도 감자와 감자전분을 섞어 동그랗게 빚어낸 것이 감자옹심이다. 일반 새알심과 다른 아삭한 식감이 중독을 부른다. 감자송편과 함께 2종 세트로 추천.
p105

동해 부흥횟집

묵호항을 끼고 있는 횟집으로 강원도식 매운탕과 물회가 맛있다. 신선한 자연산 식자재로 재료 본연의 맛을 살렸다. 내부 홀도 넓어 사진 동호회 등의 모임 장소로 인기. **p167**

평창 가벼슬

강원도 향토음식을 내는 집으로, 지극히 향토적인 맛이지만 의외로 남녀노소 호불호 없이 좋아한다. 가벼슬만의 시그니처인 강원도식 빡장에 비벼 먹는 곤드레밥과 8년 묵은 묵은지를 이용한 메밀묵사발이 특히 인기.
p123

포천 김근자할머니집

포천 여행 시 한 번은 가게 되는 이동갈비촌. 김근자할머니집은 갈비 맛은 기본이고 깊은 맛이 나는 곁들이도 좋다. 직접 재배한 채소로 담근 장아찌나 채소무침, 약된장찌개가 상에 오르며 반찬이 다양하고 푸짐하다. **p203**

◇ 안동 옥동손국수 ◇

밀가루와 콩가루를 섞어 반죽해 익혔다
가 찬물에서 건져내는 안동 별미 건진국수
그리고 곁들여 나오는 엄마 손맛의 조연 반
찬들이 입을 행복하게 한다. 집밥이 그리울
때 딱 좋은 한 끼. **p478**

◇ 거제 외포등대횟집 ◇

지구를 뒤져서라도 '딱 그 한 점!'을 외치는 미식가들
의 단골 리스트에 오르는 대구탕 맛집이다. 오로지
신선한 재료로 승부를 겨룬다. 겨울 대구 집산지인
외포항 위판장이 코앞이니 더 말해 무엇하랴. **p527**

◇ 강화 요셉이네집 ◇

강화 풍물시장 2층의 요셉이네집은 풍
물시장 상인들이 추천하는 현지인 맛집
이다. 솜씨 발휘해 맛깔나게 차려낸 밴
댕이회, 구이, 무침, 회덮밥을 적당한 가
격에 모둠으로 맛볼 수 있다. **p241**

◇ 순천 대대선창집 ◇

갯벌이 많은 순천에 간다면 짱뚱어탕은 필수. 순천만
습지 가는 길에 짱뚱어탕집이 많지만 그중에서도 대
대선창집이 손맛이 좋다. 매콤하게 끓여내는 짱뚱어
탕에 푹 삭은 남도 반찬이 갑. **p426**

태안 반도식당

'노포 마니아'라면 엄지 척을 하게 될 레알 빈티지 포스와 6000원(이 가격 실화?)에 제공하는 가성비 끝판왕인 육 짬뽕 메뉴를 보유한 현지인 추천 맛집이다. 진한 국물과 수북한 고명의 육짬뽕을 어떻게 그 가격에 내놓는지 그 것이 알고 싶다. **p271**

대구 똘똘이식당

대구 여행은 다양한 먹자골목이 있어 미 식 여행이 풍요롭다. 그중에서도 납작만 두에 싸 먹는 똘똘이식당 회무침은 한번 맛보면 계속 찾게 되는 마약 같은 음식 이다. 생각만으로도 군침이 꿀꺽. **p462**

통영 분소식당

통영의 봄 = 도다리쑥국 = 분소식당이다. 아는 사람만 아는 통영의 봄맛이다. 오동통한 도다리에 어린 쑥의 조화, 비린내 없이 깔끔한 도 다리쑥국 한 그릇은 통영 사람들의 봄맞이 애티튜드다. 〈알쓸신잡〉 에 소개된 복국도 시원한 맛이 그만. **p523**

부산 백화양곱창

깔끔하고 현대적인 곱창집도 많지만, 어쩐지 부산의 양곱창은 곱창 굽는 연기와 연탄가스에 시달려가며 먹어야 제맛이다. 양곱창 하면 첫사랑처럼 아련히 떠오르는 백화양곱창의 자태란! **p555**

배불러도 포기할 수 없는 현지 간식

속초 만석닭강정

큼직한 국내산 냉장육을 매콤달콤한
특제 소스로 버무려 가마솥에 튀겨내
는 닭강정으로 속초관광수산시장을
넘어 전국을 평정했다. 식어도 눅눅해
지지 않고 바삭한 것이 특징. **p143**

단양 단양마늘만두

단양구경시장에는 단양 특산물인 마늘을 이용해 만든 음식
과 간식거리가 풍성하다. 그 가운데 마늘과 마늘 기름을 사
용해 느끼함을 잡은 김치·새우·떡갈비만두는 단양 여행 필
수 간식. **p257**

목포 쑥꿀레

쑥을 넣은 찹쌀 반죽 위에 팥고물을 묻혀 동그랗게 빚어낸
경단으로, 묽은 조청에 담겨 나온다. 쫄깃한 찹쌀 경단의
식감과 은은한 단맛을 내는 조청의 조화가 중독을 부른다.
p408

양평 두물머리 연핫도그

소시지를 끼워 밀가루 반죽을 둘러 튀겨내는 느끼한 핫도그는 가
라! 두물머리 연핫도그는 연잎을 갈아 넣은 반죽에 국내산 돼지고
기 소시지를 넣어 느끼함을 잡았다. 두물머리에 왔다면 연핫도그
하나씩은 물어줘야 한다. **p221**

대구 미성당납작만두

만두라면 자고로 터질 듯 빵빵한 소에 주르륵 흐르는 육즙이라고? '만두 계의 밴댕이'라고 할 정도로 납작한 미성당 납작만두를 몰라서 하는 소리다. 간장, 고춧가루, 파를 얹고 쫄면을 곁들여 대구 사람처럼 먹어보자. **p465**

경주 황남빵(최영화빵)

얇은 피 안에 적당한 단맛을 품은 팥소를 야무지게 가두고 있다. 이름은 빵이지만 따뜻한 커피나 우유와 곁들이기 좋을 만한 구움과자 느낌이다. 수작업 특유의 고급스러운 맛이 좋다. **p495**

통영 오미사꿀빵

수년 전 오미사꿀빵 본점에서 할머니가 직접 만든 꿀빵은 의외로 참담백했다. 거리의 수많은 꿀빵은 물론 오미사꿀빵 본점조차 수년 전의 그 담백함은 사라진 듯하지만 그래도 본점이 낫다. **p524**

부산 이가네떡볶이

개인적으로 이에 착착 감기는 쌀 떡볶이를 사랑한다. 이가네떡볶이의 쫄깃쫄깃한 가래떡 식감은 눈에서 하트를 뿅뿅 발사하게 만든다. 무즙과 고춧가루로 제조한 특제 소스도 엄지 척. 그야말로 맛있게 맵다! **p558**

시그니처 빵이 있는 전국구 빵지 순례

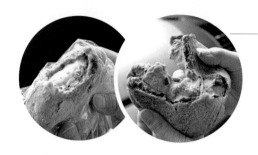

강릉 강릉빵다방 인절미빵

아기 궁둥이보다 더 부드러운 빵 안에 약간의 팥과 엄청난 콩크림이 꽉 차 있다. 아무 곳에서나 이 빵을 쪼개다가는 콩가루와 콩크림으로 인해 난장판이 될 수 있다. 녹차크림빵이나 매운용암빵도 인기. **p106**

속초 봉브레드 마늘 바게트

바삭바삭한 마늘 바게트라기보다는 꾸덕꾸덕하고 크리미한 마늘 크림 소스를 듬뿍 바른 바게트. 1인당 하나만 살 수 있는 '레어템'으로 많이 먹기엔 느끼하기 때문에 커피와 곁들이면 좋다. **p143**

동해 메르시마마 빵 반찬

오픈 샌드위치처럼, 바게트 위에 올리는 바질 잣 페스토나 말린 토마토, 올리브 절임 등을 이곳에서는 '빵 반찬'이라고 부른다. 예약 후 시식할 수 있으며 프랑스와 덴마크에서 직수입한 페이스트리는 즉석에서 구워주거나 냉동 상태로 살 수 있다. **p169**

군산 이성당 단팥빵

쌀가루로 반죽해 일반 빵보다 차지게 만든 얇은 피 안에 담백한 팥앙금을 가득 채웠다. 단팥빵과 함께 양배추가 아삭하게 씹히는 야채빵도 유명하다. 보통 10개 이상 구매하기 때문에 빵이 나오는 시간이면 쟁탈전이 치열하다. **p340**

전주 PNB풍년제과 초코파이

'정'을 나누는 공장이 아니라 제과점에서 만든 수제 초코파이다. 국내에 수제 초코파이 돌풍을 일으키며 하루에 만 개 이상 팔리는 스테디셀러로 자리 잡았다. 달기 때문에 우유나 커피와 잘 어울린다. **p318**

⟩ 광주 궁전제과 공룡알빵 ⟨

둥근 빵을 반으로 잘라 속을 파내 달걀 샐러
드로 채운 공룡알빵은 밥 대신 먹어도 될 만
큼 달지 않고 담백하다. 얇고 바삭한 페이스
트리를 여러 겹으로 구워낸 나비파이도 추
천한다. **p384**

⟩ 대구 근대골목단팥빵 단팥빵 ⟨

레트로 콘셉트의 베이커리로, 얇은 피 안에 직접 끓여
만든 팥소와 생크림을 빵빵하게 채운 단팥빵이 히트
했다. 녹차나 생딸기 크림을 넣은 것도 있다. **p465**

⟩ 순천 조훈모과자점 촉촉바삭배빵 ⟨

순천 낙안배를 매실청에 졸여 만든 크림을 속에 가득 채우고, 겉에 바삭한 아몬드
를 뿌린 촉촉바삭배빵. 겉은 바삭하고 안은 촉촉하며 배의 은은한 단맛이 감돈다.
p427

⟩ 목포 코롬방제과 크림치즈 바게트 ⟨

바삭하고 쫄깃한 바게트 안에 요구르트 향이 나
는 크림치즈를 듬뿍 발랐다. 1인 1바게트는 기본
이다. 새우가루를 듬뿍 넣은 소스를 발라 굽는 짭
조름한 새우 바게트도 추천한다. **p410**

⟩ 안동 맘모스제과 크림치즈빵 ⟨

적당히 도톰하고 쫄깃한 빵 안에 크림치즈를 가
득 채우고 겉에는 파슬리와 치즈가루를 뿌렸
다. 〈수요미식회〉에서 하얀 빵의 정석이라는 평
을 들은 크림치즈빵은 사실 우리가 아는 그 맛.
p479

요즘 전국 숙소

최근 여행지 숙소는 단지 씻고 잠을 자는 숙박업소의 의미를 넘어, 경험의 공간으로 진화하고 있다. 수년 전부터 호텔에서 바캉스를 즐긴다는 '호캉스'가 인기를 끌고, 한옥 고택이나 근대 건축물 등 특별한 공간을 리모델링하여 공간 체험을 즐기는 숙소도 늘고 있다.

인생샷 건지는 SNS 감성 숙소

조용히 쉬어갈 수 있는 룸 컨디션은 기본, 그보다 더 매력적인 건 '인생샷'을 건질 수 있는 포인트가 있다는 점이다. 바다가 보이는 베이 창이나 조형미가 있는 창, '인스타 감성'을 자극하는 풍경 등 SNS에 올리고 싶은 예쁜 장면이 가득하다.

예) 동해 103LAB 게스트하우스 p171 / 춘천 썸원스페이지 p188 / 춘천 헤이, 춘천 p189 / 양평 책속에
풍덩 p223 / 부안 스테이 변산바람꽃 p365 / 담양 호시담 p393 / 거제 스테이캄 게스트하우스 p535

2

근대 건축물에서 특별한 추억 쌓기, 뉴트로 스타일 숙소

모던 보이, 모던 걸이 튀어나올 것 같은 근대 건축물에서 하룻밤 묵는 경험은 더할 나위 없이 색다르다. 최근에는 근대 건축물을 리모델링한 뉴트로 스타일 숙소를 찾아보는 일이 어렵지 않다.

예) 군산 소설여행 p345 / 군산 다호 게스트하우스 p345 / 군산 여미랑 p345 / 목포 창성장 p411 / 보성 보성여관 p433

3

고졸한 한옥에서 고즈넉한 하룻밤

이왕이면 세월의 더께가 내려앉은 고택이 좋겠다. 아취가 있는 오랜 한옥은 그 자체에 품격과 오랜 이야기를 품고 있다. 또 장지문 너머로 장대한 바다가 넘실대는 한옥 숙소는 그 얼마나 특별한가.

예) 강릉 강릉선교장 p92 / 동해 망상오토캠핑리조트 한옥촌 p171 / 전주 학인당 p324 / 담양 한옥에서 p393

아이가 행복한 **가족 숙소**

아이와 함께라면 체크인 후 객실에만 머물기보다는 야외에 체험 거리가 많은 숙소가 좋다. 마음껏 뛰놀 수 있는 정원이나 놀이시설이 있는 숙소 또는 워터파크가 있는 리조트, 글램핑장 등을 추천할 만하다. 아이가 잘 놀면 어른들도 해방이다.

예) 삼척 하이원추추파크 p170 / 양양 쏠비치 양양 p151 / 춘천 상상마당 춘천스테이 p188 / 가평 바위숲온더락 p206 / 태안 나문재펜션 p273 / 부여 굿뜨래웰빙마을 글램핑장 p295 / 태안 지중해아침펜션 p273 / 고창 파머스빌리지 p364

환상의 **바다 전망**이 있는 숙소

탁 트인 바다 풍경을 마다할 사람이 있을까? 그림 같은 바다 전망이 '열일'하는 숙소를 하룻밤 소유하기 위해서는 그만큼의 지갑 출혈을 각오해야 한다. 하지만 하늘과 맞닿은 듯한 인피니티 풀에서 수영을 즐기거나 침대에 누워 일출을 보는 경험은 무엇과도 맞바꿀 수 없다.

예) 강릉 씨마크호텔 p110 / 강릉 썬크루즈 & 비치크루즈 p111 / 삼척 쏠비치 삼척 p170 / 여수 엠블호텔 여수 p448

뚜벅이 여행자를 위한 게스트하우스

호스트의 뚜렷한 취향이 드러나는 개성 있는 게스트하우스가 많아
지고 있다. 호스트 스스로 여행을 즐기기 때문에 여행자에게 필요
한 것들을 꼼꼼히 챙겨 놓는 경우가 일반적이다. 도미토리나 싱글
룸, 2인실도 갖추고 있어서 상황에 따라 선택할 수 있다.

예) 단양 팩토리지쌍 p259 / 광주 김냇과 p391 / 순천 바구니호스텔 p432 / 대
구 봄고로 게스트하우스 p467

PART 2

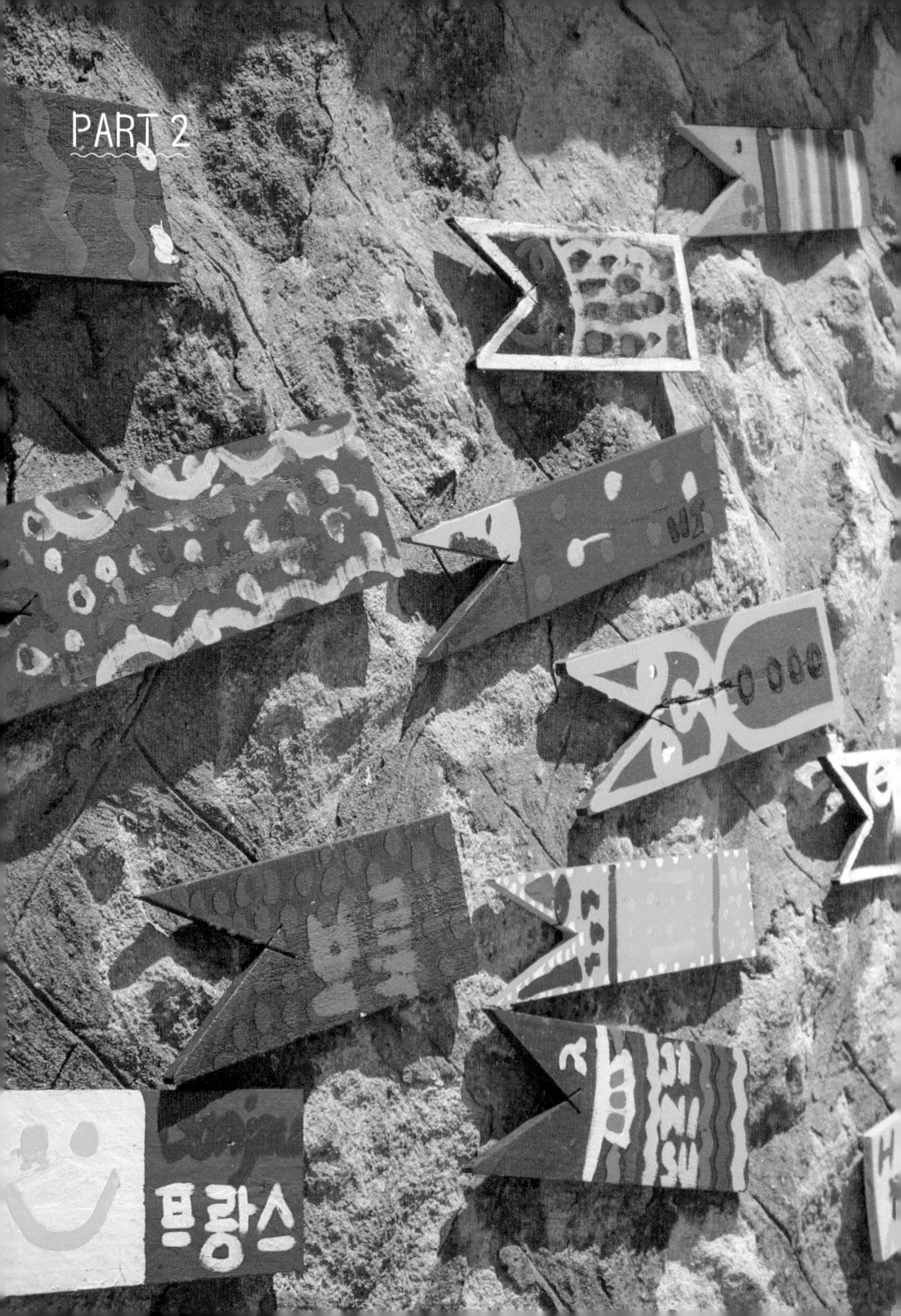

취향저격
전국 여행

여행하면 할수록 우리나라 어디나 저마다의 '꿀잼'을 품고
있다는 것을 알게 된다. 사진으로 남기고 싶은 포토존이 있
어서, 별미가 많아서, 독특한 문화공간을 경험할 수 있어서.
타임슬립한 듯 골목길을 헤매는 느낌이 좋아서…. 여행 가방
을 꾸리게 하는 매력 포인트는 많다. 여행자의 취향을 저격
하는 포인트를 22가지 테마로 정리해 보았다.

바다 여행

바다,
취향 따라 골라 간다

삼면이 바다인 나라에 살아서 참 행복하다. 마음이 부르는 대로 동쪽으로,
서쪽으로, 남쪽으로 바다를 찾아 떠날 수 있으니 말이다. 푸른 바다에 풍덩
뛰어들거나, 사진 놀이를 하거나 오토캠핑을 하거나, 파도소리 들으며 잠
들거나 아니면 그냥 멍 때리든가. 당신의 바다 취향은 무엇인가.

☑ 추천 바다 여행지

❶ 강릉 경포해변 p.98

국민 해수욕장이라 불리는 경포해변에는 인증샷 찍기 좋은 조형물과 드라마
〈함부로 애틋하게〉 촬영지를 포토존으로 꾸며 놓은 스폿이 있어서 젊은 여행
자들의 사랑을 받고 있다. 근처에서 자전거를 빌려 경포호 주변의 유적지도
돌아보기 좋다.

❷ 동해 망상해수욕장 p.163

2km에 걸친 광활한 백사장과 에너지 넘치는 파도의 출렁임이 여행자를 부른
다. 여름에는 알록달록한 파라솔로 가득 차고, 록페스티벌 등 각종 행사도 풍
성하다. 바닷가에 대단위 오토캠핑장과 카라반, 한옥 스테이까지 갖춰 숙박도
편리하다.

❸ 태안 몽산포해수욕장 p.270

태안의 해수욕장 중 가장 선호하는 곳이 몽산포해수욕장일 것이다. 끝이 보이
지 않을 만큼 광활한 동양 최대 해변으로, 솔숲 안에 데크와 노지 캠핑 사이트
도 잘 정비되어 있고 오토캠퍼를 위한 전용 사이트도 따로 있다.

❹ 거제 학동몽돌해변 p.517

몽돌해변에 가면 1.2km쯤 깔린 동글동글한 몽돌을 보는 재미 외에도 가만히
귀 기울이면 '도르륵 도르륵' 파도에 몽돌 구르는 소리가 마음을 편안하게 한
다. 넉넉한 주차장에 숙소나 먹거리촌도 있어 잠시 머물다 가기 좋다.

수변 산책로 여행

걸으며 힐링하는 여행지

생각을 정리하고 싶거나 우울하다 싶을 때 걷기만큼 좋은 방법은 없다. 그것이 잘 닦여진 수변 산책로라면 이만한 호사가 따로 없다. 혼자 걸어도 좋지만 좋은 사람의 손을 잡고 느릿느릿 걸어보자. 수면을 스쳐 볼에 닿는 시원한 바람은 덤이다.

☑ 추천 수변 산책로

❶ 강릉 정동심곡 바다부채길 p.90

2300만 년 전 지각변동을 관찰할 수 있는 해안단구로, 천연기념물 제437호로 지정되었다. 대한민국 건국 이래 민간인에게 단 한 번도 개방되지 않았던 해안단구가 2016년 개방되면서 이제는 강릉 여행의 필수 코스가 되었다.

❷ 속초 바다향기로 p.131

속초해수욕장에서 외옹치해변, 외옹치항 활어회센터에 이르는 총 1.74km의 산책길로, 외옹치항에서 외옹치해수욕장으로 이어지는 구간은 나무 데크로 조성되어 있다. 해안 경계 철책을 걷어 내고 66년 만에 일반에 개방되었다.

❸ 단양 단양강잔도 p.249

단양강잔도는 상진리 상진대교에서 강과 암벽을 따라 적성면 애곡리 만천하스카이워크 사이 1.2km 구간에 폭 2m로 설치되었다. 해가 진 다음에는 야간조명이 불을 밝히며 운치를 더해준다.

❹ 담양 관방제림 p.379

담양천을 따라 푸조나무, 팽나무 등 300여 년이 넘은 노거수 400여 그루가 그늘을 드리우는 산책길이다. 조선시대에 홍수 피해를 막기 위해 조성한 제방 숲으로 1991년 천연기념물 제366호로 지정되었다.

❺ 경주 경주양남주상절리군 p.487

천연기념물로 지정된 주상절리군은 지하의 뜨거운 마그마가 지각의 약한 틈을 따라 지상으로 올라오다가 식어 현재의 모양으로 굳어졌다. 양남면 읍천항과 하서항 사이로 1km 남짓한 '파도소리 산책길'이 이어져 있다.

케이블카 여행

하늘에서 조감하는 여행지 풍경

뻔하게 느껴지지만, 막상 타고 보면 색다른 앵글로 감상하는 재미가 있는
케이블카. 바다 위를 날며 새의 눈으로 풍경을 조망하는 즐거움이 있다.

☑ 추천 케이블카

❶ 여수 여수해상케이블카 p.436

국내 최초의 해상케이블카로 매년 200만 명의 탑승객이 이용할 정도로 그야
말로 '대박'을 터뜨렸다. 90m 높이에서 자산공원과 돌산공원 사이 1.5km 바
다 위를 지난다. 특히 해 질 무렵이 압권이다.

❷ 통영 통영케이블카 p.501

경남 사천시에 있는 2.43km 길이의 사천 바다케이블카가 생기기 전까지는
1975km를 연결한 통영케이블카기 국내 최장 길이의 케이블카였다. 상부 역
사에 내리면 스카이워크가 있고 계단을 올라가면 여러 개의 전망대가 있다.

❸ 부산 송도해상케이블카 p.538

송도해수욕장 동쪽 송림공원에서 서쪽 암남공원까지 1.62km의 바다 위를
86m 높이에서 날아간다. 눈 아래로 펼쳐지는 시원하게 트인 송도 바다도 좋
고 상·하부 스테이션에는 포토존과 편의시설도 잘 꾸며 놓았다.

❹ 목포 목포해상케이블카 p.396

북항과 유달산, 도하도를 잇는 운행 거리 편도 3.23km로 국내 최장 거리를
자랑한다. 바다와 산을 횡단하기 때문에 바다 위에 떠있는 구간이 스릴 만점.

❺ 평창 발왕산 관광케이블카 p.115

왕복 7.4km로 국내 최대 길이를 자랑하는 이 케이블카를 타면 힘들이지 않고
발왕산 정상까지 다다를 수 있거니와 해발 1548m라는 높은 위치에 놓여 다
리가 후들거리는 스카이워크까지 한 번에 경험할 수 있다.

스카이워크 여행

하늘을 걷는 듯 짜릿한 스릴

투명한 강화유리를 사이에 두고 까마득한 아래를 감상하는 스카이워크가
늘고 있는 것은 시원한 전망과 짜릿한 스릴을 함께 즐길 수 있기 때문이다.
절경을 감상할 수 있는 스카이워크, 전국 여행에서 놓칠 수 없는 백미다.

☑ 추천 스카이워크

❶ 동해 도째비골 스카이밸리 & 해랑전망대 p.160

동해의 랜드마크가 되었다 할 만큼 그 규모나 풍광이 멋지다. 도째비골 스카
이밸리와 더불어 길 건너편의 스카이워크인 해랑전망대가 유명한데 그 위를
걸으며 파도치는 동해 바다를 발 아래로 감상할 수 있다.

❷ 춘천 소양강 스카이워크 p.174 / 의암호 스카이워크 p.175

춘천에는 두 개의 스카이워크가 있다. 대중적인 쪽은 소양강 스카이워크지만
보다 호젓하며 스릴이 있는 것은 의암호 스카이워크다. 소양강 스카이워크의
입장료는 춘천 사랑 상품권으로 돌려준다.

❸ 단양 만천하스카이워크 p.248

나선형 계단을 올라가면 단양 시내와 소백산 연화봉을 볼 수 있는 세 방향으
로 설치된 스카이워크가 나온다. 80~90m 높이의 스카이워크 끄트머리에 서
면 발아래로 남한강이 흘러가고 사방으로 시원한 전경이 펼쳐진다.

❹ 통영 통영케이블카 스카이워크 p.501

케이블카 상부 역사에 도착해 계단을 따라 옥상으로 올라가면 스카이워크가
있는 전망대가 나온다. 바닥이 유리로 되어 있고 한려수도를 배경으로 인증샷
을 남길 수 있다. 기존의 전망대와는 또 다른 느낌을 준다.

❺ 부산 송도구름산책로 & 청사포다릿돌전망대 p.551

하늘에는 케이블카, 바다에는 송도구름산책로가 있다. 오륙도가 한눈에 내려
다보이는 오륙도스카이워크, 해운대의 청사포다릿돌전망대 스카이워크와 함
께 부산의 걸어볼 만한 인기 스카이워크로 꼽힌다.

인스타 감성 사진 여행

잡지 화보 속 주인공처럼

무심한 듯 툭 찍어도 그림이 되는 공간, 잡지를 찢고 튀어나온 듯한 풍경.
한 장의 사진으로 꼭꼭 남겨두고 싶은 여행지를 소개한다.

☑ 추천 감성 사진 여행지

① 평창 청옥산 육백마지기 생태농장 p.114

청옥산 1,200m 산 정상의 능선에 펼쳐진 광활한 야생화 생태 단지다. 데이지
꽃이 흐드러질 때 미니어처 같은 작은 성당과 풍력발전기를 배경으로 찰칵!

② 태안 청산수목원 p.262

태안 여러 수목원 가운데 하나였던 청산수목원은 핑크뮬리, 팜파스 갈대로 인
해 SNS 핫플레이스로 떠올랐다. 봄의 홍가시나무, 여름의 연꽃, 가을의 핑크
뮬리와 팜파스 갈대 등 어느 때 가도 예쁜 사진을 풍성하게 얻을 수 있다.

③ 거제 매미성 p.514

시원하게 펼쳐진 거제 앞바다를 내려다보는 돌로 된 성벽이다. 겉으로 봐서는
어느 유럽의 성에 온 듯하다. 한 사람의 손으로 수년의 세월을 거쳐 완성했다
는 석성과 바다를 한 컷에 담으면 어떻게 찍어도 화보가 된다.

④ 거제 바테 p.531

카페도 아니고 글램핑을 하는 곳도 아니다. 한마디로 정의하기 애매한 이곳은
나들이 콘셉트 사진을 찍으며 힐링하는 자연 세트장 같은 공간이다. 자연스러
운 의상과 소품은 기본으로 갖추고 방문하는 게 좋고, 예약은 필수이다.

⑤ 양평 구둔역 p.214

1940년부터 운행하다가 2012년 청량리~원주간 복선 전철화 사업으로 인해
폐역되었다. 이제는 기차가 달리지 않지만 고즈넉한 역사의 풍경이 아날로그
감성을 자극해 영화 〈건축학개론〉, 가수 아이유의 앨범 등이 촬영되었다.

유럽 테마 여행

여행지 속 작은 유럽 맛보기

뾰족한 지붕과 붉은 벽돌, 하얀 회벽과 푸른 바다. 가위로 오려낸 듯 정갈한 정원… 이국적인 풍경과 콘텐츠로 여행자의 발길을 모으는 곳들이 있다. 유럽 여행의 낭만을 국내에서 맛보자.

☑ 추천 유럽 테마 여행지

① 삼척 마마티라 다이닝 p.168

바닷가 절벽에 자리한 푸른색 지붕에 화이트 톤 외벽을 한 지중해풍 건물이 무척 이국적이다. 산토리니 이아마을 분위기로 꾸민 쏠비치 삼척의 마마티라 1층은 카페, 2층은 레스토랑이다.

② 춘천 제이드가든 p.174

'숲속에서 만나는 작은 유럽'을 콘셉트로 16만㎡ 부지에 영국식 보더가든 등 24개의 테마 정원을 꾸몄다. 입구의 토스카나풍의 방문자센터는 드라마 〈그 겨울, 바람이 분다〉에서 여주인공의 집으로 등장했다.

③ 가평 쁘띠프랑스 p.192

프랑스 작가 생텍쥐페리의 소설 《어린 왕자》를 테마로 하여 지중해 연안 마을을 모티브로 설계했다. 레스토랑과 카페, 공연장, 체험장 등을 갖추어 즐길 거리가 많다. 쁘띠프랑스와 더불어 피노키오나 다빈치를 테마로 한 이탈리아 마을도 들어서 보다 볼거리, 즐길 거리가 많아졌다.

④ 가평 에델바이스 스위스테마파크 p.193

스위스의 작은 마을 축제를 모티브로 하여 설계된 테마파크다. 뾰족지붕을 얹은 스위스풍의 건축물에 커피, 치즈, 초콜릿, 와인 테마의 4개 박물관과 스위스테마관 등이 있다.

⑤ 담양 메타프로방스 p.375

유럽 테마 마을로 레스토랑, 옷가게, 펜션 등 100여 개의 가게가 있어 이 안에서 쇼핑도 하고 밥도 먹고 숙박도 한다. 메타세쿼이아 가로수길에서 바로 연결되거니와 죽녹원이나 관방제림과도 가깝다.

이색 마을 여행

문화 콘텐츠가 된 골목을 만나다

개발에서 소외되었기에 오히려 매력 넘치는 콘텐츠로 사랑받게 된 이색 마을. 색색의 동화 같은 풍경에 골목마다 정겨움이 물씬 풍긴다.

☑ 추천 이색 마을

❶ 인천 송월동 동화마을 p.230

인천 차이나타운 옆 동네인 송월동이 2013년에 동화를 테마로 한 벽화마을로 거듭났다. 12개의 테마로 이루어진 벽화길을 걷고, 포토존에서 사진도 찍으며 짜장빙수나 돌고래피자 같은 별미를 즐긴다.

❷ 광주 양림역사문화마을 p.368 / **청춘발산마을** p.372

펭귄마을을 품고 있는 광주 양림동에는 100년 넘은 기독교 유적을 중심으로 근대 건축물과 전통 문화재 고택이 자연스럽게 어우러져 있다. 방직공장이 있던 청춘발산마을도 떠오르는 여행지.

❸ 여수 고소동 벽화마을 p.437

종포해양공원 뒤편으로 올려다보이는 전망 좋은 언덕마을이다. 마을 담벼락에 그림을 그려 넣은 아기자기한 벽화거리가 생기면서 루프탑이 있는 카페 몇 군데가 SNS를 달구더니 요즘은 20여 개에 달하는 카페촌이 형성되었다.

❹ 통영 동피랑 벽화마을 p.502 / **서피랑마을** p.503

동피랑은 철거 대신 벽화를 도입해 부활한 전국 1호 벽화마을이다. 2007년부터 그리기 시작한 벽화는 2년마다 바뀌며 현재도 여행자의 발길이 끊이지 않는다. 동피랑의 인기에 힘입어 서피랑도 필수 순례 코스로 떠오르고 있다.

❺ 부산 감천문화마을 p.542 / **흰여울문화마을** p.549

알록달록 레고 같은 집이 모여 뿜어내는 독특한 아우라가 있어 '부산의 산토리니'라고 불린다. 몇 년 전보다 변화한 마을 풍경은 상전벽해라 할 정도. 감천문화마을의 성공적인 변신은 흰여울문화마을, 깡깡이예술마을로 이어지고 있다.

전통마을 여행

누구나 시간 여행자가 되어 길을 잃는 곳

오랜 전통마을은 빠르게 흘러가는 일상에 지친 우리에게 위로를 안긴다.
수백 년 역사를 간직한 뜻 깊은 유산이자 지금도 주민들이 사는 생생한 삶
의 공간이기도 하다.

☑ 추천 전통마을

❶ 전주 **전주한옥마을** p.298

조선시대를 연 태조의 어진을 모시는 경기전과 18세기에 축조된 전동성당이
마주 보는 태조로를 중심으로 골목 구석구석 먹거리, 볼거리가 많다. 한옥
600여 채가 밀집한 마을로, 국내 최고의 한옥 여행지로 손꼽힌다.

❷ 담양 **창평슬로시티 삼지내마을** p.381

담양군 창평면에 자리한 삼지내 고씨 집성촌이다. 자연 속에서 느리게 살아가
는 삶의 방식을 추구하는 마을로 2007년 국내 최초의 슬로시티로 지정된 바
있다. 3.6km의 전통 돌담길이 트레이드 마크이다.

❸ 순천 **낙안읍성민속마을** p.418

마한시대부터 사람들이 살기 시작했으며 조선 중기에 왜구의 침탈을 막기 위
해 1.4km 길이 석성을 쌓았다. 성안에 주민이 사는 국내 유일의 민속마을로 3
개 마을에 80여 가구 300여 명의 주민이 살고 있다.

❹ 안동 **하회마을** p.470

유네스코 세계문화유산으로 지정된 조선시대 풍산 류씨 집성촌이다. 현재도
주민들이 거주하고 있으며 500년 넘은 고택들이 잘 보존되어 있다. 고택 숙
박 체험도 가능하고 하회별신굿 공연도 지속하고 있다.

❺ 경주 **양동마을** p.493

600여 년의 전통을 가진 양반 집성촌으로 말 물(勿)자 지형을 이루고 있는
명당이다. 국내 집성촌 중에서도 역사가 가장 오래된 마을로 조선시대 양반
집성촌의 구조가 그대로 남아 있어 유네스코 세계문화유산으로 지정되었다.

건축물 여행

일상 속의 건축 작품을 찾아서

자연과 온전히 조화를 이룬 잘 지은 건축물 안에서 우리는 왠지 행복해진다. 공간의 미학과 철학까지는 몰라도 마음이 그렇게 충만해지기에 더 머무르고 싶어진다. 놀랍도록 섬세하고 아름다운 일상 속의 건축 작품을 만나보자.

☑ 추천 건축물 여행지

❶ 춘천 KT&G 상상마당 춘천 아트센터 p.180

건축가 고 김수근이 설계한 옛 춘천어린이회관을 리모델링해 개관한 춘천의 복합문화공간이다. 따스한 햇볕이 벽돌 건물 전체를 포근히 감싸는 두 동의 건물과 야외 공연장, 널따란 잔디밭이 조성되어 있다.

❷ 양평 카포레 P.211

디자이너 김정숙의 감각과 건축가 곽희수의 실력이 시너지를 낸 강가의 복합문화공간이다. 양평 드라이브 길에 백작부인처럼 우아한 이 건축물 안에서 차한잔 추천.

❸ 완주 아원 p.323

아원은 노출 콘크리트 기법으로 건축한 모던한 갤러리, 그리고 이축해 세운 250년 된 한옥과 빼어난 풍경을 한 작품처럼 감상하게 하는 독특한 고택 공간을 함께 즐길 수 있다. '건축가 아티스트'로 불리는 전해갑 대표의 작품이다.

❹ 대구 디아크 p.455

외계인이 지구에 푸른 접시 하나를 사뿐히 내려놓은 듯한 건축물이 깜짝 놀랄만큼 매혹적이다. 디아크는 세계적인 건축 설계가인 하니 라시드의 작품이다. 1층 상설전시관을 비롯해 써클 영상존, 전망데크, 카페로 구성되어 있다.

❺ 부산 웨이브온 p.561

주말이면 줄 서서 주문해야 할 정도로 북적이는 전망 좋은 카페이다. 임랑해수욕장을 온몸으로 껴안은 듯이 느껴지는 멋진 건축물은 곽희수 건축가의 작품으로, 한국건축문화대상 대통령상을 받았다.

업사이클링 예술창고

폐건축물에
디자인을 입히다

'건축 치료사'로 불리는 오스트리아 출신의 건축가 훈데르트바서가 설계한
쓰레기 소각장은 세계 여행자들을 불러 모으는 예술 공간으로 거듭났다.
국내에도 공간 재활용을 넘어 디자인을 입혀 재탄생시키는 업사이클링을
통해 '핫플'로 떠오른 몇 곳이 있다.

☑ 추천 업사이클링 예술창고

❶ 전주 팔복예술공장 p.305

20년 넘게 방치된 카세트테이프 공장이 예술을 생산하는 복합문화공간으로
거듭났다. 갤러리, 레지던시, 카페, 아트숍, 야외 컨테이너 작품 등을 갖추고
책을 읽으며 쉬어갈 수 있는 공간도 마련했다. 1년에 한 번 입주 작가 전시회
가 열린다.

❷ 완주 삼례문화예술촌 p.311

일제강점기 쌀창고를 개보수해 복합문화공간으로 개장했다. 아날로그 미술관
과 디지털 아트관을 동시에 접할 수 있다. 목수학교를 운영하는 목공소, 책공
방 북아트센터, 창고를 멋지게 리모델링한 카페 등 7개의 공간으로 구성되어
있다.

❸ 담양 담빛예술창고 p.378

양곡창고를 개조해 만든 문화공간으로 전시관과 카페 등이 있다. 다양한 장르
의 전시는 늘 바뀌며, 광주 전남의 젊은 작가들이 직거래 미술 장터도 개최해
볼거리가 많다. 특정일에 카페를 방문하면 대나무파이프오르간 연주를 감상
할 수 있다.

❹ 대구 대구예술발전소 p.454 / 수창청춘맨숀 p.453

대구 수창동의 낡은 연초제조창 창고와 사택을 각각 대구발전소와 수창청춘
맨숀으로 개보수했다. 입주 작가들의 작품 전시, 키즈 스페이스, 카페, 독서 공
간 등과 인기 있는 포토존을 갖추고 있다.

스릴 만점 가족 레저

안전하게 스피드를 즐기는
온 가족 스포츠

루지는 썰매에 누운 채 얼음 트랙을 활주하여 시간을 겨루는 겨울 스포츠
경기 루지를 응용한 무동력 놀이기구로, 누구나 안전하게 스피드를 즐길
수 있다. 루지와 함께 떠오른 온 가족 스포츠로 산악형 롤러코스터인 알파
인코스터도 빼놓을 수 없다.

☑ 추천 가족 레저

❶ 강화 강화씨사이드리조트 루지 & 곤돌라 p.234

바다가 보이는 곤돌라를 타고 700m를 올라 전망대까지 올라가면 루지 탑승
장이 나온다. 완만한 경사도이지만 코너가 많은 오션 코스와 직활강 경사도가
있는 밸리 코스 등 2개 코스를 운영하며 여름 극성수기에는 야간 연장 영업도
한다.

❷ 단양 만천하테마파크 알파인코스터 p.249

평창 알펜시아에도 알파인코스터가 있지만, 단양의 알파인코스터는 스피디한
외날 스케이트에 몸을 얹은 듯한 느낌이라 더 스릴 있다. 수동 브레이크를 잡
지 않고 내려가면 생각보다 빠른 속도로 내려간다.

❸ 여수 유월드 루지테마파크 p.439

특수 제작된 공룡루지를 타고 아이 혼자서 1.26km의 트랙을 달려 내려올 수
있는 어린이 전용 루지가 있다. 루지를 타고 내려오는 트랙 곳곳에 아이들이
좋아하는 움직이는 대형 로봇 공룡을 배치해 스릴을 더한다.

❹ 통영 스카이라인루지통영 p.500

사악한 가격에도 불구하고 두 번, 세 번을 더 타게 만드는 마력의 통영 루지.
2017년 국내 첫 개장 이후 400만 회 이상 탑승 횟수를 기록하며 '한국관광
100선'에 이름을 올렸다. 온 가족이 최고 시속 15km까지 즐길 수 있다. 온라
인으로 예약하면 보다 착한 요금으로 이용할 수 있다.

익사이팅 레포츠 여행

전지적 모험가 시점으로 즐기는 레포츠

고기 맛도 먹어본 사람이 안다고, 일단 시도해보면 익사이팅 레포츠의 맛을 알게 될 것이다. 아드레날린, 도파민, 세로토닌 뿜뿜! 아는 사람만 아는 그 짜릿한 세계. 그러니 내게로 온 기회를 두려움 때문에 그냥 보내지 말자. 기회가 온다면 바로 붙잡아 즐겨보자.

☑ 추천 익사이팅 레포츠

① 양양 서피비치 p.137

양양을 여행지로 선택하게 하는 큰 이유가 되는 서핑이라는 테마. 그 가운데 서피비치는 1km 구간에 걸쳐 펼쳐진 서핑 전용 해변이자 바이브 넘치는 이국적인 풍광의 플레이그라운드다.

② 가평 국가대표 수상레저 p.195

모터보트가 만들어내는 파도를 이용해 점프나 회전 등 다양한 기술을 구사하는 웨이크보드는 의외로 서핑보다는 쉽다고. 예전보다 다양해진 즐길거리와 함께 숙박과 바비큐를 묶은 패키지 상품도 인기.

③ 단양 패러일번지 p.250

국내 최고의 마운틴뷰로 꼽히는 카페 산을 찾아가면 패러일번지를 만난다. 6~8분 동안 강사와 함께 하늘에 떠 있는 일반 탠덤이 기본. 발아래로 남한강을 굽어보는 짜릿한 순간은 고프로 영상으로 간직하자.

④ 군산 스카이선라인 p.335

선유도 입구의 집라인 타워에서 건너편 솔섬까지 700m 거리의 하늘을 나는 선유도 집라인으로 국내 최장 길이다. 45m 높이에서 뛰어내릴 때는 콩닥콩닥하던 마음은 금세 잊고 고공낙하의 짜릿함을 즐기게 된다.

⑤ 통영 통영어드벤처타워 p.501

15m 높이의 대형 정글짐에 설치된 90여 개의 익사이팅 코스를 단계별로 정복하는 익스트림 레포츠다. 1단계 공중 나무다리부터 스릴의 정점을 찍는 퀵점프 하강 단계까지 스릴 그 자체.

동물농장 여행

동물과 교감하는
행복한 농장

유튜브에서 '귀염뽀짝'인 강아지나 고양이를 보는 랜선 집사도 좋지만, 이
왕이면 직접 만나러 가자. 탱탱볼 같은 양 입술도 만져보고, 호수 같은 말
의 눈동자에도 빠져 보고, 어미 소가 되어 송아지에게 우유도 주자. 동물과
의 교감은 사막같이 메마른 정서를 촉촉히 적셔 줄 것이다.

☑ 추천 동물농장

❶ 강릉 대관령아기동물농장 p.99

입장료를 내면 동물들에 줄 다양한 먹이가 담긴 먹이통을 주는데, 돌아다니면
서 먹이를 주며 동물과 친해진다. 고슴도치나 토끼, 병아리, 오리같이 작은 동
물이 많기 때문에 유아들도 좋아한다.

❷ 평창 대관령 양떼목장 p.117 / 대관령 삼양목장 p.118

대관령을 대표하는 양떼목장, 삼양목장, 하늘목장 모두 양 먹이 주기 체험을
운영한다. 귀여운 아기 양을 보고 싶다면 대체로 1~2월경이 좋다. 삼양목장에
가면 보더콜리 양몰이 개가 멋지게 양몰이 하는 모습을 볼 수 있다.

❸ 가평 아침고요 가족동물원 p.195

규모로 보면 그런 큰 동물들까지 있을까 싶은데 의외로 벵골호랑이, 곰, 알파
카도 있다. 100여 종 300여 마리의 다양한 동물이 모여 산다. 입장권을 사면
먹이통을 내어 준다. 아기 양에게 우유도 먹이고, 강아지와 함께 놀 수 있다.

❹ 고창 상하농원 동물농장 p.348

유기농목장, 젖소 운동장, 양떼목장, 멍멍이 운동장, 동물농장 등 다양한 공간
에서 자유로이 노니는 동물들을 볼 수 있다. 양 먹이 주기, 송아지 우유 주기
체험은 별도의 예약 없이 현장에서 선착순으로 가능하다.

실내 키즈존 여행

놀면서 창의력을 기르는
일석이조 여행지

여행을 하면서 아이의 무궁무진한 호기심을 채우고 창의력을 길러준다면
얼마나 좋을까. 일석이조의 여행지를 추려 보았다. 신나게 놀면서 과학의
원리를 깨우치는 학습 놀이터 베스트.

☑ 추천 실내 키즈존

❶ 춘천 레고랜드 코리아 리조트 p.182

단언컨대, 올해 어린이날 개장한 이곳을 가장 핫한 키즈존으로 꼽을 수 있다.
어트랙션, 쇼핑, 다이닝, 엔터테인먼트, 호텔에 이르기까지 온전히 레고 천국
을 만끽할 수 있다.

❷ 강화 옥토끼우주센터 p.237

학습과 체험, 놀이가 한번에 가능한 체험형 테마파크다. 팸플릿을 보며 아이
의 연령에 맞는 곳을 미리 점찍어두자. 체험 거리가 워낙 많기 때문에 주말에
이용하려면 일찌감치 서두르는 게 좋다.

❸ 부산 부산영화체험박물관 p.546

9개의 체험 테마에 녹아든 30개의 체험 코너가 있다. 한 편의 재미있는 영
화탐험 스토리를 따라가면서 영화의 역사와 원리, 영화의 장르 및 제작 방법
등의 영화 콘텐츠를 쉽고 재미있게 배운다. 트릭아이뮤지엄도 함께 있어서
AR(증강현실), VR(가상현실) 체험도 즐길 수 있다.

❹ 인천 재미난박물관 p.233

단순히 구경하는 것이 아니라 과학의 원리를 이용해 만든 장난감을 체험해보
며 놀 수 있다. 두 층에 걸쳐 고개를 갸웃거릴 만한 신기한 물건들이 많아서
특별히 누가 유도하지 않아도 아이들이 물건을 가지고 놀면서 과학의 원리를
배운다.

반려견 동반 여행

댕댕이의, 댕댕이에 의한,
댕댕이를 위한 여행

바야흐로 반려견 천오백만 시대다. 가족 같은 댕댕이와 인생길을 함께 하는 펫팸족(pet+family)도 그만큼 늘었다는 얘기. 사랑스런 댕댕이를 맡길 데가 없어서 여행은 아예 포기하고 살았던 시절은 이제 안녕. 애견 동반이 가능한 공간이 갈수록 많아지고 있고 반려견 동반 전문 여행사인 펫츠고트래블(0507-1419-4070, petsgo.kr)의 패키지를 이용할 수 있다.

☑ 추천 반려견 동반 여행지

① 양양 멍비치 p.138

매년 7~8월 사이 휴가철에만 운영하는 애견 전용 해수욕장이다. 지난해 멍비치에서 위치를 약간 이동했다. 멍비치 해변에서는 목줄을 풀고 마음껏 뛰어놀고 샤워도 할 수 있다. 반려견 전문여행사인 펫츠고트래블을 이용하면 버스를 타고 멍비치로 향할 수 있다.

② 춘천 남이섬 투개더파크 p.176

춘천 남이섬은 펫프랜들리 아일랜드이기도 하다. 투개더파크라는 반려견 전용 공원이 있어 눈치 보지 않고 내 사랑 댕댕이와 힐링 타임을 가질 수 있다. 함께 이용할 수 있는 반려동물 동반이 가능한 레스토랑도 있고 그 외의 모든 식당과 카페의 야외 테라스에도 머물 수 있다.

③ 태안 팜카밀레허브농원 p.265

공식적인 반려견 입장료를 내고 반려견과 당당하게 입장하면·되기 때문에 눈치 볼 것 없어 속이 편하다. 어질리티가 있는 애견 놀이터, 애견 수영장, 강아지 운동장이 있으며 허브숍 내에 애견 카페와 애견용품숍도 있다.

④ 양양 서피비치 p.137

혈기왕성한 젊은 서퍼들뿐 아니라 가족 단위로 들러 펍과 라운지에서 맥주 한 잔하며 하와이 같은 분위기를 즐길 수 있는 서피비치. 이곳도 반려동물과 함께 입장할 수 있다. 애견 유모차를 이용하거나 목줄을 한 상태로 입장 가능.

⑤ 춘천 물레길 카누 & 경강레일바이크 p.178

춘천에는 댕댕이와 함께 탑승할 수 있는 곳이 두 군데 있다. 반려동물 전용 구명조끼를 입히고 카누를 탈 수 있는 물레길 카누와 반려견 전용 좌석이 따로 마련되어 있는 경강레일바이크가 그것. 춘천, 이래서 더욱 마음이 간다.

아날로그 철길 여행

명물로 변신한 버려진 기찻길

열차가 운행을 중단하면서 골칫거리로 전락했던 폐철길이 사람들의 발길
을 모으는 인기 명소로 거듭나고 있다. 예전에는 레일바이크에 머물렀다면
이제는 철도 테마파크로, 산책길로, 공원으로, 이색 카페로, 혹은 와인 동굴
로도 변신한다.

☑ 추천 철길 여행지

❶ 군산 경암동 철길 p.333
철길 옆에 바짝 붙어 있는 집들 사이로 기차가 지나던 경암동 철길은 태국의
매크롱 철길시장 같은 아날로그적 풍경을 보여주었다. 기차 운행이 멈춘 후로
는 200m에 걸쳐 기념품점과 식당, 사진관, 매점 등이 들어서 있다.

❷ 삼척 하이원추추파크 p.154
해발 720m 산악철도와 영동선을 활용한 국내 유일의 철도형 테마파크다. 국
내 마지막 스위치백 철도를 활용한 스위치백 트레인과 국내 최고 속도를 자랑
하는 레일바이크, 이색 미니 트레인을 경험할 수 있다.

❸ 삼척 삼척해양레일바이크 p.156
2009년 국내 최초로 삼척시에서 해양레일바이크를 운행해 폭발적인 인기를
끌었다. 바다 전망과 루미나리에 터널을 감상하던 것에서 진화해 이제는 터널
안에서 가상체험을 즐길 수 있는 이동형 VR 레일바이크까지 등장했다.

❹ 완주 비비정예술열차 p.312
4량의 객차로 조성한 비비정예술열차는 폐선된 만경강철교 위에 자리하고 있
는 이색 카페 & 레스토랑이다. 열차 안에서 해지는 장관을 감상하며 식사와
차를 곁들이는 데이트 코스로도 인기 있다.

❺ 강릉 월화거리 p.100
강릉선 KTX가 놓이면서 생긴 폐철도에 조성한 약 2.6km의 산책길이다. 옛
강릉역에서 강남동 부흥마을까지 이어진다. 이 구간에 풍물시장, 숲길과 임당
광장, 월화교와 전망대 등 5개의 주제로 나눠 문화 휴식 공간을 조성했다.

근대문화유산 탐방

개화기로 타임슬립

현대식으로 재해석한 새로운 복고를 뜻하는 뉴트로(Newtro)가 트렌드로 떠오르면서 1900년대 개화기를 낭만적인 콘셉트로 소비하는 경향이 생겼다. 그러나 한국의 근대는 일제에 의해 봄을 빼앗긴 수탈의 역사였고 대부분 근대문화유산은 일제강점기에 조선 수탈을 위해 조성된 기지였다는 것을 잊지 말자.

☑ 추천 근대문화유산

❶ 인천 인천개항누리길　p.231

1883년 인천 개항 무렵, 옛 일본 조계지이던 인천 중구청 일대의 개항장을 당시 모습으로 복원한 건축물이 있다. 개항장거리에는 일본식 목조 주택을 개조한 카페와 갤러리 등이 어우러져 '인천 속 일본'으로 불린다.

❷ 군산 시간여행마을　p.328

20세기 초, 호남의 농산물을 일본으로 반출하는 중요 교통 통로로서 수탈의 아픔을 지닌 군산은 전국에서 근대문화유산이 가장 많이 남아 있는 도시로 손꼽힌다. 당시 일제가 지은 적산 가옥이 현재의 시간여행마을을 이루고 있다.

❸ 목포 근대역사문화공간　p.399

일제강점기 때의 목포는 목포 오거리 구 동본원사 목포별원을 경계로 하여 일본인 구역과 조선인 구역으로 자연스럽게 나뉘었다. 도로 개혁을 하면서 바다를 매립하고 널찍한 신작로를 낸 곳이 일본인 구역으로 일본식 건축물들이 들어서 있다.

❹ 대구 근대문화골목　p.456

내륙에 위치한 대구는 항구도시인 군산, 목포, 인천에 비해 일제의 직접적인 수탈이 덜한 편이었다. 그래서 대구의 근대문화골목은 수탈의 현장이라기보다는 일제에 항거한 민족주의자들의 발자취를 좇고 근대문화의 변천사를 돌아보는 길이다.

작가마을 문학 기행

작가의 흔적을 찾아
문학의 향취에 젖다

18세 이상 한국인 4명 중 1명은 1년에 단 한 권도 책을 읽지 않고, 문맥을 이해하는 능력도 OECD 평균 이하라고 한다. 온종일 스마트폰을 들여다보느라 책과 점점 멀어지는 아이와 함께 작가의 흔적을 더듬어 보는 여행을 떠나는 것은 어떨까. 돌아오는 길에 책을 읽고 싶다고 할지도 모를 일이다.

☑ 추천 작가마을

❶ 평창 이효석문화예술촌 p.120
가산 이효석의 고향인 평창군 봉평면 자체가 이효석 테마 마을이다. 요즘 봉평에 가면 효석달빛언덕, 이효석문학의 숲까지 포함해서 작가의 발자취를 더듬으며 반나절쯤 보내기 좋다.

❷ 춘천 김유정문학촌 p.180
춘천 실레마을은 〈동백꽃〉, 〈봄봄〉 등 30여 편의 작품을 남기고 29세에 요절한 작가 김유정의 고향이다. 그의 소설 대부분이 이곳에서 구상되었으며 실제 지명이나 등장인물이 소설에 등장하는 경우도 많다. 작가의 생가와 전시관, 이야기집 등이 마련돼 있다.

❸ 양평 황순원문학촌 소나기마을 p.216
황순원 작가는 이북이 고향이지만 경기도 양평에 소나기마을을 조성한 것은 그의 단편 소설 〈소나기〉에 나오는 '양평'라는 지명에서 비롯되었다. 인공 소나기, 이슬비가 실제 내리는 애니메이션, 소설을 모티브로 한 산책로 등 작품을 몸으로 체험하게 한다.

❹ 통영 박경리기념관 p.510
고향인 통영에서 예술적 영감을 받았다는 박경리는 《토지》, 《김약국의 딸들》 등 많은 명작을 남겼다. 박경리기념관에서는 작가의 친필 원고와 유품을 볼 수 있고, 그 옆으로는 '버리고 갈 것만 남아서 참 홀가분하다'던 작가의 동상이 있다. 언덕 위에 오르면 작가의 묘소로 이어진다.

프라이빗 힐링 숙소 여행

호젓하게 마음을 위로하는
비밀 아지트 같은 숙소

때론 어떤 숙소가 여행의 이유가 될 때가 있다. 온전히 그 풍경을 눈으로 담고 또한 마음을 위로받고 일상으로 돌아올 수 있는 그런 비밀 아지트 같은 숙소 다섯을 소개한다.

☑ 추천 힐링 숙소

❶ 부안 스테이 변산바람꽃 p.365
고즈넉한 분위기의 변산 바닷가에 위치한 캐나다 목조 주택이다. 바다 쪽으로 돌출된 베이창가에 앉아 찍는 인증샷은 필수. 바다 풍경을 감상하며 반신욕도 즐기고 직접 요리도 하고 맛있는 조식 샌드위치도 먹고.

❷ 춘천 썸원스페이지 숲 p.188
나를 돌아볼 시간이 필요하거나 자발적인 고립이 필요할 때, 숲에서 책과 함께 쉬어가고 싶을 때 찾으면 좋은 춘천 교외 숲속의 숙소. 평소 읽고 싶은 책과 일기장을 짐가방 속에 넣어 떠나보자.

❸ 양양 팜11 스테이 p.150
양양 시골 마을 산속의 관광농원 안에 자리한 숙소로 온실 같은 카페와 함께 운영한다. 산속에서의 쉼을 지향하며 객실마다 커다란 창이 있어 사계절을 느낄 수 있다.

❹ 군산 소설여행 p.345
일본식 가옥을 개조한 숙소가 많은 군산에서도 하룻밤쯤 묵어가면 좋은 정취 있는 숙소로, 일반 호텔에선 느낄 수 없는 일본풍의 아기자기함이 특징. 프렌치토스트 조식도 맛있다.

❺ 동해 망상오토캠핑리조트 한옥촌 p.171
동해 망상오토캠핑리조트는 카라반으로도 유명하지만 해변 한옥촌이라는 독특한 숙소도 운영한다. 2층 한옥도 있지만 장지문을 열면 망상해수욕장이 펼쳐진 독채 추천.

야경 명소 여행

여기가 바로 야경 명소

코발트블루로 물든 하늘에 휘황한 빛의 향연이 펼쳐진다. 무료한 일상을 로맨틱하게 채색하는 도시의 백일몽 같은 풍경. 상하이 와이탄 야경이 부럽지 않다.

☑ 추천 야경 명소

❶ 광주 사직공원 전망타워 p.371

높이 13.7m 전망대에 오르면 양림동과 도심은 물론 광주를 둘러싼 무등산까지 시원하게 펼쳐진다. 밤 10시까지 개방해 광주 야경을 감상하기도 좋다.

❷ 여수 카페듀 p.447

고소동 벽화마을에 위치한 카페로, 여수 앞바다가 한눈에 내려다보인다. 카페 자체는 넓지 않지만, 바다 쪽으로 양쪽으로 난 큰 창으로 뷰를 감상하는 맛이 좋은데 특히 돌산대교와 장군도가 어우러진 야경이 멋지다.

❸ 대구 아양기찻길 p.461

금호강을 가로지르는 277m의 화물 전용 기찻길이었던 아양철교가 개보수를 거쳐 카페가 있는 아양기찻길로 거듭났다. 매직아워 때 강에 비친 반영이 아름답고 봄밤의 십리벚꽃길도 산책하기 좋다.

❹ 경주 월정교 p.488

교촌마을 옆에 있으며 경주에서 동궁과 월지와 더불어 멋진 야경을 볼 수 있는 포인트이다. 지붕이 있는 목조 다리로 안쪽으로 들어가 걸어볼 수 있다. 물가에 반영된 야경이 환상적이며 국악 버스킹 공연이 열리기도 한다.

❺ 부산 더베이101 p.547

해운대 최고의 백만 불짜리 야경을 보여주는 곳이다. 마린시티의 휘황한 야경이 눈앞에 파노라마로 펼쳐진다. 동백공원에 있는 더베이의 건축물 자체도 멋지지만 해 질 무렵 조명을 밝히면 환상적인 설치 작품 같은 무드를 연출한다.

빈티지 카페 여행

'낡음'을 '멋짐'으로 업그레이드하다

제 쓰임을 다하고 관심의 뒤안길로 사라졌던 낡은 건축물이 예술적 감성으로 거듭났다. 독특한 개성을 뽐내며 핫플레이스로 부상한 카페에서 자연스럽게 내려앉은 세월의 멋을 음미해 보자.

☑ 추천 빈티지 카페

❶ 강릉 봉봉방앗간 p.108

근대식 목조 건물과 역사적인 유적이 즐비한 강릉 명주동 골목에 있는 방앗간을 개조해 카페로 꾸몄다. 2층은 그림을 전시하는 갤러리를 겸하며 홍상수 감독의 〈밤의 해변에서 혼자〉에 이 카페가 등장한다.

❷ 속초 칠성조선소 p.148

1952년 개업해 65년간 어업용 목선을 만들어온 칠성조선소가 카페, 갤러리, 공연장이 있는 복합문화공간으로 변신했다. 낡음을 멋짐으로 승화시킨 카페에선 청초호 전망을 즐길 수 있다. 때때로 프리마켓이나 뮤직페스티벌도 열린다.

❸ 강화 조양방직 p.243

1960년대까지 최고 품질의 인조 직물을 생산하다 방치되었던 방직공장이 이제는 강화도 최고의 인기 카페로 부상했다. 당시 공장의 모습에 세월이 앉은 낡은 풍경은 이제 독특한 사진을 남기는 포토존이 되었다.

❹ 군산 미즈커피 p.342

군산근대역사박물관 옆에 있는 미즈커피는 1930년대 일본 무역회사로 사용되던 미즈상사 건물을 리모델링하였다. 복도 구조에 다다미방으로 꾸민 2층 공간은 북카페로 운영하고 있다.

❺ 부산 브라운핸즈백제 p.562

일제강점기인 1922년에 부산 최초의 근대식 개인 종합 병원으로 운영되었다가 현재는 리얼 빈티지 감각이 돋보이는 멋진 카페로 부활했다. 등록문화재로 지정된 100년 역사의 건축물에서 향기로운 커피 한잔이란!

전망 좋은 카페 여행

커피 한잔에 백만 불짜리 풍경을 맛보다

풍경이 그림처럼 한눈에 들어오는 전망 좋은 카페가 있다. 그저 바라만 봐도 마음이 풍요로워지고, 멋진 사진으로 추억을 남긴다. 백만 달러 가치의 전망 덕분에 언제나 손님으로 북적북적한 전망 카페 다섯 곳.

☑ 추천 전망 좋은 카페

❶ 단양 카페 산 p.258

해발 600m에 위치한 산꼭대기 카페다. 직접 구워내는 빵과 곁들이는 커피 한잔도 좋지만, 패러글라이딩도 하고 낭떠러지 끝에 놓인 듯한 의자에 앉아 '기념샷'을 찍기도 좋다.

❷ 태안 나문재카페 p.271

햇살 좋은 날엔 야외 잔디밭이나 카바나로 꾸민 데크에서, 춥거나 더운 날엔 앤티크 가구와 그림으로 꾸민 실내에서 커피 한잔하며 바다를 감상할 수 있는 나문재펜션의 부속 카페다.

❸ 완주 두베 카페 p.321

완주군 소양면 두베 카페는 분위기 좋은 전주 근교 카페로 입소문 났다. 전통 한옥 스테이 소양 고택과 함께 묘한 대비를 이루는 돌 징검다리가 카페 앞에 있어 멋진 사진을 찍을 수 있다.

❹ 거제 외도널서리 p.532

구조라해수욕장 어귀에 자리한 온실 콘셉트 카페로 외도 보타니아에서 운영한다. 바다 전망에 지붕과 사방 벽은 모두 유리로 덮여 있고 내부는 초록 식물로 가득하다.

❺ 부산 웨이브온 p.561

기장 카페거리에서 가장 핫한 절벽 위 카페다. 카페 건축물은 건축가 곽희수의 작품으로, 어느 각도에서도 바다 전망을 즐길 수 있도록 설계되었다. 임랑 해수욕장을 껴안은 듯한 뷰가 압도적이다.

PART 3

강릉

국내에서 한 도시만 여행지로 추천한다면 세 손가락 안에 꼽히는 곳이 바로 강릉이다. 천혜의 자연과 다양한 맛집, 그리고 지적인 호기심과 감성을 만족시킬 만한 유적지와 박물관까지, 여행자의 오감을 충족한다. 게다가 서울~강릉을 2시간대에 주파하는 강릉선 KTX가 개통된 후로는 아침에 출발해서 바닷가에서 회 한 접시 먹고 느긋하게 커피를 즐기는 당일치기 여행지로도 최고다.

강릉에서 만나는 억겁의 해안단구 풍경

정동심곡 바다부채길。

⊙ **정동 매표소** : 강원 강릉시 강동면 헌화로 950-39(정동진리 50-10), **심곡 매표소** : 강원 강릉시 강동면 심곡리 114-3
℗ 전용주차장 09:00~16:30 기상특보 시 🎫 입장료 : 어른 3000원, 어린이 2000원 📞 정동매표소 : 033-641-
9444, 심곡매표소 : 033-641-9445

정동심곡 바다부채길은 2300만 년 전 지각변동을 관찰할 수 있는 해안단구로, 천연기념물 제437호로 지
정되었다. 건국 이래 민간인에게 단 한 번도 개방된 적이 없던 해안단구가 2016년 개방되면서 이제는 강
릉에서 꼭 가봐야 하는 필수 코스가 되었다. 정동진 썬크루즈 주차장과 심곡항 사이 약 2.86km의 탐방로
로, 지형이 바다를 향해 부채를 펼쳐 놓은 모양과 같아 '정동심곡 바다부채길'이라는 이름을 붙였다고 한
다. 아무래도 바닷가에 난 탐방로라 태풍이나 낙석 피해가 우려되는 상황에는 자체 폐쇄하는 경우가 종종
있기 때문에 반드시 홈페이지를 방문해 확인해봐야 한다. 무료 주차장도 있지만 가까운 썬크루즈 주차장
을 이용한다면 주말이나 공휴일, 성수기 주중에는 유료. 산책 구간 내에 화장실이 없으므로 미리 해결하
고 입장하는 편이 좋고 탐방로 내 군부대 시설은 촬영 금지다.

하이앵글로 감상하는 정동진 뷰가 멋진

정동진조각공원。

◎ 강원 강릉시 강동면 헌화로 950-39(정동진리 50-10) ⓟ 전용주차장 ⓞⓟⓔⓝ 일출~일몰 ⓒⓛⓞⓢⓔ 연중무휴 🎫 어른 5000원, 어린이 3000원 ☎ 033-652-5000

썬크루즈 리조트 안에 위치해 있어서 숙박객이 아니라면 입장권을 구입해야 한다. 그리스풍 석고 조각상을 비롯해 대형 손 작품, 여체의 아름다움을 형상화한 청동 작품 등이 리조트 뒤편까지 이어진다. 작품 수가 그리 많은 편은 아니지만 일몰이나 일출 때 작품과 함께 연출해 멋진 '인생샷'을 건질 수도 있고, 높은 지대에서 색다른 앵글로 굽어보는 동해안 풍경을 만나기 위해 찾는 이들이 많다.

시간을 예술로 승화한 작품들이 한자리에

정동진시간박물관。

◎ 강원 강릉시 강동면 정동진2리 헌화로 990-1(정동진리 569-1) ⓟ 전용주차장 ⓞⓟⓔⓝ 09:00~18:00 ⓒⓛⓞⓢⓔ 연중무휴 🎫 어른 7000원, 어린이 4000원 ☎ 033-645-4540

정동진시간박물관에는 시간을 주제로 한 과학적, 예술적, 역사적인 정보와 자료 그리고 세계적으로 의미 있는 시계 작품들을 전시하고 있다. 야외에서는 해시계를, 시간박물관 내부에서는 중세 유럽 왕실과 귀족들이 소유하던 럭셔리한 시계를 만날 수 있다. 특히 역사를 품은 프랑스 혁명시계나 타이타닉호 침몰 순간 멈춘 세계 유일의 회중시계는 그 의미가 각별하다.

300년 역사를 간직한 국내 최고 사대부 고택

강릉선교장.

◎ 강원 강릉시 운정길 63(운정동 431) ℗ 전용주차장 🕐 09:00~18:00(11~2월은 17:00까지) 🈺 연중무휴 🈂 한복 체험 1만 원, 다식 만들기(2인 이상) 1인 1만5000원, 배다리 만들기 1만 원 📞 033-648-5303

세종대왕의 형인 효령대군의 11대손인 이내번이 지은 이후 10대에 이르도록 증축되었다. 99칸의 전형적인 사대부 상류 주택으로, 300여 년 동안 원형이 잘 보존되어 한국의 전통 가옥 중 최고로 손꼽힌다. 사랑채 인 열화당을 비롯해 안채, 동별당, 서별당, 연지당, 행랑채, 인공 연못을 파고 지은 정자인 활래정까지, 돌 아보는 데만도 꽤 많은 시간을 할애해야 한다. '장원'이라고 불릴 정도로 규모가 큰 민가로 각종 유물 800 여 점을 전시한 민속박물관이 있고 한옥 스테이와 가승 음식을 선보이는 식당과 카페가 마련되어 있다. 또 한 한복 체험과 배다리 만들기 등 체험 프로그램을 운영하며 윷놀이, 투호 등 전통 놀이를 즐길 수 있다.

BTS 앨범 자켓 사진으로 유명해진 방탄정류장

향호해변.

◎ 강원도 강릉시 주문진읍 향호리 ℗ 주문진해수욕장 주차장

향호해변은 그동안 다른 유명한 해변 관광지처럼 눈길을 끌지 못했던 주문진해변 끄트머리의 작은 해변. 그러나 BTS의 앨범 〈봄날〉에 한 장의 사진이 수록되면서 '방탄 정류장'으로 불리는 이곳을 찾는 여행자들 이 늘었다. 주문진해수욕장 주차장에 파킹하고 이정표를 따라 270m쯤 걷다보면 중간중간에 조형물과 그 네 같은 포토존이 나오고 그 끄트머리에 바닷가에 우뚝 선 이 정류장이 나온다. 일본 어느 한적한 바닷가 마을에라도 온 듯한 고즈넉한 느낌의 인생샷을 건져보고 싶다면 한 번 쯤 들러봐도 좋은 곳이다.

전동바이크 타고 동해 구경

정동진레일바이크。

◎ **정동진역** : 강원 강릉시 강동면 정동역길 17(정동진리 303), **모래시계공원** : 강원 강릉시 강동면 헌화로 1018(정동진리 3-2) ⓟ 전용주차장 ⓞᴘᴇɴ 3~10월 08:45~16:45(11~2월은 15:45까지) **모래시계공원 출발** : 3~10월 08:50~16:50, 11~2월 08:50~15:50 ᴄʟᴏꜱᴇ 연중무휴 ☷ 2인승 2만500원, 4인승 3만5000원 ☎ 033-655-7786

- -

4.6km를 달리는 동안 시원한 바닷바람을 온몸으로 맞으며 동해 구경을 실컷 할 수 있다. 반환점에서는 10여 분 동안 하차해 사진을 찍을 수 있다. 정동진역과 모래시계공원 근처에 두 군데의 탑승장이 있으며 모래시계공원 탑승장은 예전보다 15분 앞당겨진 오전 8시 45분부터 운행한다. 특히 2인승은 빨리 마감되므로 미리 티케팅을 하거나 인터넷 예약을 하면 시간을 절약할 수 있다. 시간박물관 관람을 포함한 패키지를 선택하면 보다 저렴하게 이용할 수 있다.

푸른 바다 따라 달리는 바다열차

바다열차。

◎ **강릉역** : 강원 강릉시 용지로 176(교동 118), **삼척해변역** : 강원 삼척시 수로부인길 542(갈천동 산3-16) ⓟ 전용주차장 ⓞᴘᴇɴ 강릉역~삼척해변역 1일 2회, 주말 1일 3회 ᴄʟᴏꜱᴇ 연중무휴 ☷ 특실 1만6000원, 가족석(4인 기준) 5만2000원 ☎ 033-573-5474

- -

강릉역과 삼척해변역을 연결하는 53km의 해안선을 왕복하며 편도로는 1시간 10분이 소요된다. 당일 출발시간 3시간 이내에는 현장에서만 티켓 구입이 가능하므로 미리 인터넷으로 예약하면 좋다. 왕복 티켓을 샀을 때 가장 좋은 선택은 강릉역에서 출발해 추암역에서 하차한 후 촛대바위를 구경하고 강릉역으로 돌아가는 방법이다. 하루 2회, 주말과 공휴일에는 1회 더 운행한다.

바닷가 카페의 로망을 실현하는

강릉커피거리。

◎ 강원 강릉시 창해로 17(견소동 268-10) ⓟ 전용주차장

300원짜리 자판기 커피를 마시며 바닷바람을 쐬던 곳이라 '안목카페'로 불리던 이곳에 원두커피를 내리는 카페가 하나둘 생기더니 이제는 스타벅스 같은 유명 커피 체인점을 비롯해 3층 건물에 들어선 대형 카페 등 오션뷰를 만끽할 수 있는 카페들이 즐비하다. 강릉커피거리의 매력은 뭐니뭐니 해도 커피 한잔하며 탁 트인 동해바다를 감상하는 바닷가 카페의 로망을 실현하기 좋은 곳이라는 것. 커피거리의 이색 디저트로 각광받던 연탄빵과 더불어 커피콩빵도 커피와 함께 즐기기 좋은 핫 아이템. 그리고 날이 갈수록 다양해지는 조형물 포토존에서 인생샷을 남기는 재미를 빠뜨릴 수 없다. 특히 커피잔 조형물로 이어지는 나무 데크를 놓아 휠체어나 유모차도 바다 가까이 접근이 가능하다.

바다를 담아 찰칵!

강문해변。

───

◎ 강원 강릉시 강문동 ⓟ 전용주차장 ☏ 033-640-4920

- -

경포해변 남쪽의 강문해변은 아기자기한 맛이 나는 해변이다. 강릉 시민들이 산책하거나 낚시를 즐기는 이곳에는 삼각대를 든 젊은 여행자들의 발길이 끊이지 않는다. 한 폭의 그림처럼 바다를 담을 수 있는 다양한 포토존이 있기 때문. 강문해변에는 드라마 〈그녀는 예뻤다〉에서 박서준과 황정음이 서로의 마음을 확인하던 다이아몬드 반지 조형물을 비롯해 액자나 하트 모양의 벤치 등 포토존이 즐비하다. 작지만 예쁜 강문해변은 강릉커피거리와는 또 다른 아기자기한 매력으로 여행자들의 발길을 붙든다.

  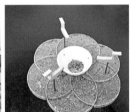

〈도깨비〉처럼 영원한 사랑을 기약하고픈

영진해변방사제。

───

◎ 강원 강릉시 주문진읍 해안로 1609(교항리 81-32) ⓟ 전용주차장

- -

드라마나 영화가 성공하면서 덩달아 뜨는 여행지가 있는데 영진해변방사제가 그렇다. 별로 알려져 있지 않았지만 드라마 〈도깨비〉에서 도깨비 김신과 여주인공 지은탁이 처음 만난 장소로 등장하면서 관심을 끌게 된 것. 세월이 흐르면서 이젠 TV 모양의 드라마 촬영지 안내판만이 한때 핫했던 시간을 떠오르게 하고 있지만 주문진 쪽을 여행한다면 잠시 들러 사진 한 컷 남겨도 좋겠다. 정확한 위치는 교항리 해랑횟집 건너편.

신사임당과 율곡의 숨결을 느낄 수 있는

오죽헌 & 강릉시립박물관.

⊙ 강원 강릉시 율곡로3139번길 24(죽헌동 201) ⓟ 전용주차장 〈OPEN〉 09:00~18:00 〈CLOSE〉 1월 1일, 설날, 추석 🎫 어른 3000원, 어린이 1000원 ☎ 033-660-3304

오죽헌은 사임당의 친정이자 외가인 사대부 신 씨 가옥 중 율곡 이이가 태어난 몽룡실이 있는 별당 건물. 우리에게 오랫동안 헌신적인 현모양처 이미지로 각인된 사임당이지만, 알고 보면 초충도로 대표되는 그림과 글에 뛰어난 재능을 보였던 작가이다. 사임당과 율곡 이이 모자가 동시에 5만 원권과 5000원권의 도안 인물이 되었다는 점도 독특하다. 오죽헌 외에 율곡과 관련한 기념관과 시립박물관, 민속관도 함께 둘러볼 수 있다.

조선시대 천재 남매를 기리는

허균허난설헌기념관.

⊙ 강원 강릉시 난설헌로193번길 1-29(초당동 477-8) ⓟ 전용주차장 〈OPEN〉 09:00~18:00 〈CLOSE〉 월요일 🎫 무료 ☎ 033-640-4798

최초의 한글 소설 《홍길동전》을 쓴 허균과 조선시대 최고의 여류 시인 허난설헌 남매의 생가 터에 조성한 기념관이다. 동생 허균은 유교의 틀에 얽매인 조선시대에 유난히도 자유분방하여 평생 굴곡진 삶을 살다 생을 마감했다. 그 못지않게 조선이라는 소천지에 태어난 것, 더구나 여성으로 태어난 것, 김성립의 처가 된 것이 평생의 한이라던 허난설헌의 삶도 순탄치는 않아 27세에 요절한다. 알고보면 신사임당보다도 더 한 재능의 소유자였다는 평을 듣는 허난설헌의 동상도 있고 다도와 목판 체험 프로그램도 운영하고 있다.

강릉의 오리지널 핸드메이드 작품 구경하세요

강릉예술창작인촌。

◎ 강원 강릉시 죽헌길 140-12(죽헌동 149) ⓟ 전용주차장 🕘 09:00~18:00 🕘 연중무휴 ☎ 033-642-2210

- -

한 땀 한 땀 정성 들여 만든 강릉 핸드메이드 공예의 모든 것을 보고 체험할 수 있는 복합문화공간. 20여 명의 공예 작가들이 규방공예, 칠보공예, 천연염색, 목공예 등 다양한 작품 활동을 하는 공방이 있다. 특히 2층에 둥지를 튼 동양자수박물관은 한중일 삼국 자수의 특징을 한자리에서 비교해볼 수 있는 귀한 공간 이다. 그밖에 방짜유기 전시관과 작품을 살 수 있는 공예상품관도 갖추고 있다.

놀라운 수집가의 세계를 엿보다

참소리 축음기 & 에디슨 과학 박물관。

◎ 강원 강릉시 경포로 393(저동 36) ⓟ 전용주차장 🕘 10:00~17:00 🕘 연중무휴 🎟 어른 1만5000원, 어린이 9000원
☎ 033-655-1130

- -

경포대 가는 길에 위치한 이곳은 참소리축음기박물관, 에디슨과학박물관, 손성목 영화·라디오·TV·박물 관 등 세 개의 박물관이 따로 또 같이 모여 있다. 세 곳의 박물관은 손성목 관장이 그동안 수집한 세계 각국 의 명품 축음기를 모아 1982년 '참소리방'을 열면서 시작했다. 전 세계 축음기와 에디슨 발명품의 1/3 이상을 수집한 수집광 손 관장은 이어 영화 마니아들에게 시네마천국을 경험하게 해줄 손성목영화박물관까지 오픈 하였다. 하나의 티켓으로 모든 박물관을 관람할 수 있으며 찬찬히 둘러보자면 몇 시간이 훌쩍 지나간다.

유적지와 호수, 바다의 콜라보

경포대 & 경포호 & 경포해변。

◎ 경포대 : 강원 강릉시 경포로 365(저동 94) ℗ 전용주차장

강릉의 유적지들은 경포호를 중심으로 모여 있다. 자전거를 빌려 경포호 하이킹을 겸해 한 바퀴 돌다보면 방해정, 금란정, 경호정을 비롯해 경포대까지, 유적지 대부분을 들르게 된다. 2차선 도로를 사이에 두고 경포호와 경포해변이 있어 호수와 바다의 경치를 함께 감상할 수 있다. 경치가 빼어난 곳이라 고급 호텔이 즐비한데 특히 씨마크호텔과 골든튤립 스카이베이호텔이 들어서며 경포호의 풍경을 바꿔놓았다. 솔숲과 나무 데크로 조성한 산책로도 걸어보고 호수 주변으로 잘 조성된 자전거도로를 달리며 추억도 쌓자. '국민 해수욕장'인 경포해변엔 인증샷 찍기 좋은 조형물과 드라마 〈함부로 애틋하게〉의 촬영지를 포토존으로 꾸며 놓은 스폿이 있어서 젊은 여행자들의 사랑을 받고 있다.

아이가 행복한 작은 동물농장

대관령아기동물농장.

◎ 강원 강릉시 사천면 송암골길 197-13(노동리 819-13) ℗ 전용주차장 🕐 4~10월 09:00~17:00(매표 마감), 11~3월 09:00~16:00(매표 마감) 📅 연중무휴 🎫 20개월 이상 1만 원(1인 먹이통 포함), 송아지 우유주기 1통 2000원 ☎ 033-641-0232

강릉 사천면에 있는데도 이름에 '대관령'이 붙은 이유는 평창 양떼목장 입구에서 강릉운전면허시험장 근처로 확장 이전했기 때문. 대형하우스 7개 동으로 구성된 실내에 알파카, 돼지, 토끼, 고슴도치 등 아이들이 좋아하는 웬만한 아기 동물은 다 있다. 동물 먹이도 주고 아기 동물을 만져보고 함께 사진도 찍을 수 있어 특히 미취학 연령의 아이들이 참 좋아한다. 이왕이면 송아지 우유를 한 통 구입해서 아이에게 직접 먹이게 해보자. 아기 동물들과 시간을 보내며 부모도 동심의 세계로 돌아가볼 수 있는 곳.

바다 풍경을 끼고 달려보자

헌화로 드라이브 코스.

◎ 심곡항~금진항 구간

심곡항에서 옥계 방향의 금진항으로 내려가는 2km 남짓한 바닷길은 국내에서 바다와 가장 가까운 도로로 알려져 있다. 해안단구의 절벽과 바다 사이로 길이 나있어 강한 파도라도 치는 날이면 바닷물이 도로까지 밀려올 정도로 스릴 넘친다. 그 때문에 중간쯤에 주차하고 사진을 찍기도 한다. 헌화로 드라이브도 즐기고 바다부채길 산책도 하고 싶다면 정동진 쪽보다는 심곡항 쪽에서 시작하면 좋다.

폐철도 부지에 조성한 산책로

월화거리。

📍 강원 강릉시 경강로 2112(임당동 113-2) 🅿 월화거리 공영주차장(유료) 📞 033-640-4565

- -

강릉선 KTX가 놓이면서 생긴 폐철도 부지에 조성한 약 2.6km의 산책길로, 무월랑과 연화부인의 사랑 이야기를 테마로 꾸몄다. 조정의 명으로 경주로 돌아간 무월랑이 소식이 없자 연화부인이 잉어를 통해 편지를 전달하여 다시 만났다는 이야기로, '월화거리'라는 이름은 연애담의 주인공인 무월랑과 연화부인의 이름에서 한 자씩 딴 것. 강릉역에서 강릉중앙시장과 월화풍물시장을 거쳐 월화교까지, 중간중간 맛보기로 걸어도 좋은 길이다. 주전부리할 수 있는 풍물시장과 구석구석에 포토존이 있어 결코 지루하지 않다.

뉴트로 무드 가득한 시나미 명주

명주동 골목 산책。

📍 파랑달: 경강로 2024번길 17-1, 햇살박물관: 남문길34, 명주사랑채: 경강로2046번길 11 🕐 파랑달 10:00~17:30(월요일 휴무), 햇살박물관 10:00~17:00(월~화요일 휴무), 명주사랑채 09:00~18:00(연중무휴) 🎫 파랑달 근현대 의상 체험 1만 원(90분) 📞 파랑달: 033-645-2275

- -

오래된 골목길을 걸으며 마음에 쉼표를 찍고 싶다면 명주동 골목을 찾아가보자. 조금씩, 찬찬히 돌아보라는 뜻으로 '시나미 명주'로 불리는 구도심 골목에는 뉴트로 무드 가득한 카페들이 들어서 있어 바닷가 카페 거리와는 다른 매력으로 다가온다. 우선, 강릉커피축제를 비롯한 강릉 여행 자료를 얻을 수 있고 커피 체험도 가능한 명주사랑채, 마을 주민들이 기증한 물건을 모아 만든 마을박물관, 근현대 의상 대여점이자 문화 기행 프로그램을 운영하는 파랑달을 돌아보자. 잠시 쉬어갈 만한 카페로는 〈밤의 해변에서 혼자〉를 촬영한 봉봉방앗간, 일본 가옥의 멋을 살린 오월, 주택을 개조해서 만든 명주배롱 등이 이 골목의 핫플레이스.

동해 비경에 녹아든 다양한 아트 스펙트럼

하슬라아트월드。

◎ 강원 강릉시 강동면 율곡로 1441(정동진리 524-19) ℗ 전용주차장 하슬라미술관 : 09:00~18:00, 체험학습 09:00~18:00, 레스토랑 : 09:00~17:30 연중무휴 어른 1만2000원, 어린이 1만1000원 ☎ 033-644-9411

조각가 최옥영, 박신정 부부가 동해 전망이 멋진 절벽 위 야산을 일구어 조성한 복합예술공간이다. 실내 갤러리를 비롯해 야외전시장, 조각공원 산책로, 레스토랑과 카페, 그리고 뮤지엄호텔까지 갖추고 있다. 초창기보다 나날이 신선한 변화를 더해가며 알찬 구성으로 방문객을 맞는다. 아이들이 좋아하는 피노키오 박물관과 마리오네트전시관부터 움직이는 키네틱 아트 작품 등을 만날 수 있는 현대미술관이나 야외 전시장까지, 일일이 열거하기 힘든 다양한 스펙트럼의 예술 작품을 만나게 된다. 아니면 그저 조각공원을 산책하거나 광활하게 펼쳐진 바다를 배경 삼은 의미심장한 작품을 바라보며 커피 타임을 즐기는 것만으로도 입장료가 아깝지 않다. 피노키오 마리오네트 공예, 무브 나무원목 인형 만들기, 꽃떡 체험 등 아이들이 좋아할 만한 다양한 체험 프로그램을 갖추고 있다. 사전예약 필수.

겨울철 최고의 '강추' 바다 여행지

주문진수산시장。

◎ 강원 강릉시 주문진읍 시장길 38(주문리 312-91) ℗ 전용주차장 (OPEN) 07:00~22:00 (CLOSE) 연중무휴

겨울철 강원도 최고의 여행지로 손꼽히는 주문진. 특히 수산시장의 존재감은 굳이 설명이 필요 없을 정도
이다. 서울에서도 2시간 이내에 닿을 수 있어 회 한 접시 먹고 돌아가도 부담 없는 당일치기 여행이 가능
하다. 주말이면 관광버스에서 쏟아져 나온 수많은 관광객이 저마다 해산물이 가득 든 스티로폼 박스를 들
고 종종걸음친다. 즉석에서 손질해주는 횟감도 저렴하지만 단돈 1만 원이면 한참 두고 먹을 수 있는 겨울
철의 양미리나 도루묵을 한 아름 사갈 수 있어 주부들을 즐겁게 한다. 펄펄 김을 내며 익어가는 대게나 킹
크랩도 먹음직스럽지만 이왕 주문진에 왔으니 자연산 횟감을 맛보고 싶다면 필히 어민수산시장을 찾을
일이다. 주로 선주의 가족들이 운영하며 고깃배를 타고 나가서 잡은 싱싱한 자연산 해산물만 취급한다.

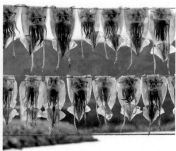

긴 대기 줄도 불사하게 만드는 꼬막무침의 유혹

엄지네포장마차。

⊙ 강원 강릉시 경강로2255번길 21(포남동 1155) ⓟ 전용주차장 🕐 11:00~23:00, 일요일 11:30~21:30 🕐 연중무휴 🍴
꼬막무침 3만3000원, 꼬막무침비빔밥 3만5000원, 육사시미 3만 원 ☎ 033-642-0178

서해안과 남해안에서 많이 나는 꼬막이 동해안인 강릉에서 대박을 터뜨렸다는 것이 의외이긴 하지만 엄지네
포장마차는 강릉에 가면 꼭 들러야 할 맛집으로 손꼽힌다. 원래 포장마차에서 술안주로 꼬막무침을 내던 것
이 입소문을 타고 인기를 끌었고 곧 줄 서는 맛집이 되었다. 전라도 갯벌에서 생산된 국내산 100% 꼬막만 사
용하여 간장 베이스로 무쳐낸 꼬막무침에 참기름으로 고소함을 더했다. 고들고들한 식감의 꼬막에 더한 알
싸한 청양고추가 '셰프의 킥'. 언제 가도 워낙 대기 줄이 길기 때문에 차라리 포장해가는 편이 낫다.

사위의 '짬순'과 장모의 청국장

동화가든。

⊙ 강원 강릉시 초당순두부길77번길 15(초당동 309-1) ⓟ 전용주차장 🕐 07:00~19:00(브레이크 타임 16:00~17:00)
🕐 수요일 🍴 안송자청국장 1만 원(2인분부터), 원조짬순 1만2000원, 초두부 1만 원 ☎ 033-652-9885

장모와 사위의 합작품으로 대박을 터뜨린 동화가든은 초당순두부마을에서 대기 줄 길기로 최고라 할 만
한 맛집. 국내산 콩 100%로 만드는 두부 메뉴와 청국장 둘 다 맛볼 수 있다. 국내산 콩 자체의 진하고 구수
한 맛을 제대로 살린 장모의 청국장, 짬뽕과 순두부를 맛깔나게 결합시킨 사위의 '짬순'. 각각 강한 개성을
지닌 밥도둑으로, 국내산 재료로 조리해낸 깊은 맛의 반찬들과 어우러져 만족도 높은 밥상을 완성한다. 대
기 시간이 길거나 디저트가 생각난다면 근처의 순두부젤라또 1호점에서 강릉 스타일 젤라또로 마무리.

강릉에서 만나는 정갈한 일본 가정식

얼라이브홈.

◎ 강원 강릉시 강릉대로203번길 4-1(교동 162-129) ℗ 없음 ⊙ 11:30~19:00 ⊙ 수요일 ▤ 마제소바 1만 원, 차슈덮밥 1만2000원, 호르몬라멘 1만2000원 ☎ 033-648-4649

- -

순두부나 감자옹심이 같은 향토음식이 강세인 강릉에서 유난히 돋보이는 일본 가정식 콘셉트의 음식점이다. 작은 앞마당과 독특한 분위기의 작은 뜰이 있으며 아담하고 정갈한 인테리어의 식당 내부는 곳곳이 예쁘다. 다섯 가지 메뉴 중 가장 사랑받는 것은 나고야에서 시작한 마제소바다. 국물 없이 비벼 먹는 대만 스타일 라면으로, 고명으로 얹은 다진 고기와 부추, 김가루, 달걀 노른자를 면발과 비벼 먹는다. 그 밖에 일본식 카레와 오키나와식 차슈가 올라가는 차슈덮밥도 각각 개성 있는 맛을 자랑하는 메뉴.

배 숙성 육수로 살린 자연산 횟감의 신선한 맛

사천물회전문.

◎ 강원도 강릉시 사천면 진리항구1길 36(사천진리 86-69) ℗ 전용주차장 ⊙ 수·목·월·화요일 10:00~16:00 (금~일요일은 20:00까지) ⊙ 연중무휴 ▤ 잡어물회 1만4000원, 스페셜 물회 1만8000원 ☎ 033-644-0018

- -

속초에서 물회가 맛보고 싶다면 사천물회마을을 찾아가보자. 이 마을에서 가장 오래되고 유명한 곳이 사천물회전문. 일찍이 여성 어업인 수산물 요리대회에서 큰 상을 두 번이나 수상한 여주인이 내놓는 물회는 자연산 해산물의 신선하고 내추럴한 맛을 고스란히 살린 맛. 광어, 가자미, 노래미 등 소위 잡어라고 불리는 횟감에 채소를 푸짐하게 썰어 넣은 기본 잡어 물회. 거기에 전복, 해삼, 멍게가 더 들어가면 스페셜 물회다. 배, 매실청, 고추장을 섞어 숙성한 육수는 빙초산 육수와는 차원이 다른 맛을 낸다.

주문진의 진짜 별미 장치찜

월성식당。

◎ 강원 강릉시 주문진시장3길 4-1(주문리 312-147) ⓟ 공영주차장 ⏰ 09:00~20:00 🏠 월요일 🍴 장치찜(대) 4만 4000원, (중) 3만3000원, (소) 2만2000원 📞 033-661-0997

- -

이름도 생소한 장치찜으로 유명한 맛집이다. 장치찜의 재료가 되는 생선의 원래 이름은 벌레문치. 장어와 비슷해 보이지만 장어보다는 몸통이 굵은 편이다. 11월부터 봄철까지 속초나 주문진 등 동해 지역에서 흔하게 나오는 어종이었지만, 지금은 잘 잡히지 않아 동해안의 몇몇 식당에서만 맛볼 수 있다. 월성식당에서는 이 장치를 꾸덕꾸덕하게 말려 감자와 함께 매콤하게 조려낸다. 11월에서 12월 사이에 가면 오도독오도독 도루묵 알 씹는 소리가 재미난 암도루묵찌개나 훌훌 넘어가는 곰치국도 맛볼 수 있다.

사각사각 잊을 수 없는 식감의 감자옹심이 원조

강릉감자옹심 강릉본점。

◎ 강원 강릉시 토성로 171(임당동 19-22) ⓟ 문화주차장 이용 ⏰ 10:30~16:00 🏠 목요일, 설날, 추석 🍴 순감자옹심이 9000원, 감자옹심이칼국수 8000원, 감자송편 4000원 📞 033-648-0340

- -

야무진 이름에서부터 그 식감이 연상되는 '옹심이'는 새알심의 강원도 사투리다. 감자를 갈아 새알심처럼 빚어내기 때문에 감자옹심이라 부르는데 곱게 갈아낸 뒤 물기를 짜낸 감자와 1시간쯤 가라앉혀 윗물을 따라내고 남은 감자 전분을 섞어 반죽해서 만든다. 칼국수에 옹심이를 섞기도 하고 옹심이만 내놓기도 하는데 아삭하고 쫄깃한 그 식감은 중독성이 있다. 옹심이와 더불어 감자송편도 빠뜨릴 수 없다. 강릉에 가면 꼭 맛봐야 할 추천 음식.

빵 하나에 담은 달인의 손맛

강릉빵다방.

───────

◎ 강원 강릉시 남강초교1길 24(포남동 1278-23) Ⓟ 전용주차장 ⓞⓟⓔⓝ 12:00~19:00 ⓒⓛⓞⓢ 월 · 화요일 🍽 녹차크림빵 3500원, 매운용암빵 3000원, 블랙버거 4500원 📞 033-642-8807

· ·

〈생활의 달인〉에 소개된 인절미빵이 유명하다. 찹쌀가루 반죽을 올리브유에 숙성시켜 겉은 쫄깃하고 안에 는 달콤하고 부드러운 콩크림을 가득 넣었다. 고소한 콩가루를 듬뿍 뒤집어쓴 인절미빵과 더불어 우유생 크림과 보성녹차를 넣어 만든 녹차크림빵, 만두 재료에 부추를 곁들여 매운 맛을 더한 부추빵도 인기. 재 료를 아끼지 않고 속을 꽉꽉 채워 넣은 덕분에 반으로 가르면 빵 속의 내용물이 폭발하는 듯한 비주얼도 압도적이다.

맥주 한 잔으로 '소확행'을 누리는

버드나무브루어리.

───────

◎ 강원 강릉시 경강로 1961(홍제동 93-8) Ⓟ 홍제동주민센터 옆 공영주차장 ⓞⓟⓔⓝ 12:00~24:00(16:00~17:00에는 맥주 및 음료만 가능) ⓒⓛⓞⓢ 연중무휴 🍽 맥주류(400mL) 7000~8000원, 버드나무 샘플러 1만8000원, 홍제 피자 2만5000원 📞 033-920-9380

· ·

1920년대 막걸리 양조장을 개조하여 내추럴 빈티지 콘셉트로 꾸민 브루어리다. 낡음을 멋짐으로 승화한 실 내에는 유리창 너머로 한창 발효 중인 발효조도 볼 수 있다. 이곳에서는 솔, 창포, 오죽, 커피, 쌀 등 강릉의 맛을 담은 한국적 풍미의 수제 맥주를 경험할 수 있다. 처음 방문했다면 180mL 잔에 대표 맥주 네 가지가 나오는 버드나무 샘플러에 피자나 피시앤칩스를 곁들여보자. 맥주 맛은 물론 안주의 퀄리티도 꽤 좋다.

아기 엉덩이 같이 토실토실한 빵으로 이름난

베이커리 가루。

◎ 강원도 강릉시 솔올로 3(교동 1889-4) ⓟ 없음 ⓞ 08:00~22:00 ⓒ 연중무휴 ☰ 원준이엉덩이빵 3000원, 바질마늘 바게트 5500원 ☏ 033-647-7953

- -

사실 우유 크림을 가득 채운 빵을 이곳에서 처음 만난 건 아니었다. 정확한 빵 이름은 기억이 나지 않지만 처음 보았을 때 어찌나 보들보들하고 통통하던지 저절로 아기 엉덩이가 떠올랐던 기억이 있으니 말이다. 베이커리 가루 주인장도 그런 생각을 했던 걸까? 쫄깃한 빵 속에 바닐라우유크림을 터질 듯이 채워 넣고 아들 이름인 듯한(?) '원준이엉덩이빵'이란 이름으로 출시해 〈생활의 달인〉에도 소개되었다. 무엇보다도 기 저귀 찬 아기 엉덩이를 강조하듯 둥그렇게 파낸 빵 포장지가 슬며시 웃음을 자아낸다.

달달고소한 흑임자라떼로 줄을 세우는 강릉 핫플 카페

카페 툇마루。

◎ 강원도 강릉시 난설헌로 232(초당동 355) ⓟ 전용주차장 ⓞ 11:00~19:00 ⓒ 화요일 ☰ 툇마루커피 5500원, 에스프 레소 4000원, 플랫화이트 4500원 ☏ 033-922-7175

- -

잠시 걸터앉아 쉬는 툇마루 같은 독특한 카페 좌석이 있는 이 카페는 코로나19 상황인데도 유독 긴 대기 줄이 인상적인 강릉 핫플. 고소하고 달달한 흑임자 크림과 에스프레소, 그리고 차가운 우유를 믹스한 '툇 마루커피'로 줄을 세운다. 카페 1층은 마치 툇마루에 앉아 대나무를 바라보는 듯한 일렬 구조의 좌석이 특 징으로 2층이 훨씬 여유있는 편이다. 다양한 맛의 마들렌이나 쿠키, 조각 케이크를 곁들일 수 있어 젊은 여행자들이 많이 찾는다.

오래된 방앗간의 이유 있는 변신

봉봉방앗간.

◎ 강원 강릉시 경강로2024번길 17-1(명주동 28-2) 🕚 11:00~18:00 🔒 월요일 ☕ 스페셜티 커피 5000~8000원, 허브티 4500~5000원, 초코칩 쿠키 1000원 📞 070-8237-1155

강릉 명주동은 사진 찍기 좋은 빈티지한 동네로 구도심 특유의 매력이 남아있다. 명주동의 매력을 잘 살린 공간으로는 방앗간을 카페로 리모델링한 봉봉방앗간이 있다. 옛 간판과 상호를 유지한 채 핸드드립 카페로 변신한 이곳은 인스타그램에서 꽤 유명한 곳. 인상적인 것은 이곳이 비단 여행자들의 카페일 뿐 아니라 동네 주민들의 사랑방이라는 것. 주민들이 들러서 원두도 사가고 정담도 나누고 각종 문화행사도 개최한다. 카페 바로 앞에 동네 주차장이 있다.

테라로사 커피로 기억하는 강릉의 추억

테라로사 커피공장.

◎ 강원 강릉시 구정면 현천길 7(어단리 산314) Ⓟ 전용주차장 🕚 09:00~21:00 🔒 연중무휴 ☕ 아메리카노 5300~5800원, 카페라테 6000원, 카푸치노 5500원 📞 033-648-2760

테라로사 커피를 마시기 위해 강릉을 찾는다고 할 정도로 테라로사는 이제 강릉 카페 순례의 필수 코스가 되었다. 2002년 강릉 1호점을 시작으로 전국에 10여 개가 넘는 직영점을 운영하는 테라로사는 점포당 매출이 스타벅스의 두 배가량이라고 한다. 김용덕 사장이 직접 설계하고 건축한 심플한 창고형 붉은 벽돌 건축물은 테라로사만의 독특한 감각을 자랑한다. 다른 카페들이 모방할 정도로 개성적이고 개방적인 공간도 멋지다.

커피 철학이 담긴 박이추의 커피

박이추 커피공장。

⊚ 강원 강릉시 사천면 해안로 1107(사천진리 285-11) ⓟ 전용주차장 🔓 평일 09:00~20:00, 주말 08:00~21:00 🔒 연중무휴 ☕ 하우스 블랜드 6000원, 비엔나 커피 7000원, 모닝세트 8000원 📞 033-642-6688

사천 해안도로에 위치한 박이추 커피공장은 소박한 빈티지풍의 본점과 달리 모던하다. 커피공장답게 대형 로스팅 설비를 갖추고 있으며 세계 3대 커피로 꼽히는 파나마 게이샤, 자메이카 블루마운틴, 하와이안 코나 원두도 살 수 있다. 길 건너 바다를 감상하며 커피를 마실 수 있어 좋으나 대체로 대기 줄이 긴 편이다. 박이추 선생이 내리는 핸드드립을 마시고 싶다면 연곡리에 위치한 카페 보헤미안에 휴무일인 월~수요일을 제외한 목~일요일 아침부터 오후 5시까지 방문하면 된다.

블루리본 서베이에 선정된 그리스풍 로스터리 카페

산토리니。

⊚ 강원 강릉시 경강로 2667(견소동 5) ⓟ 전용주차장 🔓 08:30~24:00 🔒 연중무휴 ☕ 산토리니 스페셜티 블랜드 6000원, 아메리카노 3800원, 아이스 더치커피 5500원 📞 033-653-0931

강릉항 초입의 3층 건물로 하얀 회벽과 파란 창으로 마무리한 그리스 산토리니풍의 인테리어가 눈에 띈다. 2013년부터 연속 블루리본 서베이에 선정된 카페로, 바다가 잘 보이는 3층의 야외 테라스가 가장 인기 좋은 자리이다. 커피 고수들 사이에서도 인정받는 산토리니 김재완 대표가 직접 볶은 스페셜티 원두로 내리는 핸드드립 커피와 에스프레소 베리에이션 메뉴가 다양하다. 젤라또와 조각 케이크, 가루 베이커리의 빵 등 다양한 디저트를 갖추고 있다.

럭셔리 인피니티풀 인증샷의 로망을 이루는

씨마크호텔.

◎ 강원 강릉시 해안로 406번길 2(강문동 274-1) ⓟ 전용주차장 ☎ 033-650-7000 🏠 www.seamarqhotel.com

럭셔리 '호캉스' 인증샷으로 인스타그램을 도배하다시피 한 5성급 호텔로 바다와 맞닿은 듯한 인피니티풀에서 사진 찍기는 특히 여성 여행자들의 로망이다. 객실 컨디션이나 어메니티, 조식, 키즈클럽 등 부대시설 전반에 걸쳐 매우 좋은 평을 얻고 있다. 통유리 너머 파노라마 오션뷰가 시원하게 펼쳐지는 로비 자체도 포토존. 사계절 운영 중인 실내 풀장은 물론 인피니티 풀과 자쿠지가 있어서 바다를 보며 야외 수영도 즐길 수 있다. 다만 가격대가 높은 편으로 홈페이지에서 특가 할인 패키지로 예약하기를 추천한다.

경포호의 랜드마크

골든튤립 스카이베이호텔.

◎ 강원 강릉시 해안로 476(강문동 258-4) ⓟ 전용주차장 🛏 실내 수영장&인피니티풀(투숙객 요금) 어른 4만 원, 36개월
~13세 3만 원 ☎ 033-820-8888 🏠 skybay.co.kr

두 개의 타워가 스카이브리지로 연결된 구조로 마치 커다란 배를 떠받치고 있는 듯한 형상의 외관이 인상적이다. 경포해변 중앙광장 앞에 있어 앞쪽에는 경포해변, 뒤쪽으로는 경포호 풍경이 펼쳐진다. 스카이베이 호텔의 핫스팟은 20층에 위치한 실내 수영장&인피니티풀이다. 특히 바다 같은 호수와 맞닿은 듯한 인피니티풀&수영장이 인기로 유료로 운영된다. 다만 국보급 뷰에 비해 서비스나 호텔 컨디션은 아쉽다는 평도 있다.

강릉선교장。

◎ 강원 강릉시 운정길 63(운정동 431) ☎ 033-646-3270

최소 6인 이상이 이용할 수 있는 객실로 구성되어 있다. 여섯 가지 유형의 한옥 중에서 선택할 수 있다. 체크인은 일반 관람 시간 이후인 오후 6시부터이며 전통 한식당과 카페도 갖추고 있다.

썬크루즈 & 비치크루즈。

◎ 강원 강릉시 강동면 헌화로 950-39(정동진리 50-10) ☎ 033-610-7000

정동진리의 높은 언덕에 위치한 만큼 객실에서 내려다보는 오션뷰가 환상적이다. 콘도형과 호텔형으로 나뉘며 풀빌라 위주로 구성된 비치크루즈는 썬크루즈보다 2배 정도 객실료가 높다.

세인트존스호텔。

◎ 강원 강릉시 창해로 307(강문동 1-1) ☎ 033-660-9000

강릉항에서 경포호 가는 길에 있으며 초당순두부마을이나 강문해변에서도 가깝다. 특이한 것은 반려견과 함께 묵을 수 있는 객실과 함께 뛰놀 수 있는 공간이 따로 있다는 점.

부티크호텔 봄봄。

◎ 강원 강릉시 교동광장로100번길 19(교동 1871-4) ☎ 033-645-5511

강릉 시내 쪽에서 머물 때 추천할 만한 디자인적인 숙소다. 외관이 예쁘며 단층은 물론 복층룸도 갖추고 있다. 조식을 제공하며 강릉시외버스터미널에서 가까운 입지로 가성비가 좋다.

PART 4

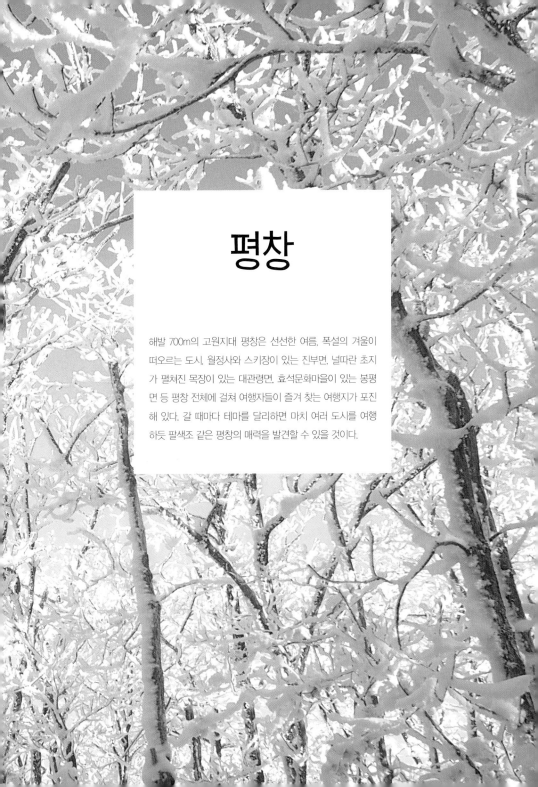

평창

해발 700m의 고원지대 평창은 선선한 여름, 폭설의 겨울이 떠오르는 도시. 월정사와 스키장이 있는 진부면, 널따란 초지가 펼쳐진 목장이 있는 대관령면, 효석문화마을이 있는 봉평면 등 평창 전체에 걸쳐 여행자들이 즐겨 찾는 여행지가 포진해 있다. 갈 때마다 테마를 달리하면 마치 여러 도시를 여행하듯 팔색조 같은 평창의 매력을 발견할 수 있을 것이다.

데이지와 은하수를 품은 광활한 청옥산 능선

청옥산 육백마지기 생태농장。

◎ 강원도 평창군 청옥산길 583(미탄면 회동리 1-18, 3호기 공용화장실 인근) ⓟ 공용주차장

그냥 '육백마지기'라는 이름으로 흔히 불린다. 청옥산 1200m 산 정상의 능선이 비교적 평탄한 지형으로 '600말의 볍씨를 뿌릴 수 있을 만큼 넓다' 혹은 '육백(금성)을 맞이하는 장소'란 뜻으로 이런 이름이 붙었다고 한다. 축구장 6개 정도를 합한 크기인 18만여 평에 이를 정도로 광활한 이곳은 원래 고랭지 채소를 주로 재배하던 곳이었으나 평창군이 18억 4000만 원을 들여 야생화 생태 단지로 조성했다. 험난한 여정 끝에 육백마지기에 이른 여행자들은 미니어처 같은 작은 성당과 탁 트인 풍경을 배경으로 선 풍력발전기를 배경으로 인증샷을 찍곤 한다. 특히 데이지꽃이 천상의 화원을 이루는 6~7월과 작은 성당을 배경으로 환상적인 은하수 사진을 찍을 수 있는 밤이 포인트. 원래는 차에서 잠을 자는 차박의 성지이기도 했으나 야영이나 취사는 불가하다.

용평리조트를 찾는 또 다른 즐거운 이유

발왕산 관광케이블카&스카이워크。

◎ 강원도 평창군 대관령면 올림픽로 715 용평리조트 내 ℗ 전용주차장 (OPEN) 10:00~19:00(계절별로 다름) (CLOSE) 연중무휴 📋 케이블카+스카이워크 왕복: 어른 2만5000원, 어린이 2만1000원(네이버 예매 시 어른 왕복 1만9500원, 어린이 왕복 1만6500원) 📞 033-330-7423

용평 하면 스키장이지만 또 하나의 즐거움을 더했으니 바로 발왕산 관광케이블카와 스카이워크가 그것이다. 왕복 7.4km로 국내 최장 길이를 자랑하는 이 케이블카를 타면 힘들이지 않고 발왕산 정상까지 다다를 수 있거니와 해발 1548m라는 높은 위치에 놓여 다리가 후들거리는 스카이워크까지 한 번에 경험할 수 있다. 케이블카 탑승 시간은 18분 정도로 멀리 수묵화처럼 펼쳐진 발왕산 풍광과 더불어 겨울에는 눈 아래로 하얀 설원을 누비는 스키어들의 모습도 함께 볼 수 있다. 이와 함께 해발 1458m 국내 최고 높이에서 솟아나는 천연 암반수로 제조하는 발왕산막걸리의 원료가 되는 발왕수로 가는 길, 발왕산의 수리부엉이를 테마로 한 부엉이 포토존, 평창평화봉 정상까지 다다르게 되는 바램길까지 다양한 산책 코스가 마련되어 있다.

트랙터 마차를 타고 하늘마루까지

대관령 하늘목장。

◎ 강원 평창군 대관령면 꽃밭양지길 458-23(횡계리 산 1-134) ⓟ 전용주차장 ⊙ 09:00~18:00(10~3월은 17:30까지)
⊙ 연중무휴 🎫 입장료 : 어른 7000원, 어린이 5000원 / 마차 : 어른 7000원, 어린이 6000원 / 양떼 체험 : 2000원 ☎
033-332-8061~3

- -

2014년, 40년 만에 공개되었다. 양떼목장, 삼양목장과 함께 대관령 목장의 트로이카라 할 수 있다. 하늘목
장의 가장 두드러진 특징은 트랙터 마차, 커다란 바퀴의 트랙터에 나무 마차를 연결한 트랙터 마차를 타
고 하늘목장 구석구석을 돈다. 중앙역에서 출발하여 하늘마루전망대까지 올라갔다가 한 바퀴 돌고 내려
오는 5km 코스로 약 30분이 소요된다. 8기의 풍력발전기가 시원한 그림을 그려내는 하늘마루전망대는
언제나 세찬 바람이 불어 한여름에도 쌀쌀한 느낌. 이곳에서 내려 선자령을 다녀올 수도 있다. 영화〈웰컴
투 동막골〉의 초원 씬 대부분을 촬영했다는 스폿도 있고 건초를 주며 젖소나 양과 함께 놀 수 있는 양 목
장도 있으니 중간쯤에 내릴 것. 아래쪽에 순하고 귀여운 아기 양, 망아지, 송아지를 모아놓은 아기동물원
이 따로 있으니 꼭 들러볼 것.

대관령 목장 붐을 일으킨 주인공

대관령 양떼목장.

◎ 강원 평창군 대관령면 대관령마루길 483-42(횡계리 14-104) ⓟ 전용주차장 ⌂ 09:00~17:00(계절마다 매표 마감 시간 다름) ⌂ 설날, 추석 🎟 어른 6000원, 어린이 4000원 ☏ 033-335-1966

지금이야 초원에서 풀을 뜯고 있는 양을 직접 만난다는 게 그리 신기하지 않지만 십몇 년 전만 해도 경이로운 풍경 중의 하나였다. 해외 사진에서나 봤음직한 목가적인 풍경과 직접 양과 눈을 맞추며 건초를 주는 경험은 아이 어른 할 것 없이 알프스 소녀 하이디가 되어 보기에 충분했다. 특히 능선 위 아담한 오두막집이 그려내는 그림 같은 풍경은 자타공인 '여행 로망 1순위'. 겨울에 하얀 눈으로 덮인 양떼목장은 그 능선의 심플한 아름다움 때문에 사진 동호회의 겨울 필수 순례코스이기도 하다. 단 겨울에는 양들이 축사에 들어가 있다. 대관령 양떼목장은 삼양목장이나 하늘목장보다 상대적으로 규모가 작아 아기자기한 느낌을 주며 입장료도 가장 저렴하다.

라면 회사의 대단위 목장

대관령 삼양목장。

📍 강원 평창군 대관령면 꽃밭양지길 708-9(횡계리 704-5) Ⓟ 전용주차장 OPEN 09:00~18:00 CLOSE 5~10월 상시운영, 11~4월 매주 화요일 🎫 어른 9000원, 어린이 7000원 ☎ 033-335-5044~5

라면 하면 떠오르는 삼양식품이 건립한 목장으로 1972년, 해발 1140m 높이의 대관령 일대 1980만㎡(600만 평) 초지를 개간하기 시작해 1985년에 이르러 현재의 모습을 갖추었다. 원래는 배고프던 시절, 라면에 직접 키워 건강한 소고기를 듬뿍 넣자 하고 시작한 목장 사업이라 하며 실제 이 목장은 삼양식품의 원료 공급원 역할을 한다. 여행자들에겐 〈가을동화〉, 〈베토벤 바이러스〉, 〈태극기 휘날리며〉 등 드라마와 영화 촬영지로 알려졌다. 봄부터 가을까지는 셔틀버스를 타고 정상인 동해전망대까지 총 4.5km를 오른다. 그 정상에서 웅장한 굉음을 내며 도는 풍력발전기를 만날 수 있는데 맑은 날이면 푸른 동해와 강릉, 그리고 백두대간의 산줄기가 한눈에 보인다. 내려오는 길에는 젖소 방목장, 양 방목장, 연애소설 나무, 야생화 군락지 등을 거친다.

평창을 대표하는 천년 고찰

월정사。

◎ 강원 평창군 진부면 오대산로 374-8(동산리 63-1) ⓟ 월정사 주차장(경차 2000원, 승용차 5000원) 🕓 일출 2시간 전
~일몰 전 🏛 상시개방 🎫 어른 5000원, 어린이 500원 ☎ 033-339-6800

신라 선덕여왕 12년(643)에 자장율사에 의해 창건된 월정사는 1400여 년을 이어온 천년 고찰이다. 월정사
는 대웅전 앞뜰의 팔각구층석탑과 석조보살좌상 등 두 개의 국보를 품고 있다. 높이 15m가 넘는 이 석탑
은 우리나라의 팔각석탑 중에서는 가장 크며 탑 꼬트머리의 머리 장식이 금동으로 되어 있어 중국에 영
향을 받은 고려시대의 것으로 추정되고 있다. 원래 부처님께 공양하는 모습으로 팔각석탑을 마주 보며 앉
아 있던 석조보살좌상은 현재 월정사로 가는 길 오른편에 위치한 성보박물관으로 옮겨졌다. 가벼운 트래
킹을 좋아한다면 금강교를 건너면 시작되는 전나무숲길을 따라 걷거나 월정사에서 상원사에 이르는 선재
길도 걸어보자. 스님들의 일상을 함께 하며 자신을 돌아보는 시간을 가질 수 있는 템플스테이도 유명하며
유기농 빵과 곁들여 차를 마시며 쉬어갈 수 있는 난다나 카페가 있다.

이효석의 발자취를 따라 봉평 한 바퀴

이효석문화예술촌。

◎ 강원 평창군 봉평면 효석문학길 73-25(창동리 544-3) ⓟ 전용주차장 ⒪ 09:00~18:30(10~4월은 17:30까지) ⒞ 월요일, 1월 1일, 설날, 추석 ☎ 이효석문학관 2000원, 효석달빛언덕 3000원, 통합권 4500원(초등 이상) ☏ 033-330-2700

1920년대 어느 여름, 늙은 장돌뱅이 허생원과 우연히 동반자가 된 젊은 장돌뱅이 동이의 이야기를 담은 이효석의 단편 소설 〈메밀꽃 필 무렵〉. 뛰어난 서정성을 담은 자연 묘사로 소설이라기보다는 시에 가까운 문체라는 평가를 받는다. 그의 고향인 평창군 봉평면에 가면 작가와 소설을 테마로 한 다양한 볼거리를 만날 수 있다. 작가의 문학 세계를 집중 조명하는 효석문학관, 생가와 평양에 살던 시절의 집을 재현한 푸른집 등이 있는 효석달빛언덕, 그리고 〈메밀꽃 필 무렵〉을 길을 따라 재구성해놓은 이효석 문학의 숲이 그것이다. 언택트 여행지로도 좋은 이효석 문학의 숲까지 모두 돌아보자면 반나절쯤 걸리므로 먼저 안내소에 들러 지도를 받아 들고 차량을 이용해 돌아보는 것이 좋다. 이왕이면 메밀꽃의 절정기인 9월 중에, 작가의 소설을 미리 읽고 간다면 금상첨화.

믿고 사는 강원도 특산물이 한자리에

바우파머스몰。

⎯⎯⎯

◎ 강원 평창군 대관령면 대관령로 94(횡계리 338-1) ⓟ 전용주차장 ⎙ 평일 09:00~21:00, 주말 11:00~21:00 ⎙ 설날, 추석 ▣ 체험 프로그램 : 감자 인절미 + 메밀부침 2만 원, 젠노리 밥상 2만 원 ☏ 033-339-7616

대관령원예농협이 2017년에 신개념의 로컬푸드마켓으로 깜짝 변신했다. 강원도 일대 50여 농가에서 생산한 강원도 특산물 100여 종을 구입할 수 있는 곳이다. 감자, 황태, 오미자청과 목장에서 생산한 신선한 유제품을 비롯해 평창 마스코트 기념품도 있다. 1층 몰 센터에 매대 역할을 하는 경운기가 있고, 철제 캐비닛이 벤치로 변신하는 등 업사이클링 인테리어 감각도 흥미롭다. 2층은 카페 겸 쿠킹 스튜디오로 감자 인절미나 메밀부침 같은 강원도 향토음식 만들기 체험도 해볼 수 있어서 좋은 반응을 얻고 있다.

겨울 트래킹 코스의 백미

선자령。

⎯⎯⎯

◎ 옛 대관령휴게소~선자령 정상

뽀드득뽀드득 눈꽃 길을 걸으며 설경을 감상하기에 대관령과 선자령 사이 백두대간 능선만 한 곳이 없다. 대관령에서 선자령 가는 길은 능선길 아니면 계곡길이다. 선자령 눈꽃 길은 옛 대관령휴게소에서 시작하며 선자령까지 왕복 10.8km. 갈 때와 올 때의 코스를 달리하면 두 가지 매력을 다 만끽할 수 있다. 선자령 정상에 오르면 백두대간의 능선과 바다, 그리고 대관령 삼양목장이 시원하게 펼쳐진다.

애견 동반 가능한 허브 천국
허브나라농원.

⎯⎯⎯

📍 강원 평창군 봉평면 흥정계곡길 225(흥정리 302-7) Ⓟ 전용주차장 (OPEN) 09:00~18:00(11~4월은 17:30분까지) (CLOSE) 연중무휴 🍽 11~4월 어른 5000원, 어린이 3000원 / 5~10월 어른 8000원, 어린이 5000원 📞 033-335-2902

⋯⋯⋯⋯⋯⋯⋯⋯⋯⋯⋯⋯⋯⋯⋯⋯⋯⋯⋯⋯⋯⋯⋯⋯⋯⋯⋯⋯⋯⋯⋯⋯

'허브'라는 한 가지 테마로 가든, 박물관, 공예관, 생활관, 레스토랑, 베이커리, 카페, 펜션 등 다양한 볼거리와 체험, 그리고 먹을거리를 갖추었다. 1993년 개장한 국내 최초의 허브 테마 농원으로 25년여의 세월이 흘렀지만 지금도 반나절쯤 시간을 보내기 충분한 여행지다. 구석구석 공간을 돌아본 후 기념 삼아 허브 제품을 만들어보고 직접 재배한 허브로 조리한 허브 요리나 허브차를 즐겨보자. 애견 동반이 가능한 여행지라 애견인들이 기억해둘 만하다.

송어를 즐기는 진짜 방법
남우수산.

⎯⎯⎯

📍 강원 평창군 용평면 운두령로 714-52(노동리 138-8) Ⓟ 전용주차장 (OPEN) 11:00~19:00 (CLOSE) 설·추석 전일~당일 🍽 송어회(2인분) 5만 원, 송어튀김(한 접시) 5만 원 📞 033-332-4521

⋯⋯⋯⋯⋯⋯⋯⋯⋯⋯⋯⋯⋯⋯⋯⋯⋯⋯⋯⋯⋯⋯⋯⋯⋯⋯⋯⋯⋯⋯⋯⋯

〈수요미식회〉에서 극찬한 평창 맛집으로, 30여 년 업력의 송어 전문식당이다. 4일 정도 축양한 30cm 정도의 가장 맛있는 송어로 송어회와 송어 튀김을 낸다. 원래 평창에서 송어로 유명했던 식당은 따로 있으나 당근과 깻잎으로 아름답게 플레이팅한 남우수산의 송어회는 비주얼 폭발 그 자체. 사장님이 알려주는 송어회 맛있게 먹는 방법은 초고추장에 찍어 그냥 먹어보고 깻잎에 싸서 먹어보고 콩가루를 찍어 먹어보고 채를 썬 채소에 참기름과 들깨 초고추장을 섞어 비벼 먹는 것이다.

황태마을 황태 요리 1번지

황태회관。

⊙ 강원도 평창군 대관련명 눈마을길 19(횡계리 348-5) ℗ 전용주차장 🕐 06:00~23:00 📅 연중무휴 🍴 황태찜(중) 3만5000원, 황태구이 1만3000원, 황태불고기(중) 2만5000원 ☎ 033-335-5795

용평스키장을 찾는 이라면 스키장 입구에 있는 이 황태요리 전문점을 한 번쯤은 들러봤을 듯하다. 황태회관은 횡계리 황태덕장에서 말린 황태를 이용해 찜이나 구이, 불고기로 조리한다. 특히 구수한 황태국이 곁들여 나오는 황태찜은 아구찜의 황태 버전. 맵지도 짜지도 않은 황태찜은 밥 두 공기를 훔쳐가는 밥도둑이다. 황태식해 등의 곁들이 반찬도 매우 향토적인 맛이라 집밥 같은 느낌.

전 연령층을 사로잡은 향토적인 맛

가벼슬。

⊙ 강원 평창군 봉평면 이효석길 118-8(창동리 525-1) ℗ 전용주차장 🕐 09:00~21:00 📅 연중무휴 🍴 곤드레밥 9000원, 엄나무백숙(4인분) 6만 원, 메밀묵사발 6000원 ☎ 033-336-0609

〈수요미식회〉에서 문 닫기 전에 가야 할 평창 맛집으로 소개했다. 시골스러운 분위기에 구수한 곤드레밥을 즐길 수 있는 집으로, 곤드레밥에 제철 나물을 함께 넣어 '빡장'에 비벼 먹는다. 탱글탱글한 메밀묵에 김치를 송송 썰어 넣은 메밀묵사발도 패스하면 서운한 메뉴. 무엇보다도 쫄깃한 고랭지 배추로 담가 8년 숙성시킨 묵은지가 단골을 부른다. 지극히 향토적인 맛이지만 의외로 젊은 손님들도 좋아한다.

후회 없는 황태 요리의 진수

대관령황태촌。

◎ 강원 평창군 대관령면 송전길 14(횡계리 358-5) ⓟ 전용주차장 ⓞ 06:00~20:00 ⓒ 연중무휴 🍽 황태국 8000원, 황태구이정식 1만3000원, 황태전골(중) 3만5000원 ☎ 033-335-8885

- -

대관령 황태로 유명한 평창 여행길에 꼭 맛봐야 하는 황태 요리. 대관령황태촌은 현지 주민들이 추천하는 황태 요리 전문점이다. 크고 두툼한 황태만 골라서 뼈와 머리 부분은 국물 내기용으로, 몸통 부분은 황태찜이나 황태구이로 쓴다. 고추장 양념에 일주일간 숙성시킨 황태구이, 진한 국물 맛이 시원하게 속을 풀어주는 황태국, 그리고 콩나물을 듬뿍 얹어 매콤하게 쪄낸 황태찜 등 모든 음식이 다 정갈하고 맛있다. 애피타이저로 나오는 철판 두부부침도 입맛 돋우는 별미.

《식객》에서 소개한 '리얼' 강원도 스타일 막국수

현대막국수。

◎ 강원 평창군 봉평면 동이장터길 17(창동리 384-8) ⓟ 전용주차장 ⓞ 09:30~20:00 ⓒ 연중무휴 🍽 메밀막국수 7000원, 메밀비빔막국수 8000원, 순메밀막국수 1만 원 ☎ 033-335-0314

- -

〈메밀꽃 필 무렵〉의 고장 봉평면에서 40여 년 동안 한결같은 모습으로 막국수를 말아내는 집이다. 허영만 화백의 《식객》에서 소개한 집으로 메밀막국수를 비롯한 메밀 음식과 돼지수육이 주메뉴이다. 이 집의 막국수 면발은 70~80% 메밀 함량으로 인해 뚝뚝 끊어지는 투박한 강원도 스타일. 이보다 더 함량 높은 메밀국수를 원한다면 100% 순 메밀로만 뽑아낸 순메밀막국수도 있다. 과일과 채소를 우려낸 물막국수 육수는 깔끔하며, 비빔막국수도 자극적이지 않다. 막국수에 들어가는 채소나 김치는 직접 농사 지어 쓴다.

메밀전 욕할머니 손맛 좀 보실라우?

메밀나라.

◎ 강원 평창군 평창읍 평창시장1길 8-1(하리 55-11) ℗ 시장 주차장 ⏰ 07:00~18:00 🔒 연중무휴 📋 3대 천왕 메뉴 세트 1만 원, 메밀부치기 2000원, 메밀전병 2000원 ☎ 033-332-1446

평창올림픽시장의 메밀부치기 골목에 있는 40년 업력의 메밀부치기집이다. 〈백종원의 3대 천왕〉에서 백종원 대표를 겁먹게 한 거침없는 태도 때문에 '메밀전 욕할머니'로 불리는 할머니네 메밀부치기는 하얀 백김치를 넣은 담백한 맛과 양념한 김치를 넣은 매콤한 맛 두 가지. 메뉴를 고루 맛보고 싶다면 메밀부치기, 메밀전병, 수수부꾸미 세 가지를 한 세트로 하여 구성한 '3대 천왕 메뉴 세트'를 주문하자. 거칠고 담백한 강원도의 토속적인 맛을 느낄 수 있으며, 양은 꽤 많은 편이다.

빵 속에 강원도를 담다

브레드메밀.

◎ 강원 평창군 평창읍 평창시장2길 15(하리 55-2) ℗ 시장 주차장 ⏰ 12:00~19:00 🔒 월화요일 📋 순메밀식빵 7500 원, 구운도넛 3000원, 모찌크림치즈빵 3000원 ☎ 033-333-0497

빵 공부를 한 '빵빵한' 누나와 요리 공부를 한 '달달한' 남동생이 평창올림픽시장 뒤꼍의 빈 가게를 리모델링해 운영하고 있는 청년빵집이다. 누나는 평창 특산물인 메밀을 이용해 빵을 만들고 남동생은 메밀빵에 어울리는 커피를 내린다. 감자, 곤드레, 양파, 우유 등도 모두 강원도에서 나는 신선한 제철 재료를 아낌없이 쓴다. 순메밀식빵을 비롯해 곤드레감자치아바타, 메밀앙버터 등 다른 빵집에선 맛보기 힘든 독특한 빵을 만날 수 있으며 제주 등 타 지역의 생산자들과의 협업을 통해 꾸준히 새 메뉴를 내놓는다.

착한 가족이 만드는 착한 음식

꼬로베이。

―――

◎ 강원 평창군 봉평면 태기로 68(무이리 780-3) ⓟ 전용주차장 ⊙ 10:30~20:00(브레이크 타임 15:30~16:30) ⊙ 월요일 🍴 오늘의 브런치 1만8000원, 평창한우버거 1만2000원, 치아바타샌드위치 1만2000원 ☏ 033-332-2649

. . . .

봉평에서 나고 자란 토박이 부부가 운영하는 로컬푸드 레스토랑 겸 카페다. 브런치, 수제버거, 파스타, 샐러드가 주메뉴로, 식자재로 지역 농산물을 우선으로 사용하는 것이 원칙이다. 바로 뒤꼍 텃밭에서 직접 키운 감자, 고구마를 비롯한 각종 채소류를 식자재로 최대한 사용하는 팜투테이블 콘셉트를 지향하고 있다. 오전 10시 30분부터 오후 3시까지 먹을 수 있는 브런치에는 이런 유기농 채소가 푸짐하게 올라가고 수제버거에 들어가는 패티 역시 이 지역에서 생산되는 한우나 한돈을 사용한다.

월정사 품에 안긴 카페

난다나。

―――

◎ 강원 평창군 진부면 오대산로 374-8(동산리 63-1) 월정사 ⓟ 월정사 주차장(경차 2000원, 승용차 5000원) ⊙ 09:00~18:00 ⊙ 연중무휴 🍴 커피류 4000~5000원, 수제청차 5000원, 전통차 5000~6000원 ☏ 033-339-6648

. . . .

천년 고찰도 둘러보고 전나무길 산책도 좋은 월정사를 찾는 재미가 또 있으니 바로 베이커리를 겸한 전통 찻집과 커피를 마시며 쉬어갈 수 있는 카페가 있다는 것이다. 숲으로 둘러싸인 오대산 계곡 옆에 자리 잡은 카페 이름은 불교 용어로 '하늘 정원'이라는 뜻을 담은 난다나. 투명한 유리온실처럼 생긴 이 카페는 사계절 풍경 속에 온전히 녹아든 듯 보인다. 사찰 입구에는 달걀, 버터, 우유를 쓰지 않고 유기농 우리밀로 만든 채식주의 빵과 전통차를 곁일 수 있는 찻집이 있다. 다도를 즐길 수 있는 관련 용품 구경도 쏠쏠하다.

평창동계올림픽 외신기자들의 숙소

더화이트호텔.

◎ 강원 평창군 봉평면 태기로 228-95(면온리 922) 📞 033-330-7777 🏠 www.thewhitehotel.co.kr

평창동계올림픽 당시 외신 기자들의 숙소로 쓰인 호텔이다. 이름에 걸맞은 깔끔한 화이트 톤으로 마감을 한 모던한 호텔로 오픈 당시 SNS에서 큰 관심을 불러일으켰다. 호텔은 일반 호텔형 객실과 테라스를 갖춘 객실, 여러 가족이 함께 이용할 수 있는 빌라로 구성되어 있어 선택의 폭이 넓은 편이다. 또한 조식이 제공되는 레스토랑과 베이커리 카페, 수제 화덕 피자와 치킨 코너도 갖춰져 있다. 휘닉스파크 근처에 있어 스키장에 갈 때 이용하기에도 좋다.

스키장 아래 위치한 펜션형 호텔

더스토리 레지던스.

◎ 강원 평창군 봉평면 안흥동1길 25-5(무이리 739-2) 🍽 조식 7000원(비수기 주말 기준) 📞 033-334-2200 🏠 www.pyeongchangstory.com

스노우파크 스키장 바로 아래에 신축한 깔끔한 펜션형 호텔로 평창동계올림픽 때 외국 선수들의 숙소로 쓰이기도 했다. 전 객실이 복층 구조로 되어 있고 심플하면서도 따뜻한 느낌의 인테리어로 마감해 젊은 여행자들이 선호하는 스타일이다. 근처에 스키장을 염두에 둔 주방이 있어 취사가 가능하며 전자레인지와 세탁기도 갖춰져 있어서 며칠 머무르는 여행객에게 더욱 편리하다.

PART 5

속초·양양

생선구이, 바닷가 포차, 시원한 물회…. 이것만으로도 여행자를 부르기에 충분한 속초. 인구 10만 명이 채 안 되는 작은 도시지만, 산과 바다, 호수까지 즐길 수 있는 여행 콘텐츠 '만렙'의 여행지다. 거기에 서핑의 성지로 우뚝 선, 자유로운 영혼을 위한 핫플레이스 양양이 바로 아랫동네! 속초와 양양을 묶으면 환상적인 여행 스케줄이 딱 떠오른다.

스타일리시한 속초 청년몰과 카페가 있는

갯배ST。

📍 강원도 속초시 중앙부두길 24(중앙동 482-271) ⓟ 전용주차장 🕘 11:00~20:00 🚪 수요일 📞 010-2319-6667

속초 여행 가면 꼭 들러봐야 할 핫플이다. '어서와~˄˄ 갯배st는 처음이지?' 하며 들어와 보라고 유혹하는 고양이 로고는 이곳 어판장 주변을 어슬렁거리던 길고양이를 모티브로 만든 것. 설악대교와 아바이마을이 한눈에 들어오는 수협 공판장을 리모델링하여 멋지게 꾸민 공간으로 1층은 청년몰, 2층에는 스타리안 카페가 있다. 1층의 청년몰에는 음식점 14곳과 디자인 소품점, 피규어점, 도자기공방 등 20개의 코너가 들어서 있다. 속초 특산물인 오징어순대를 비롯해 크레페, 돈가스 등으로 식사할 수 있으며 푸른 속초 바다를 아기자기한 디자인 소품으로 풀어낸 신기루상점이 특히 눈에 띈다. 청년몰을 돌아봤다면 2층에 올라가 보자. 카페 바깥으로 나가면 갯배가 오고가는 청초호와 빨간 설악대교가 한눈에 들어오며 샌프란시스코를 연상시키는 포토존 가득한 공간이 나온다.

66년 만에 공개된 바다 산책길

바다향기로。

◎ 강원 속초시 대포동 일원 ⓟ 속초해수욕장 정문 주차장, 외옹치항 인근 OPEN 하절기 06:00~20:00, 동절기 07:00~18:00 CLOSE 상시개방 ☎ 033-639-2544

강릉에 정동심곡 바다부채길이 있다면 속초에는 바다향기로가 있다. 속초해수욕장에서 외옹치해변, 외옹치항 활어회센터에 이르는 총 1.74km의 산책길로, 외옹치항에서 외옹치해수욕장으로 이어지는 구간은 나무 데크로 조성되어 있다. 롯데리조트를 감싸고 도는 이 길은 원래 해안 경계 철책이 쳐져 있었으나 66년 만에 개방되었다. 사람의 손때를 타지 않은 청정 동해를 감상하며 걷는 길이다. 바다향기로가 시작되는 속초해수욕장은 여행자뿐 아니라 속초 시민들도 즐겨 찾는 곳으로, 7~8월이면 알록달록한 파라솔로 꽉 차는 속초의 대표 해수욕장이다. 낚싯배가 드나드는 외옹치항에는 마을 어촌계에서 운영하는 자연산 활어 회센터와 그날 잡은 해산물로 회나 매운탕을 내는 30여 곳의 음식점이 있다.

설명이 필요 없는 국가대표 명산
설악산 케이블카.

───

📍 강원 속초시 설악산로 1137(설악동 170) ⓟ 유료주차장(경차 2000원, 중·소형 4000~5000원) 🕗 08:00~17:30(시기에 따라 다름) 🚫 연중무휴 🎫 케이블카 왕복 어른 1만3000원, 어린이 9000원 📞 033-636-4300

- -

우리 국민들이 가장 좋아한다는 설악산은 오색 단풍의 정취를 만끽하기 그만이다. 늦가을에는 수 킬로미터에 걸쳐 줄을 서는 차들로 인해 접근도 못 하고 아예 차를 돌려나오는 일이 생기기도 한다. 산세가 매우 험하기 때문에 일반인들은 케이블카를 타고 전망대에 올라 망원경을 통해 설악산을 둘러보고 권금성 정상에 올라 강풍을 맞으며 발아래를 내려다보는 짜릿함을 만끽하기도 한다. 설악산 케이블카는 해발 700m 권금성까지 올라간다. 케이블카 탑승 요금은 왕복 요금이며 편도 탑승권은 판매하지 않는다.

체험으로 배우는 산악 등반의 모든 것
국립산악박물관.

───

📍 강원 속초시 미시령로 3054(노학동 735-3) ⓟ 전용주차장 🕗 09:00~18:00(10~2월은 17:00까지) 🚫 월요일, 1월 1일, 설추석 연휴 🎫 무료 📞 국립산악박물관 : 033-638-4459, 국립등산학교 : 033-632-6650

- -

한 리서치에 의하면 국내 월 1회 등반 인구가 1300만 명이라고 한다. 속초 한화리조트 설악 근처에 문을 연 국립산악박물관에는 산악계의 전설이자 '메스너 산악박물관'을 운영 중인 라인홀트 메스너가 이미 다녀갔다. 박물관 로비 홀 한가운데에는 '영원한 도전'이라는 제목을 달고 위층까지 뻗어 있는 산악등반 조형물이 반겨준다. 이 박물관에서 가장 흥미를 끄는 것은 실내 암벽등반 체험과 고산지대 VR 체험, 저산소실 체험인데 모두 무료로 이용할 수 있다.

속초의 해돋이 명소

영금정.

◎ 강원 속초시 영금정로 43(동명동 1-185) ⓟ 공영주차장(1000원)

영금정은 원래 정자의 이름이 아니라 돌산이었는데 일제강점기 때 속초항을 개발하면서 대부분 파괴하여 지금 같은 암반 형태로 남아있다고 한다. 50m 정도의 동명해교를 건너 들어가면 파도가 간질이는 영금정 바위 위 해상 정자에 닿는다. 손꼽히는 일출 명소로 연초면 전국에서 몰려드는 인파로 북적이는 곳이다. 다만 고졸한 맛이라곤 전혀 없는 둔중한 콘크리트 다리와 정자의 현재 모습이 안타깝기도 하다.

갯배 끌어보고 아바이순대도 먹고~

아바이마을.

◎ 강원 속초시 청호로 122(청호동 1076) ⓟ 공영주차장 ⏱ 갯배 시간 04:30~23:00 ▤ 갯배 왕복운임 : 어른 1000원, 어린이 600원

중앙동에서 갯배를 타고 청초호를 건너면 아바이마을이다. 아바이마을의 명물인 갯배는 무동력 운반선으로, 손님들이 힘을 합쳐 직접 갯배를 끄는 재미를 느낄 수 있어 여전히 인기가 많다. 뱃삯은 어른의 경우 왕복 1000원으로, 저렴한 비용으로 중앙동과 청호동 사이를 5분 만에 연결해준다. 아바이마을에 들어서면 함경도식 아바이순대나 오징어순대를 맛볼 수 있는 순댓집들이 골목을 이루고 있어 오징어순대를 지지는 냄새로 가득하고, 매스컴에 소개된 집들 앞에는 인파로 가득하다.

속초의 대표 수산물 천국

대포항.

───

◎ 강원 속초시 대포항1길 6-13(대포동 963) ℗ 전용주차장

속초에서 가장 큰 항구이자 대규모 종합 수산물센터이다. 동해안에서 가장 먼저 활어 난전을 이룬 곳으로 바다를 끼고 둥그렇게 조성된 대포항 주변에 위판장과 튀김 골목을 비롯해 다양한 활어 가게가 밀집되어 있다. 횟집을 이용하지 않고 직접 회를 떠서 저렴하게 즐기고 싶다면 속초의 어민들이 직접 회를 떠주는 난전활어시장을 이용하자. 회 이외에 바삭한 새우튀김이나 오징어튀김으로 주전부리할 수 있는 튀김골목이 따로 있는데 유명한 집은 대기 줄이 긴 편이다.

없는 것 없는 속초 유일의 전통시장

속초관광수산시장.

───

◎ 강원 속초시 중앙로147번길 12(중앙동 474-11) ℗ 중앙시장 유료주차장(1만 원 이상 구매 시 주차쿠폰 발행) ⒪ 08:00~ 21:00 ⒞ 연중무휴 ☏ 033-633-3501

속초 별미 여행의 시작점으로, 수산물과 건어물, 젓갈, 청과, 잡화, 닭강정, 순대 등이 골목을 이루는 거대한 시장이다. 속초에 오면 누구나 하나씩 사는 닭강정이나 해산물강정 같은 간식거리뿐 아니라 반찬거리로 딱 좋은 이북 실향민들의 음식인 가자미식해, 명태회무침, 오징어순대에 다양한 건어물에 이르기까지 빈손으로 돌아갈 수 없게 만든다. 지하에는 수산물회센터가 있고 선어와 조개류를 파는 어물전 골목이 따로 펼쳐지며 무엇을 먹어야 할지 여행자들을 즐거운 고민에 빠뜨린다.

즉석경매도 보고 펄떡이는 활어도 맛보고

동명항.

◎ 강원 속초시 동명동 동명항(동명동 1-131) ⓟ 공영주차장 🏠 동명항회센터 06:00~20:00 🏠 연중무휴 🍽 회 떠주는 비용 : 활어 값의 10%, 공영주차장 주차비 : 1000원

- -

활 모양으로 만곡한 동명항은 어찌 보면 여행자들이 많이 찾는 대포항보다 더 재미있는 곳이다. 그 아늑한 포구엔 지금도 작은 고깃배들이 드나들며 갓 잡은 고기를 쏟아내고 바로 옆의 동명활어센터 주인들이 모여들어 즉석 경매가 이루어지는 모습을 볼 수 있기 때문이다. 활어 가게에서 활어를 직접 고르면 회를 떠주며 2층에서 상차림비를 내고 적당한 가격에 회와 매운탕을 즐길 수 있다. 동명항 입구에서 파는 홍새우나 꽃게 튀김도 간식으로 강력 추천.

바닷가 포장마차의 정취

동명항 포장마차촌.

◎ 강원 속초시 영랑해안1길 13(영랑동 147-289) ⓟ 항구 인근 🏠 당근마차 13:00~24:00 🏠 연중무휴 🍽 골뱅이무침 3만 원, 모둠 생선구이 3만 원, 모둠해산물(대) 4만 원 📞 033-635-5194

- -

동명항 뒤편 영금정 일대의 포장마차촌은 주말이면 자리 잡기 힘들 정도로 북적댄다. 바다가 보이는 창가 자리에 앉아 파도 소리를 들으며 싱싱한 해산물 안주를 곁들여 술 한잔하는 로망이 실현되는 공간이다. 춥지 않은 날에는 바닷가에 테이블이 나오고 거기 달이라도 뜨는 밤이면 술이 술을 먹게 되는 곳이기도 하다. 이곳엔 현재 동명항 근처로 이전한 당근마차를 비롯해 싱싱한 해산물 안주로 승부하는 포장마차가 즐비해 속초의 밤을 책임지고 있다.

피로도 풀고 신나는 물놀이도 하고

한화리조트 설악워터피아.

◎ 강원 속초시 미시령로2983번길 111(장사동 24-1) ℗ 전용주차장 🔓 종일권 10:00~18:30, 나이트 스파권 19:00~21:30
🔒 연중무휴 🎫 종일권 : 중학생 이상 5만 원, 어린이 3만9500원(2017년생 미만 무료) 📞 033-630-5800

새벽 6시부터 운영하는 온천 사우나를 비롯해 설악산을 바라보며 온천욕을 즐길 수 있는 노천탕, 실내 물놀이시설, 메일스트롬, 야외 파도풀 등 다양한 물놀이 공간이 있다. 연중무휴지만 로우 시즌, 하이 시즌, 극성수기인 골드 시즌 등으로 구분해 시설을 운영하기 때문에 방문 전 홈페이지 정보를 확인해보자. 오픈한 지 꽤 오래 되었지만 수질 관리도 잘 되어 있고 특히 겨울 스파 온천으로서의 명성은 아직도 유효하다. 코로나19로 일부 폐쇄된 어트랙션도 있지만 온 가족이 함께 즐거운 시간을 보낼만한 곳으로 추천.

53℃의 천연 온천수를 즐길 수 있는

척산온천휴양촌.

◎ 강원 속초시 관광로 327(노학동 972-1) ℗ 전용주차장 🔓 05:30~20:00 🔒 연중무휴 🎫 사우나 : 어른 9000원 / 사우나+찜질방 : 어른 1만4000원 / 2인 가족 온천실 : 4만 원 📞 033-636-4000

조선시대부터 따뜻한 물이 솟아 아낙들이 빨래터로 사용했다고 한다. 속초 시내에서 설악산으로 향하는 중간쯤 위치하기 때문에 설악산과 함께 묶어서 건강도 도모하고 피로도 풀면 좋다. 지하 4000m에서 용출된 53℃의 미네랄이 살아 있는 알칼리성 천연 온천수로 매일 탕의 물을 갈고 청소해 위생적이다. 노천탕, 히노키탕 등 몸을 담글 수 있는 욕탕의 종류가 다양하다. 가족끼리 오붓하게 즐길 수 있는 가족 온천실과 객실도 함께 운영한다. 시설별 운영 시간이 다르기 때문에 방문 전 확인을 하는 게 좋다.

서핑을 테마로 한 전방위 바다 문화 즐기기

서피비치。

◎ 강원 양양군 현북면 하조대해안길 119(중광정리 508) ⓟ 전용주차장 ⏰ 해변 09:00~20:00(계절별로 유동적), 펍&라운지 10:00~02:00 ⏰ 연중무휴 🎫 서핑 체험 패키지(보드 렌털 포함) : 성수기 6만 원, 비수기 5만 원 / 1일 서피 패스(해변 편의시설) 7종 자유이용권 : 1만 원 📞 033-672-0695

서핑 테마를 즐기기 위해 양양을 찾는 가족 단위의 여행자라면 40년 만에 개방된 서피비치가 답이다. 서피비치는 서프보드를 끼고 해변을 내달리는 젊은 서퍼들의 전유물이 아니라 가족과 함께 와서 그 정취와 문화를 즐기는 공간이기도 하기 때문이다. 해외 휴양지에 머무는 듯한 이국적인 정취로 가득한 이 프라이빗 비치에는 1km 구간에 걸쳐 펼쳐진 서핑 전용 해변과 해수욕객을 위한 스위밍존, 해먹존, 빈백존 등으로 구분된 공간이 있다. 시원한 맥주 한잔 즐길 수 있는 펍과 라운지, 서프요가, 전기자전거도 즐길 수 있고 카라반에서 하룻밤 묵으며 서핑 강습을 받으며 청춘을 돌려 받아도 좋다. 체험 삼아 서핑을 시도해보고 싶다면 서핑 체험 패키지를 이용해보자. 기초 이론과 수중강습을 받은 후 자율서핑 시간도 따로 준다.

서핑도 배우고 브런치도 먹고
타일러서프 & 메르메르。

◎ 강원 양양군 현남면 인구중앙길 65(인구리 11-6) ⓟ 길 건너편 주차장 이용 OPEN 08:00~20:00 CLOSE 연중무휴 🗐 단체 비기너 입문 강습 8만 원, 서프보드 대여 3만 5000원, 웨트슈트 대여 1만 5000원 📞 033-672-8993

. . . .

서핑 관련 의류 장비 업체인 파타고니아와 함께 운영하던 서핑숍 타일러서프가 요즘은 브런치 카페와 게스트하우스까지 그 영역을 확장했다. 세계의 서핑 성지를 누비며 익힌 대표의 경험과 노하우를 바탕으로 비교적 짧은 시간 안에 테이크오프할 수 있게 해주는 타일러서프는 서핑을 제대로 배우고 싶은 이들이 많이 찾는다. 겨울이 되면 휴장하는 대부분의 서핑숍과는 달리 연중무휴로 운영하며 서프보드나 웨트슈트도 대여한다. 양양 브런치 맛집으로 인기 있는 메르메르에서 배를 채우고 서핑에 도전해보자.

애견과 함께 펫캉스
멍비치。

◎ 1호점 광진해변 : 강원 양양군 현남면 광진리 78-20 ⓟ 공영주차장 OPEN 매년 7~8월 사이 약 40일간 🗐 보호자(1인) 5000원, 소형견(~5kg) 5000원, 중형견(5~10kg) 1만 원, 대형견(10kg~) 1만 5000원, 파라솔 대여 1만 원, 주차·샤워 무료 📞 010-7588-8816 ⌂ cafe.naver.com/grayonhjj(멍카페)

. . . .

반려동물을 키우는 입장에서 보면 자유롭게 바닷물에 뛰어들며 노는 외국의 반려동물 문화가 마냥 부럽기도 했을 것이다. 그런데 양양 광진해변에 반려견과 보호자가 함께 즐길 수 있는 해변이 있다. 여름에 딱 40일만 개장하며 반려견의 무게와 견종에 따라 조건이 다르므로 확인 필수. 여름의 멍비치뿐 아니라 반려견을 위한 겨울 시즌 온수풀장 및 반려견과 함께 하는 해외여행 프로그램도 진행한다. 또한 삼성화재와 연계해 합리적인 비용으로 건강보험에 가입할 수 있는 멍비치 보험도 소개하고 있다.

강원도 최고의 해수관음성지

낙산사。

◎ 강원 양양군 강현면 낙산사로 100(전진리 55) ℗ 낙산사 주차장(승용차 4000원) ⏱ 06:00~18:30 🎫 어른 4000원, 어린이 1000원 ☎ 033-672-2447

1300여 년 전 의상대사가 창건한 낙산사는 양양 여행 중 꼭 들러봐야 할 대표적인 유적으로 남해 보리암, 강화 보문사와 더불어 국내 3대 관음성지로 꼽힌다. 관음성지는 관세음보살님이 상주하는 성스러운 곳이라는 뜻으로 이곳에서 기도발원을 하게 되면 가피를 잘 받는 곳으로 널리 알려져 있다. 예전 수학여행의 성지이기도 했던 낙산사엔 해수관음상 외에도 동해 일출이 백미인 의상대, 바다를 굽어보는 암자 홍련암 등 동해의 탁 트인 시원한 전망을 배경으로 서 있는 사찰 유적들이 압권이다. 워낙 경내가 넓은 낙산사는 정문 – 원통보전 – 해수관음상 – 공중사리탑 – 지장전 – 홍련암 – 의상대 – 후문 코스로 돌아보자. 그래야 중요한 부분을 빠뜨리지 않고 돌아볼 수 있다. 이런 낙산사가 2005년 산불로 보물인 동종을 비롯해 홍예문, 원통보전 등이 소실된 바 있다. 이를 계기로 낙산사 산불재난안전 체험장을 설치했으며 모두 타버린 동종의 모습을 전시해두어 화재에 대한 경각심을 일깨우고 있다.

바다를 보며 쉬고 또 쉬어가는 암자

휴휴암。

◎ 강원 양양군 현남면 광진2길 3-16(광진리 1) ⓟ 전용주차장 (OPEN) 9:00~18:00 🎫 무료 ☎ 031-671-0093

양양의 장쾌한 바다를 드라마틱하게 보여주는 휴휴암의 매력은 엄청나다. 불이문을 지나면 약간 내리막이 시작되는데 여기서부터 시원하게 트인 바다를 배경으로 해수관음상, 바닷가의 동종, 탑까지 모두 한눈에 들어온다. 쉴 새 없이 들고 나는 파도는 마치 기가 빨릴 듯 에너제틱하다. 바닷가 카페도 있고 방생도하고, 고기밥을 주면 물고기들이 몰려나오는 광경도 신기하다. 한자의 뜻 그대로 쉬고 또 쉬어가라는 휴휴암. 그러나 휴휴암은 모 그룹과 토지 소유권 분쟁이 계속되고 있어서 안타깝다.

바다와 어우러진 기암절벽과 정자의 풍취

하조대。

◎ 강원 양양군 현북면 조준길 99(하광정리 산3) ⓟ 전용주차장 (OPEN) 일출 30분 전~20:00(동절기는 17:00까지) 🎫 무료
☎ 033-670-2516

하조대는 정자일까, 바위해안일까, 등대일까 아니면 예전에 TV에서 애국가가 흐를 때 등장하던 소나무가있는 바위일까. 하조대를 찾아갔지만 정작 등대 앞에서 헤매는 여행자들이 많았는지 '하조대는 앞에 보이는 계단을 오르시면 있습니다. 등대가 하조대가 아닙니다.'라고 적혀 있는 것을 볼 수 있다. 현재는 정자의 이름이 하조대라고 적혀 있지만 원래는 조선 개국공신인 하륜과 조준이 즐겨 찾았던 높은 위치의 바위해안이라 한다. 기사문등대 방향으로 가면 하조대스카이워크도 있고 그 아래로 하조대해수욕장까지 있어두루 둘러보기 좋은 명승지다.

현지인이 애정하는 제철 생선요리집

후포식당。

◎ 강원도 속초시 중앙로108번길 22(청학동 482-199) ⓟ 전용주차장 OPEN 08:30~21:00 CLOSE 연중무휴 ☰ 생선조림 2만
5000~4만 원, 무침회 1만~1만5000원, 도루묵찌개 3만 원 ☎ 033-632-6738

청초호숫가에 자리한 속초 로컬식당으로, 이름만 유명한 관광객용 식당과는 차원이 다른 신선한 속초 생
선요리를 제대로 맛볼 수 있는 곳이다. 제철 생선으로 조림이나 찌개, 탕, 무침회 등을 내는데 겨울 별미
천지인 동해안 여행지를 속초로 정했다면 꼭 들러봐야 할 맛집이다. 손맛이 뛰어난 여주인이 조리해내는
모든 음식이 맛있지만 첫 번째 방문이라면 가자미, 도루묵, 열기, 가오리, 장치 등을 한 냄비에 조려낸 생
선조림부터 시작하자. 부드럽고 신선한 생물에 양배추를 듬뿍 넣어 자연스러운 단맛을 낸 생선조림은 '밥
한 공기 더'를 외치며 바닥을 보게 되는 맛. 함께 나오는 가자미식해, 꽃게장, 노가리조림 등 바다를 테마
로 한 반찬도 메인 요리를 더욱 풍성하게 받쳐준다. 배가 나가는 날이라면 도치숙회나 알탕, 도루묵찌개
등 겨울 별미도 맛볼 수 있어 '바로 이곳이야!'를 외치게 될 것이다.

그릇 하나에 담뿍 담아내는 강원도 바다의 맛

봉포머구리집.

⎯⎯⎯

◎ 강원 속초시 영랑해안길 223(영랑동 148-30) ⓟ 전용주차장 OPEN 10:00~21:00 CLOSE 연중무휴 🗏 모둠물회 1만7000원, 전복해물회 2만2000원, 성게알밥 1만6000원 📞 033-631-2021

속칭 '머구리'라고 부르는 잠수부 사장님이 운영하는 해산물 요리 전문점이다. 특히 유명한 것은 물회와 해산물 비빔밥. 성게 모둠물회 하나만 시켜도 그 안에 전복, 광어, 오징어, 방어, 비단 멍게, 고둥과 소라, 도치, 보라성게 알, 꼬시래기 등이 가득하다. 그 때문에 물회 한 그릇으로 모둠회 한 접시를 먹은 것 같은 만족감을 느낄 수 있다. 남은 물회 국물에는 소면을 말아 먹는다. 홍게살 비빔밥과 성게 알밥도 고소하고 담백한 맛이 일품이다.

고기처럼 구워 먹는 생물 생선의 맛

88생선구이.

⎯⎯⎯

◎ 강원 속초시 중앙부두길 71(중앙동 468-55) ⓟ 조광유료주차장이나 이스턴관광호텔 주차장 이용 OPEN 08:30~20:30 (브레이크 타임 점심 후~17:30) CLOSE 연중무휴 🗏 생선구이모둠정식 1만7000원(2인 이상) 📞 033-633-8892

속초 숯불 생선구이 전문점의 원조라고 할 수 있다. 메뉴는 딱 하나 생선 모둠정식으로 숯불에 고등어, 황열갱이, 꽁치, 도루묵, 오징어, 삼치, 가자미, 청어, 메로 등 10여 가지 생물 생선을 구워준다. 생물 생선에 소금을 솔솔 뿌려 하루 숙성해서 내놓기 때문에 숯불에 구웠을 때 겉은 바삭하고 속은 촉촉한 생선구이를 맛볼 수 있다. 고추냉이 마늘간장소스에 찍어 먹는데 담백하고 고소한 맛이 일품이다. 원조집인 1호점 옆에 대형 2호점이 있다.

30년 전통의 속초 명물 닭강정

만석닭강정。

◎ 강원 속초시 청초호반로 72(조양동 1549-2) ⓟ 전용주차장 ⓞⓟⓔⓝ 본점 10:00~20:00 ⓒⓛⓞⓢⓔ 연중무휴 🍴 뼈있는닭강정 화끈한 맛, 닭강정 보통맛 순살 각 1만9000원 ☏ 1577-9042

속초에서 만석닭강정 간판을 보지 않고는 속초 여행을 했다고 볼 수 없을만큼 이곳 저곳에 많은 매장이 있다. 이젠 속초 하면 떠오르는 만석닭강정으로 자리 잡은 지 오래. 일반 치킨집의 1.5배쯤 큰 국내산 냉장육을 사용해 양이 푸짐하고 가마솥에 튀긴 후 매콤달콤한 특제소스로 버무린 이 닭강정은 식은 후에도 눅눅하지 않고 바삭한 것이 특징. 속초여행 시 선물용으로 많이 사가기도 하지만 집에서 택배로도 받아볼 수 있다.

좋은 재료로 구운 풍미 좋은 빵

봉브레드。

◎ 강원 속초시 동해대로 4344-1(교동 799-173) ⓟ 없음 ⓞⓟⓔⓝ 08:30~20:00 ⓒⓛⓞⓢⓔ 목요일 🍴 마늘바게트 6000원, 연인의 빵 6000원, 범바우페스츄리 6000원 ☏ 1577-9042

마늘을 녹인 크림치즈에 푹 담근 것 같은 마늘 바게트와 블루베리 생크림이 가득 든 '연인의 빵'이 상당히 유명하다. 그린하우스와 리치몬드과자점에서 쌓아온 노하우로 천연 발효종과 국내산 마늘 등을 사용하여 풍미가 좋은 빵을 만든다. 연인의 빵은 나오자마자 매진되는 일이 많고 마늘 바게트는 카운터에서 따로 담아준다. 주말이나 연휴엔 어마어마한 대기 줄을 각오해야 하며 가게 앞에 작은 주차 공간은 막아두기 때문에 주차하기 매우 힘든 편이다.

리얼 속초 감성의 포장마차촌

오징어난전+뱃머리。

◎ 오징어난전(속초시 중앙로 214-1)/ 뱃머리(속초시 설악금강대교로 213-1) 🔵 오징어난전 5~12월 🔵 1~4월 🍴 양미
리+도루묵 한 접시 2만 원, 오징어회 1만~2만 원 📞 010-4944-9065 (뱃머리)

- -

동명항 오징어난전으로 알려져 있지만 네비 찍고 도착해보면 우리가 알고 있던 동명항활어직판장 쪽이
아니라 속초여객선터미널이 있는 속초항에 가깝다. 매년 5월부터 12월까지 한시적으로 부둣가에 포장마
차가 선다. 주로 오징어활어회와 연탄에 구운 양미리, 도루묵구이에 소주 한 잔 곁들이는 낭만을 즐긴다.
그날 잡아온 것만 취급하기 때문에 싱싱하고 저렴한 것은 기본. 칼바람 속에서 바다를 향해 앉아 소주를
기울이는 낭만이 그곳에 있다. 난전이 서지 않을 때는 길 건너편의 뱃머리나 유람선 등의 상호를 단 야식
집에서 비슷한 메뉴를 즐길 수 있다. 뿐만 아니라 도치알탕이나 홍게무침 같은 색다른 메뉴도 즐길 수 있
어 오징어난전을 즐기지 못하는 섭섭함을 달랠 수 있다.

샌드위치 속에 가득한 홍게살의 행복

속초751샌드위치。

◎ 강원도 속초시 교동로 75-1(교동 780-55) Ⓟ 평일 11:30~1:30 갓길 주차가능 🔵 08:00~15:00 🔵 화요일 🍴 홍게샌
드위치 1만4000원, 에그명란샌드위치 8000원, 베이컨샌드위치 7000원 📞 0507-1328-0751

- -

주소가 교동로 75-1번지라 751샌드위치다. 맛살이 아닌 진짜 홍게살을 가득 넣은 홍게샌드위치로 유명하
다. 기본 홍게샌드위치를 주문하면 반으로 갈라서 나오는데 양이 많기 때문에 둘이 먹기 딱이다. 홍게살
과 양상추, 토마토에 파인애플 소스를 뿌렸는데 어떻게 먹어도 맛있다고 할 수밖에 없는 맛. 홍게의 단맛
이 혀에서 녹는다. 초창기에는 일반 홍게샌드위치와 더 많은 홍게를 넣은 프리미엄 홍게샌드위치 두 종류
였으나 현재는 에그명란, 베이컨, 바비큐치킨 등 속 재료를 꽉 채운 다양한 샌드위치를 선보이고 있다.

매콤 시원한 동치미막국수의 원조

영광정메밀국수.

◎ 강원 양양군 강현면 진미로 446(사교리 240-2) ℗ 전용주차장 🕙 10:00~19:00 🕙 화요일(성수기 제외) 🍜 메밀국수 9000원, 메밀전병 7000원, 수육 2만7000원 ☎ 033-673-5254

. . . .

3대를 이어오는 오래된 막국수 집으로 〈수요미식회〉에 이름을 올린 바 있다. 전통문화보존 명장이자 함흥이 고향인 할머니가 1974년부터 고향식 메밀국수를 팔기 시작해 지금은 며느리와 손자가 대를 잇고 있다. 이 집의 메밀국수는 한 달 이상 숙성시킨 얼음 동동 띄운 동치미 국물이 하이라이트. 봉평 메밀로 반죽해 직접 뽑아낸 면발과 양파를 갈아 넣어 시원한 양념장을 우선 비벼 먹고, 동치미 국물을 두어 국자 넣고 간을 맞춰 물막국수처럼도 먹어보자. 국내산 오겹살에 국내산 고춧가루로 잘 버무린 무채를 곁들이는 수육과 전병도 인기.

자연산 홍합으로 끓여낸 섭 요리

수라상.

◎ 강원 양양군 양양읍 거릿말길 18-6(연창리 176) ℗ 전용주차장 🕙 10:00~20:00 🕙 수요일 🍜 섭국 1만5000원, 통섭 전골 2만3000원, 섭맑은탕 4만 원 ☎ 033-671-5857

. . . .

양양에 가면 섭을 먹어봐야 한다. 양식 홍합만 먹어보고는 자연산 홍합인 섭의 비주얼과 맛을 상상할 수 없을 것이다. 숨은 현지인 맛집이자 오세득 셰프가 인정한 섭국 맛집. 안주인의 시어머니가 해녀이며 낚시 어선도 가지고 있기 때문에 귀한 자연산 섭을 채취할 수 있다고 한다. 혼자라면 얼큰하고 진득한 섭국이나 섭비빔밥을, 여럿이 간다면 전복, 섭, 대하가 전골냄비에 넘칠 듯 담겨 나오는 섭전골을 추천한다.

서핑 안 해도 꿀맛, 수제버거 맛집

파머스키친。

⊚ 강원 양양군 현남면 동산큰길 44-39(동산리 7) ⓟ 전용주차장 🕐 11:00~18:00(브레이크 타임 15:00~16:00) 🔒 화·수요일 🍔 버거류 7000~1만 3000원, 세트 추가 4000~5000원, 사이드메뉴 4000~9000원

. . . .

동산리 바닷가에 자리한 수제버거 맛집이다. 타코 맛집이었던 1호점은 이제 영업하지 않고 2호점인 버거집만 운영한다. 100% 소고기 패티로 만든 수제버거로 단번에 양양 수제버거 맛집으로 등극했는데 하와이안버거, 갈릭쉬림프버거 등 다른 버거도 고루 맛있다는 평. 보통은 버거 하나에 감자튀김이나 어니언링 중 하나, 거기에 캔음료, 아메리카노, 생맥주 중 하나를 골라 세트 메뉴로 주문한다. 신세계 정용진 부회장이 SNS에서 언급해서 더욱 북적거리는 맛집.

자연산 송이버섯의 향기 가득한

송이버섯마을。

⊚ 강원 양양군 양양읍 안산1길 74-52(월리 226-5) ⓟ 전용주차장 🕐 11:00~21:00(브레이크 타임 15:00~17:00) 🔒 화요일, 명절 당일 🍔 송이버섯전골(1인) 2만 8000원, 송이불고기(1인) 3만 원, 버섯전골(소) 3만 원, 송이샤브샤브 3만 5000원 📞 033-672-3145

. . . .

양양 여행에서 송이버섯은 맛보고 싶은 1순위 별미다. 귀한 송이버섯 요리를 맛보고 싶다면 송이버섯마을을 추천한다. 특유의 향기는 물론 항암작용과 성인병 예방에 두루 좋은 송이는 소고기와 궁합이 잘 맞는다. 송이의 제철은 10월부터 다음해 1월까지. 송이버섯전골은 슬라이스한 송이버섯과 소고기를 비롯해 여러 가지 버섯과 채소로 가득 채워 끓일수록 진한 맛이 우러난다. 이 국물에 칼국수도 넣어 먹고 밥도 볶아 마무리한다.

양양 최고의 곰치국

동일식당.

◎ 강원도 양양군 양양읍 남문3길(남문리 46-1) ⓟ 가게 앞, 공영주차장 🔓 06:00~21:30 🔒 연중무휴 🗐 곰치국(1인분) 1만9000원, 생선구이 1만2000원, 백반 9000원 📞 033-672-1563

양양시장 인근의 동일식당은 양양 곰치국으로 유명하다. 녹아내릴 듯 흐물흐물한 못생긴 생선으로 끓여낸 곰치국은 신김치와 무, 대파를 넣어 시원한 맛으로 훌훌 들이킨다. 목에 걸릴 잔가시도 별로 없고 살도 매우 부드러우며 콧물처럼 흐물거리는 콜라겐은 피부미용에도 좋다. 식당 벽에 붙어 있는 신문기사에서는 양양 꼼치라고 소개하고 있지만 여주인이 들고 있는 것은 곰치도 꼼치도 물메기도 아닌 미거지라고 한다. 그 이름이 무엇이든 간에 해장 속풀이에는 최고다. 다만 비싼 가격이 함정.

영혼이 목마를 때 '갬성' 넘치는 커피 한잔

와이에이티.

◎ 강원 속초시 설악산로 470-4(도문동 374-7) ⓟ 더케이설악산가족호텔 주차장 이용 🔓 10:00~18:00 🔒 연중무휴 🗐 커피류 5000~6000원, 티류 6000원, 사이드메뉴 6500원 📞 010-3805-4633

와이에이티(YAT.)라는 이름은 'You are thirsty'라는 의미이며, 인스타그램에서 소위 '갬성' 넘치는 카페로 소개된다. 설악산 가는 길에 위치한 이 카페는 예닐곱 개의 테이블이 전부인 그리 크지 않은 공간이지만 느낌 충만한 포스터나 액자가 심플한 공간을 메운다. 통창 너머로 여름이면 초록 풍경과 돌담이 보이고 다른 계절엔 평화로운 풍경이 액자처럼 걸려 있다. 힙한 음악을 들으며 풍미가 좋은 커피 한잔하는 맛이 좋은 카페로, 햇살 좋은 날에는 정원에 나와서 차를 마셔도 된다.

오래된 조선소의 재발견
칠성조선소。

◉ 강원도 속초시 중앙로46번길 45(교동 664-110) ℗ 석봉도자기미술관 주차장 ⏰ 11:00~20:00 🚪 연중무휴 🍽 에스
프레소 마키아토 6500원, RTD 밀크티 6000원, RTD 콜드브루 원액 8000원 ☎ 033-633-2309

목선을 만들던 조선소가 멋스러운 복합 문화공간으로 변신했다. 1952년에 원산조선소라는 이름으로 이
자리에 문을 연 칠성조선소는 그 독특한 콘셉트와 개성으로 속초 여행자라면 꼭 들러보는 필수 코스. 칠
성조선소는 조선소의 역사를 볼 수 있는 조선소뮤지엄과 북살롱 그리고 카페로 구성되어 있다. 청초호를
마주보는 위치에 열었던 카페는 현재 완벽한 날들에서 큐레이팅한 북살롱이 되었고 카페는 조립식 건물
로 옮겨졌다. 1층에서 주문하고 2층에 올라가면 큰 창 너머로 청초호 주변의 풍광을 즐기기 좋다. 때로 프
리마켓이나 뮤직 페스티벌이 열리기도 한다.

서퍼가 운영하는 자유로운 분위기의 카페

서퍼스파라다이스。

◎ 강원 양양군 현남면 인구길 60-7(인구리 631-7) ⓟ 없음 🕐 11:00~24:00 🔒 수요일 ☕ 롱블랙 4500원, 코코넛라테 5500원, 바닐라라테 5500원 📞 010-8569-2356

- -

호주에서 서핑도 하고 바리스타 경력도 쌓았다는 카페지기는 파도를 타기 위해 양양에 눌러앉아 가게를 열었다. 서핑의 성지인 호주 서퍼스파라다이스 해변의 이름을 딴 이 카페는 서퍼가 운영하는 곳다운 자유분방함과 시크함이 매력. 무심한 듯 블록 위에 판자 하나 올려 만든 테이블은 철제 의자로 바뀌었지만 방금 파도에서 나온 서퍼의 쉼터가 되기에 충분하다. 롱블랙이나 플랫화이트 같은 호주 스타일 커피 메뉴를 갖추고 있으며 티셔츠 같은 서핑 굿즈도 판매한다.

양양에서 진짜 맛있는 커피가 당길 때

롤리에스프레소。

◎ 강원 양양군 양양읍 해맞이길 95-21(조산리 433-9) ⓟ 낙산해변 주차장 🕐 09:00~18:00 🔒 연중무휴 ☕ 플랫화이트 5000원, 낙산블랜드 5500원, 다쿠아즈 3000원 📞 033-671-3982

- -

양양에서 직접 로스팅해 제대로 내린 맛있는 커피를 마실 수 있는 로스터리 카페로 낙산해수욕장 앞에 자리하고 있다. ROLLY는 'Roasting company, Ocean, Laugh, Love, Yangyang'이라는 뜻을 담은 이름. 기본 투샷이 들어가는 진한 라떼와 플랫화이트를 비롯해 자몽과 아몬드, 다크 초콜릿 등의 복합적인 향이 매력인 낙산블렌드가 인기다. 카페 앞에 따로 테이블과 의자를 놓아 솔숲 너머로 불어오는 바닷바람을 맞으며 여유로운 시간을 보내기 좋고 저녁 무렵 따뜻한 분위기가 멋지다.

호젓한 산 속 감성스테이

팜11 스테이.

———

◎ 강원도 양양군 서면 원당골길 42(논화리 44-1) ℗ 전용주차장 ☎ 010-4647-3716

산골짜기 관광농원 안에 인스타 감성의 스테이와 카페를 운영해왔던 팜11. 번잡한 일상을 뒤로 하고 진정한 쉼이 있는 공간을 모토로 했기에 산속 깊은 곳에 자리 잡았는데 천연발효종 빵을 굽는 베이커리가 먼저 유명해진 바 있다. 그러나 카페는 문을 닫았고 현재는 스테이만 정상 운영한다. 숙소는 4인룸 복층 한 채, 2인룸 두 채, 총 세 채로 객실 안의 커다란 창이 있는 윈도우 베드에 앉아 바라보는 설악산 숲의 풍경이 편안하다. 바비큐나 취사는 불가. 조식도 6월부터는 제공되지 않는다. 안전상 13세 미만 노키즈존이며 길냥이들이 많아 반려견도 동반 불가. 실내 가드닝 원데이 클래스를 운영한다.

함께 나누는 여행의 즐거움이 있는

소호259 게스트하우스.

◎ 강원 속초시 수복로259번길 11-3(동명동 421-3) ☎ 010-2047-0259 ⌂ blog.naver.com/soho259

속초버스터미널 바로 옆이라 객실에서 창문만 열면 터미널이 보인다. 오래된 한옥을 리모델링한 1호점과 그 바로 옆에 오래된 여관을 리모델링하여 설치작품으로 건물 전체를 꾸민 2호점이 있다. 소호259는 원래는 숙소로 출발했지만 지금은 카페와 스튜디오, 고구마쌀롱으로 구성된 소호거리로 그 저변을 넓혔다. 전체적으로 깔끔하게 운영되고 있으며 속초 대부분의 명소들이 걸어서 갈 수 있는 거리라 뚜벅이 여행자들에게도 선호된다. 소호259가 위치한 동명동은 옛 정취가 고스란히 남아있어 산책하는 재미가 있는 곳.

스테이비욘드。

◎ 강원 양양군 양양읍 거마천로 350-57(거마리 356) ✆ 010-9071-7360 ⌂ blog.naver.com/tapas100

일상의 번잡함으로부터 잠시 벗어나 푹 쉬고 싶을 때 찾고 싶은 숙소다. 2인 전용 감성 스테이를 표방하는 이곳은 텔레비전 대신 책을 읽으며 오롯이 휴식에 집중할 수 있어서 이런 스타일의 숙소를 찾는 여행자에게 안성맞춤이다. 초록이 무성한 나무에 둘러싸인 언덕 위의 하얀 집으로 아이가 맨발로 걸어도 괜찮을 만큼 잘 관리된 잔디밭이 펼쳐져 있다. 욕조를 놓은 트윈룸과 더블룸으로 구성되어 있으며 조식이 제공된다.

쏠비치 양양。

◎ 강원 양양군 손양면 선사유적로 678(오산리 23-4)
✆ 1588-4888

지중해풍으로 조성된 쏠비치 양양은 양양 최고의 4성급 리조트 & 호텔로 가족이 머물기에 편리하다. 아쿠아월드와 해수사우나, 실내외 수영장이 가까운 리조트동과 보다 낭만적인 안쪽의 호텔동으로 나뉘어져 있고, 해변을 끼고 있는 해안산책로가 있다.

투와이호텔。

◎ 강원 양양군 강현면 동해대로 3277-3(용호리 122-1)
✆ 033-671-3277

속초와 양양 사이에 위치하며 낙산사가 가깝다. 깔끔한 인테리어와 룸 컨디션은 기본, 투와이호텔의 존재감은 7층에 위치한 루프탑에서 빛을 발한다. 6시부터 오픈하는 루프탑에서는 비어캔치킨, 폭립, 소시지 등의 푸짐한 안주에 맥주가 무제한 제공되는 BBQ 패키지를 2인 3만 원대에 즐길 수 있다.

PART 6

삼척·동해

산도 가고 싶고 바다도 보고 싶을 때 선택은 삼척과 동해다. 동굴의 도시라는 이미지가 강한 삼척은 해상케이블카(하늘), 레일바이크(땅), 장호항어촌체험(바다)까지, 3종 세트로 즐길 수 있는 여행지다. 삼척과 붙어있는 동해는 작지만 알찬 볼거리가 있는 여행지로 동해가 아니면 볼 수 없는 풍경으로 가득하다. 이 두 도시를 함께 묶어 떠나보자.

국내 최고의 기차 테마파크

하이원추추파크。

📍강원 삼척시 도계읍 심포남길 99(심포리 227-5) ⓟ 전용주차장 🟠체험 시설 09:10~17:10 🔒연중무휴 🚂스위치백 트레인 1만 원, 레일바이크(2인승) 2만8000원, 미니 트레인 4000원 📞 033-550-7788

국내 유일의 산악철도와 영동선을 활용한 철도 테마파크로 스위치백 트레인, 레일바이크, 미니 트레인과 이국적인 네이처빌, 심플한 큐브빌, 기차 숙소인 트레인빌 등 30여 동의 숙소로 이루어져 있다. 옛날 증기 기관차를 재현한 스위치백 트레인은 지그재그 구간(스위치백)을 운항하는 관광열차. 추추스테이션과 나한 정역 간의 약 12.5km 코스와 흥전삭도마을 사이를 왕복순환하는 16km 코스 두 가지가 있다. 깊은 산 속을 시속 25km로 달리는 기차에 몸을 싣고 나한정역이나 벽화로 단장한 흥전삭도마을에 내려 쉬었다 돌아간 다. 스위치백 트레인 뿐 아니라 해발 720m의 통리에서 시속 25km로 산기슭을 내려오는 산악형 레일바이 크와 미니어처 열차도 있다. 기차 펜션인 트레인빌에서 5분 거리에 영화 〈지금 만나러 갑니다〉의 촬영지 이자 감성 사진 찍기 좋은 소담한 기차역인 심포리역이 있다.

투명한 장호항을 하늘에서 내려다보는 맛

삼척해상케이블카。

⊙ 용화역 : 강원 삼척시 근덕면 삼척로 2154-31(용화리 6), 장호역 : 장호항길 12-10(장호리 3-9) Ⓟ 전용주차장 ᴏᴘᴇɴ 09:00~18:00 ᴄʟᴏsᴇ 첫째·셋째 주 화요일, 기상 악화 시 🎫 왕복 : 어른 1만 원, 어린이 6000원 / 편도 : 어른 6000원, 어린이 4000원 📞 1668-4268

용화역에서 장호역 사이를 왕래하는 해상 케이블카로 바다 위 약 20m 높이로 870m가량 운행한다. 왕복과 편도 중 선택할 수 있는데 아이나 노약자와 함께라면 필히 왕복 티켓을 구입하기를 권한다. 케이블카 타러 가는 길이 경사가 심하고 일반 도로라 아이들과 걷기에 무리가 있기 때문이다. 현장발권만 가능하며 탑승 대기번호를 안내한다. 탑승시간이 7분이라 길지 않지만 경험으로는 충분하고 하늘에서 장호항을 한눈에 볼 수 있어서 좋다. 바람 많이 부는 날은 운행을 중단하기도 하므로 출발 전에 사무실에 문의해야 한다. 근처의 장호항, 삼척해양레일바이크, 장호비치캠핑장, 해신당공원, 수로부인헌화공원 같은 관광지와 함께 묶어 계획을 짜면 좋다.

바닷가의 낭만 궤도

삼척해양레일바이크.

◎ 용화정거장 : 강원 삼척시 근덕면 용화해변길 23(용화리 14-5), 궁촌정거장 : 공양왕길 2(궁촌리 141-1) Ⓟ 전용주차장
ⓞ 1회차 9:00, 5회차 16:00(마지막) ⓒ 둘째 · 넷째 주 수요일 🎫 2인승 2만 원, 4인승 3만 원 ☎ 033-576-0656~8

• •

바다를 온전히 바라보며 달릴 수 있는 삼척해양레일바이크는 궁촌역~용화역 구간 해안선을 따라 5.4km
이어진다. 바다와 해송 숲, 황영조터널, 해저터널, 무지개터널 등 세 개의 터널을 지난다. 특히 초곡2터널
은 장엄한 교향곡이 울려퍼지는 가운데 화려한 루미나리에와 LED조명, 레이저, 디오라마가 연출하는 장
대한 퍼포먼스가 판타지 세계를 연출한다. 2인승과 4인승이 있으며 편도로만 운영되기 때문에 출발지로
되돌아가는 셔틀버스를 운영하고 있다.

몸으로 체험하는 '투명에 가까운 블루'

장호어촌체험마을.

◎ 강원 삼척시 근덕면 장호항길 80(장호리 6-3) Ⓟ 전용주차장 🎫 체험시간 8:30~18:00(7·8월 매일, 5·6·9월 주말·공
휴일 운영) ⓒ 둘째·넷째 주 수요일 🚣 투명카누 2인(30분) 2만2000원, 스노클링 장비 세트 대여 1만1000원 ☎ 070-
4132-1601

• •

투명한 바다 위로 올망졸망 솟은 바위들이 만들어낸 협곡이 이국적인 장호마을은 해양레저를 만날 수 있
는 곳. 매년 여름, 장호마을은 피서객들의 열기로 가득 찬다. 투명카누와 스노클링, 씨워크 등을 즐길 수
있으나 바다 체험의 특성상 날씨의 영향을 받거나 개장과 폐장 날짜가 일정하지 않으므로 방문 전 문의하
는 게 안전하다.

석탄에서 유리 작품이 탄생하기까지

도계유리나라.

◎ 강원 삼척시 도계읍 강원남부로 893-36(심포리 267-3) Ⓟ 전용주차장 🕘 09:00~18:00 🕘 월요일, 설날, 추석 🎫 어른 8000원, 어린이 4000원 / 도계유리나라+피노키오나라 어른 1만 원, 어린이 5000원 📞 033-570-4206

도계유리나라는 국내 최대 규모의 유리박물관이다. 국내외 유리 작가의 작품을 전시해놓은 유리갤러리, 삼척 바다 속 풍경 등을 컬러풀한 유리 작품으로 구성한 보석방과 거울방 등 신비하기 그지없는 유리의 세계를 먼저 둘러보자. 매일 입으로 불어 전구를 만드는 블로잉이 시연되고 5세 이상의 아이라면 램프워킹과 블로잉, 글라스페인팅 체험을 하면서 유리의 성질에 대해 배울 수 있다. 아이들이 좋아하는 피노키오나라와 지척에 있기 때문에 함께 묶어서 돌아보기 편하다.

쉽고 재미있게 배우는 목재의 나라

피노키오나라.

◎ 강원 삼척시 도계읍 강원남부로 893-46(심포리 산90-4) Ⓟ 전용주차장 🕘 09:00~18:00 🕘 월요일, 1월 1일, 설날, 추석 🎫 입장료 : 어른 3000원, 어린이 1000원 / 도계유리나라+피노키오나라 : 어른 1만 원, 어린이 5000원 📞 033-570-4201

호두나무(월넛)와 삼나무(시더), 미송(더글러스 퍼)을 구별할 줄 아는가? 목재 가구를 일상에서 쓰면서도 목재를 보고 그게 어떤 나무이고 어떤 용도로 쓰이는지 대체로 잘 모른다. 목재 문화 체험 공간인 피노키오나라는 아이들에게 친근한 나무 인형 피노키오를 모델로 내세워 목재의 성질과 용도를 몸으로 익히게 한다. 특히 아이들이 좋아하는 공간은 나무 종류별로 만든 피노키오가 있는 피노키오전시실. 하루 3회 새집, 필통, 책꽂이를 직접 만드는 목공예 체험도 운영한다.

동양 최대 규모의 석회암 동굴

환선굴。

◎ 강원 삼척시 신기면 환선로 800(대이리 189) ⓟ 전용주차장 ⏰ 09:00~17:00 🚫 매월 18일 🎫 입장료 : 어른 4500원, 어린이 2000원 / 모노레일(왕복) : 어른 7000원, 어린이 3000원 ☎ 033-541-9266

- -

1997년에 개방한 이래 누적 관광객 수가 1000만 명을 넘는다는 환선굴은 5억3000만 년 전 고생대에 생성된 동양 최대 규모의 노년기 동굴로 총 길이 약 6.2km 중 1.6km 구간만 개방하고 있다. 환선굴을 포함한 대이리 동굴지대는 천연기념물로 지정되어 있으며 웅장한 환선굴 내부에는 기묘한 동굴 생성물이 신비감을 자아낸다. 도보 15분 거리의 환선굴 입구까지 모노레일을 타고 갈 수도 있다.

역동적인 태고의 풍경

대금굴。

◎ 강원 삼척시 신기면 환선로 800(대이리 189) ⓟ 전용주차장 ⏰ 09:00~17:00 🚫 매월 18일 🎫 어른 1만2000원, 어린이 6000원(모노레일 포함) ☎ 033-541-7600

- -

광대한 스케일의 환선굴과 비슷한 시기에 형성되었지만, 그보다 한참 늦은 2007년 개방되었다. 환선굴과는 같은 지역에 있지만 느낌은 사뭇 다르다. 총연장 1.6km 중 793m 구간만 개방하기 때문에 환선굴보다 규모는 작지만, 높이 8m의 비룡폭포를 비롯해 석순, 석주, 동굴진주 등 동굴 생성물이 보다 다양하다. 모노레일을 타고 동굴 내부 140m까지 들어가며, 환선굴과 달리 인터넷 예매도 가능하며 대금굴을 관람한 후 환선굴도 들르는 경우 환선굴 공원 입장료는 따로 내지 않아도 된다.

가족 나들이 공원으로 각광받는
이사부사자공원。

◎ 강원 삼척시 수로부인길 333(증산동 1) ⓟ 전용주차장 🕐 공원 : 상시개방, 그림책나라 09:30~17:30 🕐 월요일(그림책나라) 🎫 입장료 무료, 물썰매장 5000원 ☎ 033-573-0561

독도를 우리 땅으로 만든 신라 장군 이사부와 독도, 나무사자라는 세 개의 단어. 이들과 삼척을 연결시키자니 난이도 높은 퍼즐을 푸는 기분이다. 한마디로, 신라 장군 이사부가 나무 사자를 이용해 우산국을 두려움에 떨게 했다는 전설을 바탕으로 독도와 마주 보고 있는 곳에 이사부사자공원을 만들었다는 것이다. 여름에는 물썰매 타기 좋고 다른 계절에도 그림책나라, 트릭아트 포토존, 놀이터를 돌며 아이와 함께 시간을 보낼 수 있어 좋은 곳이다.

성에 관해 해학적으로 풀어낸
해신당공원。

◎ 강원 삼척시 원덕읍 삼척로 1852-6(갈남리 301) ⓟ 전용주차장 🕐 09:00~17:00(11~2월은 16:00까지) 🕐 매월 18일 🎫 어른 3000원, 어린이 1500원 ☎ 033-572-4429

장래를 약속한 총각 덕배와 애랑이의 안타까운 사랑 이야기가 해신당의 모티브다. 해신당의 전설을 알고 나면 남근 숭배 민속이 어떻게 생겨났는지를 이해하게 된다. 바다를 향해 삐죽삐죽 선 남근 조형물에 얼굴을 붉히는 것도 잠시, 요즘의 해신당은 예전보다 볼거리가 많아져 둘러보는 재미가 있다. 시원하게 트인 바다 전경은 기본, 500년 전의 어촌 생활을 묘사해놓은 애랑이네 집, 애랑이와 덕배의 동상, 19금 덕배의 집, 그리고 눈이 좋다면 전설 속처럼 바다 위 바위에 서서 애타게 덕배를 부르는 애랑이도 볼 수 있다.

잊히지 않는 환상적인 풍경

수로부인헌화공원。

———

📍 강원 삼척시 원덕읍 임원항구로 33-17(임원리 124-24) ⓟ 전용주차장 🕘 09:00~18:00(11~2월은 17:00까지) 🚫 연중무휴 🎫 어른 3000원, 어린이 1500원 📞 033-570-4995

··

신라 향가인 〈헌화가〉와 〈해가〉의 주인공 수로부인을 모티브로 하여 해발 131m의 남화산 절벽에 조성한 공원이다. 산 아랫자락이 매우 가파른 벼랑으로 되어 있어서 엘리베이터를 타고 올라가 데크 길을 걸어 이 공원에 닿을 수 있다. 바다를 등진 채 용을 타고 앉은 절세미인 수로부인은 높이 10.6m, 중량 500t의 석재 조형물로, 실제로 보면 그 규모가 어마어마하다. 데크, 전망대, 쉼터 등이 잘 갖춰져 있고 관리가 잘 되어 있어 여유롭게 동해 바다를 바라보며 쉬어가기 좋다.

동해의 랜드마크

도째비골 스카이밸리 & 해랑전망대。

———

📍 강원 동해시 묵호진동 2-109 ⓟ 전용주차장 🕘 4~10월 10:00~18:00 (11~3월은 17:00까지) 🚫 월요일 🎫 어른 2000원, 어린이 1600원, 자이언트 슬라이드 3000원, 스카이사이클 1만5000원 📞 033-534-6955

··

예전에 비오는 밤이면 푸른 도깨비불이 보였다고 해서 '도째비골'이라는 이름이 붙었다고 한다. 이곳은 동해 바다 위에 조성된 해랑전망대를 내려다볼 수 있는 스카이워크와 와이어를 따라 공중을 달리는 스카이사이클, 자이언트 슬라이드 등의 어트랙션으로 구성되어 있다. 동해의 랜드마크인 도째비골 스카이밸리와 해랑전망대로 가려면 해변도로에 주차를 하고 올라가거나 묵호등대 주차장에 주차하고 매표소를 통과하는 방법이 있다.

가장 동해다운 어촌 풍경이 여기에

묵호등대 & 논골담길。

◎ 강원 동해시 해맞이길 289(묵호진동2-215) ⓟ 전용주차장 (OPEN) 묵호등대 : 하절기 09:00~17:30, 동절기 09:00~17:00
(CLOSE) 연중무휴

묵호등대에서 아기자기한 논골담으로 이어지는 골목길은 오래 묵은 아날로그 감성이 물씬하다. 이곳에서
기웃거리며 걷다가 묵호등대를 넘어서면 도째비골 스카이밸리로 통한다. 갑자기 타임머신이라도 탄 듯
전혀 다른 풍경이 펼쳐지는데 볼거리가 두 배로 풍성해진 느낌이다. 동네 자체가 높은 지대에 있어 다리
가 팍팍하지만 일단 이곳에 오르면 묵호등대와 논골담길, 바람의 언덕까지 다양한 풍경을 만날 수 있다.
100년 역사를 간직한 묵호등대와 아기자기한 벽화로 가득 찬 논골담길, 그리고 가장 늦게 조성된 바람의
언덕까지 곳곳이 포토존이다. 동해 여행자라면 누구나 들르는 인기 스폿인 이곳엔 주민들이 운영하는 카
페와 식당, 게스트하우스가 바다를 향해 활짝 열려 있다.

촛대바위만 빼고 변화무쌍하게 바뀐

추암해변.

◎ 강원 동해시 북평동 ℗ 전용주차장

고즈넉한 추암해변을 기억한다면 요즘의 변화된 모습에 눈을 비빌지도 모르겠다. 이곳이 예전에 왔던 그 추암해변인가 싶을 정도로 풍경이 많이 변했다. 오징어를 말리며 건어물을 팔던 가게 자리는 산뜻하게 단장한 편의점과 카페가 들어섰고, 백사장이 있던 자리에는 보도블록이 깔리고 그 위에 반듯반듯한 회센터가 들어섰다. 그리고 바다가 바라보이는 곳에 캠핑장이 조성되어 있다. 전체적으로 편리해지긴 했지만 옛 정취는 사라진 듯하여 서운한 생각이 들기도 한다. 그래도 애국가에 등장하는 뾰족한 촛대바위는 여전히 발부리의 파도와 노닐며 제주도 외돌개 같은 독특한 존재감을 발하고 있다. 게다가 바다 위를 걸을 수 있는 해상출렁다리까지 생겨 잠시 들었던 서운함을 말끔히 털어버릴 수 있다.

국내 제일의 명사십리 백사장

망상해수욕장。

◎ 강원 동해시 망상동 393-16 ⓟ 전용주차장

수도권에서 동해시로 접어들면 7번 국도를 따라 옥계항을 지나 망상해수욕장을 만나게 된다. 1.4km에 걸쳐 펼쳐진 광활한 백사장과 에너제틱한 파도는 드디어 동해안에 도착했음을 실감하게 한다. 국내 제일의 명사십리해수욕장으로 손꼽히는 시원시원한 풍광은 바다열차에서 보는 최고의 하이라이트를 선사해 준다. 이런 바닷가에 편의시설이 잘 갖춰진 대단위 오토캠핑장과 카라반, 한옥 스테이가 있어 하룻밤 묵어가는 여행자 입장에서도 선택의 폭이 넓다. 매년 여름 전국에서 가장 먼저 해수욕장을 개장하거니와 그린 플러그드 페스티벌과 웨이브 페스티벌을 동시에 개최하여 남녀노소 전 연령층을 후끈 달아오르게 하는 축제의 장이 된다.

동해 시내에 위치한 지하궁전

천곡황금박쥐동굴.

◎ 강원 동해시 동굴로 50(천곡동 1003) ⓟ 유료주차장(소형 1000원) ⒪ 09:00~18:00(여름 성수기는 20:00까지) ⒞ 연중무휴 🎫 어른 4000원, 어린이 2000원 📞 033-539-3630

시내 한가운데 천연동굴이라니! 뜬금없어서 호기심을 자극하는 이 동굴은 천곡동 신시가지 도심에 있다. 4억~5억 년 전부터 형성된 총 길이 약 1.4km 동굴 중 관람 구간은 약 700m로 한여름 무더위를 피해 들르면 딱 좋다. 말머리상, 마리아상, 커튼형 종유석 등 여느 동굴에서 볼 수 있는 다양한 생성물을 만날 수 있고 마치 저승으로 들어가는 듯 좁고 험한 저승굴도 있다. 멸종 위기종인 황금박쥐가 매년 이 동굴 입구에 나타나 화제가 된다. 보기보다 급경사이므로 편한 신발 필수.

수산물 마니아들의 천국

묵호항 어시장.

◎ 강원 동해시 일출로 60(묵호진동 15-128) ⓟ 유료주차장(소형 1000원) ⒪ 활어판매센터 4~10월 05:00~20:00, 11~3월 06:00~19:30 ⒞ 연중무휴

동해 여행 중에 저녁거리를 찾는다면 꼭 들러볼 곳으로 추천한다. 바다를 좀 안다는 이들이 국내 자연산 활어를 가장 저렴하게 맛볼 수 있는 곳으로 꼽는 곳이 바로 묵호항이다. 어시장 내에는 국내 자연산 활어만 판매하는 활어판매센터, 겨울에 대게를 쌓아놓고 파는 선어코너가 있다. 보다 저렴하게 맛보려면 묵호 전망대 활어회센터에서 양식 횟감을 선택하면 된다. 건너편 묵호시장 상가에서 대게는 1만 원에 쪄 스티로폼 박스에 포장해주며 회를 떠 오면 양념 비용을 받고 상을 차려준다.

인생 생대구탕을 영접할 수 있는

여정식당。

———

◎ 강원 삼척시 원덕읍 임원중앙로 39-1(임원리 136-1) ⓟ 전용주차장 ⓞ 05:00~19:00 ⓒ 연중무휴 ▤ 생대구탕(소) 2만 원, 해물백반 7000원, 곰치국 1만5000원 ☎ 033-573-2070

- -

싸고 푸짐한 회의 천국 임원항은 대구 낚시로도 유명한 항구. 이 항구 모퉁이에 자리한 여정식당은 갓 잡아 올린 생대구에 콩나물을 듬뿍 넣은 시원한 생대구탕이 맛있기로 소문난 집이다. 재료가 워낙 신선해 주로 맑은탕으로 내놓지만 손님이 원하면 맵게 끓여주기도 한다. 조미료를 쓰지 않고 대구 자체의 시원한 맛을 내는 것이 비결로, 생대구의 담백한 살과 시원한 국물은 술에 지친 속을 달래주는 해장국으로 손색이 없다.

개운한 막국수와 부들부들한 수육

부일막국수。

———

◎ 강원 삼척시 새천년도로 596(갈천동 193-3) ⓟ 전용주차장 ⓞ 11:30~20:00(브레이크 타임 15:00~16:30) ⓒ 화요일 ▤ 막국수(소) 8000원, 수육(소) 3만5000원, 사리 2000원 ☎ 033-572-1277

- -

삼척해수욕장과 쏠비치 삼척 입구에 있는 막국수 전문점이다. 메밀 40%를 섞어 거무스름한 면발에는 메밀 껍질이 콕콕 박혀 있는데, 그 위에 채 썬 오이와 무, 깨소금을 솔솔 뿌려 내놓는다. 면발을 휘휘 저으면 다진 양념이 섞이며 얼큰해진다. 이 집 막국수는 함께 나오는 백김치에 부들부들한 수육을 싸서 함께 먹어야 제맛이다. 특히 더운 날 개운한 막국수 한 그릇에 수육 한 접시라면 더 이상 부러울 게 없다.

'대게특별시'에서 착한 가격에 즐기는 러시아 대게

동해러시아대게마을.

◎ 강원 동해시 추암길 198(추암동 432) ⓟ 전용주차장 OPEN 10:00~22:00 CLOSE 연중무휴 🍴 대게(kg) 변동 시가, 기본상차림 (1인) 4000원, 대게비빔밥 2000원, 대게탕(중) 2만 원 ☎ 1층 대게판매점 033-522-4774, 2층 식당 033-522-6400

이제는 전국 어디서나 마음만 먹으면 러시아산 대게를 먹을 수 있지만 러시아산 대게의 80% 이상이 동해시를 통해 전국에 공급된다는 사실은 잘 알려지지 않았다. 수심 800m 이하 깊은 바다에서 갓 잡은 러시아산 대게는 동해항으로 직행하고, 동해러시아대게마을에서는 동해항으로 모인 대게를 바로 공수해 사용한다. 싱싱한 러시아산 대게를 착한 가격으로 맛보고 싶은 여행자에게 이곳을 추천하는 이유이다. 일단 식탁에 오르기까지 기간이 짧아 탱글탱글한 살맛이 살아있고 동해시 북방물류연구지원센터에서 운영하기 때문에 A급만 취급하며 중간 유통비를 빼 가격도 저렴하다. 1층에서 대게를 고르면 바로 쪄서 2층으로 올려주는데 먹기 좋게 일일이 해체해 상에 올린다. 대게비빔밥과 대게탕 가격은 별도.

동해 바다 자연산 식재료의 참맛

부흥횟집。

◎ 강원 동해시 일출로 93(묵호진동 2-286) ⓟ 전용주차장 🕘 09:00~21:00 🔒 토요일 🍴 물회 1만3000원, 물망치탕(1인) 1만3000원, 모둠회 3만5000원~4만 원 ☎ 033-531-5209

묵호항 수변공원 바로 앞에 위치한 50년 전통의 묵호항 맛집으로 〈식객 허영만의 백반기행〉에도 소개되었거니와 단골도 많은 현지인 맛집이다. 바로 앞이 묵호항이라 갓 잡은 신선한 자연산 식재료로 감칠맛나는 해물 요리를 만든다. 2인 이상 주문 가능한 매운탕은 대구나, 복, 물망치 등 주재료를 고를 수 있고 매운탕 혹은 맑은탕으로 선택할 수 있다. 한치와 가자미살에 과일 육수를 넣은 물회도 맛있고 이곳에서만 나는 생선인 망치로 끓여낸 망치탕도 추천할 만하다.

모자가 개발한 고급진 수제버거의 맛

피오레。

◎ 강원 동해시 평원1길 120(평릉동 447-7) ⓟ 전용주차장 🕘 11:00~20:30(브레이크 타임 16:00~17:00) 🔒 월요일 🍴 모짜렐라버거 1만1800원, 머쉬룸크림버거 1만1800원, 피오레버거 8800원 ☎ 033-533-9952

아파트 단지와 마주보는 고깃집 2층에 있어서 얼핏 보고는 찾기가 쉽지 않다. 고깃집 건물을 올려다보면 2층에 간판이 보인다. 피오레 수제버거는 식품영양학을 전공하고 오랫동안 요식업에 종사한 엄마와 호텔 조리학과를 나온 아들이 운영하는 수제버거집이다. 한우 양지와 목등심 등 맛있는 부위만으로 패티를 만들어 구워낸다. 가게에 패티를 굽는 맛있는 냄새가 군침 넘어가게 한다. 빵은 브리오슈번을, 소스는 수제 특제 소스를 사용한다.

산토리니 콘셉트의 쏠비치 카페

마마티라 다이닝。

◉ 강원 삼척시 수로부인길 453(갈천동 225) ℗ 쏠비치 주차장 🏠 카페 09:00~ 21:00, 레스토랑 12:00~21:00 (CLOSE) 연중
무휴 🍴 커피류 6500~8500원, 티류 7000원, 피자류 2만2000원 📞 033-803-7550

바닷가 절벽에 자리한 푸른색 지붕에 화이트 톤의 외벽을 가진 지중해풍 건물이 무척 이국적이다. 쏠비
치 리조트 내에 있는 마마티라의 '티라'는 실제 산토리니의 다른 이름으로, 마마티라는 산토리니 이아 마
을 분위기로 꾸몄다. 1층은 음료나 피자를 파는 카페, 2층은 레스토랑으로 운영되고 있다. 푸른 바다를 내
려다보는 외부 자리의 뷰가 좋은데 리조트를 이용하지 않아도 이곳에서 차도 마시고 식사도 하면서 쉬어
간다. 해 질 무렵부터는 멋진 해변의 펍 분위기로 변신하며 해외 휴양지 못지않은 로맨틱한 풍광을 연출
한다. 다비도프 야외 카페, 호텔에서 리조트로 이어지는 산책로, 그리스 섬에서 볼 수 있는 이국적인 풍차
와 성당 종탑을 모티브로 꾸민 3층 광장 등 추억을 멋진 사진으로 남길 수 있는 포토존이 가득하다. 개인
적으로, 산토리니를 모티브로 삼아 조성한 국내 공간 중 그 느낌을 가장 잘 살린 곳이 아닐까 한다.

'빵 반찬'으로 유명한 동해의 베이커리

메르시마마.

⸻

◎ 강원 동해시 발한로 220-12(발한동 30-2) ⓟ 묵호시장 주차장 🕐 11:00~18:00(목~토요일) 🕐 일~수요일 🍴 명란바게트 5800원, 앙버터바게트 8800원, 빵 반찬 미니어처 3종 2만7000원 ☎ 033-535-4310

- -

유기농 식자재로 만든 바질 페스토, 아보카도 명란 스프레드 등을 프랑스빵 위에 얹은 '빵 반찬'으로 잘 알려진 동해의 베이커리다. 미식가들 사이에서 입소문이 난 메르시마마의 메뉴들은 이곳을 동해 여행의 필수 순례 코스로 꼽을만큼 그 맛과 퀄리티로 인정받고 있다. 〈김영철의 동네 한바퀴〉에도 소개된 바 있으며 프랑스 브리도사의 파티쉐 명장들이 개발한 천연 발효 효모빵과 30여 가지의 스프레드를 만날 수 있는데 시그니처 메뉴인 빵 반찬 도시락은 문을 여는 날 방문포장 예약을 해야 한다.

'뚱카롱'으로 줄 세우는 마카롱 가게

청년마카롱.

⸻

◎ 강원 동해시 감추4길 40-4(천곡동 961-20) ⓟ 전용주차장 🕐 11:00~20:00 🕐 화요일 🍴 마카롱 1500~2000원, 갸토쇼콜라 4500원, 다쿠아즈 2500원 ☎ 0507-1444-0981

- -

재료를 아낌없이 넣어 필링이 두꺼운 '뚱카롱'으로 인스타그램에서 여전히 핫한 마카롱 맛집이다. 동해 프리마켓에 마카롱으로 참가했다가 인기를 얻은 후 현재의 마카롱 가게를 열었다. 1500원대부터 시작하는 착한 가격의 마카롱은 매일 라인업이 바뀌며, 변경되는 메뉴는 미리 인스타그램에 공지한다. 고급스러운 맛의 프랑스 정통 마카롱은 필링도 얇고 크기도 작은데 가격대가 높은 것이 함정이다. 마카롱의 대중화에 성공했다고 볼 수 있지만 필링이 좀 느끼하게 여겨질 수도 있다.

자타가 공인하는 삼척 최고의 숙소

쏠비치 삼척。

⊙ 강원 삼척시 수로부인길 453(갈천동 225) ℗ 전용주차장 ☎1588-4888 ⌂ www.daemyungresort.com

바다 전망이 멋진 709실 규모의 호텔 & 리조트이다. 하얀 외벽과 파란색 지붕은 그리스 키클라데스 제도의 건축 양식에서 모티브를 따왔다. 취사가 가능한 리조트형과 취사시설이 없는 호텔형 객실로 나뉘며 오션뷰 객실은 따로 추가 요금이 있다. 객실에서 머무는 것보다도 7층 산토리니광장이나 해변 산책로를 거니는 게 멋지다는 평. 아쿠아월드나 식당 등 부대시설이 잘 갖춰져 있다.

장호비치캠핑장。

⊙ 강원 삼척시 근덕면 장호1길 14(장호리 308) ☎ 033-576-0884~5

장호해수욕장이 펼쳐진 바닷가에 9대의 유럽산 카라반, 각각 17면의 오토캠핑장과 목재 데크 캠핑 사이트, 그리고 4동의 복층형 컨테이너하우스가 들어서 있어 선택의 폭이 넓다. 워낙 인기가 좋아 예약 경쟁이 치열하다. 바다 체험이 이루어지는 장호항까지는 1km 안팎으로 가깝다.

하이원추추파크。

⊙ 강원 삼척시 도계읍 심포남길 99(심포리 227-5) ☎ 033-550-7788

국내 유일의 철도 테마파크인 하이원추추파크에는 실제 기차를 개조해 만든 트레인빌과 프라이빗 독채 스타일의 네이처빌, 지붕이 잔디로 되어 있는 루프가든 스타일의 큐브빌, 그리고 오토캠핑장이 있다. 해발 720m에 위치한 청정 자연 속에서 이색적인 하룻밤을 보낼 수 있다.

장지문 너머에 동해 파도가 철썩

망상오토캠핑리조트 한옥촌.

◎ 강원 동해시 동해대로 6370(망상동 393-39) ⓟ 전용주차장 ☎ 033-539-3600 ⌂ www.campingkorea.or.kr

망상오토캠핑장은 카라반이나 오토캠핑장으로 유명하지만, 알고 보면 진짜 압권은 바로 한옥촌이다. 한옥 장지문을 열면 담장 너머 장쾌한 동해가 쫙 펼쳐진다. 이런 집에서 한번 살아보고 싶은 로망을 가졌다면 필히 방문을 권한다. 특히 바다 쪽에 가까운 원룸형의 단독채를 추천한다. 프라이빗하면서도 동해의 철썩이는 파도를 이토록 가까이에서 만끽할 수 있는 로맨틱한 숙소가 또 있을까 싶다.

하루 더 머물고 싶은 논골담길 게스트하우스

103LAB 게스트하우스.

◎ 강원 동해시 논골1길 19(묵호진동 2-352) ⓟ 묵호등대 주차장 ☎ 010-2909-1033 ⌂ blog.naver.com/103lab_

이 게스트하우스에 머물기 위해 동해로 여행 간다고 할 만큼 미친(?) 오션뷰를 자랑하는 숙소다. 논골담길 바람의 언덕 바로 아래에 자리하고 있기에 마을의 알록달록한 지붕 너머 시원하게 펼쳐져 있는 묵호항 풍경이 한눈에 들어온다. 카페와 남녀 전용 도미토리 6인실 두 개를 운영하며 우동이 유료 조식으로 제공된다. 이곳에서 숙박하지 않더라도 커피 한 잔 앞에 두고 멍 때리고 앉아 있어도 가슴이 충만해지는 풍경 맛집이다.

PART 7

춘천

'봄이 오는 시내'란 뜻을 갖고 있는 이 도시가 낭만적으로 느껴지는 건 네 개나 되는 호수 때문일까. 누군가에겐 켜켜이 쌓인 청춘의 추억을 소환하게 되는 도시라 그럴지도 모른다. 서울에서 기차를 타고 1시간 정도면 닿을 수 있어 훌쩍 떠나기 좋은 춘천은 유난히 자전거를 즐기는 사람이 많은 도시로, 양평이 남한강 자전거 명소라면 춘천은 북한강 자전거 명소다.

춘천의 대표 랜드마크
소양강 스카이워크.

⌖ 강원 춘천시 영서로 2663(근화동 8-1) ℗ 공영주차장 🕐 10:00~18:00 🕐 연중개방 🎟 2000원(7세 이상) 📞 033-240-1695

소양2교와 소양강 처녀상 옆에 위치한 소양강 스카이워크는 전체 길이 174m, 스릴 만점인 투명 유리로 된 구간은 156m로 국내 최장 길이로 알려져 있다. 덧신으로 갈아 신은 후 걸어 들어가면 아래쪽 의암호의 물이 훤히 내려다보인다. 쏘가리 조형물이 가까워지는 끄트머리의 양쪽 전망대는 인증샷 포인트. 기념사진을 남기려는 외국인 관광객들에게도 필수 코스로, 해 진 후 야경 또한 일품이다.

숲속에서 만나는 작은 유럽
제이드가든.

⌖ 강원 춘천시 남산면 햇골길 80(서천리 412) ℗ 전용주차장 🕐 월~목요일 09:00~18:00(입장 마감 17:00까지) 🕐 연중무휴 🎟 어른 1만 원, 어린이 6000원 📞 033-260-8300

한화그룹에서 운영하는 수목원으로 〈그 겨울 바람이 분다〉를 비롯한 드라마 촬영지로 유명하다. '숲속에서 만나는 작은 유럽'이라는 콘셉트로 약 16만㎡ 규모, 24개의 테마로 조성되었으며 계곡을 따라 좌우에 다양한 테마의 정원이 끝도 없이 이어진다. 이탈리아 토스카나풍의 갈색 벽돌집인 방문자 센터를 지나 영국식 보더가든부터 스트림가든까지 약 1시간 30분이 소요되는 1.5km 코스를 추천하고 있는데, 계절마다 운치가 다르기 때문에 그냥 발길 닿는 대로 걷기만 해도 충분하다.

호젓한 뷰가 일품

의암호 스카이워크.

◎ 강원 춘천시 칠전동 486 ⓟ 도로변 작은 주차 공간 혹은 송암스포츠타운 〔OPEN〕 09:00~18:00 〔CLOSE〕 기상 악화 및 위험요소 발생 시 ☎ 무료 ☎ 033-253-3700

소양강 스카이워크가 탁 트인 뷰를 조망한다면, 의암호 스카이워크는 호젓한 뷰가 일품이다. 의암호 스카이워크 옆으로 지나는 의암호 둘레길은 북한강 자전거 코스 명소인 춘천에서도 라이딩하기 좋은 코스다. 이곳 역시 덧신을 갈아 신고 입장하는데 끄트머리 원형 구간에 이르러 아래를 내려다보면 심장이 쫄깃해진다. 하지만 소양호 스카이워크와 마찬가지로 1cm 두께의 강화유리 세 장을 깔아 안전하므로 안심해도 된다. 다만 큰 안내판이나 주차장이 없어서 그냥 지나치기 십상이다. 데크로 된 자전거길이 스카이워크로 바로 통하는 길이다.

무한대의 즐거움이 가득한 작은 공화국

남이섬。

◎ 강원 춘천시 남산면 남이섬길 1(방하리 197) ℗ 카카오T 주차장(모바일 정산/최초 12시간까지) 4000원 OPEN 08:00~21:00 CLOSE 연중개방 🎫 입장료 : 어른 1만6000원, 중등생 1만3000원, 36개월~초등생 1만 원 ☎ 031-580-8114

계절을 가리지 않고 다양한 풍경, 다양한 체험을 즐기며 하루를 보내고 싶다면 남이섬을 떠올려볼 만하다. 나미나라공화국이라고 쓰고 남이섬이라 부르는 이곳은 메타세쿼이아길이나 은행나무길, 단풍나무길 등 계절에 따라 훌륭한 포토존이 되는 풍경은 물론, 20여 개의 공원과 10여 개의 연못을 갖추고 있다. 방목해 키우는 작은 동물들이 뛰노는 모습도 볼거리. 뿐만 아니라 남이섬에 들어가는 순간부터 이용하는 배와 짚와이어부터 자전거, 열차, 버스에 이르기까지 탈 것도 다양하다. 아이와 함께라면 국제어린이도서관에 들르거나 각종 체험 공방이나 상상놀이터에서만 시간을 보내도 충분히 즐거울 것이다. 10kg 미만의 소형견을 위한 놀이터인 투개더파크와 애견 동반 가능한 레스토랑이 있어 애견과 함께 나들이하기 좋은 코스로 환영받는다. 팁, 남이섬에서는 앱을 깔거나 QR코드를 이용하고, 할인 쿠폰을 주는 식당을 이용하는 등 약간의 수고로움을 감수한다면 제법 짭짤하게 경비를 절약할 수 있다.

오래된 시장, 핫플레이스로 부활하다
육림고개。

◎ 강원 춘천시 중앙로77번길 ℗ 임시 민영주차장 혹은 약사 공영주차장 ☏ 033-241-7794(육림고개 청년몰)

육림고개는 1990년대까지는 사람들의 머리밖에 보이지 않았다는 춘천 최대 상권이었다. 이후 여느 재래 시장처럼 활기를 잃고 쇠락해가던 이곳이 요즘 많은 여행자가 찾는 춘천의 핫플레이스가 되었다. 디저트, 공예, 먹을거리, 자연곳간, 펍 5가지 테마의 25개 상가 청년몰을 중심으로 옷가게, 커피 로스팅 하우스, 수제 맥주 가게, 올챙이국수, 기름집, 〈김영철의 동네 한바퀴〉에 나온 메밀전집 같은 노포들이 섞여 재미를 더한다. 육림고개 상가는 금강로와 접하는 작은 골목인 중앙로77번길을 따라 육림고개 너머 꼬빼이깜장 식빵 근처까지 약 350m. 그 사이사이 더 좁은 골목이나 계단을 오르다 보면 뜻밖의 카페나 빈티지한 가게도 만날 수 있다. 쇼핑도 하고 식사와 커피도 해결하고 테이크 아웃한 간식거리를 들고 기웃기웃하는 재미까지 만끽하다 보면 시간 가는 줄 모른다.

물레길 따라 노를 저어 보자

춘천 물레길.

⌖ 강원 춘천시 스포츠타운길 113-1(송암동 644-23) Ⓟ 전용주차장 ⏰OPEN 09:00~18:00 ⏰CLOSE 연중무휴 ☰ 기본 카누(2인) 3 만 원, 어른 1인 추가 1만 원, 어린이 1인 추가 5000원, 반려견 무료 ☎ 033-263-8463

예능 프로그램에 여러 차례 소개된 바 있고, '한국인이 꼭 가봐야 할 한국 관광 100선'에 꼽히기도 한 춘천 의 대표 레저로 송암스포츠타운 내에 있다. 난이도 초, 중, 상급으로 나뉜 코스 가운데 가장 인기 좋은 코 스는 1967년 의암댐이 만들어지면서 생겨난 붕어섬을 중도와 함께 돌아보는 약 3km의 붕어섬 코스. 안전 교육과 장비 착용을 마친 후 적삼나무로 만든 클래식 우든카누를 타고 노를 저으며 1시간가량 망중한을 즐기면 된다. 36개월 이상 누구나 탑승 가능하고 반려견도 함께 카누를 즐길 수 있어 색다른 춘천 여행의 추억을 만들기 좋다.

춘천의 낭만은 경춘선 대신 레일바이크

강촌레일파크。

Rail Park

◎ 강원 춘천시 김유정로 1385(증리 327-4) 김유정역 ℗ 전용주차장 ⏰ 09:00~17:30(11~2월은 16:30까지), 12:10~13:00 휴게시간 🏛 연중무휴(설·추석 당일은 13:30~) 🎫 김유정레일바이크 : 2인승 3만5000원, 4인승 4만8000원 / VR안경 : 1인 5000원 / 경강레일바이크: 4인승 3만5000원 / 펫바이크 : 4만5000원 ☎ 033-245-1000

· ·

춘천에서 즐길 수 있는 레일바이크는 김유정레일바이크와 경강레일바이크 두 코스이다. 김유정레일바이크는 강촌레일파크 본사가 위치한 김유정역에서 출발해 강촌역까지 편도 총 8.5km 구간을 1시간 20분가량 이동한다. 이 구간 중 6km는 레일바이크로, 나머지 2.5km는 낭만열차로 갈아타고 이동한다. 중간에 굵고 짧은 이벤트 터널들과 가상 체험을 즐길 수 있는 VR 터널이 있어서 강촌레일파크가 운영하는 세 코스 가운데 가장 다채롭고 긴 코스지만 목적지에 이르러 셔틀버스를 타고 출발점으로 되돌아가야 하는 불편함이 있다. 그에 비해 경강레일바이크는 북한강철교까지 왕복하는 40분짜리 가장 짧은 코스로 4인승만 운행한다. 10kg 이하 소형견과 함께 바이크를 즐길 수 있는 펫바이크가 있다는 점이 매력 포인트. 반려견을 위한 운동장도 있다. 예약 필수.

건축가 김수근의 마음이 담겨있는 공간

KT&G 상상마당 춘천 아트센터。

──────

⊙ 강원 춘천시 스포츠타운길399번길 25(삼천동 223-2) ⓟ 전용주차장 ⟨OPEN⟩ 댄싱카페인 10:00~21:00 ⟨CLOSE⟩ 연중무휴 🖹 무료 ☎ 033-818-3200

┄┄┄┄┄┄┄┄┄┄┄┄┄┄┄┄┄┄┄┄┄┄┄┄┄┄┄┄┄┄┄┄┄┄

KT&G 상상마당 춘천 아트센터는 고 김수근 건축가가 설계한 옛 춘천어린이회관을 리모델링한 춘천의 복합문화공간이다. 따스한 햇살이 벽돌 건물 전체를 포근히 감싸는 두 동의 건물에는 갤러리와 신진 예술가들의 창작 스튜디오, 디자인 소품숍 등이 있고 야외 공연장과 널따란 잔디밭이 조성되어 있다. 특히 댄싱카페인 카페가 마주하고 있는 의암호를 낀 산책길은 자전거를 타거나 호젓한 산책을 즐길 수 있는 멋진 길. 상상마당에서 느긋한 시간을 보내고 싶다면 근처의 상상마당 스테이에서 묵어가는 것 추천.

⟨봄 · 봄⟩의 작가 김유정에 관한 모든 것

김유정문학촌。

⊙ 강원 춘천시 신동면 김유정로 1430-14(증리 866-1) ⓟ 전용주차장 ⟨OPEN⟩ 3~10월 09:00~18:00, 11~2월 09:30~17:00 ⟨CLOSE⟩ 월요일, 1월 1일, 설날, 추석 🖹 2000원(초등학생 이상) ☎ 033-261-4650

┄┄┄┄┄┄┄┄┄┄┄┄┄┄┄┄┄┄┄┄┄┄┄┄┄┄┄┄┄┄┄┄┄┄

뛰어난 위트와 토속적인 찰진 언어로 쓴 단편 소설 ⟨봄 · 봄⟩과 ⟨동백꽃⟩ 등으로 우리에게 잘 알려진 작가 김유정을 기리는 문학촌은 그가 태어나고 자란 실레마을에 있다. 그의 단편 30여 편 가운데 12편의 배경이 고향을 배경으로 하고 있을 정도로 고향에 대한 작가의 깊은 애정을 느낄 수 있다. 29세의 나이에 가난과 병고에 시달리다 작고한 작가의 짧은 인생과 문학 세계를 심도 있게 접할 수 있는 생가와 김유정전시관, 그리고 김유정이야기집은 꼭 들러보자.

활자체로 되살리는 아날로그 감성

책과인쇄박물관.

─────

◎ 강원 춘천시 신동면 풍류1길 156(증리 616) Ⓟ 전용주차장 🔓 3~10월 09:00~18:00, 11~2월 09:30~17:00 🔒 월요일, 설날, 추석 🎫 입장료 : 일반 6000원 / 체험료 : 나만의 엽서 만들기 1만5000원, 수동활판기를 이용한 인쇄 5000원 ☎ 033-264-9923

- -

〈알쓸신잡〉에서 김영하 작가가 소개한 이후 방문자가 늘었다는 이 박물관은 책 한 권이 만들어지기까지의 숨은 땀방울을 고스란히 전달해준다. 1884년에 설립된 우리나라 최초의 민간 인쇄소인 광인사 인쇄공소를 재현해놓은 1층의 인쇄전시관을 비롯해 2층에 전시된 고서와 개화기의 딱지본도 만날 수 있다. 특히 촌스러워서 더욱 트렌디한 느낌을 주는 딱지본 커버의 노트는 실용적인 기념품으로 강추.

직접 뽑은 막국수, 맛도 최고

춘천막국수체험박물관.

─────

◎ 강원 춘천시 신북읍 신북로 264(산천리 342-1) Ⓟ 전용주차장 🔓 박물관 10:00~17:00(비수기는 16:30까지), 막국수 체험 10:30~16:30(비수기는 16:00까지) 🔒 월요일, 설추석 연휴 🎫 입장료 : 어른 1000원, 어린이 500원 / 체험료 : 2인 이상 각 5000원 ☎ 033-244-8869

- -

가족끼리 춘천에서 막국수의 추억을 만들기 좋은 곳, 막국수 면발을 직접 뽑아 보고 즉석에서 맛있는 소스와 버무려 막국수를 만들어 먹는다. 갓 뽑은 면발은 탱글탱글하고 특히 춘천막국수협의회 영농조합에서 개발한 소스가 감칠맛 난다. 1층 전시관에서 막국수의 유래, 과거 막국수 제조 과정 등에 대해 미리 알고 가면 체험이 더욱 재미있다.

온 가족이 즐기는 원픽 테마파크

레고랜드 코리아 리조트。

◎ 강원 춘천시 하중도길 128 (중도동 603) ℗ 전용주차장 〈OPEN〉 월~목요일 10:00~18:00(금~일요일은 19:00까지) 〈CLOSE〉 연중무휴 🛏 어린이 4만 원, 어른 5만 원 📞 033-815-2300

- -

2022년 5월 5일 어린이날에 전격 개장한 춘천 레고랜드 코리아 리조트. 다소 비싸다 싶은 입장료에도 불구하고 인산인해를 이룬 이곳은 그야말로 레고로 이루어진 개미지옥이라 할 만하다. 조립했다 부쉈다 하며 가지고 놀던 레고 블럭의 세계를 현실 속에서 즐길 수 있기 때문에 한번 들어가면 빠져나올 수 없다는 소문이 있을 정도. 브릭 스트리트, 브릭토피아, 레고시티 등 다양한 즐길 거리가 있고 레고를 테마로 한 호텔도 있다.

 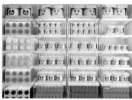 

온 가족이 동심의 세계로 퐁당

애니메이션박물관 & 토이로봇관。

◎ 강원 춘천시 서면 박사로 854(현암리 367-3) ℗ 전용주차장 〈OPEN〉 10:00~18:00(통합관람 시 입장마감 16:00까지) 〈CLOSE〉 월요일, 1월 1일 🛏 애니메이션박물관+토이로봇관 통합관람권(공통) 5000원 📞 033-245-6470

- -

애니메이션박물관은 가는 길부터 구름빵 하우스와 구름빵 가족들이 반겨주어 동화 속 나라로 걸어 들어가는 느낌을 준다. 통합관람권으로 바로 옆의 토이로봇관과 함께 돌아볼 수 있기 때문에 두 곳을 찬찬히 돌아보려면 시간을 넉넉히 잡아야 한다. 애니메이션박물관에서는 애니메이션의 역사와 원리를 한눈에 볼 수 있고 직접 체험해보는 코너도 있다. 토이로봇관은 직접 조작하며 체험 가능한 RC카 로봇 축구나 방탄소년단이 울고 갈 정도의 칼군무를 보여주는 로봇의 춤 공연이 재미있다.

〈수요미식회〉가 극찬한 철판 닭갈비의 교과서

우성닭갈비(본점 직영점)。

◎ 강원 춘천시 후만로 81(후평동 801-11) ⓟ 주중 20:00 이후, 주말 09:00부터 도로변 주차 가능 〔OPEN〕 11:00~22:00 〔CLOSE〕 화요일 🍽 닭갈비(300g) 1만3000원, 볶음밥 2000원, 우동사리 2000원 📞 033-254-0053

- -

〈수요미식회〉에서 '문 닫기 전에 가야 할 식당'으로 소개한 집, 우성닭갈비다. 1988년부터 2대째 운영하는 30년 전통의 닭갈비 전문점으로 '철판 닭갈비의 교과서'라는 극찬까지 얻었다. 직접 만드는 비법 소스에 부드러운 국내산 닭다리살, 양배추, 깻잎, 양파, 고구마, 가래떡 등을 커다란 철판에 넣어 한데 볶는다. 오로지 닭다리살과 채소의 수분으로만 볶아내 자극적이지 않은 것이 특징. 우동사리를 넣어 먹거나 양념에 밥을 볶아 먹는다. 본점은 따로 춘천여고 쪽으로 확장 이전했다.

구수하고 삼삼한 시골 동치미막국수의 맛

유포리막국수。

◎ 강원도 춘천시 신북읍 맥국2길 123(유포리 62-2) ⓟ 전용주차장 〔OPEN〕 11:00~19:30 〔CLOSE〕 설·추석 🍽 막국수 8000원, 편육 1만8000원, 메밀전병 9000원 📞 033-242-5168

- -

1966년에 문을 연 이래 3대째 내려오는 막국수집이다. 메밀 80%에 밀가루와 전분을 섞어 약간 굵게 뽑아내는 면발이라 씹는 맛이 고소하고 진한 메밀향을 낸다. 이 면발을 1년 숙성한 시원한 동치미에 말아 먹는다. 유포리막국수는 강한 맛에 길들여진 혀에는 살짝 심심한 듯한 맛이 특징으로 대파를 잘게 썬 고춧가루 양념이나 겨자, 식초, 설탕 등을 넣어 입맛에 맞게 먹으면 된다. 면발만큼이나 유명한 것이 면을 삶은 물인 면수로, 간장을 넣어서 마시면 숙취해소에도 좋다고 알려져 있다.

건강한 식재료로 만드는 몸이 편한 음식

어쩌다농부。

📍 강원 춘천시 중앙로77번길 35(죽림동 28-5) ⓟ 인근 공터 이용 🕐 11:00~~16:00 🚪 비정기적 휴무(인스타에 공지)
🍽 명란들기름파스타 1만3000원, 농부네두부텃밭 9800원, 닭갈비크림카페 1만700원 📞 010-8443-9012

세 명의 젊은이가 운영하는 팜투테이블 레스토랑이다. 귀농한 아버지가 직접 키운 농산물의 맛에 반해 어쩌다가 농부가 되었다고. 농약이나 비료를 사용하지 않고 직접 키운 유기농 식자재를 쓰고 자연 방목한 닭이 낳은 달걀, 무농약 인증을 받은 버섯 등을 전국에서 공수한다. 월요일과 화요일에는 식당 문을 닫고 춘천 시내 근교에서 채소와 허브, 감자를 키우고 수확한다. 제철 식재료로 조리를 하기에 메뉴가 그날그날 바뀌며 그 또한 종류가 많지 않다. 먹을수록 건강해지는 맛이지만 영업 시간이 자주 바뀌므로 확인 필수.

귀하게 만나는 소양강 다슬기

소양강다슬기。

📍 강원 춘천시 시청길 12번길 17-5(조양동 63-1) ⓟ 없음 🕐 07:00~20:00 🚪 일요일 🍽 다슬기탕 8000원, 뼈다귀탕 8000원 📞 033-242-9533

간과 위에 좋다고 알려진 다슬기로 탕도 끓여내고 삶아서 내놓고, 진액도 만든다. 식당 안에서 새끼손가락한 마디만 한 국내산 다슬기를 다듬는 모습을 볼 수 있다. 손수 손질한 다슬기는 식탁에 반찬으로 오르고 다슬기탕이 된다. 다슬기탕에는 초록빛 다슬기 살과 부추가 가득한데 그 맛은 시원하면서도 구수하다. 이 맛을 찾아 점심시간에는 긴 줄을 선다. 다슬기탕뿐만 아니라 푸짐한 돼지 등뼈가 담긴 뼈다귀탕도 인기 메뉴다. 테이블 곳곳에서 돼지 등뼈 사이사이에 붙은 고기를 발라내는 손님들을 볼 수 있다.

맥주 덕후라면 지나칠 수 없는 춘천 크래프트 비어 명가

스퀴즈브루어리。

◎ 춘천시 공지로 353(효자동 685-10) ⓟ 전용주차장 🏠 월~목요일 18:00~24:00 (금요일은 01:00까지), 토요일 12:00~01:00 🏠 일요일 ⓢ 6종 샘플러 2만5000원, 소양강에일 6500원, 춘천IPA 7500원/ (양조장 투어) 네이버투어: 토요일 13:00, 16:00(2회) 1만8900원, 마이리얼트립 투어: 토요일 16:00 2만1000원, 올인클루시브: 토요일 16:00 5만9000원 ☎ 033-818-1663

맥주 덕후라면 춘천 여행 방문 리스트에 꼭 적어가야 할 크래프트 비어 펍. 설립 2년만인 2019년부터 2년 연속 대한민국 주류대상 수상을 비롯해 최고 상인 'Best of 2020'까지 휩쓰는 기염을 토했다. 소양강에일, 춘천 IPA, 밤이면 밤마다 등 저마다 독특한 풍미와 홉의 향이 일품. 이곳 방문이 처음이라면 6종으로 구성된 샘플러 추천. 탱크에서 직접 뽑아낸 맥주 맛을 보려면 매주 토요일 진행되는 다양한 패키지의 양조장 투어를 신청해보자. 투어 종류에 따라 포함된 메뉴가 다르므로 홈페이지에서 확인.

감자야? 빵이야?

카페 감자밭。

◎ 강원도 춘천시 신북읍 신샘밭로 674(천전리 99-13) ⓟ 전용주차장 🏠 10:00~19:00 🏠 연중무휴 ⓢ 춘천감자빵 3300원, 치즈감자빵 3800원, 감자라테 6000원 ☎ 033-253-1889

농사꾼 아버지와 아들이 수확한 로즈 감자로 진짜 감자와 싱크로율 100%인 감자빵을 만들어 대박을 친 카페다. 로즈 감자는 겉은 빨갛고 안은 샛노란, 단맛이 강한 감자로 실제 감자의 맛과 모양을 살린 빵을 만들기 위해 2년 동안 절치부심했다고 한다. 겉은 쌀가루를 반죽해 쫄깃하고 속에는 으깬 감자와 강낭콩 앙금을 섞은 감자무스가 꽉 차있어서 한 입 베어 물면 반할 수밖에 없는 맛. 흑임자 가루와 콩가루까지 묻혀 갓 캐낸 감자처럼 생긴 이 빵은 톡톡 튀는 비주얼 자체로도 만점.

빵과 함께 행복해지는 '빵덕후'의 천국

라뜰리에 김가。

◎ 강원 춘천시 동면 순환대로 1154-18(만천리 326-3) ℗ 전용주차장 OPEN 10:00~21:00 CLOSE 연중무휴 ▤ 커피류
4000~5000원, 베이커리류 6000~9000원 ☎ 033-252-5756

맛있는 디저트가 당길 때 강추할 만한 베이커리 카페. 빵을 고르고 주문할 수 있는 실내 공간도 있지
만, 나무 그늘이 드리워진 야외 정원이나 계단 아래쪽 개인 공간도 갖추어 그날 기분에 따라 마음에 드는
공간을 찾아 앉을 수 있다. 라뜰리에 김가의 빵은 동물복지 자연방사 유정란, 홋카이도 순생크림, 프랑스
AOP버터와 게랑드 소금, 프랑스 최고급 초콜릿 등 건강하고 좋은 재료만 사용해서 만든다. 천사 날개가
달린 엔젤스에그, 강원도 대표 빵인 찰옥수수범벅빵 등 개성 만점의 풍성한 빵과 다양한 종류의 수제 잼,
벚꽃에이드, 아카시아꽃차 같은 계절 드링크 메뉴까지, 빵덕후의 천국이 있다면 바로 이곳이 아닐까 싶다.
예전의 인기 있던 빵뷔페는 빵공장이 있는 원주점에서만 운영한다.

소원의 종탑에서 인증샷 찍기

산토리니.

⊙ 강원 춘천시 동면 순환대로 1154-97(장학리 144-16) ℗ 전용주차장 🔓 카페 10:00~23:00, 레스토랑 11:30~22:00 🔒
연중무휴 🍴 커피류 5500~6900원, 라떼류 6500~6900원, 에이드류 5900~6900원 📞 033-242-3010

구봉산전망대 카페거리는 춘천의 핫한 카페들이 모여 있고 인생샷을 남기기 좋은 독특한 전망대가 있어서
발길을 끄는 곳. 특히 그리스 성당의 종탑을 모티브로 한 소원의 종이 있는 산토리니와 스카이워크 같은 전
망대 공간을 설치한 투썸플레이스, 빵이 맛있는 쿠폴라가 유명하다. 소원의 종탑과 더불어 시원하게 펼쳐
진 넓은 잔디밭을 갖춘 산토리니는 사진도 찍고 차 한잔하며 망중한을 즐기려는 손님들로 늘 붐빈다. 최근
카페 내부를 리모델링해 예전과 다른 분위기로 변신했다.

역사로 마시는 커피의 맛

이디오피아집.

⊙ 강원 춘천시 이디오피아길 7(근화동 371-3) ℗ 전용주차장 🔓 10:00~22:00 🔒 연중무휴 🍴 커피류 3500~5500원 📞
033-252-6972

1968년에 오픈, 무려 50년 넘게 한자리에서 커피를 내리는 유서 깊은 카페다. 대부분 인스턴트 커피를 타
마시던 시절 에티오피아(이디오피아)로부터 공급받은 원두를 로스팅해 커피를 내린 대한민국 최초의 로스
터리 카페이기도 하다. 〈알쓸신잡〉에서 유시민 작가가 특별한 애정을 보여주었던 이 카페는 공지천 뷰가
좋다. 입구에 이디오피아벳(집)과 더클래식 이디오피아 카페 두 군데가 있어서 첫 방문이라면 머뭇거리게
되는데 오른쪽이 맞다. 최근 카페 내부를 새롭게 리모델링하여 더욱 산뜻해졌다.

호숫가도 산책하고 아트센터에서 시간 보내기 좋은
상상마당 춘천스테이.

◎ 강원 춘천시 스포츠타운길399번길 22(삼천동 217) ⓟ 전용주차장 ☎ 033-818-4200 ⌂ www.sangsangmadang.com

KT&G 상상마당 옆 의암호숫가에 자리한 상상마당 춘천스테이의 최대 장점은 둘레길이 있어 고요한 호숫가 풍경을 즐기며 여유롭게 산책할 수 있다는 것이다. 자전거도로가 잘되어 있어 바이크 라이더들이 즐겨 오간다. 대여하는 자전거를 빌려 달려봐도 좋겠다. 지하에 셀프 세탁실과 조리실이 있어서 가족끼리, 친구끼리 음식을 준비해 파티를 즐길 수 있다. 상상마당 춘천스테이가 다른 숙소와 다른 점은 아트센터에서 때때로 열리는 전시회를 관람할 수 있다는 것. 카페 댄싱카페인에서 브런치로 하루를 시작하는 건 어떨까.

책 읽으며 쉬어가는 숲속의 내 방
썸원스페이지 숲.

◎ 강원도 춘천시 신동면 삼포길 155(증리 68) ☎ 010-4254-5407 ⌂ someonespage.modoo.at

춘천역 근처에서 30년 넘은 여관을 리모델링해 책을 읽으며 편안하게 쉬어갈 수 있는 내 방 같은 공간을 운영하던 썸원스페이지가 이번에는 신동면의 숲속에 '숲속의 내 방'을 꾸몄다. 깊은 숲속이 포근히 안겨 있는 나무집은 역시 조용한 쉼을 위한 책이 있는 작은 방이라는 콘셉트. 몇 권의 책과 음악 감상을 위한 티볼리 라디오가 있는 아늑한 침실과 정갈한 욕실 그리고 정성 어린 조식이 준비되어 있다. 라운지 '숲속의 서재'에서 책도 빌려보고 자전거로 시골길을 달리면서 마음껏 쉬어갈 수 있는 숙소다.

헤이, 춘천。

◎ 강원 춘천시 남춘로 49(효자동 712-12) ℗ 전용주차장 ☎ 033-243-5566

2018년 여름에 오픈한 신상 호텔로 공지천 남춘천교에 있다. '헤이, 춘천'은 여가를 위한 라이프 스타일 브랜드 헤이(heyy)가 선보이는 첫 번째 호텔로, 제주 서귀포에 두 번째 헤이가 있다. 오래된 모텔을 일본 감성으로 리모델링했는데 키즈룸, 빔프로젝터룸, 애견동반룸 등 다양한 테마의 객실을 갖추고 있다.

봄스테이。

◎ 강원 춘천시 남춘로36번길 4(효자동 367-17) ☎ 033-264-1477

남춘천역에서 걸어서 5분 거리인 남춘천교 바로 앞에 있다. 객실을 심플, 우드, 모던, 팝, 젠, 퓨어라는 각기 다른 테마로 꾸며 취향에 따라 선택할 수 있다. 친구끼리 작은 파티를 열 수 있는 지하 1층의 스페셜 스튜디오를 운영하며, 호텔 1층에 위치한 카페 라운지에서 무료 조식이 제공된다.

봄엔 게스트하우스。

◎ 강원 춘천시 공지로 469(근화동 264-32) ☎ 033-253-5401

춘천의 청년들이 협동조합 형태로 운영하는 프로젝트 가운데 하나로 오래된 여관을 손수 리모델링한 숙소다. 외관은 다소 허름하지만, 계단을 올라 안으로 들어서면 반전 매력이라 할 만한 아날로그적인 인테리어에 마음을 빼앗기게 된다. 셀프 조식을 이용할 수 있다.

PART 8

가평·포천

가평과 포천은 수도권 여행자들에게 마음만 먹으면 언제든지 바람 쐬러 가볍게 떠나기 좋은 지역이다. 가평은 이국적인 볼거리를 콘셉트로 하는 테마파크나 박물관, 지방색이 강한 먹을거리도 다양하다. 포천은 가평에 비해 거리상으로 가까운 편이지만 다른 관광도시에 비해 상대적으로 덜 개발되었기에 자연이 잘 보존되어 있는 여행지다.

가평에서 만나는 작은 프랑스

쁘띠프랑스。

◎ 경기 가평군 청평면 호반로 1063(고성리 616-2) ⓟ 전용주차장 ⏰ OPEN 09:00~18:00 ⏰ CLOSE 연중무휴 🎫 어른 1만 원, 어린이 6000원 📞 031-584-8200

국내에서 프랑스 맛보기가 가능한 테마파크이다. 쁘띠프랑스는 이름 그대로 '작은 프랑스'. 지중해 연안 마을을 모티브로 설계하였으며 우리에게 유난히도 친근한 프랑스 작가 생텍쥐페리의 소설 《어린 왕자》를 테마로 꾸몄다. 아담한 규모지만 프랑스 마을을 걷는 듯한 이국적인 정취로 인해 각종 드라마와 영화, 그리고 광고의 배경으로 인기를 끈다. 생텍쥐페리의 일생과 친필 원고, 삽화를 만나볼 수 있는 생텍쥐페리 기념관, 프랑스 앤티크 가구로 꾸민 전시관을 비롯해 20여개의 아기자기한 테마 공간을 갖추고 있다. 쁘띠프랑스를 제대로 즐기는 방법은 상시로 열리는 공연과 각종 체험에 참여해 보는 것이다. 매년 겨울에는 별빛축제를 여는데 프랑스가 테마인 만큼 다양한 프랑스 관련 공연과 체험 거리를 풍부하게 갖춰 아침고 요수목원 별빛축제와 차별화를 하고 있다.

작은 스위스 맛보기

에델바이스 스위스테마파크。

◉ 경기 가평군 설악면 다락재로 226-57(이천리 304) ⓟ 전용주차장 🕙 평일 10:00~18:00(주말은 09:00부터) 🕙 연중무휴 🎫 입장료 : 어른 8000원, 어린이 5000원 ☎ 031-581-9400

가평에는 프랑스 콘셉트의 쁘띠프랑스와 함께 스위스 콘셉트의 에델바이스 스위스테마파크가 있다. 에델바이스 스위스테마파크는 마을이 한눈에 내려다보이는 위치에 스위스의 작은 마을축제를 모티브로 하여 설계된 테마파크다. 뾰족지붕을 얹은 스위스풍의 건축물에 커피, 치즈, 초콜릿, 와인 테마의 4개 박물관과 스위스테마관, 베른베어 등 스위스를 여행하는 듯한 느낌의 5개 공간을 갖추고 있다. 동화 속 나라 같은 이국적인 건물들을 비롯해 구석구석이 포토존.

피노키오와 다빈치로 만나는 이탈리아 문화

피노키오와 다빈치。

◉ 경기 가평군 청평면 고성리 619-1 ⓟ 전용주차장 🕙 09:00~18:00 🕙 연중무휴 🎫 어른 1만8000원, 어린이 9000원 ☎ 031-5175-8929

이탈리아 문화를 경험할 수 있는 이탈리아 마을이 새로 들어섰다. 쁘띠프랑스 바로 뒤편 언덕 1만 평 부지에 이탈리아 토스카나 지방의 건축물들을 모티브로 이탈리아 중세 시대의 고성처럼 조성해 아기자기한 집들이 모여 있어 쁘띠프랑스와 또 다른 분위기를 낸다. 이곳에서는 이탈리아 하면 떠오르는 피노키오와 레오나르도 다빈치를 전시, 체험, 공연 등으로 만나볼 수 있다. 10m가 넘는 거대한 피노키오 동상이 반기는 입구를 지나면 제페토 골목, 다빈치 광장을 비롯해 다양한 전시물들을 둘러보며 이탈리아 문화를 접할 수 있다.

가평 하면 떠오르는 바로 그곳
아침고요수목원。

◎ 경기 가평군 상면 수목원로 432(행현리 623-3) ℗ 전용주차장 ⊙ OPEN 08:30~19:00 CLOSE 연중무휴 🎫 입장료 : 어른 1만 1000원, 어린이 7500원 / 수목원+동물원 : 어른 1만8000원, 어린이 1만3500원 📞 1544-6703

가평 여행의 이유를 만들어주는 수목원, 가평 여행하면 1순위로 떠오르는 곳. 박보검이 출연한 사극 〈구르미 그린 달빛〉의 촬영지이기도 하다. 10개의 주제 정원으로 시작해 현재는 5000여 종의 식물이 22개 정원에서 꽃을 피우고 녹음을 드리운다. 이곳의 가장 큰 장점은 3월의 야생화 전시회부터 봄꽃축제, 수국축제, 단풍축제 등 어느 때 가도 볼거리가 있다는 것이다. 수목들의 휴식 기간이라 할 수 있는 12월부터 3월까지 겨울에는 10만여 평의 야외 정원 곳곳에 마법 같은 색채의 향연을 연출하는 오색별빛정원전이 열린다. 겨울에 패키지 티켓을 사면 가족동물원은 물론 수목원의 오색별빛정원전까지 모두 즐길 수 있어 가성비가 좋다. 커피향 훈훈한 한옥 로스팅 카페와 맛 좋기로 유명한 천연 발효종 빵집이 있다는 점도 플러스.

아이가 좋아하는 작은 동물원

아침고요 가족동물원.

⊙ 경기 가평군 상면 임초밤안골로 301(임초리 622-13) ℗ 전용주차장 🕙 10:00~18:00(11~2월은 17:30까지) 🚪 연중무휴 🎫 어른 1만2000원, 어린이 1만1000원, 수목원+동물원: 어른 1만9500원, 어린이 1만5000원(온라인에서만 구매 가능) ☎ 031-8078-7115

아침고요수목원에서 차로 약 2분 거리에 있다. 울타리 밖에서 자유롭게 산책하는 귀염둥이 미니 돼지나 순한 강아지, 아기 염소도 만날 수 있어 어린 아이들이 매우 좋아한다. 매표소에서 먹이 바구니를 구입해 동물 친구들에게 간식을 주며 친해져보자. 귀여운 표정의 알파카도 있고 '사자견'으로 알려진 티베탄 마스티프를 비롯해 리트리버, 아프간하운드 등 20여 품종의 개도 만날 수 있다.

어서 와, 국가대표 수상레저는 처음이지?

국가대표 수상레저.

⊙ 경기도 가평군 가평읍 금대리 61-2 ☎ 010-6605-6644 🎫 3종 패키지 3만 원, 3시간 무제한 2만7000원

〈어서 와 한국은 처음이지〉에서 모델 겸 방송인 장민이 스페인 친구들과 함께 수상레저 기구를 타고 익사 이팅한 장면을 선보인 곳이다. 건장한 청년들이 떨어질세라 젖 먹던 기운까지 짜내며 즐긴 수상레저 기구들은 국가대표 수상레저의 15가지 기구 중의 몇 가지. 국가대표 수상레저는 여름하면 떠오르는 가평의 대표적인 수상레저 업체로 보통 '빠지(바지선과 비슷하다는 의미에서 생겨난 말)'라고 부른다. 초보자들도 쉽게 즐길 수 있는 바나나보트부터 하늘을 나는 플라이피쉬와 드래곤플라이 등 난이도별로 선택할 수 있다. 놀이기구 패키지와 숙소나 바비큐와 묶어서 이용할 수 있고, 아이와 함께 하는 가족 상품도 있다.

가평역과 경강역 사이를 왕복하는

가평레일파크。

Rail
Park

◎ 경기 가평군 장터길 14(읍내리 395-1) ⓟ 전용주차장 ⓞⓟⓔⓝ 09:00~17:00(11~2월은 15:30까지) ⓒⓛⓞⓢⓔ 설 · 추석 당일 14:00 오픈 🎟 2인승 3만 원, 4인승 4만 원 📞 031-582-7788

경춘선 옛 철길을 활용한 레일바이크로 가평역을 출발하여 경강역까지 왕복 8km를 운행한다. 가평역에서 출발하면 북한강을 가로지르는 높이 30m의 북한강철교 구간이 하이라이트. 차도도 지나고 예쁜 펜션도 구경하며 달리다 보면 옛 간이역의 정감을 고스란히 간직한 경강역에 도착한다. 경강역은 최진실, 박신양 주연으로 인기를 끌었던 영화 〈편지〉의 촬영지로 이곳에서 15분가량 휴식한 후 다시 가평역으로 돌아간다. 총 1시간 30분가량 소요된다. 특이하게도 반려견과 함께 탑승할 수 있는 좌석이 마련되어 있다. 특히 반려견을 동반할 거라면 예약은 필수.

캠핑과 페스티벌의 섬

자라섬.

───

◎ 경기도 가평군 가평읍 자라섬로 60(달전리 산7) ℗ 자라섬 오토캠핑장 : 매월 10일 14:00부터 다음달 예약 시작

· ·

북한강이 굽이치며 흐르다 가평과 춘천을 좌우로 가른다. 이 북한강에 자라섬과 남이섬이 있다. 북쪽 자라섬은 가평군, 남쪽 남이섬은 춘천시에 속한다. 보통 때의 자라섬은 캠핑을 위해 찾는 이들이 많다. 캠핑 카라반과 오토캠핑장, 모빌홈을 비롯해 캠핑존을 이용할 수 있고 아이들이 인라인스케이트를 즐길 수 있는 넓은 공간도 있다. 10월부터 11월에 이르는 가을에는 자라섬 남도꽃축제가 열린다. 핑크뮬리, 백일홍, 메리골드 등 다양한 꽃을 볼 수 있다. 입장료 5000원은 가평사랑상품권으로 교환할 수 있으니 결국은 무료.

심장이 쫄깃! 하늘에서 만나는 현무암 주상절리

한탄강하늘다리.

───

◎ 경기 포천시 영북면 비둘기낭길 207(대회산리 377) ℗ 전용주차장

· ·

2018년 5월 개장하자마자 약 20만 명의 관광객이 몰려들며 경기 북부의 인기 관광지로 떠올랐다. 파주 감악산 출렁다리와 마장호수 흔들다리에 이어 경기에서 세 번째로 개통되었으며, 드라마 〈김비서가 왜 그럴까〉가 촬영되기도 했다. 한탄강을 끼고 조성된 트래킹 코스인 멍우리길과 벼룻길을 잇는 200m 길이에 50m 높이 다리로, 현무암 주상절리 협곡이 내려다보이는 강화유리 부분을 지날 때면 심장이 쫄깃해지는 느낌. 산 너머에 주상절리를 형상화한 교각이 멋진 마당교가 또 있는데 길이는 짧지만 출렁임은 더하다.

촬영지로 이름난 천연기념물 폭포

비둘기낭 폭포。

◎ 경기 포천시 영북면 비둘기낭길 207(대회산리 377) ℗ 전용주차장 [OPEN] 9:00~18:00 [CLOSE] 상시개방 🎫 무료

한탄강팔경 중 하나인 비둘기낭 폭포는 화산이 폭발하면서 생긴 주상절리 절벽이 신비로운 풍경을 보여준다. 천연기념물로 지정되어 있으며 드라마 〈선덕여왕〉 〈추노〉, 영화 〈최종병기 활〉 등 다양한 작품이 촬영된 바 있다. 수량이 많을 때는 에메랄드빛 웅덩이로 쏟아지는 폭포수를 볼 수 있지만 때론 작은 웅덩이 같은 소만 보고 발길을 돌려야 한다. 반원형의 기암절벽 안쪽은 제주에서나 볼 수 있는 연필심 형태의 주상절리를 이루고 있다. 예전에는 폭포 가까이 내려갈 수 있었으나, 현재는 계단을 내려가 데크 위에서만 볼 수 있다.

유네스코가 인정한 500년 왕릉 부속림

국립수목원。

◎ 경기 포천시 소흘읍 광릉수목원로 415(직동리 산50-18) ℗ 유료주차장(소형차 1일 3000원) [OPEN] 09:00~18:00(11~3월은 17:00까지) [CLOSE] 월요일, 1월 1일, 설·추석 연휴 🎫 어른 1000원, 어린이 500원 ☎ 031-540-2000

광릉수목원이라는 이름으로 익숙한 포천 국립수목원은 세조와 왕비 정희왕후의 능을 모신 광릉의 부속림이다. 왕릉의 숲이니 만큼 500여 년 동안 철저히 관리됐으며 현재도 예약 신청자만 관람할 수 있다. 102만 ㎡ 방대한 부지에 22개의 전문 수목원이 조성돼 있으며 장수하늘소, 하늘다람쥐 등 세계적 희귀동물과 식물이 공존하기에 2010년 유네스코 생물권보전지역으로 지정된 바 있다. 워낙 넓어 자칫 보지 못하고 지나치는 곳이 많으므로 입구의 안내소에서 지도를 얻어 미리 둘러볼 곳을 정하는 것이 좋다.

채석장이 문화예술공간으로

포천아트밸리 & 천문과학관.

◎ 경기 포천시 신북면 아트밸리로 234(기지리 282) ⓟ 전용주차장 ⏰ 포천아트밸리 금~일요일 09:00~22:00(월~목요일은 19:00까지) / 천문과학관 : 09:30~21:30(11~2월은 20:30까지), 월요일은 18:50까지 ⏰ 연중무휴 🎫 입장료 : 어른 5000원, 어린이 1500원 / 왕복 모노레일 : 어른 4500원, 어린이 2500원 ☏ 1688-1035

단단하고 무늬가 아름다운 포천석은 청와대나 국회의사당을 짓는 데 쓰였을 만큼 질 좋은 건축 자재이다. 그러나 포천석을 채굴한 뒤 남은 채석장이 골치였다. 2003년, 포천시에서 이곳을 복합문화예술공간으로 부활시켰을 때 꽤 놀랍고 파격적인 시도로 받아들여졌다. 화강암을 채굴하며 파 들어간 웅덩이에 샘물과 빗물이 유입되어 형성된 천주호는 물 밑의 화강암이 반사되어 에메랄드빛을 띤다. 오랜 세월이 흐른 지금은 인공 호수라고 믿어지지 않을 만큼 자연미까지 더해지며 한층 아름다워졌다. 천주호까지 5분 남짓 모노레일을 타고 올라가는데 천문과학관도 그곳에 있다. 포천아트밸리 입장권으로 함께 둘러볼 수 있는데 특히 천체투영실에서 감상하는 천문 프로그램과 옥상의 천체관측실이 하이라이트다. 천체투영실 관람은 과학관 1층에서 예약을 해야 한다.

알고 마시면 더 맛있다! 술 익는 갤러리

산사원。

◎ 경기 포천시 화현면 화동로432번길 25(화현리 511) ⓟ 전용주차장 🕐 08:30~17:30 🔒 설·추석 연휴 🎟 어른 4000원, 미성년자 무료 📞 031-531-9300

'사람은 술이 없어도 살 수 있습니다. 하지만 우리는 술이 없는 세상에는 살고 싶지 않습니다.' 애주가라면 누구나 고개를 끄덕일 만한 모토이다. 산사원은 배상면주가의 전통술박물관으로, 산사춘과 생막걸리 등 배상면주가의 생산 공장이 있는 운악산 자락에 자리 잡고 있다. 산사원에서 가장 인상적인 공간은 산사정원의 전통 술 숙성 공간인 세월랑. 술 익는 냄새를 구수하게 풍기며 호위무사처럼 도열한 500여 개의 술 항아리 사이를 거닐다 보면 조선시대 한량이라도 된 느낌이다.

유럽 감성의 허브 천국

허브아일랜드。

◎ 경기 포천시 신북면 청신로947번길 35(삼정리 517-2) ⓟ 전용주차장 🕐 평일 10:00~21:00(토요일·공휴일은 22:00까지) 🔒 수요일 🎟 어른 9000원, 어린이 7000원 📞 031-535-6494

허브아일랜드에는 포천시에서도 외국인들이 가장 많이 찾는다는 곳이다. 언제 가도 허브를 만날 수 있는 허브식물관과 허브박물관, 해 질 무렵 점등하는 불빛동화축제 등 즐길 거리가 무궁무진하다. 일상에선 쉽게 접하기 힘든 허브 음식으로 식사를 하고 허브꽃을 이용한 컵케이크도 만들면서 허브를 맛으로 즐겨보는 것도 좋겠다. 참고로 외국인들에게 가장 인기 좋은 것은 아로마오일을 이용한 안티스트레스 스파 프로그램이라고.

놀며 배우는 과학 테마파크
어메이징파크。

◎ 경기 포천시 신북면 탑신로 860(금동리 606) ⓟ 전용주차장 ⏰ 10:00~18:00(어메이징파크 16:00 입장 마감, 솔트가든 카페 16:30 주문 마감) ⏰ 월·화요일 🚃 어메이징 패키지 5000원, 어메이징파크+과학관 9000원(네이버 예약 시), 짚라인 1만 원 📞 031-532-1881

200여 점의 신기한 과학 기구들을 조작하고 작동해 볼 수 있는 테마파크로, 한창 호기심 많고 활동적인 아이와 함께 들르기 좋다. 기본 입장료에는 과학관과 9개 존이 포함되며, 300m 길이 출렁다리인 히든브리지나 스릴 만점 물 그네인 어메이징스윙을 포함하려면 자유이용권을 사야 한다. 부지 자체가 상당히 넓기 때문에 미리 팸플릿에서 동선을 체크하는 게 효율적이며 최소 두 시간은 잡아야 한다.

아이들이 행복한 '소확행' 식물원
평강랜드。

◎ 경기 포천시 영북면 우물목길 171-18(산정리 728) ⓟ 전용주차장 ⏰ 09:00~18:00 ⏰ 연중무휴 🚃 어른 8000원, 36개월~고등학생 7000원 📞 031-532-1779

동양 최대 규모의 암석원을 비롯해 10여 개 테마의 정원이 있는 식물원으로, 아이와 함께 자잘한 즐거움으로 하루를 꽉 채울 수 있는 '소확행'의 공간이라는 평을 듣는다. 덴마크 아티스트 토마스 담보가 버려진 폐목재를 활용하여 만든 집채만 한 작품들은 숲속의 동화 나라에 온 듯 상상의 나래를 펼치게 한다. 곳곳에서 눈썰매, 트램펄린, 미로를 즐기는 아이들 웃음소리가 경쾌하게 울린다. 〈런닝맨〉에도 소개된 바 있으며, 가을에는 핑크뮬리도 볼만하다.

100여 년 역사의 포천 대표 관광지

산정호수。

◎ 경기 포천시 영북면 산정호수로411번길 89(산정리 191-1) ⓟ 유료주차장(1일 경차 1000원, 소형차 2000원) ⓞ 상시개방 🎟 놀이기구 1회 이용권 : 12세~어른 4500원, 11세 이하 3500원 ☎ 031-532-6135

· ·

두 말이 필요 없는 포천의 대표적인 관광지로, 서울 근교에서 가볍게 나들이하기 좋은 유원지다. 1925년 조성돼 100년에 가까운 역사를 지녔다. 봄부터 가을까지는 오리배를 타는 이 호수가 겨울에는 얼음자전거나 스노우바이크를 탈 수 있는 얼음판으로 변한다. 다소 오래되었지만, 바이킹이나 디스코팡팡 같은 놀이기구도 있다. 호수를 둘러싼 숲길과 수변데크는 부담 없이 산책하기에 좋다. 입구에 특산품이나 주전부리를 파는 가게가 모여 있다.

〈수요미식회〉에 소개된 닭볶음탕 맛집

동기간。

◎ 경기 가평군 보납로 459-158(개곡리 487) ⓟ 전용주차장 ⓞ 월~금요일 11:00~20:00, 토~일요일 10:30~21:00 (주말 브레이크타임 16:20~17:00) ⓒ 설날, 추석 🍴 토종닭볶음탕 7만 원, 토종닭백숙+죽 7만 원 ☎ 031-581-5570

〈수요미식회〉에서 닭볶음탕으로 소개한 가평 맛집이다. 이 길이 맞나 싶을 정도로 한적한 시골길을 따라 들어가면 끄트머리에 토속적인 느낌의 동기간에 다다른다. 요리에 쓰이는 닭과 오리는 '99일을 넘기지 않은 알을 낳기 전의 어린 암탉과 토종 오리를 쓴다'고 밝히고 있다. 토종닭이라 쫄깃하며 감자나 양파, 깻잎 등을 푸짐하게 넣어 1차로 익혀 나오는 닭볶음탕은 대단히 맛있다는 평과 함께 〈수요미식회〉에 소개될 만한 맛이냐는 평이 공존한다. 직접 가서 확인해보는 것도 좋겠다.

담백한 막국수와 수육이 생각날 때는

송원막국수.

◎ 경기 가평군 가평읍 가화로 76-1(읍내리 363-1) ℗ 없음 ⓞⓟⓔⓝ 11:30~19:00 ⓒⓛⓞⓢⓔ 화요일 🍽 막국수 9000원, 막국수(대) 1만 원, 제육 2만 원 ☎ 031-582-1408

송원막국수 역시 〈수요미식회〉에 소개된 맛집이다. 예나 지금이나 정겨운 시골집 분위기는 여전하다. 메뉴는 오로지 막국수와 수육 두 가지. 간장 맛이 다소 강한 막국수의 양념은 심심하게 느껴져 자극적인 강한 맛의 막국수를 기대한다면 실망할지도 모른다. 그러나 할머니가 말아주는 것 같은 느낌의 막국수를 좋아한다면 만족할 것. 독일산 돼지고기를 쓴다는 수육은 부위에 따라 복불복이다. 개인적인 생각이지만, 몇 년 전과 비교해 맛이 사뭇 달라진 듯하다.

40년 업력의 이동갈비 맛집

김근자할머니집.

◎ 경기 포천시 이동면 화동로 2099(장암리 477-22) ℗ 전용주차장 ⓞⓟⓔⓝ 10:00~22:00 ⓒⓛⓞⓢⓔ 연중무휴 🍽 양념갈비 4만 원, 생갈비 4만7000원, 왕갈비탕 1만3000원 ☎ 031-531-2157

이동면 갈비촌에 가면 갈빗집이 즐비한데 그중에서도 40여 년 업력을 자랑하는 김근자할머니집이 괜찮다. 둘 이상 간다면 우선 생갈비를 먹고 양념갈비를 추가하는 것이 일반적. 천연 과일과 비법 효소로 양념한 갈비를 참숯에 구워 숯 향이 그윽하다. 곁들이도 맛있다. 텃밭에서 목초액으로 직접 키우는 채소로 만든 겉절이나 장아찌, 7년 묵은 된장으로 끓여낸 된장찌개 등 먹을수록 건강해지는 맛이다.

1955년부터 이어온 포천 탕수육

미미향。

◎ 경기 포천시 이동면 화동로 2063(장암리 242-15) ⓟ 전용주차장 🕐 12:00~20:00(브레이크 타임 15:00~17:00) 🔒
수요일 🍽 탕수육 2만7000원, 짜장면 5500원, 볶음밥 8000원 📞 031-532-4331

- -

1955년에 오픈해 대를 이어 60년 넘게 이어오는 중국요릿집으로, 〈수요미식회〉에서 탕수육 맛집으로 소
개한 바 있다. 대부분 손님이 탕수육을 기본으로 주문하고 짜장면이나 볶음밥을 추가한다. 깔끔한 기름에
튀겨낸 탕수육은 돼지고기 특유의 잡내가 없고 껍질은 바삭, 속은 쫀득하다. 자극적이지 않은 소스와 탕
수육이 조화를 이룬다.

사계절 환상적인 뷰는 덤

굿모닝커피 & 아침봄빵집。

◎ 경기 가평군 상면 수목원로 465(아침고요수목원 내) ⓟ 전용주차장 🕐 굿모닝커피 : 10:00~18:00, 아침봄빵집 :
10:00~17:00(주말은 09:30~17:00) 🔒 굿모닝커피 : 연중무휴, 아침봄빵집 : 수요일 📞 굿모닝커피 : 031-584-6704, 아
침봄빵집 : 031-584-6705

- -

아침고요수목원 내 '시가 있는 산책로' 옆에 있는 한옥 카페와 빵집이다. 2층 굿모닝커피는 창문 너머 수
목원 전망이 멋지고, 1층 아침봄빵집은 천연 발효종과 유기농 밀가루로 매일 아침 건강한 빵을 만든다. 굿
모닝커피는 큰 창가에 앉아 눈부신 풍경을 보며 쉬어갈 수 있고, 겨울엔 별빛축제 점등을 기다리며 몸을
녹일 수 있는 공간. 아래층 아침봄빵집에서 빵을 사서 커피와 함께 먹을 수 있고 반대로 커피를 가져와 감
성 만점의 깔끔한 인테리어로 꾸민 아침봄빵집에서 함께 먹을 수 있다.

여행 중 휴식이 필요하다면

니드썸레스트。

◎ 경기 가평군 가평읍 경춘로 1859(상색리 171-16) ⑫ 전용주차장 🕙 10:00~21:00 📅 연중무휴 ☕ 커피류 5500~7500원, 티류 6000~6500원, 주스류 7500원 📞 031-581-1859

- -

카페 이름이 의미하듯, 여행 중에 들러 휴식을 취하기 좋은 카페. 널찍하고 층고가 높아 탁 트인 실내는 도로 쪽 전면을 유리로 처리해 내부가 시원하게 보인다. 여느 카페와 다른 점은 프라이빗한 공간을 두어 편한 자세로 쉴 수 있다는 점이다. 카페 바깥쪽에 사진 놀이를 할 수 있는 포토존을 마련해 두어 인스타그래머들에게 인기가 좋다. 다만 2차선 경춘로 도로변에 있어서 창밖 경치는 평범한 편.

천연 발효종으로 만든 팡도르로 유명한 빵집

마이야르 포천점。

◎ 경기 포천시 소흘읍 호국로 477(이동교리 84-3) ⑫ 전용주차장 🕙 09:00~22:00 📅 연중무휴 🍞 빵류 3500~8000원, 커피류 4000~6500원 📞 031-544-5427

- -

예전엔 브래드팩토리였으나 지금은 마이야르 포천점이라는 상호로 바뀌었다. 이동교리 무봉리순대국 본점 뒤편에 위치한 베이커리 카페로, 외관은 유럽 저택 같은 분위기다. 뉴질랜드산 유기농 밀가루, 독일산 호밀, 5일 숙성한 천연 발효종으로 매일 아침 새롭게 빵을 구워낸다. 특히 팡도르를 비롯해 치아바타, 무화과빵, 크림치즈빵, 오징어먹물빵 등이 인기인데 늦은 시간에 가면 매진되기도 한다. 내부로 들어가면 왼편은 베이커리, 오른편은 카페로 정원에서도 디저트를 곁들여 커피를 마실 수 있는 야외테이블이 있다.

전 객실 북한강 뷰가 일품인

W지우리조트.

◎ 경기 가평군 가평읍 북한강변로 970-42(달전리 159-3) 📞 031-581-7770 🏠 wjiwooresort.com

가평에서 추천할 만한 숙소로 남이섬과 자라섬이 한눈에 보이는 북한강 강가에 위치해 있어 전 객실이 훌륭한 전망을 자랑한다. 화이트 베이스에 깔끔하게 마무리한 객실은 복층형, 월풀 욕조와 홈씨어터를 갖춘 단층형, 프라이빗한 풀을 갖춘 풀빌라형으로 나뉜다. 또한 황태해장국과 가정식 반찬이 제공되는 조식이나 뷔페식 바비큐 서비스로 디너를 제공하는 식당이 있으며 24시간 편의점을 운영한다.

바위숲온더락.

◎ 경기 가평군 상면 수목원로 238-106(행현리 480-2)
📞 010-7373-4996

서울에서 제품 디자이너로 일하던 주인이 조성한 텐트형 숙소 7개 동으로 구성된 글램핑장이다. 우주 탐사선이 불시착한 듯한 독특한 풍광이 설치 미술 작품 같기도 한데 레드닷 디자인 어워드를 포함해 다수의 건축상을 받기도 했다.

리버포인트.

◎ 경기 가평군 청평면 호반로 474(호명리 291-8) 📞
010-7142-6003, 010-9404-8002

'가평 빠지 펜션'으로 통하는 리버포인트 펜션은 숙박과 수상레저를 동시에 해결할 수 있기 때문에 여름이면 젊은 여행자들이 많이 찾는다. 청평 호명리에 위치해 826㎡ 규모의 수상레저시설을 보유하고 있으며 바비큐도 예약할 수 있다.

가족 여행할 때 이용하기 편리한

한화리조트 산정호수안시。

◎ 경기 포천시 영북면 산정호수로 402(산정리 454-4) ☎ 031-534-5500 ⌂ www.hanwharesort.co.kr

회원제로 운영하기 때문에 회원이라거나 회원 추천을 받아 이용하면 비교적 저렴하지만, 비회원 가격으로 이용하기엔 부담스럽다. 패밀리룸은 5인 기준이고 로열룸은 7인 기준으로, 리모델링한 객실은 깔끔한 편이지만 입실 가능 인원수에 비해 좁은 편이다. 노천탕이 있는 사우나와 카페, 편의점이 있고 간단한 조식 뷔페를 유료로 제공한다.

베어스타운리조트。

◎ 경기 포천시 내촌면 금강로2536번길 27(소학리 295)
☎ 031-540-5000

베어스타운 스키장 리조트로 스키 시즌이 아닐 때는 더 여유롭게 이용할 수 있다. 타워콘도와 애견 동반도 가능한 빌라콘도로 나뉜다. 리뉴얼 객실과 테라스 객실 선택 시 별도 금액이 발생한다.

호텔갤러리。

◎ 경기 포천시 소흘읍 고모리 661-1 ☎ 031-544-8008

잔잔한 소흘읍 고모리 호숫가에 위치해 있으며 포천 숙소로서 가성비가 좋은 숙소다. 부담 없는 객실료에 깔끔한 룸 컨디션, 카페가 있다. 10분 거리에 광릉수목원이 있다.

PART 9

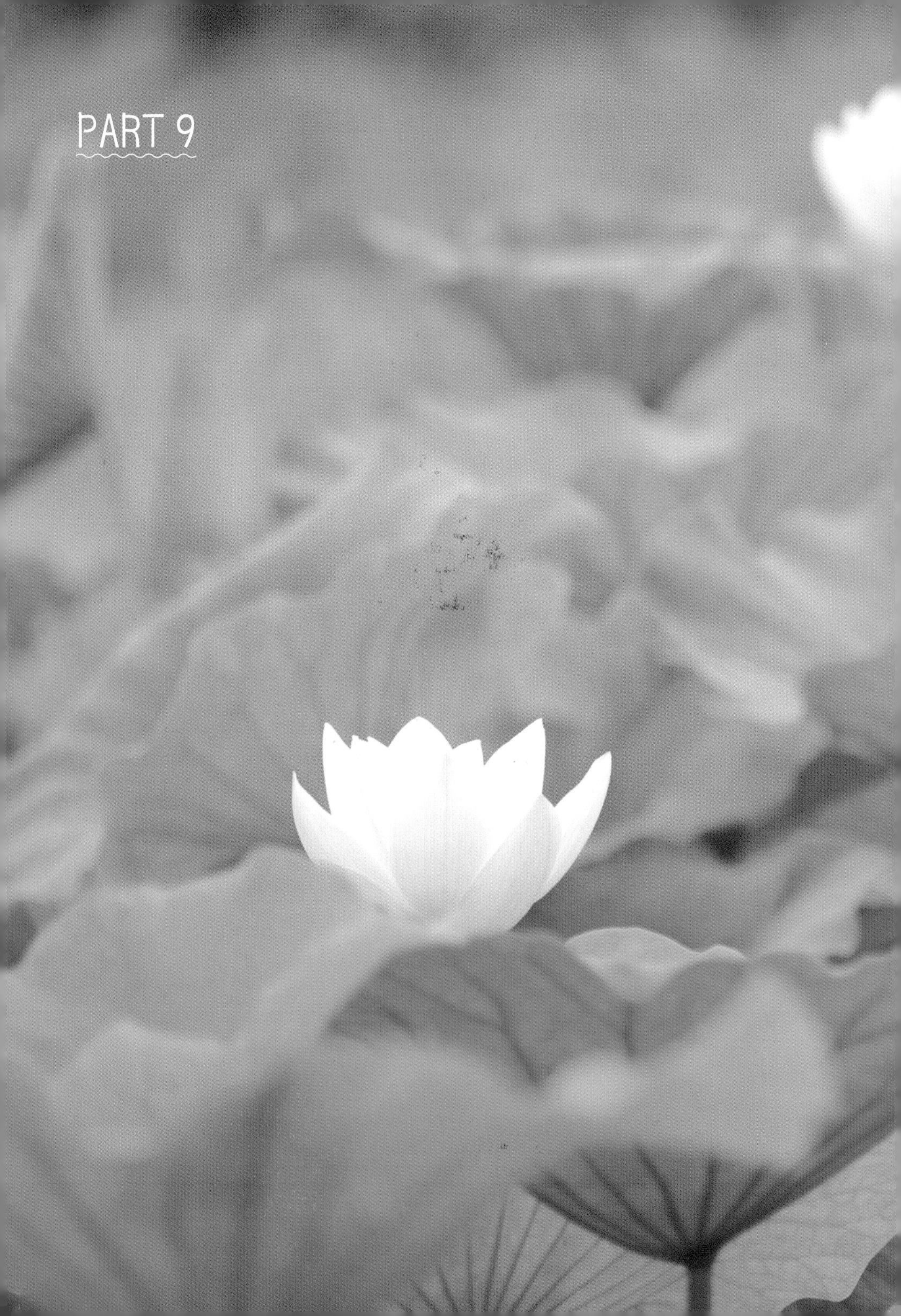

양평

양평은 서울 근교 중 가장 풍부한 콘텐츠로 무장한 여행지이다. 계절마다 변화무쌍한 풍경을 보여주는 유명한 관광지와 자전거로 달리기 좋은 강변 코스가 잘 갖춰져 있고 산과 계곡이 있어 가족 나들이에 부족함이 없다. 그뿐만 아니라 맛집과 카페, 갤러리, 체험 거리도 넘쳐나 동반자에 따라, 취향에 따라 여행 계획을 짜기 좋다. 수도권에서 훌쩍 당일치기로 바람 쐬러 가기도 좋은 곳.

마음에 스미는 강의 풍경

두물머리.

◎ 경기 양평군 양서면 양수리 ℗ 양서체육공원 주차장, 교량 하부 공영주차장(무료), 두물머리 유료주차장(2000원)

참 예쁜 우리 이름이다. 두물머리는 두 물길이라는 뜻으로, 금강산에서 흘러내린 북한강과 검룡소에서 발원한 남한강이 합쳐져 한강의 시작이 되는 물길이라는 뜻을 담았다. 석양을 등지고 유유히 떠 있는 황포 돛배를 비롯해 400여 년 수령의 보호수인 느티나무가 랜드마크. 고목에 걸터앉아 강 풍경을 만끽하노라면 그 자체가 그림이 된다. 이 아름다운 풍경을 사진으로 담아가라고 프레임 액자 모양의 포토존도 마련했다. 새벽 물안개 피어오를 때 더욱 아름다워 사진가들이 선호하는 출사지이기도 하지만, 사실 두물머리의 평화로움은 언제 가도 마음을 편안하게 하는 묘한 힘이 있다. 마음의 양식을 두물머리의 풍경으로 채웠다면 육신의 양식은 근처의 연핫도그로 채워보자.

디자이너와 건축가가 완성한 남한강변의 복합문화공간

카포레。

◎ 경기도 양평군 강하면 강남로 458(전수리 467-17) ℗ 전용주차장 ⏰ 10:00~20:00 🔒 연중무휴 🎟 갤러리 입장권(음료 포함) 어른 8000원, 어린이 5000원 ☎ 031-775-5342

Cabinet in the forest, 숲속의 서랍장 혹은 숲속의 쉼터라는 뜻을 담은 카포레는 다양함을 담은 복합문화공간. 2000여 평의 솔밭을 다듬어 그 위에 갤러리, 카페, 야외공연장, 정원을 조성했다. 언덕 위에 이처럼 우아하고 환상적인 오브제를 선보인 이는 국내 1세대 디자이너인 김정숙 씨. 2007년 당시 노무현 대통령 내외가 남북정상회담을 위해 군사분계선을 넘을 때 권양숙 여사가 입어 화제가 된 진달래색 정장을 만든 디자이너로도 유명하다. 한눈에 봐도 멋지다!라는 감탄사를 자아내는 하얀 건축물은 원빈, 장동건 같은 연예인들의 집을 비롯해 부산 기장의 웨이브온이나 태안의 모켄 등을 설계한 건축가 곽희수의 작품. 결코 단순하지 않은 동선을 지닌 이 건축물은 패션쇼의 런웨이로, 작가들의 작품을 전시하는 갤러리로, 영화나 드라마 촬영장으로도 쓰인다. 이 멋진 공간은 곳곳이 포토존. 갤러리 입장권을 구입해 차 한 잔 마시며 힐링하기 좋은 카페다.

우리 리버마켓으로 소풍 갈까?

문호리 리버마켓.

◎ 경기 양평군 서종면 북한강로 941(문호리 655-2), 매일상회 ℗ 전용주차장 🔓 양평 마켓(첫째 주 주말), 비치마켓 양양(둘째 주 주말), 곤지암 마켓(셋째 주 주말) 10:00~19:00 ☎ 010-5267-2768 ⌂ rivermarket.co.kr

KBS 〈다큐멘터리 3일〉에서도 소개한 바 있는 문호리 리버마켓은 여느 프리마켓에 비해 작가주의적인 성격이 강하다. 북한강변을 따라 160여 팀 셀러들이 펼치는 이 마켓에는 작가들의 핸드메이드 제품, 자연주의 소재와 염색으로 지어낸 의류를 비롯해 직접 생산한 농산물, 직접 지은 농산물로 만든 먹을거리가 가득해 흡사 축제장을 방불케 한다. 특히 목공, 쿠킹, 도자기, 인형 만들기 체험 등 어린이를 위한 다양한 체험과 이벤트가 준비되어 있어 가족 나들이에도 안성맞춤이다. 예전에 매달 셋째 주 주말이면 문호리 강변 주변에서 큰 규모로 진행되던 리버마켓은 이젠 첫째 주 주말로 옮겼다. 또한 테라로사 서종점 뒤편의 매일상회에서도 가죽 가방, 뜨개 제품, 도자기 그릇 등 핸드메이드 제품을 만날 수 있다. 둘째 주 주말에는 양양에서, 셋째 주 주말은 곤지암에서, 장소를 옮겨가며 열린다.

일상 공간에 펼쳐진 컨템포러리 아트

구하우스。

◎ 경기 양평군 서종면 무내미길 49-12(문호리 779-5) ⓟ 전용주차장 🕐 토·일요일 10:30~18:00, 수~금요일 13:00~17:00 🚫 월·화요일 🎫 어른 1만5000원, 어린이 6000원 📞 031-774-7460 🏠 koohouse.org

내가 사는 일상 공간에서 예술 작품을 즐길 수 있다면 얼마나 행복할까. 구하우스는 기업 디자인 회사 디자인 포커스의 구정순 대표가 30여 년간 열정적으로 수집한 작품을 만날 수 있는 컨템포러리 아트뮤지엄이다. 조각, 회화, 사진, 영상, 디자인 가구 등 온갖 예술 작품이 '집'이라는 공간을 빼곡하게 장식하고 있는데 그 심미안과 더불어 이 모든 작품이 개인 컬렉션이라는 것이 놀랍기만 하다. 이름만 들어도 알 만한 르네 마그리트, 앤디 워홀, 데미안 허스트, 제프 쿤스의 작품을 비롯해 아르네 야콥슨이나 찰스&레이 임스의 가구가 거실, 침실, 복도, 서재 등 집 안팎 공간에 있어 그 아우라만으로도 백만장자의 저택이 부럽지 않을 듯하다.

느릿하고 순수한 감성 충만 간이역

구둔역。

⌖ 경기 양평군 지평면 구둔역길 8(일신리 1336-2) ⓟ 전용주차장

구둔역은 일제강점기인 1940년부터 운행하다가 2012년 청량리~원주 간 복선 전철화 사업으로 인해 폐역되었다. 이후 80여 년의 세월이 고스란히 배어 있는 이 작은 역은 등록문화재 제296호로 지정되었다. 이제는 더 이상 기차가 달리지 않는 철길과 고즈넉한 역사의 풍경이 무척 감성적이라 영화 〈건축학개론〉, 가수 아이유의 앨범, 김연아의 통신사 광고를 비롯해 많은 드라마와 영화의 촬영지가 되었다. 특히 연인을 위한 데이트 장소로 인기 있어 철길에서의 인생샷을 건질 수 있다.

작지만 알찬 복고 체험 공간

청춘뮤지엄。

⌖ 경기 양평군 용문면 용문산로 620(신점리 369-32) ⓟ 전용주차장 ⓞⓟⓔⓝ 09:00~18:00 ⓒⓛⓞⓢⓔ 연중무휴 🎟 어른 8000원, 어린이 6000원 ☎ 031-775-8907

용문산관광지 입구에 있는 청춘뮤지엄은 젊은이들에겐 드라마에서나 봤던 1970~1980년대를 체험하며 놀기 좋은 곳이고, 중년과 노년층에게는 추억을 떠올리기 좋은 공간이다. 학창 시절 몰래 사복으로 갈아입고 디스코로 청춘을 불태우던 클럽, 미니스커트 단속반에 걸려 끌려갔던 파출소, 달고나를 만들어 먹던 추억의 점방 등 8개 테마 100여 가지 다양한 체험 거리와 포토존이 있다. 이왕이면 여럿이 몰려가서 교복을 빌려 입고 서로 사진 찍어주며 깔깔대는 재미가 최고.

연꽃 향에 취하는 곳

세미원。

◎ 경기 양평군 양서면 양수로 93(용담리 430-6) ⓟ 전용주차장 ⓞⓟⓔⓝ 09:00~18:00 ⓒⓛⓞⓢⓔ 월요일 🍴 어른 5000원, 어린이 3000원 📞 031-775-1835

경기도에서 연꽃 군락지로 가장 규모가 크고 다양한 연꽃을 즐길 수 있는 연꽃 정원이다. 두물머리 쪽에서 배다리를 건너 배다리 매표소를 통해 들어가는 방법과 세미원 매표소를 거쳐 불이문을 통해 들어가는 방법이 있다. 이왕이면 정조 임금이 부친 사도세자의 묘를 참배하러 가기 위해 한강에 설치했던 배다리를 복원한 열수주교를 건너보는 것도 좋다. 연박물관도 관람하고 가벼운 산책 겸 언제 들러도 좋지만 연꽃축제가 열리는 7월이나 8월쯤 가면 세미원의 진수를 맛볼 수 있다. 홍련, 백련은 물론이고 세계에서 가장 큰 잎과 꽃을 자랑한다는 빅토리아수련을 비롯해 열대지방의 수련과 호주 수련, 그리고 세계적인 연꽃 연구가 페리 선생이 기증한 연꽃 정원, 모네의 '수련이 가득한 정원'을 모티브로 하여 만든 사랑의 연못 등 한 바퀴 둘러보는데 1시간 이상 소요된다.

소설을 몸소 체험하는 마을

황순원문학촌 소나기마을。

⌖ 경기 양평군 서종면 소나기마을길 24(수능리 산74) ℗ 전용주차장 OPEN 09:30~18:00(11~2월은 17:00까지) CLOSE 월요일, 1월 1일, 설날, 추석 🎫 어른 2000원, 어린이 1000원 ☎ 031-773-2299

소나기마을에는 징검다리와 섶다리, 개울, 수숫단 등 소설을 배경을 재현한 코스와 〈소나기〉에 나오는 수숫단을 형상화한 문학관, 소나기광장과 황순원 작가의 묘역이 있다. 아이와 함께 〈소나기〉를 읽고 이곳을 찾으면 더욱 실감 난다. 소나기광장에서는 매시간 시원한 물줄기가 소나기처럼 뿜어져 나오는데 아이들이 어찌나 좋아하는지 모른다. 덧붙이자면 소설 말미에 등장하는 양평읍과 경기 양평은 같은 곳은 아니다.

다채로운 살림휴양을 즐길 수 있는 단지

쉬자파크。

⌖ 경기 양평군 양평읍 쉬자파크길 193 ℗ 전용주차장 OPEN 09:00~18:00(11~2월은 17:00까지) CLOSE 연중무휴 🎫 (하절기) 어른 2000원, 어린이 1000원, (동절기) 어른 1000원, 어린이 500원 ☎ 031-770-1009

용문산 자락의 18만㎡ 부지에 명상의숲, 생태습지, 쉬자정원 등의 테마공원을 비롯해 숲 체험과 숙박 시설까지 갖춘 산림휴양단지. 쉬자파크 안의 모든 공간은 산책로와 연결되어 있어 아이와 함께 천천히 걸으며 마음껏 뛰놀 수 있다. 반려견 동반도 가능한데 5월부터 9월까지 운영하는 발목풀장만큼은 반려견 입장 금지다. 입구에 있는 카페 브라운스마일은 리조또 브런치와 뷰 맛집으로도 인기 있는 베이커리 카페다. 초가원과 치유의집에서 하룻밤 쉬어가고 싶다면 4주 전 매주 수요일 오전 10시부터 예약이 가능하다.

들꽃을 만끽하는 소박한 수목원

들꽃수목원.

◎ 경기 양평군 양평읍 수목원길 16(오빈리 210-37) ⓟ 전용주차장 (OPEN) 09:30~18:00 (CLOSE) 연중무휴 🎫 어른 8000원, 어린이 5000원 ☎ 031-772-1800

때로 자연스러운 아름다움을 간직한 소박한 수목원이 더 마음을 끌기도 한다. 들꽃수목원은 남한강을 따라 길게 이어진 곳으로, 강변의 정취와 함께 200여 종의 토종 야생화를 만날 수 있다. 생태계의 표본과 실물을 전시한 자연생태박물관이 있으며 50여 종의 허브가 상쾌한 향을 뽐내는 약 1652㎡ 규모의 허브온실도 갖췄다. 들꽃식물원은 화려한 구경거리는 없지만, 사부작사부작 걷다가 파고라에 앉아 강물도 바라보며 쉬어가기 딱 좋은 곳이다. 도시락과 돗자리를 준비해 잔디광장에서 피크닉을 즐겨도 좋다.

수도권 여행자들이 즐겨 찾는 국민관광지
용문산관광지.

———

◎ 경기 양평군 용문면 용문산로 782(신점리 625) ℗ 경차 1000원, 소형차 3000원, 중대형차 5000원 OPEN 일출~일몰 CLOSE 연중무휴 🎫 어른 2500원, 어린이 1000원 ☎ 031-773-0088

- -

1971년에 국민관광지로 지정된 용문산관광지는 경의중앙선을 타고 용문역에서 하차하여 버스로 15분 정도 들어가면 닿을 수 있어 수도권 여행자들이 즐겨 찾는 여행지다. 이곳에서 가장 유명한 볼거리는 천년 고찰 용문사의 1100년 된 은행나무. 천연기념물 제30호로 지정되어 있다. 이밖에 청춘뮤지엄, 해발 1157m의 용문산, 용문산 야영장, 향토음식점들이 즐비해 막걸리를 곁들이며 관광지 온 기분을 내기 좋다.

국산콩으로 만든 수제 두부 메뉴로 유명한
연꽃언덕.

———

◎ 경기도 양평군 양서면 용늪언덕길57(용담리 171-5) ℗ 전용주차장 OPEN 11:00~21:00(주말·공휴일은 22:00까지) CLOSE 연중무휴 🎫 두부정식 1만6000원, 연두부샐러드 1만1000원, 연잎두부등심롤 1만2000원 ☎ 031-774-4577

- -

북한강이 내려다보이는 언덕에 자리한 두부정식 맛집이다. 100% 국내산 콩으로 매일 아침마다 직접 만드는 고소하고 진한 두부를 재료로 조리한 두부 메뉴가 많은데 두부, 고기, 볶음밥까지 한 상에서 맛볼 수 있는 두부정식이 인기다. 두부정식은 콩탕, 모두부, 얼큰 순두부 등이 기본으로 나오고 고기는 대패삼겹살, 고추장불고기, 간장불고기 중 선택하면 된다. 의외로 양이 많다고 느껴지지만 배가 부르지 않다면 반찬을 썰어 넣고 볶음밥으로 먹는다.

나고야의 명물을 양평에서 맛보다

노다지。

◎ 경기 양평군 서종면 무내미길 49-4(문호리 779-22) ⓟ 전용주차장 🕐 11:00~21:00 📅 화요일 🍴 장어덮밥 3만
6000원, 해산물덮밥 2만5000원, 연어덮밥 2만 원 ☎ 031-771-9939

- -

1등급 국내산 민물장어구이도 먹을 수 있지만, 무엇보다 일본식 장어덮밥(히츠마부시)이 맛있다는 평을
듣는다. 히츠마부시는 일본 나고야의 명물 요리로, 따뜻한 밥 위에 참숯으로 구워낸 장어 한 마리를 썰어
올려 '히츠'라고 부르는 나무 그릇에 낸다. 숟가락을 대기도 전에 침샘부터 폭발하는 비주얼을 가진 이 음
식은 가격은 비교적 센 편이지만 한 번쯤 맛볼 만하다. 기운 떨어지는 여름철 보양식으로도 강추.

부모님께 대접하고 싶은 건강한 맛

용문원조능이버섯국밥。

◎ 경기 양평군 용문면 용문역길 12(다문리 737-34) ⓟ 도로변 주차장 🕐 월~금요일 12:00~19:00, 토·일요일
07:00~19:00 📅 연중무휴 🍴 능이버섯전골(1인) 1만3000원, 버섯전골+약초밥 1만3000원, 능이국밥 1만3000원 ☎ 010-
9386-0022

- -

〈허영만의 백반기행〉에도 소개되었거니와 〈백종원의 3대 천왕〉에서 백종원 대표가 극찬해 깊은 인상을
남긴 바 있다. 능이버섯전골은 12가지 약재와 채소를 넣고 12시간 이상 끓여낸 육수에 얇게 저민 소고기
와 능이가 얹혀 나온다. '1능이, 2송이'라 불릴 만큼 독특한 향과 약효를 지니고 있는 능이는 인공 재배가
불가능한 귀한 버섯이다. 다소 심심한 듯 하나 건강한 맛의 버섯전골을 먹은 후에는 버섯과 콩나물 등을
넣은 냄비 비빔밥이 나온다.

 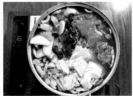 

소박한 유기농 밥상

두물머리밥상。

───

◎ 경기 양평군 양서면 양수로 117(용담리 582-1) ⓟ 전용주차장 08:00~20:00 연중무휴 제육 유기농쌈밥 1만 3000원, 재래식 순두부 9000원, 도토리묵 1만3000원 ☎ 031-774-6022

- -

두물머리와 세미원 근처에서 식사하기 좋은 가까운 밥집으로, 유기농쌈밥정식을 비롯해 국내산 콩으로 직접 갈아 만든 순두부백반이 주메뉴다. 대체로 간이 삼삼한 가정식 느낌이다. 건강한 맛을 좋아한다면 만족할 만하다. 양평에서 나는 쌀, 버섯, 한우, 채소 등을 식재료로 써서 믿고 먹을 수 있으며, 셀프 반찬 코너에서 반찬을 더 가져다 먹을 수 있다. 제육유기농쌈밥은 2인분 이상 주문할 수 있다.

〈수요미식회〉가 극찬한 바로 그 롤케이크

쉐즈롤。

───

◎ 경기 양평군 서종면 북한강로 817(문호리 700-7) ⓟ 전용주차장 목~일요일 10:00~17:00 월~수요일 쉐즈 롤(풀 사이즈) 1만7000원, 잠봉뵈르 1만 원, 스능리 샤워도우 1만1000원 ☎ 031-775-8911

- -

〈수요미식회〉에서 극찬한 곳으로, 무엇보다 롤케이크의 신선한 풍미가 일품이다. 부드럽고 포슬포슬한 시트에 고소한 우유 맛이 느껴지는 크림의 조화가 예사롭지 않다. 단 몇 가지 메뉴를 제대로 만드는 디저트 가게로 소문난 쉐즈롤의 노하우는 최대한 좋은 재료를 엄선해 제과의 원칙을 충실히 지키는 것.

풍경만큼 근사한 연핫도그의 맛

두물머리 연핫도그。

───

◎ 경기 양평군 양서면 두물머리길 103-8(용담리 535-15) ℗ 두물머리 주차장 (OPEN) 월~금요일 10:00~19:00(토·일요일은 09:00부터) (CLOSE) 연중무휴 🍴 연핫도그 3500원, 음료류 1000~2500원 선 ☎ 010-8774-0963

- -

평소 기름에 튀긴 음식을 그리 좋아하지 않는지라 '핫도그가 맛있으면 얼마나 맛있으려고?' 했다. 그런데 어라? 느끼하지 않고 '이상하게도 맛있는 맛'이었다. 연잎을 갈아 넣은 반죽에 국내산 돼지고기로 만든 소시지를 넣어 신선한 기름에 튀겨 핫도그 특유의 느끼함을 잘 잡은 듯하다. 핫도그 위에 설탕, 케첩, 머스터드 3단 콤보로 장식한 연핫도그는 매운맛과 순한맛 중 선택할 수 있다.

믿고 즐기는 명품 커피

테라로사 서종점。

───

◎ 경기 양평군 서종면 북한강로 992(문호리 623) ℗ 전용주차장 (OPEN) 09:00~21:00 (CLOSE) 연중무휴 🍴 핸드드립 커피 6000~1만 원, 에스프레소 베리에이션 5000~6000원 ☎ 031-773-6966

- -

테라로사 서종점은 평일에도 주차하기 힘들 정도로 꾸준한 사랑을 받고 있다. 전국 10여 개의 테라로사 가운데서도 매출이 가장 높은 지점으로 알려져 있다. 유명 커피체인보다 두 배 이상 고가의 스페셜티 생커피콩을 수입해 커피 맛으로는 자타공인 최고로 인정받고 있다. 김용덕 테라로사 대표의 건축 미학을 압축해서 보여준 우아한 건축물과 인테리어도 큰 몫을 한다. 질 좋은 원두의 특징을 잘 살려내는 테라로사의 중배전 로스팅은 적당한 산미가 살아있는 깔끔한 커피 한 잔을 즐기게 해준다.

맛있는 빵이 있는 한옥 카페

하우스베이커리。

───────

◎ 경기 양평군 서종면 문호리 338-1 ⓟ 전용주차장 ⒪ᴾᴱᴺ 평일 10:30~20:00 주말·공휴일 09:00~21:00 ᶜᴸᴼˢᴱ 연중무휴 ▤ 커피류 7000~9000원, 티류 8000원, 베이커리류 6500원~ ☏ 031-772-8333

- -

양평에서 교통체증을 일으키는 두 카페 중의 한 곳이라는 하우스베이커리는 한옥 버전 카페다. 오래된 한옥 고택에서 느낄 수 있는 고졸한 정취는 없지만 널따란 공간이 주는 개방감이 시원하다. 신발을 벗고 들어갈 수 있는 프라이빗한 공간도 따로 있고 애견 동반도 가능하다. 한국인의 체질에 맞게 밀의 비율은 줄이고 소화에 좋은 곡물의 비율을 70% 이상으로 높여 이곳의 빵은 먹고 나면 속이 편안하다. 수입 유기농 밀가루와 무염 버터를 사용해 가격대는 좀 있는 편. 1인 1음료 주문 필수.

강변 뷰가 멋진 베이커리 카페

카페 리노。

───────

◎ 경기 양평군 양서면 양수로152번길 32-1(양수리 606-5) ⓟ 전용주차장 ⒪ᴾᴱᴺ 09:00~21:00 ᶜᴸᴼˢᴱ 연중무휴 ▤ 쑥라테 8000원, 경산대추차 9000원, 아메리카노 6800원 ☏ 031-775-1007

- -

양수대교 전망과 탁 트인 북한강의 풍경을 감상하며 쉬어갈 수 있는 양수리 베이커리 카페다. 유기농 밀가루와 천연 발효종을 사용하는 다양한 종류의 먹음직스러운 빵과 커피를 즐길 수 있다. 창밖에 펼쳐진 강 풍경이 보이는 내부 공간도 있지만, 시원한 강바람을 맞으며 주로 바깥 파라솔 아래 앉아 망중한을 보내기 좋다. 양평 뷰 맛집으로 손꼽히지만 맛에 비해 다소 부담스러운 커피값은 매력 반감 요소.

책속에 풍덩.

◎ 경기 양평군 용문면 중원산로 518-9(중원리 533-2)
📞 010-4847-6001

창고형으로 지은 모던한 건축물 여러 채로 구성
되어 있으며 끝이 뾰족한 오각형 창을 배경으로
인증샷은 필수. 개별 정원을 갖춘 프라이빗한 객
실 등 다양한 객실을 갖추고 있다. 야외 수영장과
풀 사이드 카페, 계곡 옆 카페가 있다.

와이글램핑.

◎ 경기 양평군 용문면 강이대길38번길 26-37(중원리
45-2) 📞 031-772-5772

〈어서 와 한국은 처음이지〉에서 인도 아재들이 흥
겨운 바비큐 파티를 열었던 그곳. 와이글램핑의
카바나는 목재 뼈대를 세우고 보다 넓은 공간을
확보한 것이 특징. 바비큐를 위한 숯과 그릴도 대
여해준다.

블룸비스타.

◎ 경기 양평군 강하면 강남로 316(전수리 1235) 📞 031-
770-8888

현대그룹의 종합 연수원인 4성급 호텔로 남한강
뷰가 일품이다. 디럭스, 패밀리룸, 펜트하우스 등
다양한 형태 객실을 갖추고 있어 가족 단위에 적
합하다. 어린 자녀와 함께라면 인기 애니메이션
을 모티브로 한 캐릭터룸을 고려해보자.

림펜션.

◎ 경기 양평군 서종면 도장계곡길 27(도장리 95-14) 📞
010-9092-1721

양평 도장계곡 부근에 있으며 깔끔하고 자연스러
운 콘셉트로 객실을 꾸몄다. 객실에 따라 개별 수
영장과 노천 스파, 캠핑 테라스를 다양하게 즐길
수 있다.

PART 10

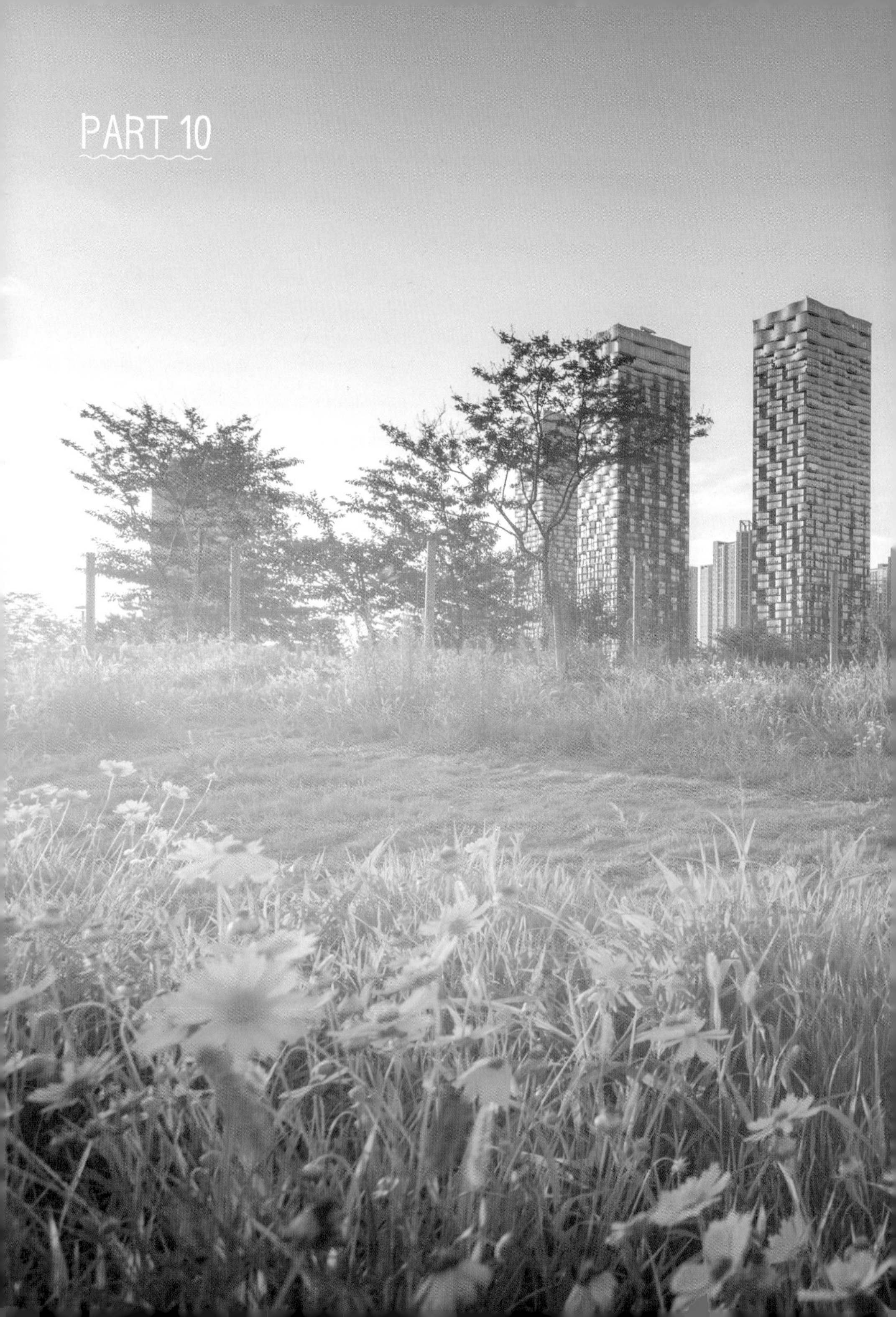

인천 · 강화

1883년 개항하여 우리나라 최초로 근대화가 이루어진 도시이
다 보니 볼거리도 많고 이야깃거리도 많다. 푸근한 바다가 있
고 깊은 맛을 자랑하는 오랜 맛집도 곳곳에서 만날 수 있다.
아날로그 매력을 재발견하게 되는 새로운 공간도 넘쳐난다.
이제 차를 타고 갈 수 있게 된 석모도는 지붕 없는 박물관이
라는 강화도에 가야 할 또 하나의 이유를 만들어 준다.

레트로 감성 넘치는 동인천 골목 풍경

배다리 헌책방 골목.

◎ 한미서점 : 인천시 동구 금곡로 9, 배다리성냥마을박물관 : 금곡로 19, 인천문화양조장 : 서해대로513번길 15 2층 ⏷
한미서점 : 평일 09:00~ 주말 12:00~ , 배다리성냥마을박물관 : 09:00~18:00 ⏷ 한미서점 : 전화 문의, 배다리성냥마을
박물관 : 월요일 ⏷ 무료

부산에 보수동 책방골목이 있다면 인천에는 배다리 헌책방 골목이 있다. 40여 개였던 서점 수는 5개 남짓
으로 줄어 보수동 책방골목과 비교가 안 되는 규모지만 특유의 레트로 분위기로 드라마, 영화, 뮤직비디
오에 등장하면서 카메라를 들고 이곳을 찾는 이들이 많다. 특히 드라마 〈도깨비〉에 등장한 노란색의 한미
서점은 배다리의 상징적인 이미지로 누구나 이 앞에서 인증샷을 찍곤 한다. 그러나 사실 이 서점들은 관
광명소가 아니라 책을 사고파는 가게다. 서점 문을 열고 들어가 손때 묻은 책 사이에서 읽고 싶은 책 몇
권 구입하는 재미도 있다. 근처에 우체국을 리모델링해 만든 작은 마을 박물관인 배다리성냥마을박물관
이 있다. 1971년 세워진 우리나라 최초의 성냥공장인 조선인촌 주식회사의 역사를 만날 수 있다. 가까운
거리에 실제 양조장이었던 건물을 인천문화양조장으로 개조, 커넥더닷츠라는 독립 무인서점이 열려 있으
니 함께 묶어서 둘러보면 좋다.

신선한 회 즐기고 구경도 하고

소래포구。

◎ 인천시 남동구 소래역로 12 소래포구 종합어시장(논현동 680-1) ℗ 소래포구 종합어시장 주차장 🚗 평일 08:00~ 21:00, 주말 07:00~22:00(점포에 따라 다름) 🔒 연중무휴

오랜만에 회 한 점 맛볼까 하고 소래포구에 들렀다면 예전 부둣가 바닥에 돗자리를 깔고 앉아서 회를 먹던 때가 언제인가 싶을 만큼 지금의 소래포구는 옛 모습을 거의 찾아볼 수 없을 정도. 현대화된 어시장, 즐비한 고층 아파트, 대형 쇼핑몰, 산책로를 낀 널따란 공원 등 2020년 9월의 수인선 완전 개통과 더불어 좋아진 교통여건으로 인해 소래포구의 앞날은 더욱 빠르게 변모할 듯하다. 소래포구 시장은 크게 소래포구 종합어시장과 2017년 대형 화재 이후 45개월 만에 재개장한 소래포구 어시장이 양분하고 있다. 소래포구는 저렴하고 푸짐한 회가 장점인데 요즘엔 일정 액수 이상의 횟감을 구입하면 소위 스끼다시라고 부르는 곁들이 해산물을 세트로 푸짐하게 넣어주는 것이 특징. 소화도 시킬겸 소래습지생태공원, 소래역사관, 꽃게 조형물이 있는 해오름광장, 전망대인 새우타워, 소래철교 등도 함께 돌아보자.

오래된 시장과 청년몰에서 인천을 맛보다

신포국제시장 & 청년몰 눈꽃마을.

⎯⎯⎯

◎ 인천시 중구 우현로35번길 10(신포동 19-2) ⓟ 신포동 제2공영주차장 외 3곳(30분 1000원, 초과 15분당 500원) ⓞⓟⓔⓝ 청년몰 눈꽃마을 11:00~20:00 ⓒⓛⓞⓢⓔ 월요일

. . . .

신포국제시장은 100여 년이 넘은 인천 최초의 상설시장이다. 인천 사람들에게는 추억의 먹을거리로 기억되는 이 시장에서 우리가 잘 아는 신포우리만두가 시작되었다. 많은 먹을거리 중 긴 대기 줄을 서는 곳은 신포닭강정과 〈수요미식회〉에서 손꼽은 산동만두집. 산동만두의 공갈빵 그리고 쫄면의 고향이기도 하다. 신포국제시장에서 약 200m 떨어진 곳에 〈백종원의 골목식당〉으로 유명해진 청년몰 눈꽃마을이 있다. 눈꽃마을에 18명의 청년 상인들이 푸드코트와 디저트 가게 등을 꾸렸지만, 현재는 거의 문을 닫은 상태다.

일상 속 행복한 순간을 만들어가는

월미문화의거리.

⎯⎯⎯

◎ 월미바다열차 : 인천시 중구 월미로 482(북성동1가 75-2) 모노레일 102정류장 ⓟ 문화의거리 공영주차장(30분 600원, 초과 15분당 300원) ⓞⓟⓔⓝ 월미바다열차 10:00~18:00 ⓒⓛⓞⓢⓔ 연중무휴 🎫 어른 8000원, 어린이 5000원 📞 월미도관광안내소 032-450-7600

. . . .

월미문화의거리에 가면 바다와 더불어 먹을거리, 즐거운 비명이 메아리치는 테마파크와 포토존, 유람선이 있다. 행복한 일상의 풍경 속에 또 하나의 명물이 더해지니 바로 2019년 10월에 운행을 시작해 큰 인기를 끌고 있는 월미바다열차. 느리긴 하지만 공중에서 색다른 앵글로 이 풍경을 감상할 수 있거니와 세계 최대 야외벽화로 기네스북에 등재된 인천항 사일로 곡물창고 벽화가 압권.

이국적인 정취 가득한 작은 중국

인천 차이나타운。

◎ 인천시 중구 선린동, 북성동 일대 ℗ 차이나타운 공영주차장 ☎ 인천역 관광안내소 032-777-1330

빨간 바탕에 금색 글씨가 적힌 간판과 홍등 그리고 코끝을 스치는 중국 향료 냄새…. 부산 상해거리보다 규모도 크고 건전한 분위기라 가족과 함께 나들이하기에도 좋다. 대륙에 가지 않고도 정통 중화요리를 먹고 싶을 때, 가까운 곳에서 이국적인 분위기를 느끼고 싶을 때 딱 맞다. 국내 최초의 짜장면이 탄생한 곳으로 짜장면은 기본, 화덕만두, 홍두병, 공갈빵, 펑리수에 월병까지. 중국식 디저트를 한입 물고 차이나타운을 걸으면 진짜 중국에 온 듯한 기분이 든다. 150m에 이르는 삼국지벽화거리를 걷다 보면 삼국지의 절반쯤은 읽은 듯하다. 언덕에 오르면 맥아더 장군의 동상과 한미수교 100주년 기념탑이 있는 자유공원이 나온다. 중국 문화에 대해 좀 더 알고 싶다면 인천아트플랫폼 건너편에 있는 한중문화관에 들러보자. 중국 8개 도시에서 기증한 예술품을 만날 수 있다.

서민 음식 짜장면의 역사!

짜장면박물관.

◎ 인천시 중구 차이나타운로 56-14 ⓟ 차이나타운 공영주차장 ⓞⓟⓔⓝ 09:00~18:00 ⓒⓛⓞⓢⓔ 월요일 🍴 어른 1000원, 어린이 500원 📞 032-773-9812

인천 차이나타운의 등록문화재인 옛 공화춘에 2012년 문을 연 짜장면 전문 박물관이다. 짜장면이 어떻게 탄생했느냐에 관한 설은 분분하지만 1908년 산동회관이라는 이름으로 문을 열었다는 공화춘을 원조 식당으로 친다. 짜장면 전문 박물관답게 6개의 전시실에는 짜장면의 역사와 디오라마로 재연한 1960년대의 공화춘 주방과 철가방 등 볼거리가 풍부하다. 졸업식 날에나 맛볼 수 있었던 귀한 짜장면 외식 장면도 추억에 잠기게 한다. 박물관을 나올 때쯤 옛 공화춘 짜장면 맛이 궁금하거든 옛 공화춘 외손녀가 운영한다는 신승반점의 유니짜장을 맛보는 것도 좋겠다.

동화 속 주인공이 되어 보는 곳

송월동 동화마을.

◎ 인천시 중구 자유공원서로37번길 22(송월동3가 14-3) ⓟ 송월동 공영주차장 ⓞⓟⓔⓝ 10:00~19:00 ⓒⓛⓞⓢⓔ 상시개방 🍴 무료

인천 차이나타운에 갔다면 바로 옆 송월동 동화마을도 지나칠 수 없다. 송월동은 1883년 인천항 개항 후 외국인들이 거주하며 부촌을 형성한 지역. 젊은 층이 떠나가면서 한때 침체기를 겪은 송월동이 도시 재생의 일환으로 수년 전 동화마을로 거듭났다. 2013년 40여 곳이던 벽화와 조형물은 현재 11개 테마 140여 곳에 이른다. 마을 자체는 그리 크지 않지만, 동화 속에 푹 빠져 사진을 찍다 보면 두세 시간이 금방 지나간다.

인천 근대 개항기의 역사 속을 걷다

인천개항누리길.

📍 차이나타운거리 – 짜장면박물관 – 삼국지벽화거리 – 화교중산학교 – 제물포구락부 – 인천역사자료관 – 인천개
항박물관 – 인천개항장 근대건축전시관 – 자유공원 – 인천아트플랫폼 – 한중문화관

1883년 개항과 더불어 세계열강들의 각축장이 된 인천에는 항구를 중심으로 조계지가 설치되었다. 조계
란 주로 개항장에 외국인들이 자유롭게 거주하면서 상업 활동과 치외법권을 누릴 수 있도록 설정된 구역.
특히 공자상이 있는 청일조계지 경계 계단을 기준으로 왼쪽의 청나라 조계지, 오른쪽의 일본 조계지가 남
아 있어 당시의 흔적을 찾아볼 수 있다. 옛 일본영사관으로 쓰였던 현 중구청 건물을 비롯해 일본 은행의
지점이나 주식회사의 물류창고, 호텔 등이 인천개항박물관, 인천개항장 근대건축전시관, 인천역사자료관,
한국근대문학관, 인천아트플랫폼, 중구생활사전시관, 대불호텔전시관 등으로 탈바꿈한 19세기 건축물들
만 봐도 꽤 시간이 걸린다. 특히 중구청 앞쪽으로 일본 목조 주택을 리모델링한 카페와 상점들이 들어서
있어 영화 세트장을 걷는 듯한 느낌을 준다.

복합문화공간으로 부활한 개항기 창고

인천아트플랫폼.

───────

◎ 인천시 중구 제물량로218번길 8(해안동1가 10-1) ⓟ 차이나타운 공영주차장 (OPEN) 09:00~18:00 (CLOSE) 공연장 월요일, 1월 1일 🎫 무료 ☎ 032-760-1000

- -

개항기 물류창고로 지어진 후 대한통운 창고 등으로 쓰이던 붉은 벽돌색 건축물이 예술의 옷을 입고 복합 문화공간으로 재탄생했다. 국내외 예술가 30여 명이 1년간 머물면서 창작과 연구 활동을 하는 레지던시 프로그램으로 유명하다. 연중 실험적이고 대중적인 퍼포먼스 공연과 다양한 전시, 플리마켓이 열려 누구 든 무료로 함께 할 수 있다. 영화세트장 같은 독특한 분위기 때문에 사진 촬영을 위해 이곳을 찾는 여행자 도 많다. 근처 한국근대문학관과 함께 둘러보기 좋다.

가난해도 정이 넘치던 그때 그 달동네

수도국산달동네박물관.

───────

◎ 인천시 동구 솔빛로 51(송현동 163) ⓟ 전용주차장 (OPEN) 09:00~18:00 (CLOSE) 월요일, 1월 1일, 설날, 추석 🎫 어른 1000원, 어린이 500원 ☎ 032-770-6131

- -

개항 이후 '수도국이 있는 산'이라 해서 수도국산으로 불린 송현동의 근린공원에 있다. 1960~1970년대 당 시 달동네로 통했던 이 마을의 서민적인 생활 모습을 재현하였다. 아이들을 위한 추억의 놀이 공간이 있어 서 가족끼리 들러보면 좋다. 박물관 대부분을 실제 달동네의 모습 그대로 꾸몄기 때문에 마치 드라마세 트장을 보는 듯하다. 어른들에겐 '그때 그랬지.' 하는 뭉클한 향수를, 젊은이들에겐 요즘 유행하는 뉴트로 스타일로 신선하게 다가갈 수 있겠다. 아이들에겐 가난했지만, 화목했던 옛날이야기를 들려주게 될 것이다.

놀면서 과학의 원리를 깨우치는 곳
재미난박물관.

◎ 인천시 중구 인중로 190(사동 9-16) ⓟ 전용주차장 🕙 월~금요일 10:00~17:00, 토요일 14:30~18:00, 일요일 11:30~18:00 🏛 연중무휴 🎫 어른 7000원, 어린이 8000원 📞 032-765-0780

재미도 재미 나름. 이 박물관은 지적인 호기심이 넘치는 아이들에게 최고의 재미난 놀이터가 될 것이다. 외관은 소박하지만, 과학의 원리를 놀면서 가르쳐주는 수백 종의 전시물은 독특하고 신기하다. 사람이 직접 그 안에 들어가서 만들어내는 빅 버블, 중력을 무시한 채 거꾸로 흐르는 모래시계, 테두리를 문지르면 물이 튀어 오르는 세숫대야 등 "왜?"라는 질문을 자꾸 던지게 만드는 재미난 체험 거리가 가득하다. 아이가 재미난박물관에 가지고 자꾸 조른다면 부모로서는 매우 흐뭇해도 좋을 것이다.

자연주의적인 직물 '소창'을 아시나요?
소창체험관.

◎ 인천시 강화군 강화읍 남문안길20번길 8(신문리 84-2) ⓟ 전용주차장 🕙 10:00~17:00 🏛 월요일 🎫 무료 📞 032-934-2500

도자기로 만든 목화 조형물로 담벼락을 장식한 소창체험관은 80년 된 평화직물의 한옥과 염색공장을 강화군에서 매입 후 리모델링하여 문 열었다. 한쪽은 소창체험관으로, 두 채의 한옥은 옛 공장 사진이나 소창을 사용하던 생활상을 전시한 갤러리로 쓴다. 소창은 쉽게 말하자면, 예전에 아기 기저귀나 행주, 생리대로 흔하게 사용되었던 흡수성 좋은 면직물. 소창체험관 안에는 화려한 문양의 인견을 주로 만들었다는 평화직물에서 생산한 소창이나 인견 같은 직물 샘플, 시대별 재봉틀, 직조기 등이 전시되어 있다.

바람을 가르는 익사이팅한 즐거움

강화씨사이드리조트 루지 & 곤돌라。

◎ 인천시 강화군 길상면 선두리 4-15 ⓟ 전용주차장 🕙 평일 10:00~18:00, 주말 09:30~17:30 🕙 연중무휴 🎫 루지 & 곤돌라 1회권 : 어른 평일 1만5000원, 주말 1만9000원 / 어린이 동반권 평일 5000원, 주말 7000원 📞 032-930-9000

루지는 무동력 카트를 타고 구불구불 경사진 트랙을 달리는 스포츠이다. 수도권에 가까운 강화에서도 루지를 즐기는 곳이 있다. 루지는 어린아이도 탈 수 있을 정도로 작동 방법이 간단하다. 앞 루지와 충돌을 막기 위해 적절히 간격을 주고 달리면 되는데 레버를 당기면 서고, 풀면 달린다. 신장 120cm 이상만 혼자 탑승 할 수 있고, 신장이 95~120cm인 어린이는 보호자와 함께 탑승해야 한다. 루지는 1.8km인 2개 코스를 선택해서 탈 수 있는데, 구불구불한 구간이 많고 적은 차이다. 한 번만 타면 서운한 감이 있으니 대부분 2회 이상을 즐긴다. 루지를 즐기고 나서 출출하다면 왼쪽에 비행접시 모양의 레스토랑에 들러보자. 한 시간에 한 바퀴 천천히 회전하는 전망대가 있다.

이색적인 풍경의 오션뷰를 자랑하는

스페인마을。

───────

◎ 인천 강화군 화도면 해안남로 2677-21 ℗ 전용주차장 [OPEN] 베이커리 09:00~19:30, 카페 10:00~19:30, 레스토랑 11:00~20:30 [CLOSE] 연중무휴 🍽 (카페) 수제 팥눈꽃빙수 1만8000원, 아메리카노 6000원, (레스토랑) 해물파스타 1만9000 원 📞 0507-1319-0209

- -

화도면 해안가를 드라이브하다 보면 선수 선착장을 지나 5분 거리에 이색적인 풍경을 자랑하는 스페인마을이 있다. 바다를 끼고 멋진 오션뷰를 자랑하는 이곳은 쁘띠프랑스나 이탈리아마을과는 다르게 아담한 규모인데 스페인풍의 건축물 안에 베이커리카페, 레스토랑, 갤러리, 카라반 등이 자리하고 있다. 서울에서 그리 멀지 않은 강화에 위치하고 있기 때문에 이국적인 분위기 속에서 카라반에서 하룻밤을 보내면서 카페나 레스토랑, 갤러리 혹은 바다로 내려가는 산책길 따라 걸으면서 힐링하기 좋다.

고려 궁궐과 조선시대 외규장각이 있던 자리

고려궁지。

───────

◎ 인천시 강화군 강화읍 강화대로 394(관청리 163) ℗ 전용주차장 [OPEN] 09:00~18:00 [CLOSE] 연중무휴 🎟 어른 900원, 청소년 600원 📞 032-930-7078

- -

고려 고종 19년인 1232년 몽골의 침략에 대항하기 위해 송도에서 강화로 옮긴 고려궁궐 터로, 개경으로 환도할 당시 대부분 파괴됐다. 이후 조선시대 때도 역시 병자호란과 병인양요를 겪으며 대부분 소실되었기에 현재 여행자가 볼 수 있는 것은 복원된 조선시대 유수부 동헌과 이방청, 외규장각 정도다. 병인양요 때 프랑스군이 약탈해간 외규장각의 《조선왕조 의궤》는 유네스코 세계기록유산에 등재되었거니와 145년 만인 2011년 297책 모두 고국의 품으로 돌아와 국립중앙박물관에 소장되어 있다.

국내 최초 한옥 성당

성공회 강화성당 & 용흥궁。

◉ 성공회 강화성당 : 인천시 강화군 강화읍 관청리 336, 용흥궁 : 인천시 강화군 강화읍 동문안길21번길 16-1(관청리 441) ⓟ 전용주차장 (OPEN) 성공회 강화성당 : 10:00~18:00, 용흥궁 : 09:00~18:00 (CLOSE) 성공회 강화성당 : 상시개방 🎫 무료 📞 성공회 강화성당 032-934-6171

외부는 한옥, 내부는 기둥을 배치해 중앙과 양측의 공간을 나누는 바실리카 건축양식으로 지었다. 성공회 강화성당은 독특한 건축양식뿐 아니라 우리나라에서 가장 오래된(1900년) 한옥 교회로서도 의미가 있다. 현재도 주일 예배를 드리는 성당으로 구한말 드라마세트장을 보는 듯하다. 성당 바로 아래에 '강화도령' 철종이 어린 시절 살았던 용흥궁이 있어 함께 묶어 돌아보는 것이 일반적이다.

1600년 역사와 이야기를 품은 사찰

전등사。

◉ 인천시 강화군 길상면 전등사로 37-41(온수리 635) ⓟ 전용주차장(소형차 2000원) (OPEN) 08:00~18:30(동절기는 18:00 까지) (CLOSE) 상시개방 🎫 어른 4000원, 어린이 1500원 📞 032-937-0125

현존하는 가장 오래된 사찰로, 고구려 소수림왕 때인 서기 381년 창건되어 1600년 이상 역사를 자랑한다. 단군왕검의 세 아들이 축조했다는 삼랑성에 둘러싸인 전등사에서 유명한 것은 대웅보전 처마 네 군데를 떠받치고 있는 나부상에 얽힌 전설이다. 전등사를 재건할 당시 도편수를 배신한 주모의 모습을 새겼다는 것. 대웅보전과 약사전, 범종 등 여섯 가지 보물이 보존되어 있으며 뒷산에는 조선왕조실록을 보관했던 정족산사고 터가 있다. 문화 행사가 자주 열리며 외국인들에게 가장 인기 있는 템플스테이로도 유명하다.

활동적이고 호기심 많은 아이가 좋아하는 곳
옥토끼우주센터。

◎ 인천시 강화군 불은면 강화동로 403(두운리 1026) ⓟ 전용주차장 🕒 월~목요일 10:00~17:30, 금요일 10:00~17:30, 토·일요일 09:30~19:00 🗓 연중무휴 🎫 1일권 : 어른 1만5000원, 어린이 1만6000원 📞 032-937-6917

국내 최초의 항공우주과학 테마파크로 우주와 공룡에 관련한 볼거리가 많아 아이들이 좋아한다. 구석구석에 즐길 거리가 있으니 매표소에서 팸플릿을 받아 꼼꼼히 챙겨보자. 메인 전시관은 우주를 테마로 우주, 행성, 로켓, 화성 탐험관이 이어진다. 또 우주 비행사처럼 중력 저항이나 우주 엘리베이터를 간접적으로나마 체험해볼 수 있는 다양한 기구들이 있어서 우주 비행의 원리를 몸으로 익힐 수 있다. 마무리는 우주인이 되어 사진 찍기. 야외로 나가면 60여 마리나 되는 공룡이 기다리고 있다. 버튼을 누르면 울음소리를 내며 움직이기 때문에 어린이들은 울음을 터뜨리기도 하니 마음 준비를 할 것. 물놀이 공간과 사계절 썰매장이 있어 겨울에는 눈썰매 맛집으로 통한다.

강화의 먹거리가 한자리에

강화 풍물시장

⊙ 인천시 강화군 강화읍 중앙로 17-9(갑곶리 849) ℗ 시장 주차장(30분 무료, 1시간 600원) ⊙ 08:00~20:00 ⊙ 첫째·셋째 주 월요일

강화하면 밴댕이, 순무 김치, 속 노랑 고구마, 새우젓, 강화 인삼, 사자 발 약쑥, 화문석이 특산물로 손꼽힌다. 이 모든 것이 강화 풍물시장에 있다. 특히 끝자리에 2와 7이 들어가는 날 오일장이 설 때 가면 어르신들이 집에서 가꾸어 수확해온 먹을거리들이 지름신을 부른다. 풍물시장 건물 1층에 즉석에서 버무려 파는 순무 김치도 인기. 2층은 밴댕이 음식점이 특화되어 있어 회, 무침, 구이를 착한 가격에 맛볼 수 있다.

노을 지는 바다를 보며 즐기는 온천욕

석모도미네랄온천

⊙ 인천시 강화군 삼산면 삼산남로 865-17(매음리 645-23) ℗ 전용주차장 ⊙ 07:00~19:30 ⊙ 연중무휴 🎫 어른 9000원, 어린이 6000원, 온천복 대여 2000원 ☎ 032-933-3810

노을 지는 바다를 보며 노천탕을 즐길 수 있어 인기를 끈다. 강화군청에서 운영하는 15개의 작은 노천탕으로 200명까지 입장 인원을 제한하기 때문에 대기 줄이 길 때도 있다. 지하 460m 화강암에서 솟아나오는 51℃의 미네랄 온천수는 미네랄과 칼슘이 풍부하여 혈액순환, 관절염, 아토피에 좋다고 알려져 있다. 몸을 헹굴 때 샤워용품은 사용할 수 없으며 수영복이나 래시가드, 온천복만 입장이 가능하다.

돼지갈비를 가장 맛있게 먹을 수 있는 비결을 아는

부암갈비.

📍 인천시 남동구 용천로 149(간석2동 130-12) Ⓟ 없음 ⏰ 12:00~24:00(브레이크 타임 14:30~16:00) 🚪 화요일 🍽 생갈비(200g) 1만7000원, 젓갈 볶음밥(1인) 3000원, 달걀 추가(2개) 1000원 📞 032-425-5538

그저 소금만 툭툭 뿌려 굽는 돼지 생갈비가 이렇게나 맛있을 수 있다니! 좋은 생고기를 센 불에 빨리 구워 육즙을 저장하는 것이 포인트로, 직원이 일일이 구워준다. 게다가 고추 장아찌, 갓김치, 부추, 갈치속젓에 마늘과 쌈장을 코디하여 다양한 맛을 즐기는 팁을 알려준다. 철판 가장자리에 달걀 물을 둘러 익힌 달걀말이도 맛있고 쿰쿰한 젓갈을 넣어 볶아주는 밥도 별미다. 두 사람이 간다면 갈비 3인분에 젓갈 볶음밥과 술을 곁들이면 딱 좋다.

구수한 손맛을 느껴보고 싶다면

맛을 담은 강된장.

📍 인천 강화군 화도면 해안남로 1164(사기리 320) Ⓟ 전용주차장 ⏰ 10:00~20:30(토·일은 09:00부터) 🚪 연중무휴 🍽 커플세트 강된장 3만3000원, 우렁강된장+가마솥밥 1만3000원, 전복명란 영양밥+우렁강된장 세트(2인) 4만3000원 📞 010-2079-9394

강된장은 된장에 갖은 재료를 넣어 되직하게 끓인 요리다. 토속적인 향토 요리 전문점에 가면 일반 식당이 흉내 낼 수 없는 유독 구수하고 감칠맛 나는 된장 요리나 간장 요리를 접할 때가 있는데 그것은 그 집 특유의 레시피와 손맛이 있기 때문이다. 이 식당은 비장의 무기인 집된장에 두 가지 육수와 대합, 우렁, 팽이버섯 등을 넣어 자작하게 끓여낸 강된장이 주메뉴로 줄을 서는 맛집이다. 일곱 종류의 쌈과 반찬은 리필 가능. 부모님을 모시고 다시 오고 싶다는 생각이 절로 들 만큼 건강한 밥상이다.

바삭한 튀김과 단짠 소스가 인도하는 텐동의 세계
온센 본점。

───────

◎ 인천광역시 중구 신로포35번길 22(송학동3가 7-6) ℗ 없음 🕚 11:30~20:30(브레이크 타임 15:30~17:00) 🕒 연중무휴 🍴 온센텐동 8900원, 에비텐동 1만2900원, 아나고텐동 1만4900원 📞 070-8861-8011

〈백종원의 골목식당〉에 소개된 후 9개월 만에 10호점을 열 정도로 인기인 텐동 전문점이다. 코로나19 와중인데도 줄을 세우는 온센은 튀김덮밥인 텐동 전문점. 튀김과 밥을 함께 먹는다니 좀 생소한 감이 있지만 온센타마고(계란 반숙튀김)를 풀어 단짠 덮밥소스와 섞어 밥을 비벼 바삭바삭한 가지, 새우, 버섯, 단호박, 김튀김을 반찬 삼아 먹다 보면 텐동의 새로운 세계를 영접하게 된다. 새우나 아나고(붕장어) 튀김을 얹은 색다른 텐동도 있으며 포장은 되지 않는다.

800년 전통 젓국갈비
신아리랑식당。

───────

◎ 인천시 강화군 강화읍 강화대로409번길 4-3(신문리 103-1) ℗ 전용주차장 🕚 월~금요일 10:00~20:30, 토·일요일 10:00~18:00(주말 브레이크 타임 14:00~17:00) 🕒 수요일 🍴 젓국갈비(소) 2만 원, 돌솥굴밥 1만1000원, 새벽두부(한 접시) 6000원 📞 032-933-2025

새우젓으로 간을 한 갈비탕이라니 그 맛이 궁금하다. 강화 읍내 뒷골목에 있는 작은 식당인 신아리랑식당에 가야 젓국갈비의 제맛을 볼 수 있다. 젓국갈비는 800여 년 전 외적의 침입을 피해 강화도로 도성을 옮긴 고려왕의 수라상에 오른 음식이라고 한다. 새우젓으로 간을 한 갈비탕에 직접 만든 두부와 단호박, 호박, 미나리, 버섯이 들어가 있고 청양고추로 약간 매콤한 맛을 냈다. 끓일수록 구수한 맛이 솟는 별미. 곁들이로 나오는 순무 김치도 맛있다. 순무 전국 요리대회에서 수상한 솜씨라고.

프로방스풍 인테리어의 석모도 맛집

뜰안에정원.

◎ 인천시 강화군 삼산면 삼산남로 827(매음리 639-50) ℗ 전용주차장 🕙 토요일 10:30~20:00(다른 날은 19:00까지)
🔒 연중무휴 🍴 간장게장 2만5000~3만3000원, 뜰안에 A코스 2만3000원 📞 032-932-3071

안으로 들어서면 유럽 명품 도자기 찻잔부터 도자기 인형과 꽃이 눈에 들어온다. 프로방스풍 홍차 카페
인가 싶은데 의외로 한식 전문점이라는 반전이 있다. 석모도미네랄온천 근처의 뜰안에정원은 간장게장과
밴댕이무침이 맛있는 석모도 맛집이다. 짜지 않게 담근 알이 꽉 찬 간장게장과 직접 뒤뜰에서 재배한 채
소와 함께 맛깔스럽게 버무린 밴댕이무침만으로도 밥 두 공기는 기본이다. 강화도 순무 김치나 고소한 참
기름 냄새가 밴 도토리묵무침도 입맛을 돋운다. 밥 먹으면서 힐링하는 예쁜 식당이다.

네 가지 밴댕이 요리를 모둠으로 즐기는

요셉이네집.

◎ 인천시 강화군 강화읍 중앙로 17-9(갑곶리 849, 2003호) ℗ 시장 주차장(30분 무료, 1시간 600원) 🕙 07:30~20:00
🔒 첫째·셋째 주 월요일(오일장(2·7일)이 겹치는 날은 화요일 휴무) 🍴 밴댕이모둠(2인) 3만 원, 밴댕이회 2만3000원,
밴댕이무침 2만3000원 📞 010-6227-1165

강화 풍물시장 건물 2층 식당가는 밴댕이 요리 전문 식당으로 특화되어 있다. 그 가운데 요셉이네집은 2
대째 국내산 생물 밴댕이만 전문으로 다루는 집으로 손맛이 그만이다. 이 집의 메뉴는 밴댕이를 이용한
회와 구이, 무침, 회덮밥으로 단출하다. 이 모든 메뉴를 다 먹고 싶다면 밴댕이 모둠으로 주문하면 된다.
푸짐하게 넣어주는 밴댕이는 둘이 먹기에도 버거울 정도. 방송에 소개되었거나, 놋그릇을 쓰는 등 약간의
차별화는 하고 있지만 식당가 내의 밴댕이집들 대부분 비슷한 메뉴로 운영한다.

일본식 가옥과 한옥 고재로 빚어낸 운치 있는 카페

관동오리진。

⊚ 인천시 중구 신포로27번길 96(관동1가 14-3) ℗ 없음 ⌂ 11:00~21:00 ⌂ 화요일 ⊠ 수제 대추차 8000원, 수제 오미자차 6000원, 무알콜 수제 뱅쇼 7000원 ☎ 032-777-5527

- -

1940년대로 추정되는 일본식 가옥과 한옥 고재(古材)를 콜라보한 개항누리길 카페다. 일본제 시계와 오래된 목제 라디오가 놓인 카페 내부는 모던 걸이라도 튀어나올 듯한 분위기다. 전체적으로 좀 어둑하지만 고즈넉한 햇살이 드는 남향 창가 자리와 조릿대가 무성한 뒤뜰 툇마루 공간이 밝고 운치가 있어 사진 찍기 좋은 포인트가 된다. 직접 담근 과실청 음료에 호두정과나 떡을 곁들여 보자.

레트로 무드 가득한 조명 카페

일광전구 라이트하우스。

⊚ 인천 중구 참외전로174번길 8-1(경동 51-1) ℗ 동인천역 1공영주차장, 경동 공영주차장 ⌂ 11:30~21:30 ⌂ 넷째 주 월요일 ⊠ 아메리카노 5000원, 카페라테 5500원, 크림초콜릿 6500원 ☎ 032-3185-2081

- -

LED전등에 밀려 설 자리를 잃은 백열전구를 생산하는 일광전구가 동인천 개항로 일대에 문을 연 카페다. 산부인과였던 병원과 뒤쪽 사택의 흔적을 남기고 개조하여 예스러움과 모던함이 공존하는 레트로풍 인테리어 공간에 햇살까지 가득한 햇살 맛집. 드라마 〈사이코지만 괜찮아〉와 예능 프로그램 〈밥블레스유〉에도 소개된 바 있다. 전구회사에서 운영하는 카페답게 카페 한켠에 백열전구를 찍어내는 옛날 전구 공장의 모습을 볼 수 있거니와 조명기구도 판매한다.

'핫플'로 부활한 방직공장
조양방직。

◎ 인천시 강화군 강화읍 향나무길5번길 12(신문리 587) ℗ 전용주차장 🕐 월~금요일 11:00~20:00(토·일요일 21:00까지) 🚫 연중무휴 🍴 아메리카노 7000원, 카라멜라테 7500원, 자색고구마라테 8000원 📞 032-933-2192

- -

조양방직은 일제강점기인 1930년대 강화도 직물 산업 중흥기를 이끌었다. 이제 조양방직은 여행자가 즐겨 찾는 '힙한' 카페로 부활하였다. 조양방직 공장 직조기가 있던 약 990㎡ 규모 공간은 카페가 되었고, 기다란 작업대와 재봉틀은 커피 테이블이 되었다. 커피와 디저트를 즐길 수 있는 카페지만 구석구석 가득 찬 골동품들과 조형물을 보면 단순 카페보다는 문화공간의 성격이 짙다.

예쁜 정원과 커피를 즐길 수 있는 카페
도레도레 & 마호가니。

◎ 인천 강화군 화도면 흥왕 355-21 ℗ 전용주차장 🕐 (도레도레) 토·일 10:30~21:00, (마호가니) 10:30~20:00 🚫 (도레도레) 월~금요일, (마호가니) 연중무휴 🍴 소중해케이크 9500원, 아메리카노 6500원, 크림콜드브루 7500원 📞 (도레도레) 032-937-1415, (마호가니) 032-937-9002

- -

알록달록한 무지개 컬러의 소중해케이크를 비롯해 개복치케이크, 초밥케이크 등 기발한 아이디어로 무장한 핸드메이드 케이크로 선풍적인 인기를 끌던 도레도레 강화 본점. 이제 이곳은 성수기인 5월에서 9월 사이를 제외하곤 주말에만 문을 연다. 대신 도레도레 바로 옆에 위치한 마호가니는 매일 문을 연다. 도레도레의 케이크와 커피를 이곳에서 즐길 수 있으나 노키즈존이다. 봄날의 샤스타데이지와 여름철의 수국 맛집이기도 하다.

감각적인 디자인의 쉼이 있는 호텔

네스트호텔.

⌖ 인천시 중구 영종해안남로 19-5(운서동 2877) ☎ 032-743-9000 ⌂ www.nesthotel.co.kr

국내에서 첫 번째로 디자인호텔스 멤버가 된 호텔이다. 수도권 호텔 중 편안함과 여유로움 면에서 손꼽힌다. 감각적인 인테리어 디자인이 멋진 객실에서 시원하게 트인 풍경을 볼 수 있고 아름다운 산책로를 끼고 있어서 산책하기도 좋다. 특히 플라츠 레스토랑에서 즐기는 조식과 즉석에서 구워주는 빵이 맛있는 베이커리는 이미 입소문이 자자하다. 인생샷을 건질 수 있는 인피니티풀은 덤이다.

변하지 않는 독보적인 감성

무무하우스.

⌖ 인천시 강화군 화도면 해안남로1066번길 12(사기리 100) ☎ 010-7180-9065 ⌂ www.mumuhouse.com

펜션 여행 붐이 한창이던 십여 년 전, 강화도의 게스트하우스 무무는 펜션계의 전설에 가까웠다. '무무 스타일'이라 할 정도로 독특한 건축물과 인테리어 감각을 자랑하며 예약하기가 꽤 힘든 펜션이었고 드라마 〈밥 잘 사주는 예쁜 누나〉 촬영이 이루어지기도 했다. 컬러를 콘셉트로 아기자기하게 꾸민 게스트하우스 무무, 그리고 보다 고급스럽고 세련된 무드의 호텔 무무. 개성은 다르지만 어떤 방을 선택해도 실패하지 않을 듯. 웰컴티와 조식이 제공되며 객실마다 실내외 스파가 마련되어 있어 자연 속의 반신욕을 즐길 수 있는 것이 포인트.

호텔 오라.

◎ 인천시 중구 공항서로 345(남북동 100-34) ☎ 032-752-8080

작품이 아닐까 싶은 격자무늬의 범상치 않은 외관을 자랑하는 호텔 오라는 2016 한국건축문화대상을 수상한 부티크 호텔이다. 을왕리해수욕장에서도 멀지 않고 특히 인천공항은 10분 거리로 가까워 24시간 셔틀버스를 운영한다.

호텔 더 디자이너스 인천.

◎ 인천시 남동구 남동대로765번길 8(구월동 1144-8) ☎ 032-875-5000

인천 남동구의 길병원 뒤편에 위치해 대부분의 인천 여행지가 가깝다. 감각적인 외관에 객실은 심플하고 군더더기 없는 것이 특징이다. 파티룸이 있으며 호텔 예약 사이트에서 파격적으로 저렴한 가격에 나오기도 한다.

아삭아삭 순무민박.

◎ 인천시 강화군 강화읍 강화대로368번길 6(관청리 105-1) ☎ 032-932-8779

아이디어 넘치는 다섯 청년이 모여 만든 협동조합 형태의 팀 청풍상회가 2014년부터 운영한 민박형 게스트하우스다. 강화 풍물시장의 화덕식당도 이 팀의 작품. 6인 도미토리와 2인실, 그리고 독채를 운영한다.

프랭클리 로스터리펜션.

◎ 인천시 강화군 선원면 시리미로237번길 32(선행리 492-5) ☎ 032-933-0118

로스터리 카페와 펜션, 글램핑을 함께 운영한다. 강화도 시리미 계곡에 있어서 자연 속에 파묻힌 느낌도 좋고 객실에서 바라보는 탁 트인 산 전망도 좋다. 루프탑이 있는 로스터리 카페도 SNS에서 입소문이 났으며 여름이면 펜션 수영장도 인기다.

PART 11

단양

서핑의 메카가 양양이라면 패러글라이딩의 메카는 단연 단양
이다. 단양은 1년 중 320일 동안 패러글라이딩을 즐길 수 있
는 '패러글라이딩 1번지'다. 여기에 개장 1년 만에 85만 명 이
상의 관람객이 찾으며 특급 관광지로 부상한 만천하테마파크
와 특산물인 마늘을 이용한 각종 먹을거리까지! 단양은 단양
마늘처럼 작지만 뚜렷한 개성을 가진 여행지다.

만천하를 굽어보는 호연지기 스폿

만천하스카이워크。

◎ 충북 단양군 적성면 애곡리 94 ⓟ 전용주차장 OPEN 09:00~18:00(12~2월은 10:00~17:00) CLOSE 월요일 🏠 만천하스카이워크 어른 3000원, 어린이 2500원, 만천하슬라이드 1만3000원 ☎ 043-421-0014~5

만천하스카이워크에 오르면 아기자기한 단양이 한눈에 내려다보인다. 빙빙 돌아 올라가는 나선형 계단이 어지럽게 느껴지기도 하지만 중간쯤에 날개 포토존이 있고 꼭대기에 오르면 남한강 쪽으로 돌출된 세 개의 스카이워크가 있다. 남한강 수면으로부터 120m 높이에 설치된 이 하늘길은 고강도 삼중 투명 강화유리로 만들어 발밑에 푸른 남한강이 아찔하게 비쳐 보인다. 짜릿한 스릴과 멋진 뷰는 덤. 눈앞으로 단양 시내와 멀리 소백산 연화봉이 시원하게 펼쳐진다. 만천하스카이워크에 가면 전망대 뿐 아니라 짚와이어, 알파인코스터, 만천하슬라이드, 단양강잔도 산책까지 1타 5피의 즐거움을 누릴 수 있다.

스케이트에 올라탄 듯 짜릿한 스릴

만천하테마파크 알파인코스터。

◎ 충북 단양군 적성면 애곡리 94 ⓟ 전용주차장 (OPEN) 09:00~18:00(12~2월은 10:00~17:00) (CLOSE) 월요일 🎫 알파인코스터 1만5000원, 짚와이어 3만 원, 만천하슬라이드 1만3000원

- -

알파인코스터는 레버를 당기면 서고 밀면 달리고, 나머지는 자동으로 움직인다. 만천하스카이워크 매표소를 출발한 알파인코스터는 자동으로 약 300m를 올라갔다가 약 600m를 내려온다. 내리막길에서 시속 40km 이상 속도를 내며 쾌속으로 질주하는데 스케이트를 타는 듯 상당한 스릴을 맛볼 수 있다. 알파인코스터와 더불어 남한강을 시원하게 활강하는 짚와이어와 264m 길이의 원통형 슬라이드를 타고 최고 30km의 속력으로 질주하는 만천하슬라이드도 있어 스릴을 즐길 수 있다.

벼랑 끝에 선반처럼 매달아 놓은 산책길

단양강잔도。

◎ 충북 단양군 적성면 애곡리 ⓟ 만천하스카이워크 입구 (OPEN) 상시개방

- -

만천하스카이워크 매표소가 있는 입구는 단양강잔도로 이어진다. 잔도란 벼랑 끝에 선반처럼 매달아 놓은 길을 뜻한다. 단양강잔도는 상진리 상진대교에서 강과 암벽을 따라 적성면 애곡리 만천하스카이워크 사이 1.2km 구간에 폭 2m로 설치되었다. 잔잔히 흐르는 남한강 위에 반영의 수채화를 그려놓았다. 눈을 들어 암벽의 위쪽을 보면 만천하스카이워크가 작게 올려다보인다. 멋진 사진이 나올 풍경이다. 해가 진 다음에는 야간조명이 불을 밝히며 운치를 더해준다.

바람 불어 좋은 단양의 패러글라이딩 데이

단양 패러글라이딩.

◎ 패러일번지 : 충북 단양군 가곡면 두산길 196-86(사평리 246-33) ⓟ 전용주차장 🕐 08:00~19:00 🏁 연중무휴 🎫
기본 비행 8만5000원, 아트 비행 13만 원, VIP비행 22만 원 ☎ 043-422-8190

단양은 무동력으로 자연 바람을 이용하는 패러글라이딩을 1년 중 320일 즐길 수 있는 '패러글라이딩 1번
지'다. 그 가운데서도 카페 산 바로 옆에 위치한 패러일번지는 국가대표 경력의 파일럿 20여 명을 보유한
탠덤 체험 전문 업체다. '탠덤'이란 강사와 체험자가 함께 진행하는 2인승 비행을 말한다. 20년 이상의 경
력을 지닌 숙련된 전문 파일럿이 비행을 맡기 때문에 안전하며 따로 배우지 않아도 누구나 쉽게 하늘을
날 수 있다. 강사의 구령에 따라 언덕 아래로 뛰어내릴 때의 두려움도 잠시, 발밑에 마을을 말발굽 모양으
로 에워싸며 굽이치는 남한강을 내려다보고 있노라면 평온한 느낌마저 든다. 유쾌한 파일럿 강사들이 찍
어주는 재미난 사진도 소장각! 고프로로 촬영해 준다.

단양의 밤은 낮보다 아름답다

수양개빛터널 & 수양개선사유물전시관.

⊙ 충북 단양군 적성면 수양개유적로 390(애곡리 209-1) ⓟ 전용주차장 🕒 수양개빛터널 16:00~21:00 🚫 월요일 🎫 수양개빛터널 : 어른 9000원, 어린이 6000원 / 전시관 : 어른 2000원, 어린이 800원 ☎ 043-421-5453

해가 저문 뒤부터 한밤중까지, 단양 여행은 수양개빛터널이 있어 지루하지 않다. 일제강점기에 건설되었다가 방치된 수양개터널 약 200m 구간에 현란한 시뮬레이션 영상과 4D 어트랙션 등 새로운 개념의 멀티미디어쇼를 도입하고 외부 정원을 5만 송이 LED 꽃 등으로 꾸며 환상적인 분위기를 즐길 수 있다. 수양개빛터널에 입장하기 위해서는 바로 앞에 위치한 수양개선사유물전시관을 먼저 보고 1층 카페를 통과해야 한다. 수양개선사유물전시관에는 적성면 애곡리 수양개에서 발굴된 구석기시대에서 신석기시대에 걸친 다양한 유적들이 전시돼있다.

국내 최대의 민물고기 수족관

다누리아쿠아리움.

⊙ 충북 단양군 단양읍 수변로 111(별곡리 569-1) ⓟ 전용주차장 (OPEN) 09:00~18:00 (CLOSE) 월요일 🎫 어른 1만 원, 어린이 6000원 ☎ 043-423-4235

국내 민물고기 전시관은 삼척, 울진, 충주에도 있지만, 그 가운데 단양의 다누리아쿠아리움은 국내 최대 규모를 자랑한다. 이곳에서 국내외 200여 종의 민물고기 2만여 마리를 만날 수 있는데 단양팔경 모형을 수족관 안에 세팅하고 그곳에 사는 물고기들도 함께 볼 수 있는 코너를 만들어 단양만의 특색을 살렸다. 세계 최대의 담수어인 피라루쿠도 만날 수 있다.

고구려 테마를 한곳에 모은

온달관광지.

⊙ 충북 단양군 영춘면 온달로 23(하리 147) ⓟ 전용주차장 (OPEN) 09:00~18:00(동절기는 17:00까지) (CLOSE) 연중무휴 🎫 어른 5000원, 어린이 2500원, 온달열차 2000원 ☎ 043-423-8820

고구려 25대 평원왕의 딸인 평강공주가 바보로 통하는 온달과 결혼하여 훗날 그를 위대한 장군으로 만들었다는 이야기는 실제 《삼국사기》 온달열전에 기록되어 있다고 한다. 온달관광지는 드라마세트장과 천연기념물인 온달동굴을 비롯해 온달과 평강을 주제로 한 온달전시관, 온달산성 등이 한데 모여 있는 테마관광시설이다. 귀족의 저택, 고구려와 수나라, 당나라를 배경으로 한 드라마들을 촬영했던 드라마세트장과 드라마 〈천추태후〉에서 쓰였던 복식 소품들, 고구려시대 복식도 구경할 수 있다.

명불허전 단양 제1경

도담삼봉 & 석문。

◎ 도담삼봉 : 충북 단양군 매포읍 삼봉로 644-33(하괴리 84-1) ⓟ 유료주차장(소형 3000원, 대형 6000원) ⓞⓟⓔⓝ 상시개방 🕿 무료 ☎ 043-422-3033

단양 제1경으로 손꼽힐 만큼 그림처럼 아름답다. 남한강이 굽이굽이 흐르는 도담리 앞쪽에 아담한 세 봉우리가 모여 있어 '삼봉'이라는 이름이 붙었다. 어린 정도전과 관련된 이야기와 가운데 봉우리는 남편봉, 왼쪽은 첩봉, 오른쪽은 처의 봉이라는 전설도 함께 전해진다. 도담삼봉을 바라보고 앉은 정도전의 동상도 볼 수 있는데 그가 이곳을 좋아하여 호를 '삼봉'이라고 지었거니와 도담마을은 실제 정도전의 외가가 있던 곳이라고 한다. 어느 때 가도 특유의 아름다운 경치를 볼 수 있거니와 특히 안개 낀 날이나 저물녘의 실루엣이 아름답다. 도담삼봉에서 안쪽으로 약 200m를 들어가 가파른 계단을 오르면 석문에 다다른다. 높이 20m쯤 되는 두 개의 커다란 바위가 무지개다리처럼 얽혀 있는 석회 기둥인데, 석문 사이로 마을 풍경이 보인다.

하늘에서 내려온 한 폭의 병풍
사인암。

⊙ 충북 단양군 대강면 사인암2길 42(사인암리 64) ⓟ 공영주차장 🕒 상시개방 🎫 무료

단양 초입에서 쉽게 들를 수 있는 사인암은 단양팔경 중 5경으로 손꼽힌다. 깎아내린 수직의 석회암 기암 절벽이 한 폭의 수채화처럼 펼쳐진다. 사인암이라는 이름은 고려시대에 '사인'이라는 벼슬을 지냈던 우탁 선생이 이곳을 좋아해 자주 찾았기 때문에 붙여졌다고 한다. 화가 김홍도도 사인암이라는 그림으로 이곳 의 풍광으로 남긴 바 있다. 사인암 앞으로 소백산 줄기에서 내려오는 계곡물인 남조천이 흐르는데 여름이 면 이 계곡을 찾아 텐트나 그늘막을 치고 물놀이하기도 한다.

충주호유람선 타고 구담봉 옥순봉 구경하기
구담봉 & 옥순봉。

⊙ 충주호유람선 : 충북 단양군 단성면 월악로 3811-19(장회리 90-3) ⓟ 전용주차장 🕒 09:00~18:00 🎫 어른 1만2000 원, 어린이 9000원 📞 043-420-1188

구담봉(330m)과 옥순봉(286m)을 감상하는 방법에는 두 가지가 있다. 걸어서 계란재를 출발하여 담봉을 거쳐 장회로 나오는 약 4시간의 등산을 하거나 유람선을 타는 방법이다. 편하게 구담봉과 옥순봉을 보려 면 장회나루에서 충주호유람선을 타는 것이 좋다. 장회나루를 출발해 금수산 제비봉을 본 후 유턴해 하이 라이트인 옥순봉과 구담봉까지 돈다. 강 쪽에서 구담봉과 옥순봉의 다른 얼굴을 볼 수 있고 선장님의 재 치 있는 입담을 듣다 보면 1시간이 짧다.

SIGHTS

환골탈태한 단양 동굴의 터줏대감

고수동굴。

───

◎ 충북 단양군 단양읍 고수동굴길 8(고수리 130) ℗ 유료주차장(승용차·승합차 3000원) 🕘 09:00~17:30(11~3월은 17:00까지) 🔒 연중무휴 🎫 어른 1만1000원, 어린이 5000원 ☎ 043-422-3072

· ·

중장년층에게는 추억의 수학여행지로 기억되는 고수동굴은 천연 동굴 관광의 대명사. 약 200만 년에 생성된 것으로 추정되는 고수동굴은 단양에 있는 180여 개의 동굴 중에서도 가장 오래되고 유명한 석회동굴로 천연기념물 제56호로 지정되어 있다. 깊은 산속에나 있을 것 같은 이 고수동굴은 의외로 시내와도 가깝다. 전체 길이는 약 1.4km로, 이 중 940m만 개방하는데 '지하세계의 조각 궁전'을 방불케 한다는 사자바위를 비롯해 희귀한 아라고나이트, 동굴산호 등 다양한 동굴 생성물을 볼 수 있다.

마늘 테마의 간식거리 총집합

단양구경시장。

───

◎ 충북 단양군 단양읍 도전5길 31(도전리 615) ℗ 공영주차장 🕘 09:00~가게마다 폐점 시간이 다름 🔒 가게마다 휴무일 다름 ☎ 043-422-1706

· ·

단양군에서는 가장 규모가 큰 재래시장으로 '구경'은 단양팔경 다음의 명소라 해서 붙인 이름이다. 1과 6이 들어가는 날에 장이 서는 오일장이지만 여행자라면 꼭 들르는 관광지 성격이 짙은 시장이라 언제 가도 시장에 활기가 넘친다. 특히 단양 특산물인 마늘골목이 따로 있는데 마늘뿐 아니라 마늘만두를 비롯해 마늘통닭, 마늘닭강정, 마늘순대, 마늘빵, 마늘호떡 등 마늘이 들어가지 않은 간식이 없을 정도로 인기를 끌고 있다.

먹다 보면 저절로 건강해지는 마늘 요리

장다리식당.

◎ 충북 단양군 단양읍 삼봉로 370(별곡리 28-1) ⓟ 전용주차장 OPEN 10:00~21:00 CLOSE 첫째·셋째 주 월요일 🍴 효자마늘정식(1인) 2만 원, 장다리마늘정식(1인) 2만5000원, 흑마늘정식(1인) 3만 원(2인분부터) ☎ 043-423-3960

단양의 쏘가리매운탕이 별미이긴 하지만, 민물매운탕이 입에 맞지 않는 사람들도 많다. 대신 단양 여행에서 마늘 요리는 필수 코스다. 장다리식당은 몸에 좋지만 매워서 많이 먹기 힘든 마늘에 다양한 아이디어를 가미한 메뉴를 내놓는다. 마늘정식, 흑마늘정식 등 총 다섯 가지 마늘정식을 내놓는데 구성은 약간씩 다르지만 먹다 보면 많은 마늘을 섭취하게 된다. 장다리식당에서 이렇게 쓰이는 마늘이 하루에 수십 kg에 달할 정도라고 한다.

초장에 찍어 먹는 충청도식 순대

충청도순대.

◎ 충북 단양군 단양읍 도전5길 37 116호(도전리 614-116, 단양구경시장 내) ⓟ 공영주차장 OPEN 08:00~20:30 CLOSE 연중무휴 🍴 마늘순대국밥 8000원, 매운마늘순대 1만 원, 모둠순대 1만3000원 ☎ 043-421-1378

구경시장을 대표하는 순댓집이 두 곳 있는데 한 집은 매스컴에도 많이 소개되는 달동네순대요, 다른 집은 〈백종원의 3대 천왕〉에서 백종원 대표가 맛있다고 인정한 충청도순대다. 충청도 현지인을 만나 그 차이를 물었더니 달동네순대는 순한 맛을, 충청도순대는 매콤한 맛을 강조한다고 한다. 충청도순대는 매우 투박해 보이는 순대 속에 큼직한 마늘을 콕콕 박아 넣었고 소금이 아니라 초장에 찍어 먹는다. 순대국밥은 사골 육수 맛이 진하다.

마늘과 함께 튀겨낸 프라이드치킨

오성통닭.

───────

◎ 충북 단양군 단양읍 도전5길 31(도전리 615, 단양구경시장 내) ⓟ 공영주차장 🔓 10:00~20:00 🔒 연중무휴 📋 통마늘 야채프라이드 1만7000원, 통마늘야채닭강정 1만9000원 ☎ 043-421-8400

- -

단양구경시장 내에 있으며 딱 한 가지 '통마늘 야채프라이드'만 판다. 국내산 닭고기와 마늘, 파, 채소를 사용하는데 닭을 잘게 썰어 통마늘과 썬 파를 함께 튀긴다. 닭을 튀기는 데 20분 정도 걸리는데 작은 마늘에도 튀김옷을 입혀 타지 않는다. 마늘 향이 감도는 치킨은 바삭하고 고소한데 닭튀김 자체보다 튀긴 통마늘과 파가 단맛과 감칠맛을 더해준다. 함께 나오는 이곳만의 특제 청양고추 소스를 얹어 먹으니 풍미가 한층 강해진다.

단양 마늘로 빚은 별미 만두

단양마늘만두.

───────

◎ 충북 단양군 단양읍 도전4길 26(도전리 564) ⓟ 공영주차장 🔓 10:00~19:00 🔒 연중무휴 📋 김치마늘만두 6000원, 새우마늘만두 6000원, 떡갈비마늘만두 6000원 ☎ 043-423-0955

- -

SNS에서 화제가 되어 단양 여행자들의 필수 코스가 된 단양구경시장의 마늘만두집이다. 이 집의 만두는 돼지기름 대신 직접 만든 마늘기름을 쓰기 때문에 담백하다. 오로지 만두 메뉴로만 승부를 보는데 김치, 새우, 떡갈비 세 가지 맛이 있다. 찹쌀가루를 섞어 만든 얇은 만두피에 씹히는 건더기와 적당한 육즙의 느낌이 좋다. 김치만두는 하루에 딱 200인분만 한정 판매한다. 만두로 연 매출 7억 원을 올리는 집으로 TV 프로그램 〈서민갑부〉에 소개된 바 있다.

전망에 놀라는 단양 최고의 카페

카페 산。

◎ 충북 단양군 가곡면 두산길 196-86(사평리 246-33) ⓟ 전용주차장 OPEN 09:30~18:30 CLOSE 연중무휴 🖥 리치베리티 7000원, 아메리카노 6000원, 카페산 콜드브루 6500원 📞 1644-4674

카페 이름처럼 산에 있기 때문에 꼬불꼬불한 산길을 10여 분 올라가야 한다. 음료에 빵을 곁들여 먹을 수 있는 베이커리 카페로, 이 카페를 찾는 가장 큰 이유는 카페 앞마당의 전망에 있다. 산봉우리를 아래로 굽어보는 높은 언덕 마당 의자에 앉아 찍은 사진이 SNS에 자주 오른다. 마을을 둥글게 휘감고 흐르는 남한 강과 다리가 좌우로 내려다보이는 이곳에서는 발로 찍어도 인생샷을 얻을 수 있다. 카페에서 커피와 빵을 골라 테라스에서 전망을 감상하며 먹는 기분도 상쾌하고 카페 위쪽으로 올라가면 패러글라이딩 이륙장이 있다. 커피도 마시고, 패러글라이딩도 즐기고, 인생샷까지 얻어가는 카페 산의 인기는 TV 예능 프로그램 〈전지적 참견 시점〉에서 이영자가 다녀가면서 더욱 알려지게 되었다.

개성 톡톡, 자유로움이 가득 찬 숙소

팩토리지쌍.

◎ 충북 단양군 단양읍 별곡11길 6-4(별곡리 614) ✆ 010-8668-0346 ⌂ factorygssang.modoo.at

시가를 물고 있는 체 게바라의 매력적인 웃음이 팩토리지쌍 건물을 장식하고 있다. 개성 있는 숙소가 드
문 단양에서 팩토리지쌍의 존재감은 대단하다. 자유롭고 개방적인 게스트하우스 분위기라 젊은 여행자들
이 선호한다. 대부분 객실에 욕실이 함께 있고 벽화와 쿠션 등으로 열대우림처럼 꾸며놓은 로비의 벽은
포토존으로 좋고 읽을거리도 비치되어 있다. 단양구경시장도 가까우니 간식을 사다가 로비의 테이블에서
먹으면서 책도 읽으며 쉬어가기 좋은 숙소다.

단양 최고의 가성비

비행기모텔.

◎ 충북 단양군 단양읍 수변로 131(별곡리 635) ✆ 043-421-7780 ⌂ airmotel.co.kr

팩토리지쌍이 주로 젊은 여행자들에게 인기 있는 숙소라면 비행기모텔은 연령 불문 모든 여행자에게 통
할 만한 가성비 좋은 모텔이다. 깔끔한 외관에 가족이 이용할 만한 펜션룸도 있다. 단양시외버스터미널과
단양구경시장에서도 가깝고 근처 고수대교를 건너면 고수동굴이 멀지 않다. 앞쪽에 강이 흐르고 있어 산
책하기도 좋다.

PART 12

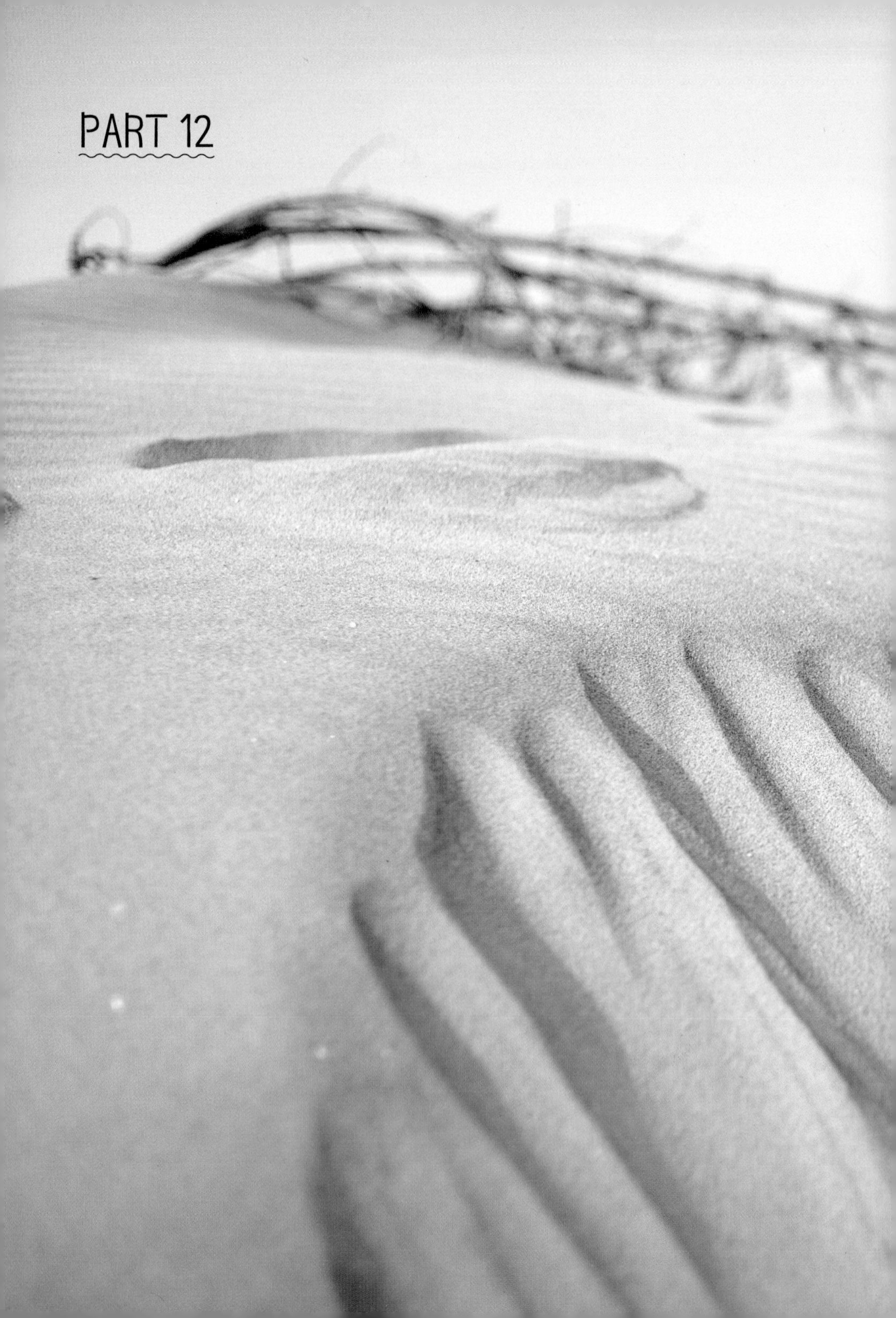

태안

바다를 빼놓고 태안을 이야기할 수 없다. 수심이 완만하고 백사장도 드넓고 수온도 적당하기 때문에 바다 풍경을 보든, 갯벌 체험을 하든 바다를 온전히 즐기기 좋은 여행지다. 태안이 전국에서 가장 높은 펜션 밀집도를 보이는 것도 이 때문일 것이다.

예술적인 감성을 입힌 핫한 수목원

청산수목원。

◎ 충남 태안군 남면 연꽃길 70(신장리 18) ℗ 전용주차장 ⏰ 4~5월 09:00~18:00, 6~10월 08:00~19:00, 11~3월 09:00~17:00 ⏰ 연중무휴 🎫 팜파스 핑크뮬리 시즌(8월 하순~11월) 9000원, 홍가시, 창포, 연꽃 시즌(8월 하순~11월) 7000원 ☎ 041-675-0656

수목원이 많은 태안에서도 SNS를 달구며 핫하게 떠오른 청산수목원은 수목원에 예술적인 감성을 입혀 젊은 여행자들의 발길을 모은다. 수목원으로 향하는 입구부터 이국적인 분위기를 풍긴다. 양쪽으로 도열한 황금메타세쿼이아길에서 앞으로 나가지 못하고 셔터 누르기에 여념이 없다. 고흐브리지를 건너 모네 정원과 밀레 정원으로 발길을 옮기며 예술의 향취에 젖다 보면 허브숍과 카페가 가던 길을 멈추게 한다. 약 10만㎡ 부지에 200여 종의 수련과 꽃창포, 600여 종의 수목과 야생화가 있어 수목원 구석구석이 다 포토존이다. 봄의 홍가시나무, 여름날의 연꽃, 가을의 핑크뮬리와 팜파스갈대 등 어느 계절에 가도 인생샷 몇 장쯤은 거뜬히 얻어올 수 있는 곳이다. 각 식물의 개화 시기마다 가격이 다르니 참고.

'푸른 눈의 한국인'이 평생을 바쳐 사랑했던

천리포수목원.

◎ 충남 태안군 소원면 천리포1길 187(의항리 875) ℗ 전용주차장 ⓞ 09:00~18:00(11~3월은 17:00까지) ⓒ 연중무휴
🍴 어른 9000원, 청소년 6000원, 어린이 5000원 ☎ 041-672-9982

독일계 미국인이지만 민병갈이라는 이름으로 귀화한 칼 페리스 밀러는 1945년에 미 24군단 정보장교로
한국 땅을 밟은 후 1962년 천리포해변에 땅을 사 1970년부터 수목원을 가꾸고 식물 자원을 연구하기 시작
했다. 그가 50여 년이라는 세월 동안 천리포수목원에 쏟은 노력과 애정 덕분에 규모는 작지만 목련, 동백
나무, 무궁화 등 다섯 가지가 특화된 세계적인 수목원으로 인증받을 수 있었다. 이 수목원은 700여 종이
넘는 목련속 식물과 자생식물을 비롯해 해외 60여 개국에서 들여온 1만6000종 이상의 식물을 보유하고
있어 국내에서 가장 많은 식물 종을 자랑한다. 현재는 총 7개 지역 중 밀러가든 지역만 개방한다. 초가지
붕 형태가 인상적인 민병갈기념관에 들르면 탁 트인 통창 너머 계절의 변화를 즐기던 집무실을 둘러보며
각종 사진 자료와 전시물을 관람할 수 있다.

바람과 모래가 만든 신비한 생명의 땅

신두리해안사구.

———

📍 충남 태안군 원북면 신두리 산263-1 Ⓟ 전용주차장 (OPEN) 신두리사구센터 09:00~18:00 (CLOSE) 월요일, 1월 1일, 설날, 추석
🎫 무료 📞 041-672-0499

· ·

신두리해수욕장의 해류와 파도로 인해 운반된 모래가 오랜 세월 쌓여 언덕을 만든 곳을 신두리해안사구
라고 부른다. 예전엔 바다와 잡초가 우거진 모래언덕을 배경으로 사진 찍기 좋은 곳으로 통했다면, 지금
은 국내 최대 사구로서 그 가치를 인정해 보호하고 있다. 신두리해안사구는 2001년에 천연기념물 제431
호로 지정되었다. 해안사구를 돌아보기 전에 초입에 위치한 신두리사구센터에 먼저 들러 신두리해안사구
에 관해 알고 나면 훨씬 많은 것이 보일 것이다.

람사르습지로 등록된 신두리해안사구의 배후 습지

두웅습지.

———

📍 충남 태안군 원북면 신두해변길 291-30(신두리 산305-7) Ⓟ 전용주차장 (OPEN) 09:00~18:00 (CLOSE) 설날, 추석 🎫 무료

· ·

신두리해안사구에서 나와 1.5km쯤 좁은 마을 길을 쭉 들어가면 두웅습지가 나온다. 한눈에 들어오는 아
담한 규모의 습지로, 입구에는 금개구리 조형물이 반긴다. 금개구리는 등에 두 개의 금색 줄이 있어서 금
개구리라고 불리는데, 희귀종으로 두웅습지에서만 볼 수 있다고 한다. 두웅습지에는 금개구리와 맹꽁이
같은 양서류 외에도 500여 종에 가까운 동식물이 서식하고 있다. 습지 옆으로 데크 길이 있어 습지 안쪽
으로 걸어 들어갈 수 있다. 탐방안내소가 있으니 궁금한 점은 해설사의 설명을 들으며 해소해 보자.

수백여 종의 꽃을 만날 수 있는 플라워파크
코리아플라워파크。

⊙ 충남 태안군 꽃지해안로400 꽃지해안공원 ⓟ 전용주차장 🕐 09:00~18:00 📅 연중무휴 🎫 어른 1만2000원, 어린이 9000원 📞 041-675-5533

- -

태안 꽃지해안공원에 위치한 코리아플라워파크. 4월과 5월에 걸쳐 한 달간은 플라멩고, 람다바 등 200여 종의 튤립을, 6월에는 400여 종의 수국을, 가을인 9~10월 사이에는 천사의 나팔이나 팜파스 그라스 등 다양한 식물을 만날 수 있다. 세계 5대 튤립 도시로 인증받은 태안의 튤립축제, 축제 기간 주말엔 교통체증이 심해 스트레스 받을 각오를 해야 한다.

고소한 꽃게튀김 냄새 바람에 날리고
백사장항。

⊙ 충남 태안군 안면읍 승언리 339-297 ⓟ 공영주차장

- -

꽃게와 대하 튀기는 고소한 냄새가 군침을 삼키게 하는 백사장항은 태안 내 최고의 관광 항구다. '와드득~' 씹히는 꽃게튀김도 있고 짭조름한 간장게장이나 젓갈도 판매한다. 바다에서 막 건져 올린 자연산만 취급하는 직판장이 백사장항 위판장 내 10곳 있다. 이곳에서 싱싱한 활어는 물론 '막 돌아가신 꽃게~'나 다리가 한두 개 떨어진 꽃게를 대폭 저렴한 가격으로 살 수 있다. 이곳에서 해산물을 맛보고 싶다면 횟집보다는 위판장에서 직접 사서 양념값을 지불하고 근처 식당에서 맛보는 편이 훨씬 경제적이다.

태안 최고의 노을 포인트

꽃지해수욕장 & 방포항.

◎ 충남 태안군 안면읍 승언리 ⓟ 공영주차장

꽃지해수욕장이 여행자들에게 사랑받는 이유는 할미바위와 할아비바위 사이로 떨어지는 일몰 때문일 것이다. 붉은 해를 가운데 두고 두 바위가 사이좋게 선 풍경은 노을의 고장 태안의 심볼이다. 작고 아담한 포구였던 방포항은 인근의 꽃지해수욕장이 태안 최고의 여행 명소로 뜨면서 덩달아 관광 포구로 부상했다. 방포항과 꽃지해수욕장 사이는 꽃다리로 연결되어 있는데 이곳이 꽃지해수욕장의 할미바위와 할아비바위 사이로 해가 지는 장관을 만끽할 수 있는 최고의 포인트다.

독살에 갇힌 물고기를 잡아보자

청포대해수욕장.

⊙ 별주부정보화마을 : 충남 태안군 남면 별주부길 102(원청리) ℗ 공영주차장 🚢 독살 체험 2만 원 📞 041-672-3359

태안 여행의 재미 중 하나는 직접 바다에서 무언가를 잡아본다는 것이다. 청포대해수욕장에서는 색다른 고기잡이 체험이 기다린다. 해수욕장 옆 별주부어촌체험마을에서 운영하는 독살 체험이 그것. 독살은 고기를 잡기 위해 쌓은 돌담을 말한다. 돌담에 고기를 가둔 뒤 물이 빠지면 잡는 방법으로, 전통 어법 중 하나다. 잡은 조개는 해감해 탕도 끓여 먹고 물고기는 근처 식당에서 회를 쳐달라고 하자. 해수욕장에는 오션뷰가 좋은 펜션들이 즐비하고 솔숲 안쪽으로도 호젓한 펜션들이 있어 하룻밤 묵기에도 좋다.

워터스크린이 있는 광활한 바다 풍경

만리포해수욕장.

⊙ 충남 태안군 소원면 서해로 33-31(모항리 1393) ℗ 공영주차장

중장년층이라면 '똑딱선 기적소리~'로 시작되는 노래 〈만리포사랑〉이 맨 먼저 떠오를 것이다. 만리포해수욕장 입구에는 만리포사랑 노래비가 있다. 요즘에는 만리포해수욕장 입구에서 떨어지는 물을 이용한 대형 워터스크린을 볼 수 있다. 떨어지는 물에 색색의 조명을 비춰 화려하다. 여름에는 저녁 8시 이후, 11월부터 3월까지는 주말 저녁에 시간 맞춰 가면 이 신기한 워터쇼를 볼 수 있다.

태안의 밤 시간을 가장 뜻 깊게 보내는 방법

별똥별하늘공원。

◎ 충남 태안군 남면 곰섬로 37-18(신온리 641-13) ⓟ 안면도쥬라기박물관 주차장(주간), 천문대 앞 광장(야간) ⏰ 화~금요일 11:00~21:00, 토·일요일 10:00~21:00 🔒 월요일, 1월 1일, 설날, 추석 🎫 어른 5000원, 8~19세 3000원, 4~7세 2000원 ☎ 070-4404-4668

- -

안면도쥬라기공원 옆에 위치해 함께 둘러보기 좋다. 아이와 함께 하는 여행지로 제격. 별똥별하늘공원은 공룡과 우주, 무한한 상상력과 호기심을 자극하며 우리 아이를 '똘똘이'로 만들어주는 교육적인 공간이다. 몸으로 천체와 우주를 배울 수 있는 VR 체험이 있고 최신 성능의 반사망원경을 통해 별을 관찰할 수 있다. 무엇보다 돔 스크린이 압권. 고해상도 프로젝터로 밤하늘, 별자리, 우주 영상을 보여주는데, 자리에 누워 신비로운 밤하늘을 올려다보는 맛이 제법 운치 있다. 제대로 별을 보려면 날씨 좋은 날 야간을 노릴 것.

솔향과 꽃향기를 만끽하는 힐링 여행지

안면도자연휴양림 & 안면도수목원。

◎ 안면도자연휴양림 : 충남 태안군 안면읍 안면대로 3195-6(승언리 135) ⓟ 유료주차장(소·중형차 3000원, 경차 1500원) ⏰ 09:00~18:00(11~2월은 17:00까지) 🔒 연중무휴 🎫 어른 1000원, 어린이 400원 ☎ 041-674-5019

- -

입장료 1000원으로 솔향과 꽃향기를 원 없이 만끽할 수 있다. 안면대로를 사이에 두고 안면송 가득한 자연휴양림과 20여 개의 테마 정원을 함께 둘러볼 수 있는 수목원이 인접해 있다. 수피가 붉은색을 띠는 100여 년 수령의 안면송은 고려시대나 조선시대에 궁궐용 목재로 쓰였고 화재로 소실된 숭례문을 복원할 때도 쓰인 으뜸 목재이다. 스카이워크나 조개산까지 걷는 것만으로도 힐링이 된다.

태안에서 만나는 괜찮은 자연사박물관

안면도쥬라기박물관。

◎ 충남 태안군 남면 곰섬로 37-20(신온리 641-3) ⓟ 전용주차장 ᴼᴾᴱᴺ 09:30~17:30(여름 성수기는 18:00까지) ᶜᴸᴼˢᴱ 월요일, 설날, 추석 🎟 어른 1만 원, 어린이 6000원 📞 041-674-5660

공룡 모형이나 보는 곳이라 생각하면 오산이다. 실제 안면도쥬라기박물관을 둘러보고 나면 '오! 생각보다 괜찮은데?' 싶을 것이다. 진귀한 진본 화석들을 다량으로 만날 수 있기 때문이다. 미국에서 발견된 진품 아파토사우루스의 골격, 세계 최초로 발견된 티라노사우루스의 알, 스피노사우루스의 골격과 티라노사우루스의 두개골, 하늘을 날던 익룡 등도 직접 실물을 볼 수 있다. 매머드급 규모의 해외 자연사박물관까지는 아니어도 국내에서 안면도쥬라기박물관 정도 박물관을 만날 수 있다는 것도 훌륭하다. 거기에 동물의 박제와 진귀한 광물 등 1000여 점이 넘는 자연사 관련 표본이 빽빽하게 전시되어 있어 아이와 어른 모두 눈 호강을 실컷 할 수 있다. 3만3000㎡ 부지에 펜션동과 카페, 미디어상영관, 천문관을 갖추고 있어 볼거리가 풍성하다.

안면도 바닷가에 세운 풍광 좋은 사찰

안면암.

⊙ 충남 태안군 안면읍 여수해길 198-160(정당리 178-7) ⓟ 전용주차장

1998년, 안면도 동쪽 천수만 바닷가에 석지명 큰스님을 따르는 신도들이 세운 대한불교 조계종 금산사의
말사다. 바닷가에 지어진 안면암의 매력은 역시 절 자체보다는 무인도와 연결된 목책 다리일 것이다. 밀물
때 발아래로 찰랑거리는 바다 위 목책을 걸어서 섬까지 다녀올 수 있어 스릴 있고, 일출이나 일몰 사진도
꽤 멋지게 나온다.

동양 최대의 백사장을 가진 캠퍼들의 천국

몽산포해수욕장 & 오토캠핑장.

⊙ 충남 태안군 남면 몽산포길 54(신장리 산113-1) ⓟ 공영주차장 🛏 소형텐트 4만 원, 샤워장 3000원 📞 몽산포해수욕장
041-672-2971, 몽산포 오토캠핑장 010-5408-6868

태안의 해수욕장을 중 가장 선호되는 곳이 몽산포해수욕장일 것이다. 끝이 보이지 않을 만큼 광활한 동양
최대 해변으로, 아이들도 안전하게 놀기 좋고 솔숲 사이로 시원한 바닷바람까지 불어오면 천국이 따로 없
다. 솔숲 안에 데크와 노지 캠핑 사이트도 잘 정비되어 있고 오토캠퍼들을 위한 전용 사이트도 따로 있다.
캠퍼들이 몰리는 해수욕장이니 만큼 부대시설은 물론 편의점이나 마트, 식당 같은 편의시설도 잘 갖춰져
있다.

마음까지 푸근해지는 육짬뽕 맛집

반도식당。

———

◎ 충남 태안군 태안읍 경이정1길 32(동문리 552-1) ⓟ 없음 ⏰ 09:30~19:30 🚫 월요일 🍽 육짬뽕 7000원, 짜장면 6000원, 볶음밥 8000원 ☎ 041-674-2534

40여 년 전통의 작고 허름한 동네 중국집이지만 맛과 질에 있어서 '가성비 끝판왕'이라 할 만하다. 홀은 테이블 서너 개면 꽉 차는 작은 규모이고 대부분 동네 단골손님이 찾는다. 이 집을 찾는 이유는 돼지고기가 수북하게 올라간 육짬뽕. 진하게 우러난 국물은 맛있게 매콤하며 양도 무척 많다. 보다 놀라운 것은 이 육짬뽕의 가격이 단돈 7000원으로, 여타 유명 짬뽕집에 비해 놀라울 만큼 저렴하다는 사실.

나문재펜션의 감각이 고스란히 묻어나는

나문재카페。

———

◎ 충남 태안군 안면읍 통샘길 87-340(창기리 209-508) ⓟ 전용주차장 ⏰ 09:30~19:00 🚫 연중무휴 🍽 커피 6000원, 앙버터 8000원, 바질어니언베이글 8000원 ☎ 041-672-7635

안면도 쇠섬에 위치한 카페로 나문재펜션과 함께 운영한다. 실내는 다소 중후한 느낌의 앤티크 가구와 에스닉한 소품으로 꾸몄으며, 바다 풍경을 감상할 수 있도록 커다란 유리로 카페를 둘러 전반적으로 매우 시원해 보인다. 밖으로 나가면 하얀 카바나와 커튼으로 장식된 데크 공간이 있고 야외 정원에서 바닷바람을 쐬며 차를 마실 수 있다. 나문재카페의 가장 큰 매력은 개인 소유 섬 안에 있어 자연 공간을 여유롭게 즐길 수 있다는 점.

프라이빗한 좌식 공간이 있는

트래블브레이크커피。

◎ 충남 태안군 안면읍 등마루1길 125(창기리 260-4) ℗ 전용주차장 (OPEN) 10:00~20:00(주말은 20:30까지) (CLOSE) 연중무휴
🍽 로스트비프 피자 2만5000원, 트래블 케이준 프라이드 2만 원, 팥빙수 1만4000원 ☎ 010-9510-9036

SNS에서 자주 언급되는 이 카페는 뜻밖의 장소에 있어 잠시 어리둥절해진다. 카페는 석재로 돋운 땅 위에
지은 이 건물의 계단을 올라가야 나타나는데 목재로 짜 넣은 다양한 데크 공간들과 실내 카페로 구성되어
있다. 첫인상은 오래된 펜션 같은 느낌. 트래블브레이크커피가 SNS상에서 여전히 핫한 이유는 데크를 비롯
한 넓은 공간에 독특한 아이디어로 부지런히 변화를 주기 때문. 그런 공간은 마치 어른들의 소꿉놀이 아지
트 같은 느낌이라 신선하게 다가오는 듯하다.

자연주의 섬에서의 하룻밤

나문재펜션。

◎ 충남 태안군 안면읍 통샘길 87-340(창기리 산19) ☎ 041-672-7634 ⌂ www.namoonjae.co.kr

쇠섬 전체를 유럽풍 펜션 단지로 꾸미고 두 동의 펜션과 수영장, 카페, 기념품숍, 바비큐장 등의 부대시설을 갖췄다. 정갈하게 가꾼 널따란 잔디밭과 바닷가를 따라 조형물을 설치해 야외 갤러리처럼 꾸민 산책로가 있어 걸으며 여유로운 시간을 보내기 좋다. 오픈 당시부터 예약이 쉽지 않았던 곳으로 현재도 두 달 전부터 예약을 받고 있다. 지금은 펜션 리모델링보다는 정원이나 해안 산책로, 카페 등을 오픈하며 이전과 차별화를 꾀하고 있다. 샌드위치와 커피 등으로 구성된 조식을 1만 원에 제공한다.

즐길 거리가 무궁무진한 파라다이스

지중해아침펜션。

◎ 충남 태안군 고남면 큰장돌길 141-98(장곡리 403-18) ☎ 010-6425-8655 ⌂ www.jijunghaeachim.co.kr

안면도의 남단에 있는 지중해아침펜션은 유럽풍 휴양지를 서해안에 옮겨놓고 싶었던 펜션지기의 꿈이 담겨 있다. 약 1만6000㎡의 널따란 공간에 실내외 풀장, 무료 와인이 제공되는 온실카페, 유럽형 테마 정원, 나무 위의 집, 프라이빗 해변, 무료 조식 등 규모나 시설이 리조트급이다. 특히 왼편 언덕에 계절 따라 핑크뮬리, 수선화, 구절초, 튤립 등이 흐드러지게 피어 계절마다 작은 꽃축제가 열리며 어둠이 내리면 정원 빛축제가 펼쳐진다.

PART 13

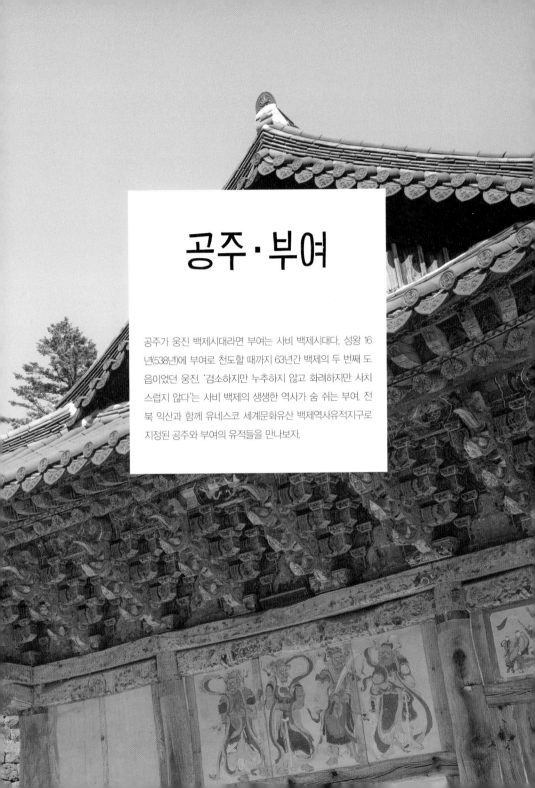

공주·부여

공주가 웅진 백제시대라면 부여는 사비 백제시대다. 성왕 16년(538년)에 부여로 천도할 때까지 63년간 백제의 두 번째 도읍이었던 웅진. '검소하지만 누추하지 않고 화려하지만 사치스럽지 않다'는 사비 백제의 생생한 역사가 숨 쉬는 부여. 전북 익산과 함께 유네스코 세계문화유산 백제역사유적지구로 지정된 공주와 부여의 유적들을 만나보자.

유네스코 세계문화유산에 등재된 백제역사유적

공산성.

◎ 충남 공주시 웅진로 280(금성동 65-3) ⓟ 전용주차장 ⏰ 09:00~18:00 ⏰ 설날, 추석 🎫 입장료 : 어른 1200원, 어린이 600원 ☎ 041-840-2266

2015년에 송산리고분군과 함께 백제역사유적지구로 유네스코 세계문화유산에 등재된 공산성은 공주에서 꼭 가봐야 하는 최고의 답사지. 공산성은 475년, 고구려 장수왕의 대대적인 침공으로 도성인 한성을 잃고 21대 개로왕이 전사하자 22대 문주왕이 도읍한 웅진(공주)의 성이다. 금강을 굽어다 보는 위치에 능선과 계곡을 따라 쌓은 천연의 요새로 총 길이는 약 2.6km이다. 공산성을 돌다 보면 4개의 문과 만하정의 연지, 영은사, 왕궁터로 추정되는 쌍수정과 만난다. 한 바퀴 도는 데 한 시간 정도 소요되며 가벼운 저녁 산책을 하는 여행자들도 많다.

무령왕릉이 발견된 백제 문화 보물창고

송산리고분군。

◎ 충남 공주시 웅진동 55 ℗ 전용주차장 (OPEN) 09:00~18:00 (CLOSE) 설날, 추석 🎟 어른 1500원, 어린이 700원 📞 041-856-3151

- -

부여에 능산리고분군이 있다면 공주에는 송산리고분군이 있다. 총 7기의 무덤 중 대부분이 일제에 의해 도굴되었지만, 무령왕릉은 단순한 언덕으로 오인한 덕분에 온전한 상태로 보존되었다가 1971년 배수로 공사 중 우연히 발견되었다. 무령왕릉은 백제 왕릉 중 유일하게 주인이 밝혀진 왕릉으로 12건의 국보급 유물을 비롯해 108종 2906점에 달하는 유물이 쏟아져 나왔다. 진품 출토 유물은 국립공주박물관에 가야 만날 수 있다.

무령왕릉의 진귀한 유물이 한자리에

국립공주박물관。

◎ 충남 공주시 관광단지길 34(웅진동 360) ℗ 전용주차장 (OPEN) 09:00~18:00 (CLOSE) 월요일, 1월 1일, 설날, 추석 🎟 무료 📞 041-850-6300

- -

국립공주박물관에 방문하면 무령왕릉에서 출토된 진본 유물을 만날 수 있다. 1층 웅진백제실에서는 금제 관장식을 비롯해 귀걸이, 실제로 신었을까 싶은 금동신발 등 화려하고 섬세한 백제 유물을 만나볼 수 있다. 박물관 관람을 다소 지루하게 느낄 수 있는 아이들을 위해 백제 의상 입어보기, 왕비 팔찌 만들기 등 프로그램도 준비되어 있다. 체험을 통해 백제 문화를 자연스럽게 배워보는 것도 좋겠다.

유네스코 세계문화유산 사찰

마곡사。

◎ 충남 공주시 사곡면 마곡사로 966(운암리 567) ℗ 전용주차장 [OPEN] 일출~일몰 [CLOSE] 연중개방 ⊞ 어른 3000원, 어린이 1000원 ☎ 041-841-6221

'춘마곡 추갑사'라는 말이 있듯 마곡사는 봄과 함께 떠올리기 쉽다. 하지만 마곡사는 사계절 언제 가도 아름답고 정감이 느껴지는 고찰이다. 1400여 년 전 백제 무왕 41년(640)에 신라 고승 자장율사가 창건했으며 2018년 유네스코 세계문화유산에 등재되었다. 마곡사는 공주 시내에서도 북쪽으로 약 20km 떨어진 태화산 깊은 골짜기에 자리하고 있어 임진왜란이나 한국전쟁 당시에도 화를 입지 않았다고 한다. 빛바랜 단청이 고졸한 느낌을 주는 대광보전을 배경으로 원나라의 영향을 받은 것으로 보이는 오층석탑이 독특한 자태를 뽐낸다. 탑의 꼭대기가 라마탑 형식의 청동도금제로 만들어져 눈에 띈다. 마곡사에서는 백범 김구 선생이 출가하여 은신했던 백범당과 그가 심은 향나무를 볼 수 있다. 1시간 남짓의 백범명상길이 조성되어 있으며 템플스테이도 인기.

볼거리 많은 소담한 사찰

갑사。

⊙ 충남 공주시 계룡면 갑사로 567-3(중장리 52) ℗ 유료주차장(승용차 3000원, 경차 2000원) OPEN 05:30~20:00 CLOSE 연중개방 🎫 어른 3000원, 어린이 1000원 ☎ 041-857-8981

중년에게는 학창시절 교과서에 실린 이상보의 수필 〈갑사로 가는 길〉로 기억되는 사찰이다. 늦여름쯤 가면 화사한 배롱나무꽃과 어우러진 고찰의 풍경도 멋지거니와 '추갑사'의 정취 또한 각별하다. 마곡사의 말사인 갑사는 규모는 아담하지만 삼신불괘불탱, 조선 초기 동종, 대적전 마당의 고려시대 부도인 승탑, 그리고 통일신라시대의 것으로 유일하게 남아있는 철당간 등 볼거리가 많다.

1만 년 전 구석기시대의 유적을 만나보자

석장리선사유적지 & 석장리박물관。

⊙ 충남 공주시 금벽로 990(석장리동 118) ℗ 전용주차장 OPEN 09:00~18:00 CLOSE 설날, 추석 🎫 어른 1300원, 어린이 600원 ☎ 041-840-8924

금강은 백제의 터전이기도 하지만 이미 그보다 까마득한 1만 년 전, 구석기인들이 움막을 짓고 살던 터전이었다. 1964년, 외국인 학자 앨버트 모어가 홍수로 무너진 금강변 지층에서 뗀석기를 발견한 이후 손보기 연세대 교수를 중심으로 13차례 발굴이 이어졌다. 석장리박물관에서 이들 유물을 만날 수 있고, 매년 5월에 구석기축제가 열리는 야외의 석장리 유적지도 함께 돌아보자.

브라키오사우루스 화석부터 학봉장군 미라까지

계룡산자연사박물관.

◎ 충남 공주시 반포면 임금봉길 49-25(학봉리 511-1) ⓟ 전용주차장 (OPEN) 10:00~18:00 (CLOSE) 월·화요일 🎫 어른 9000원, 어린이(초등학생 이상) 6000원 ☎ 042-824-4055

〈알쓸신잡〉에 소개된 바 있는 계룡산자연사박물관은 공주에서 아이들이 가장 좋아할 만한 국내 최대 자연사박물관이다. 전 세계에 세 마리뿐이라는 브라키오사우루스의 실제 화석을 비롯해 육상, 해양, 민속자료 등 25만여 점의 소장품을 보유하고 있다. 특히 3층에 600여 년 전 조선시대 정3품 당상관을 지낸 학봉장군을 비롯한 2구의 미라가 있어 눈길을 끈다. 잘 보존되어 매우 리얼한 느낌을 주기 때문에 미라와 단둘이 있으면 심장이 쫄깃해지는 느낌이다.

자연 속의 테마파크

이안숲속.

◎ 충남 공주시 반포면 수목원길 25(마암리 648-3) ⓟ 전용주차장 (OPEN) 금~일요일 10:00~18:00 (CLOSE) 월~목요일 🎫 어른 8000원(12~3월은 7000원), 36개월 미만 무료 ☎ 041-855-2008

수목원이었다가 테마파크로 전환한 복합테마공원이다. 유치원 또래의 아이들이 좋아할 만한 공룡, 수영장, 사계절 썰매장, 작은 동물들이 있어 아이와 함께 찾아 하루를 보내기 좋다. 기본적으로 수목원이기 때문에 자연 친화적인 분위기가 특징. 펜션과 카라반 등 숙박시설도 갖추고 있다. 입장권에 사계절 썰매가 포함되어 있으며 규모가 큰 테마파크의 번잡함이 피곤하게 느껴진다면 오붓한 시간을 보낼 수 있는 이안숲속 추천.

공주에서 만나는 질박한 분청사기의 매력

계룡산도예촌。

⊙ 충남 공주시 반포면 도예촌길 71-25(상신리 555) ℗ 전용주차장 🕘 09:00~18:00 📅 도자문화관 : 월요일 휴무 🎫 도자문화관 무료, 도자기 체험 1만5000원 선 📞 041-857-7331

비췻빛 강진 청자, 단아한 이천 백자와 달리 질박하고 자유분방한 느낌이 가득한 계룡산 철화분청사기는 실제 생활 도기로 서민들이 사용하였다. 계룡산도예촌을 걷다 보면 도자기를 굽는 가마와 도예 작가들의 공방 10여 곳을 만난다. 문이 열려 있다면 마음껏 구경할 수 있으며 입구에 작가들의 작품을 모아 전시, 판매하는 도자문화관이 있어 작품 구매도 가능하다. 물레를 이용해 철화 기법으로 컵이나 그릇을 만들 수 있는 도자기 체험 후엔 가마에 구워 완성한 작품을 택배로 보내준다.

언덕 위의 예쁜 고딕 성당

중동성당。

⊙ 충남 공주시 성당길 6(중동 31-2) ℗ 전용주차장

가파른 국고개 언덕 위에 있는 중동성당은 1898년 프랑스인 진 베드로(기낭) 신부가 설립한 공주 지역 최초의 성당이다. 1936년에 아치형의 출입구와 창문, 뾰족한 첨탑 등 고딕 양식의 특징이 두드러지는 붉은 벽돌의 본당과 사제관 등을 새롭게 건축했다. 마리아상 곁에 현 성당 건축물을 지은 최종철 신부님의 하악골이 안치된 간소한 묘지가 있는 것이 특이하다. 아래쪽으로 시원하게 내려다보이는 공주 시가지의 풍경도 좋고, 미사가 있는 주말이 아니라면 쉬어갈 수 있는 쉼터 같은 공간이다.

박찬호 선수의 팬이라면 지나칠 수 없는

박찬호기념관.

───────

◎ 충남 공주시 산성찬호길 19(산성동 147) Ⓟ 전용주차장 (OPEN) 10:00~18:00(브레이크 타임 12:00~13:00) (CLOSE) 월요일, 설날, 추석 🎫 무료 ☎ 041-857-0061

· ·

야구팬이 아니라도 공주 여행길에 한번은 찾아가 볼 만한 곳이다. 기념관으로 향하는 골목길은 박 선수가 산성동 옛집에서 공산성으로 오르내리며 훈련과 체력 단련을 하던 곳. 기념관은 박 선수의 옛집을 리모델링해 꾸몄다. 전시관에는 메이저리그에서 활동하던 때의 기념 볼이나 승리 때 썼던 모자, 유니폼 등 150여 점을 비롯해 페인트 묻힌 야구공을 던져서 만든 투화, 학창시절의 방을 재현한 공간이나 LA 다저스 투수로 활약하던 당시의 라커룸도 재현해놓았다.

공주의 밤마실은 이곳에서

공주밤마실 야시장.

───────

◎ 충남 공주시 용당길 22(산성동 190-1) Ⓟ 유료주차장(1시간 1000원) (OPEN) 3월~11월 금·토요일 18:00~23:00 ☎ 041-852-1666

· ·

공주 최대 전통시장인 산성시장이 '밤마실'이란 예쁜 이름을 붙이고 3월부터 11월까지 금·토요일 저녁에 야시장을 열었으나 코로나19 상황인 요즘은 야시장 자체가 열리지는 않는다. 하지만 코로나가 진정되면 다시 개장하게 될 것이다. 공주산성시장 문화공원에서 30여 개의 부스가 서며 공주 밤을 비롯한 맛있는 요깃거리와 솜씨 좋은 셀러들의 소품을 판매한다.

공주엔 공산성, 부여엔 부소산성

부소산성.

📍 충남 부여군 부여읍 관북리 Ⓟ 전용주차장 🕘 09:00~18:00(11~2월은 17:00까지) 🔒 연중무휴 🎫 어른 2000원, 어린이 1000원 📞 041-830-2884

부소산은 해발 106m로 비교적 완만한 산세에 계절마다 아름다운 풍광을 지닌 덕분에 산책 코스로 그만이다. 백마강을 해자 삼은 부소산성은 백제 성왕이 538년에 웅진(공주)에서 사비(부여)로 도읍을 옮긴 이후 660년에 패망할 때까지 백제 왕실의 후원이자 사비 백제 최후의 방어진이기도 했다. 부소산성 입구를 지나 백마강길을 따라 40분쯤 걷다 보면 그 유명한 삼천궁녀의 전설이 서린 낙화암이 나온다. 백화정 앞 전설 속의 낙화암에 이르면 상상보다는 좁은 공간이라는 생각이 든다. 낙화암에서 옆길로 내려가면 한 잔에 3년씩 젊어진다는 고란약수가 퐁퐁 솟아나는 고란사가 등장한다. 되돌아갈 때는 아래쪽으로 내려가 백마강 황포돛배를 타고 구드래나루터까지 가는 방법 추천.

극락왕생을 비는 백제 왕실의 묘역

능산리고분군.

⟨map⟩ 충남 부여군 부여읍 능산리 388-1 ⓟ 전용주차장 (OPEN) 상시개방 (CLOSE) 연중무휴 🎫 무료 📞 041-830-2890

부여나성에 인접한 능산리고분군은 대부분 도굴당해 무덤의 임자가 누구인지 알 수 없으나 무덤 형식 등으로 미루어 백제 왕실의 무덤으로 추정한다. 고분군 내부는 고분 모형관에서 살펴볼 수 있으나 크게 볼거리는 없다. 백제시대 공방 터로 추측되는 이곳에서 국보 백제금동대향로가 출토된 바 있다. 옛 백제 왕실 사찰의 절터인 능산리사지가 있으며, 당나라로 끌려가 그곳에서 세상을 떠난 백제의 마지막 왕 의자왕과 태자 융의 가묘인 의자왕단도 있다.

사비 백제의 왕궁터

관북리유적.

⟨map⟩ 충남 부여군 부여읍 성왕로 229-16(관북리 165) ⓟ 전용주차장 (OPEN) 상시개방 (CLOSE) 연중무휴 🎫 무료

부소산성 입구와 이웃하고 있고 정림사지에서도 도보 거리에 있는 관북리유적은 백제의 마지막 왕궁과 관청이 있던 것으로 추정되는 곳이다. 유적지의 규모나 형태가 익산 왕궁리유적과 거의 흡사한데 발굴이 대부분 완료된 익산 왕궁리유적에 비해 현재 이곳에서 볼 수 있는 백제 건축물은 없다. 이곳 유적의 발굴은 현재 진행형으로 얼핏 보면 언덕이 있는 넓은 잔디밭뿐이므로 안내판의 텍스트를 꼼꼼히 읽으며 상상의 힘을 빌릴 일이다. 조선시대 관아 건물도 함께 둘러볼 수 있다.

정림사지 오층석탑의 우아미를 만끽하는 곳

부여 정림사지.

◎ 충남 부여군 부여읍 정림로 83(동남리 358) ℗ 전용주차장 🏛 정림사지박물관 09:00~18:00(11~2월은 17:00까지)
🕐 연중무휴 🎫 어른 1500원, 어린이 700원 📞 041-832-2721

현재 사찰은 소실되어 자취가 없지만, 유홍준 선생이 '우아미의 화신'이라 일컬은 바 있는 정림사지 오층
석탑이 있다. 익산 미륵사지 석탑과 더불어 단 두 개 남은 백제 석탑으로, 부여의 유일한 백제 건축물이
기도 하다. 탑신에 660년 당나라 장수 소정방이 새긴 글귀를 통해 백제 당시 축조되었음을 알게 되었다
고 한다. 이 탑이 지금까지 전해져 내려올 수 있었던 것은 적국의 장수 소정방의 공적비였기 때문이라 하
니 아이러니하다. 실제 정림사의 모습은 정림사지박물관에서 모형으로 만날 수 있다.

백제 사람들은 어떻게 살았을까

백제문화단지.

◎ 충남 부여군 규암면 백제문로 455(합정리 138) ℗ 백제문화단지 주차장(백제문화단지 관람객 3시간 무료) 🕐
09:00~18:00(11~2월은 17:00까지) 🕐 월요일, 1월 1일 🎫 백제문화단지(백제역사문화관 포함) : 어른 6000원, 어린
이 3000원 / 백제역사문화관 : 어른 2000원, 어린이 1000원 📞 041-408-7290

13년간 8000억 원이라는 천문학적인 사업비를 들여 조성한 역사 테마파크다. 약 150만㎡(45만 평)의 터
에 백제의 왕궁과 사찰, 민속촌, 전시관 등으로 꾸몄고 이후에 롯데리조트와 아울렛 매장 등이 들어섰
다. 그 가운데 가장 화려한 곳은 역시 백제시대의 사비궁. 왕궁 내의 가장 중요한 건물로 왕의 즉위 의례
나 외국 사신을 맞이하던 중궁전과 왕실 사찰인 능사, 도성이었던 위례성까지 착실히 재현되어 있다.

국내 최초의 인공 연못

궁남지.

◎ 충남 부여군 부여읍 궁남로 52(동남리 117) ℗ 전용주차장 🕐 상시개방 📅 연중무휴 🎫 무료 📞 041-830-2330

궁남지는 우리나라 최초의 인공 연못으로 훗날 무왕이 되는 서동과 선화공주의 러브스토리의 배경이 되는 곳이다. 《삼국사기》에 의하면 무왕 35년(634)에 선화공주의 향수를 달래주기 위해 궁의 남쪽에 못을 파고 30여 리나 되는 먼 곳에서 물을 끌어들여 만들었다고 한다. 분수가 있는 연못 한가운데 나무다리를 건너면 김종필 전 총리가 썼다는 현판이 걸린 포룡정이 있다. 매년 7월이면 서동연꽃축제가 열흘쯤 열려 100만 명 이상의 관람객이 다녀간다. 다양한 연꽃을 볼 수 있는 최고의 연꽃 촬영지이기도 하다.

백제금동대향로를 만나러 가자

국립부여박물관.

◎ 충남 부여군 부여읍 금성로 5(동남리 산16-9) ℗ 전용주차장 🕐 09:00~18:00 📅 월요일, 1월 1일, 설날, 추석 🎫 무료 📞 041-833-8562

백제 최고의 걸작인 국보 백제금동대향로의 실물을 볼 수 있다. 전체 높이가 64cm로 실제로 보면 상상보다도 훨씬 큰 크기에 놀라고 그 안에 악사와 신선, 동식물 등 160여 점을 빼곡히 조각해 넣은 정교함에 놀라게 된다. 백제의 문화유산과 불교 문화를 한자리에서 둘러볼 수 있는 박물관 오른편으로 어린이박물관이 따로 있다. 백제금동대향로를 주제로 백제의 역사와 문화를 어린이의 눈높이에 맞춰 쉽게 이해하도록 꾸며져 있고 백제의 문양을 스탬프로 찍어보며 엽서도 만들어볼 수 있다.

황포돛배 타고 백마강 한 바퀴

구드래나루터 & 백마강유람선.

————

◎ 충남 부여군 부여읍 나루터로 72(구교리 420) ⓟ 전용주차장 🏛 상시개방 🕐 연중무휴 🚢 구드래나루터-고란사(왕복) : 어른 8000원, 어린이 4000원 / 편도 : 어른 5000원, 어린이 2500원 📞 041-835-4689

- -

부소산 백마강변에 위치한 구드래나루터는 백제 사비성을 출입하는 큰 나루였다. 현재는 백마강유람선을 타고 고란사선착장까지 가기 위해 들르는 작은 선착장이다. 백마강유람선을 타면 우암 송시열이 썼다고 전해지는 수직벽의 낙화암(落花巖) 석 자를 볼 수 있거니와 고란사선착장에서 내리면 바로 연결되는 부소산성 후문을 이용하기 편리하다. 구드래나루터에서 황포돛배는 30명, 일반 유람선은 7명 이상만 모이면 바로 출발하며 고란사선착장까지 가는 데는 10분 안팎 소요된다.

가성비 좋은 석쇠구이집

곰골식당.

◎ 충남 공주시 봉황산1길 1-2(반죽동 338) ⓟ 공영주차장 🕐 11:00~ 21:00 🏛 월요일 🍽 참숯제육석쇠한판 1만5000원, 생선구이 9000원, 갈치조림 9000원 📞 041-855-6481

- -

손맛 좋은 시골 할머니 댁에서 정성 어린 한 끼를 먹고 싶을 때 공주사대부고 근처의 곰골식당을 찾아가 보자. 솥에 갓 지은 따끈한 흑미밥과 된장국, 젓가락질을 재촉하는 반찬도 맛있지만, 무엇보다 참숯으로 구워내 숯불 향이 살아있는 제육 석쇠구이나 생선구이, 입맛 돋우는 갈치조림이 맛깔스럽다. 주문 즉시 솥밥을 짓는 까닭에 조리 시간이 다소 걸리지만 이만한 가성비라면 인내심을 발휘할 만하다. 착한 가격에 집밥 먹는 듯한 기분이 드는 공주 맛집으로 추천.

알밤이 오독오독 씹히는 육회비빔밥

시장정육점식당。

───

◎ 충남 공주시 백미고을길 10-5(금성동 177-3) ⓟ 전용주차장 🕐 11:00~20:00 🕐 일요일 🍽 육회비빔밥 1만 3000원, 한우육회 3만 8000원, 육회냉면 1만 원 📞 041-855-3074

·····

공주는 단맛이 강한 정안 밤으로 이름난 고장. 공주에서 꼭 맛봐야 할 음식으로 알밤육회비빔밥을 빼놓을 수 없다. 공산성 근처의 백미고을 음식문화거리에 위치한 시장정육점식당은 오랜 동안 시장에서 정육점을 운영했던 사장님이 운영하는 한우 전문 식당. 부드럽고 신선한 암컷 한우 우둔살에 채 썬 알밤을 넣은 육회는 오독오독 씹히는 식감이 일품이다. 육회만 따로 주문해도 좋고 보다 가볍게 식사로 먹고 싶다면 선짓국과 함께 나오는 육회비빔밥을 주문하자. 알밤막걸리까지 추가하면 금상첨화.

명태조림과 갈비의 환상 콜라보레이션

개성집。

───

◎ 충남 공주시 미나리3길 6-5(금성동 192-3) ⓟ 전용주차장 🕐 11:00~21:00 🕐 연중무휴 🍽 명태조림(소) 2만 4000원, 명태갈비조림(중) 4만 2000원, 명태문어조림(중) 5만 9000원 📞 041-856-0066

·····

50년 전통을 자랑하는 현지인 맛집으로 명태조림을 갈비, 문어, 주꾸미 등과 함께 조리한 독특한 메뉴를 맛볼 수 있다. 한정식집 못지않게 반찬이 다양하고 푸짐하며 특히 식욕을 돋우는 빨간 고추장 양념이 일품이다. 따로 나오는 콩나물은 자작한 국물에 섞으면 된다. 김에 따끈한 밥과 양념을 듬뿍 묻힌 명태살, 청양고추를 함께 싸 먹는 게 이 집만의 황금 조합. 남은 양념은 밥이나 국수사리를 쓱쓱 비벼 먹는다. 맛깔스러운 양념이 술을 절로 부르며 알밤막걸리와도 잘 어울린다.

엄마의 손맛으로 차린 정갈한 밥상

엄마의식탁.

◎ 충남 공주시 반포면 정광터2길 1(봉곡리 501) ℗ 전용주차장 ⏰ 11:30~21:00(브레이크 타임 15:00~17:00) 📅 월요일
🍽 연잎정식(1인) 1만5000원, 우엉밥정식(1인) 1만5000원, 청포정식(1인) 2만5000원 ☎ 041-881-8212

〈알쓸신잡〉에서 멤버들이 들러 식사하는 장면으로 눈길을 끈 식당이다. 건강한 맛의 엄마 밥상을 만날 수 있다. 충남향토특색음식 경연대회에서 백제 궁중 요리로 수상한 안주인의 손맛이 깊게 밴 전통 음식이 주메뉴. 가짓수는 많지 않지만 정갈하고 담백한 반찬에 연잎, 우엉, 청포 등을 재료로 하여 밥을 짓는다. 삼삼하게 무쳐낸 나물류와 생선조림 등이 놋그릇에 정갈하게 나오기 때문에 아이나 어르신에게 부담 없이 권할 만하다.

〈서민갑부〉에 소개된 공주 떡집

부자떡집.

◎ 충남 공주시 용당길 11(산성동 186-39) ℗ 산성시장 주차장 ⏰ 08:00~19:00 📅 연중무휴 🍽 부자떡 9000원, 흑임자인절미 4000원, 기주떡 4500원 ☎ 041-854-5454

떡으로 60억 원의 자산을 이룬 '서민갑부'로 방송에 소개된 30년 전통의 떡집으로, 산성시장 입구에 자리하고 있다. 오픈된 작업실에서 30여 가지의 떡을 매일 새벽 3시부터 만들어낸다. 공주 밤, 대추, 호두, 땅콩 등 견과류가 듬뿍 든 부자떡, 국내산 검은 참깻가루를 듬뿍 묻혀 고소한 맛이 일품인 흑임자인절미 등 하나같이 맛깔스럽다. 롤케이크에서 착안한 단호박말이떡, 커피와 함께 먹으면 맛있는 호두설기도 이 집만의 특별한 메뉴.

구드래나루터에서 가까운 연잎밥집

솔내음。

◎ 충남 부여군 부여읍 나루터로 39(구아리 100) ℗ 전용주차장 ⊙ 11:30~20:00(브레이크 타임 14:30~17:30) ⊙ 화요일, 설날, 추석 ▤ 백련정식 1만9000원, 연정식 2만2000원, 연화정식 2만5000원 ☏ 041-836-0116

연꽃 연못 궁남지의 존재감 때문인지 부여에 가면 먹어봐야 할 음식 가운데 연잎밥정식이 빠지지 않는다. 구드래나루터에서 멀지 않은 굿뜨래음식특화거리에 있는 솔내음은 비슷비슷한 연잎밥정식집 가운데 평이 좋은 집이다. 연정식은 세 가지로 기본 반찬은 같으나 떡갈비의 재료가 돼지인지, 한우인지에 따라 가격이 약간씩 다르다. 주문 즉시 조리해 놋그릇에 담겨 나오는 음식은 따끈따끈해서 대접받는 느낌이 든다. 특히 떡갈비를 올려놓고 따끈하게 먹을 수 있게 만든 푸드워머는 백제금동대향로 뚜껑의 봉황을 모티브로 제작해 백제다움을 더한다.

궁남지에서 가까운 연잎밥집

연꽃이야기.

⎯⎯⎯

◎ 충남 부여군 부여읍 성왕로 22(군수리 351-5) ⓟ 전용주차장 ⏱ 11:30~20:00(브레이크 타임 15:00~17:00) 🚫 월요일 🍴 연버섯전골 3만~5만 원, 백련정식 2만 원, 연잎밥 1만5000원 ☎ 041-833-3336

- -

궁남지 연꽃을 눈에 담았다면 다음은 미각으로 느껴볼 차례. 연꽃이야기는 궁남지에서 가까운 연잎밥집으로, 솔내음과 더불어 여행자들이 많이 찾는 곳이다. 황토색의 스터코로 안팎을 마무리해 토속적인 분위기를 자아내며 직접 재배한 연잎을 사용한 음식을 내놓는다. 반찬은 솔내음과 약간 다른 구성으로 인삼튀김, 연돈까스, 오리고기 등이 함께 나온다. 고기와 찰떡궁합이라는 연잎 분말이나 연씨방도 판매한다.

'1인1닭'을 부르는 명물 통닭

시골통닭.

⎯⎯⎯

◎ 충남 부여군 부여읍 중앙로5번길 14-9(구아리 173) ⓟ 시장 공영주차장 ⏱ 10:00~23:00 🚫 연중무휴 🍴 통닭 1만6000원, 삼계탕 1만2000원, 닭개장 7000원 ☎ 041-835-3522

- -

1975년에 오픈했으니 업력 40년이 넘는다. 본래는 삼계탕으로 유명했다고 한다. 닭에 관한 자신감이 넘치는 여주인은 〈백종원의 3대 천왕〉에 출전하여 치킨 3대 명인이란 칭호를 얻었고 〈알쓸신잡 2〉에도 소개되었다. 옛날 시골 장터에서 맛보던 그 시절 추억의 맛을 살렸다는 통닭은 9호 생닭에 염지 작업을 해서 튀김옷을 얇게 입혀 주문 즉시 180℃ 고온에서 20분 정도 통째로 튀겨낸다. 껍질은 바삭, 고기는 촉촉, 육즙은 흥건한 삼박자가 의도하지 않은 '치맥'을 부른다.

계룡산 전망을 품은 동학사 카페

어썸845。

◎ 충남 공주시 반포면 동학사1로 215(학봉리 699) ⓟ 전용주차장 ⓞᴘᴇɴ 일~금요일 10:00~23:00 ⓒᴸᴏꜱᴇ 연중무휴 🍵 아메리카노 5000원, 아포가토 아이스 7000원, 에스프레소 5000원 📞 042-822-5577

동학사 가는 길에 위치한 카페로 지하층부터 3층까지 각 층마다 콘셉트를 다르게 꾸몄다. 어썸845라는 이름은 천황봉의 웅장함을 담은 'awesome'과 천황봉 높이 845m에서 따왔다. 계룡산에서 이름을 따온 만큼 무엇보다 계룡산 뷰를 충분히 즐길 수 있는 점이 특별하다. 특히 3층 창가 자리를 회전식 라운지 스타일로 꾸민 점이 눈에 띈다. 지하에도 11개의 좌식 룸을 두어 신발 벗고 올라가 편하게 담소를 나누기 좋다. 비교적 늦은 시간까지 운영하며 어둠이 내리면 작은 빛축제가 연출된다.

다락과 마당이 있는 오붓한 찻집

루치아의뜰。

◎ 충남 공주시 웅진로 145-8(중동 171-2) ⓟ 없음 ⓞᴘᴇɴ 12:00~19:00(주말은 21:00까지) ⓒᴸᴏꜱᴇ 화요일 🍵 홍차 7000~8000원, 크림티 1만2000원, 꽃차 7000원 📞 041-855-2233

1960년대에 지어진 작은 집 카페로, 다락과 마당에서 세월의 흔적이 느껴진다. 먼저 이 집에 살던 할머니가 세상을 떠난 후 할머니의 작은 집이 카페 안주인 루치아의 손길을 거쳐 정감 있는 공간이 되었다. 할머니가 쓰던 물건은 그대로 카페 인테리어에 쓰였다. 카페 안주인이 차 문화 사범으로 다양한 홍차와 계절 꽃차를 선보인다. 밤을 이용한 율란파이를 곁들이면 잘 어울린다. 바로 옆에는 루치아의 남편이 운영하는 초콜릿 카페도 있다. 홍차 티클래스도 운영하는데 티푸드를 곁들여 세계 유명 홍차를 시음한다.

연꽃 테라스가 그림 같은

at267。

––––––

◎ 충남 부여군 부여읍 서동로 56(동남리 185-2) ⓟ 서동공원 무료주차장이나 카페 앞 도로변 🕒 09:00~23:00 📅 연중무휴 ☕ 에스프레소 4000원, 아메리카노 4000원, 눈꽃팥빙수 1만2000원 📞 041-835-0267

· ·

궁남지를 포함하는 서동공원과 붙어 있는 카페라 연으로 가득한 연못의 뷰가 좋기로 유명하다. 카페에 들어서면 대부분 먼저 카페 뒤편 테라스로 나가보게 된다. 테라스 바깥이 바로 연으로 가득한 연못이기 때문이다. 초록색으로 덮인 연잎 사이에 축 늘어진 버드나무가 그려내는 풍경은 보는 것만으로 힐링이 된다. 연꽃이 절정에 이르는 7월의 테라스는 말할 것도 없다. 다만 연꽃이 지고 연잎이 마르는 계절에는 이런 절경을 보지 못한다는 게 아쉽다.

눈으로 마시는 비주얼 폭발 연꽃차

백제향。

––––––

◎ 충남 부여군 부여읍 사비로30번길 17(동남리 653-1) ⓟ 전용주차장 🕒 10:00~22:00 📅 월요일 ☕ 새벽연꽃차(3인) 1만5000원, 연잎차 5000원, 연꽃빵(10개) 7000원 📞 041-836-8729

· ·

연꽃을 눈으로만 감상하기 아쉽다면 궁남지 가는 길에 자리한 백제향에 찾아보자. 원래 식당이었다가 전통 카페로 전환한 이곳의 시그니처 메뉴는 새벽연꽃차와 특허받은 우리밀 연꽃빵. 연꽃철인 7월과 8월에는 생화로 즐길 수 있는데 향도 향이지만 비주얼 자체가 신들린 듯 셔터를 누르게 한다. 한 송이로 세 사람이 우려 마실 수 있으며 사이드 메뉴로 연꽃빵이 함께 나온다. 한 입 베어 물면 연꽃 향이 은은하게 나는 연꽃빵은 선물로도 좋다.

공주한옥마을.

◎ 충남 공주시 관광단지길 12(웅진동 325-11) & 041-840-8900 ⌂ hanok.gongju.go.kr

공주시에서 조성한 한옥 숙박시설로 2018년 한국 관광의 별 숙박 부문 문화체육관광부 장관상을 받았다. 아담한 2인실부터 두세 가족이 머물 수 있는 넓은 객실, 기와집 스타일, 초가 스타일 등 인원수와 원하는 가옥의 스타일에 따라 선택의 폭이 넓다. 전통문화체험관과 더불어 도자기, 매듭, 한지 등 5개의 공예 공방촌을 운영하고 있어서 다양한 백제 문화 체험을 할 수 있으나 코로나19 상황인 지금은 장점 중단 사태. 특히 방을 잡기 어려운 주말에 이용하려면 매월 1일 오후 2시에 인터넷이나 모바일로 예약해야 한다.

공주하숙마을.

◎ 충남 공주시 당간지주길 21(반죽동 253-3) & 041-852-4747

교육의 도시 공주에는 공주사대부고와 공주교대 등 학교에 다니기 위해 타지에서 유학 온 학생들이 많았다. 공주하숙마을은 제민천을 따라 하숙촌을 형성하던 반죽동 주택을 공주시에서 매입해 추억의 하숙집 콘셉트로 2인실 7개의 방을 운영하는 곳이다.

소설호텔.

◎ 충남 공주시 반포면 임금봉길 77-14(학봉리 962-2) & 042-486-3001

계룡산자락에 위치한 무인텔이지만 가족끼리 묵어도 손색이 없을 정도로 밝고 깔끔한 분위기다. 매우 착한 가격에 구석구석 신경을 쓴 모던한 인테리어로 웬만한 펜션 이상의 만족감을 주는 깔끔한 숙소다.

롯데부여리조트.

◎ 충남 부여군 규암면 백제문로 400(합정리 578) ℡ 041-939-1000 ⌂ www.lottebuyeoresort.com

지하 1층, 지상 10층, 310개 객실 규모의 호텔급 콘도미니엄을 비롯해 프리미엄 아울렛, 아쿠아가든, 골프장을 갖춘 복합리조트이다. 18평형대의 디럭스룸부터 50평형대의 로얄룸까지 다섯 종류의 객실이 있다. 아쿠아가든에는 안전하게 놀기 좋은 아동풀이 있어 5~8세 아이를 동반한 가족에게 좋다. 룸 컨디션도 좋고 직원들도 친절한 편이라 부여 최고의 숙소라고 할 만하다. 맞은편 아울렛에서는 쇼핑하기 좋다.

백제관.

◎ 충남 부여군 부여읍 왕중로 87(중정리 537-1) ℡ 041-832-2722

200년 된 여흥 민씨 고택(민칠식 가옥)을 부여군에서 매입, 리모델링하여 운영하는 한옥 숙소다. 조선시대에 네 명의 왕비를 배출했던 여흥 민씨 집안의 가옥으로 중요민속문화재로 지정받았다. 전통 한옥 고택이지만 의외로 착한 가격도 매력.

굿뜨래웰빙마을 글램핑장.

◎ 충남 부여군 부여읍 가탑로 75(가탑리 94-3) ℡ 02-546-5522

부여군이 조성한 굿뜨래웰빙마을 안에 위치한 글램핑장이다. 카바나 내부에 주방시설과 욕실, 에어컨도 구비되어 있어서 편리하다. 특히 7월과 8월에는 물놀이장까지 이용할 수 있어 가족 단위 숙소로 인기가 좋다.

PART 14

전주·완주

전주 여행의 키워드는 딱 세 가지. 먹고, 걷고, 구경하라! 맛있고, 푸짐하고, 저렴한 '맛집의 3대 요소'를 두루 갖춘 별미만 찾아다녀도 1박 2일이 부족하다. 전주와 30분 거리의 근교인 완주까지 함께 묶어 돌아본다면 가성비 갑의 여행을 보장한다. 풍광 좋은 카페는 물론 이색 테마의 볼거리로 가득하다.

전주를 여행하는 바로 그 이유
전주한옥마을.

📍 경기전 - 전동성당 - 오목대 - 자만벽화마을 - 향교 - 한벽당 - 남천교 - 서학동예술마을 - 풍남문 - 전주남부
시장 ⌀ 총 6km

'전주는 가장 아름다운 한국입니다.'라는 캐치프레이즈는 전주의 정체성을 잘 드러내고 있다. 전주시 전체
가 국제 슬로시티로 지정되었으며 유네스코가 세계문화유산으로 지정한 판소리 본고장이자 음식창의도
시로 한 해 천만 명 이상의 관광객이 다녀가는 국내 최고의 여행지다. 인구 65만 명의 아담한 도시 안에
조선시대 태조의 어진을 모신 경기전과 후백제 견훤의 숨결이 담긴 견훤성터, 신해박해 때 세워진 전동성
당 등 후백제부터 조선시대를 건너 근대에 이르는 다양한 역사 문화재들을 품고 있다. 특히 600여 채의
한옥이 밀집한 전주한옥마을은 한옥 · 한식 · 한지 등 가장 한국적인 한스타일을 한자리에서 체험할 수 있
는 한문화특구. 한스타일을 테마로 한 다양한 볼거리와 체험 거리, 먹을거리, 숙소가 있다. 2016년 론리플
래닛이 선정한 '1년 안에 가봐야 할 아시아 10대 명소'로 소개된 이후 외국 여행자들의 필수 여행지로 꼽
히고 있다.

전주감래 에디션을 만날 수 있는 전주 특화매장

카카오프렌즈 한옥마을。

◎ 전북 전주시 완산구 팔달로 126(전동 74) ℗ 한옥마을 공영주차장 🕙 10:00~21:00 🚫 연중무휴 📞 063-285-1230

전주 한옥마을에 가면 입구에 있는 카카오프렌즈 한옥마을점은 무조건 들어가줘야 한다. 왜냐고? 그냥 무작정 너무 귀엽기 때문이다. 그리고 오로지 전주에서만 구입할 수 있는 전주감래 에디션 53종을 만날 수 있기 때문이다. 전주감래는 '전주에 오면 다양한 맛과 멋을 즐길 수 있다'는 의미. 갓라이언의 서재, 붓을 든 전주유생, 전주한옥 피규어, 버섯, 당근, 계란 등을 한데 모은 전주비빔밥, 윷놀이와 민속 주병 등 전통문화와 관련된 상품들이 주력상품. 다만 지갑이 저절로 열리는 개미지옥이라는 것이 함정.

나만의 전주 초코파이를 만들어 보자

전주초코파이 체험장。

◎ 전북 전주시 완산구 간납로 1(풍남동3가 26-21) ℗ 한옥마을 공영주차장 🕙 10:00~18:00 🚫 연중무휴 📋 체험비 1만 5000원(초코파이 6개) 📞 010-3346-9115

전주 초코파이 붐을 일으킨 PNB풍년제과의 초코파이가 있다면, 이 초코파이를 체험상품으로 개발한 곳은 전주제과다. 직접 만들어 먹는 재미가 있기 때문에 아이들이 특히 좋아한다. 초코파이 시트를 반으로 갈라 생크림과 딸기잼을 꾹 짜 얹은 후 녹인 초콜릿을 묻히고 그 위에 자기 스타일대로 그림을 그리거나 스프링클을 뿌려 마무리한다. 냉장고에서 10분쯤 굳히는 동안 초코파이 봉지도 그림이나 글씨를 적어 꾸민다. 한 사람당 6개의 초코파이를 만들 수 있으며 1시간쯤 소요된다.

70가지 테마존으로 꾸민 7080 레트로 감성 공간

전주난장。

◎ 전북 전주시 완산구 은행로 13(풍남동 2가 22-5) ⓟ 한옥마을 공영주차장 OPEN 평일 10:00~19:30(주말 09:30~19:30) CLOSE 연중무휴 🎫 어른 7500원, 어린이 5000원 ☎ 063-244-0001

25년간 수집한 자료와 물건들로 3년 6개월의 공사 기간을 거쳐 탄생한 테마파크형 추억박물관이다. 10채의 집을 이어 구불구불 미로처럼 얽힌 70여 가지 테마존으로 70년대에서 80년대에 이르는 그 시절을 되살려놓아 다양한 볼거리를 제공하고 있다. 어린 시절, 청춘 시대, 엄마 시절, 군대 시절 등을 거치다 보면 현란한 사이키 조명 아래 한바탕 춤을 출 수 있는 고고장과 갤러그, 테트리스 등 추억의 게임을 체험할 수 있는 오락실로 이어진다. 3층 화개장터를 거쳐 4층 전망대에 올라 한옥마을을 내려다보고 내려오면 실물을 고스란히 재현한 듯한 군산극장에 이른다. 이곳에서는 무료로 제공하는 팝콘이나 군고구마를 먹으며 옛날이야기를 나누게 된다. 어른에게는 추억을, 아이들에겐 경험해보지 않은 새로운 레트로 감성 체험을 할 수 있는 공간이다.

조선왕조 500년 역사를 간직한

경기전 & 풍남문。

◎ 전북 전주시 완산구 태조로 44(풍남동3가 102) ⓟ 한옥마을 공영주차장(기본 30분 1000원) 🕐 경기전 : 09:00~19:00(11~2월은 18:00까지) 🕐 월요일(어진박물관) 🎫 경기전 입장료 : 어른 3000원, 어린이 1000원 📞 063-281-2790

- -

전동성당과 마주보고 있는 태조로 입구의 경기전에는 태조 이성계를 비롯한 조선 역대 왕들의 어진을 모신 어진박물관과 실록을 보관하는 전주사고가 있다. 여름에는 시원한 대나무가, 가을에는 노란 은행잎이 흩날리는 경기전은 한복 곱게 차려입고 사진 찍기도 좋은 곳. 경기전에서 풍남문교차로를 건너면 조선시대 전라감영이 있던 전주성의 사대문 가운데 유일하게 남아있는 남대문인 풍남문이 있다.

100여 년 전 순교 성지

전동성당。

◎ 전북 전주시 완산구 태조로 51(전동 200-1) ⓟ 한옥마을 공영주차장(기본 30분 1000원) 🕐 09:00~17:00 🕐 상시개방 🎫 무료 📞 063-284-3222

- -

한국 천주교회 최초의 순교자인 윤지충과 권상연이 1791년 신해박해 때 처형당한 터에 세워졌다. 순교자들의 참수를 지켜보던 성벽의 돌을 성당의 주춧돌로 삼았다. 영화 〈약속〉, 드라마 〈단팥빵〉 등의 촬영지로도 알려진 이 성당은 건축적으로도 탁월한 조형미를 자랑하는 로마네스크 양식의 건축물. 한복을 차려입고 성당 앞에서 사진을 찍는 젊은 여행자들이 많아 유시민 작가의 얘기처럼 '과거 천주교를 믿다가 박해받은 이들이 그리던 세상에 가까워진' 듯하다. 현재도 미사를 드리는 공간이므로 최대한 조용히 머무는 게 예의.

《혼불》작가 최명희의 숨결을 느끼는

최명희문학관.

⊙ 전북 전주시 완산구 최명희길 29(풍남동3가 67-5) ⓟ 한옥마을 공영주차장(기본 30분 1000원) ⊙ 10:00~18:00 월요일, 1월 1일, 설날, 추석 ☎ 무료 ☎ 063-284-0570

'웬일인지 나는 원고를 쓸 때면, 손가락으로 바위를 뚫어 글씨는 새기는 것만 같은 생각이 든다. 그것은 얼마나 어리석고도 간절한 일이랴'라고 했던 대하소설 《혼불》의 작가 최명희. 향년 52세로 요절한 전주 출신의 작가 최명희의 자취를 돌아보는 문학관에서는 1만2000장 분량의 《혼불》 원고와 생전의 인터뷰 등을 동영상과 각종 패널로 만난다. 《혼불》 릴레이 필사하기, 작가의 서체 따라 쓰기도 하며 잠시 머물러 가자. 전북대학교 뒤편 건지산에 혼불문학공원이 있다.

한옥마을에서 만나는 전통주의 세계

전주전통술박물관.

⊙ 전북 전주시 완산구 한지길 74(풍남동3가 39-3) ⓟ 한옥마을 공영주차장(기본 30분 1000원) ⊙ 09:00~18:00 월요일 ☎ 입장료 : 무료 / 체험료 : 모주 거르기 8000원, 술술주막 한상 3만 원, 전통주 미각 체험 1만 원 ☎ 063-287-6305

술을 즐기지 않는 여행자라도 콩나물국밥집에서 모주 한 잔 곁들여 보았을 것이다. 막걸리에 8가지 한약재를 넣고 하루 정도 끓인 해장술로, 알코올은 날아가고 달콤한 맛이 남아 부담 없이 마실 수 있다. 이 모주를 직접 걸러보고 두 병을 가져갈 수 있는 체험이 전주전통술박물관에 있다. 막걸리 한 병에 전주 8미 중 세 가지 안주가 나오는 술술주막 체험을 비롯해 가양주 빚기, 전통주 미각 체험 등 다양한 체험 프로그램들을 운영한다. 또한 전통주와 관련한 전시물을 둘러볼 수 있고 직접 구입할 수 있다.

3배의 소확행이 보장되는

전주남부시장 & 청년몰 & 야시장。

◎ 전북 전주시 완산구 풍남문1길 9-6(전동 303) ℗ 전주남부시장 주차장(1시간 무료) 🔓 청년몰 11:00~(가게에 따라 다름) 🔓 상시개방

전주한옥마을에서 풍남문교차로를 건너 풍남문을 지나면 전주남부시장에 다다른다. 전주한옥마을이 되살아나면서 인접한 전주남부시장도 많은 관광객이 찾는다. 전주남부시장에는 1층 전통시장, 2층 청년몰이 동고동락한다. 이곳으로 여행자들의 발길을 유혹하는 것은 다름 아닌 먹을거리. 피순대국밥, 콩나물국밥, 팥죽집들이 오밀조밀 골목을 이루고 있어 착한 가격으로 맛있게 한 끼를 해결하기 좋다. '적당히 벌고 아주 잘 살자'는 캐치프레이즈를 내건 2층의 청년몰은 톡톡 튀는 아이디어와 재미있는 문구를 내건 가게들이 작은 홍대거리를 떠올리게 한다. 코로나19가 시작되기 전에는 매주 금요일과 토요일 저녁이면 다양한 먹거리 부스가 열십자형으로 빼곡하게 들어차 북적거렸으나 현재는 잠정적으로 중단한 상황. 2층의 청년몰은 몇 군데 영업하고 있으나 아직은 한산한 편이다. 남부시장에서 길 건너면 바로 한옥마을이라 함께 묶어서 돌아볼 만하다.

전주한옥마을과 함께 돌아보면 좋은 벽화마을

자만벽화마을。

⎯⎯⎯

◎ 전북 전주시 완산구 교동 50-158 ⑫ 한옥마을 공영주차장(기본 30분 1000원)

전주한옥마을 태조로의 끄트머리에서 오목대로 향하는 완만한 경사길을 오르면 오른편에 오목대가 나타난다. 이곳에서 오목교를 건너면 자만벽화마을로 이어진다. 40여 채의 집 벽에 유난히도 컬러풀한 벽화가 여행자들의 멋진 포토존이 되어 준다. 전주만의 특징이 없다는 평도 있지만 다른 도시의 벽화에 비해서도 꽤 수준 높은 편이다. 전주한옥마을이 내려다보이는 카페와 마을 가게, 게스트하우스가 중간중간 박혀 있고 근처 오목대와 이목대가 있어 함께 둘러볼 만하다.

전주 멋쟁이들의 아지트

객리단길。

⎯⎯⎯

◎ 전북 전주시 완산구 중앙동2가 ⑫ 유료주차장

전국에 '～리단길'이라는 이름을 붙인 젊은 취향의 골목들이 인기를 끌고 있다. 전주에도 조선시대에 나그네가 쉬어가는 여관이던 객사 근처 골목에 형성된 객리단길이 있다. 오랫동안 죽어 있던 구도심 상권에 활력을 불어넣은 객리단길에는 소자본 청년 창업가들이 구도심의 낡고 오래된 건물들을 감각적인 솜씨로 리모델링한 음식점이나 카페, 주점, 디자인 소품점 등이 즐비하다. '인스타 감성'의 인테리어와 개성적인 콘셉트로 무장한 객리단길을 걷다 보면 전주 영화의 거리에 이른다.

예술적 감성 돋는 동네에서 여유로운 한때

서학동예술마을。

──────

◎ 전북 전주시 완산구 서학3길 85-3(서학동 186-6) ℗ 공영주차장

- -

전주한옥마을에서 은행로를 따라 걷다가 전주천 위 남천교를 건너면 서학동예술마을에 이른다. 작가, 화가, 사진작가, 공예가 등이 모여 갤러리, 사진관, 책방, 게스트하우스를 운영하고 있어 동네 분위기부터 색다르다. 북적북적한 한옥마을보다 차분한 분위기를 좋아한다면 이곳에 머무르고 싶어질 것이다. 아담하고 예쁜 서학동예술마을에서 숙소를 정해 갤러리도 둘러보고, 사진 놀이도 하고 책방에도 들러보고 커피도 마시면서 느린 시간을 보내보기를 권한다.

예술의 옷을 입고 부활한 옛 카세트테이프 공장

팔복예술공장。

──────

◎ 전북 전주시 덕진구 구렛들1길 46(팔복동1가 243-30) ℗ 전용주차장 ⏰ 09:00~18:00 🔒 월요일, 설, 추석 🎫 무료
📞 063-283-9221

- -

전주 사람들에게도 다소 낯선 팔복동 공단의 폐공장이 예술의 날개를 달고 복합문화공간으로 멋지게 변신했다. 팔복예술공장은 원래 30여 년간 방치되었던 카세트테이프 공장으로, 리모델링을 통해 인더스트리얼 인테리어의 진수를 보여주고 있다. 내부는 청년 예술가들의 레지던시와 다양한 전시가 열리는 갤러리, 작은 전시도 열고 아트숍도 겸하는 카페로 구성되어 있다. 야외에는 컨테이너 작품과 잠시 책을 읽다 갈 수 있는 작은 공간도 마련하였다. 카페 써니와 함께 식당 써니부엌이 있으니 밥도 먹고 차도 마시면서 잠시 쉬어가자.

전주에서 한 영화 하실래요?

전주 영화의 거리。

◎ 전북 전주시 완산구 고사동 ⓟ 유료주차장

매년 4월 말에서 5월 중순쯤이면 전주 영화의 거리에는 전주국제영화제(JIFF)의 플래카드가 펄럭이고 생기가 돈다. 전주 사람들이 '오거리'라 부르는 대로 안쪽에 전주영화제작소, 시네마타운, 메가박스, 지프광장 등 크고 작은 상영관이 모여 있다. 햇수로 20여 년을 넘긴 전주국제영화제에는 약 열흘 동안 200여 편이 넘는 세계 영화가 상영되며 전국의 영화 마니아들이 속속 모여든다. 객리단길과 이어져 있어 함께 둘러보기 좋다.

전주의 화사한 여름을 책임지는 연꽃나라

덕진공원。

◎ 전북 전주시 덕진구 권삼득로 390(덕진동1가 1314-4) ⓟ 전용주차장 ⓞⓟⓔⓝ 상시개방 ⓒⓛⓞⓢⓔ 연중무휴 🎫 무료 📞 063-239-2607

7월에서 8월 사이에 전주를 여행한다면 덕진공원으로 연꽃을 보러 가자. 덕진연못을 품고 있는 덕진공원은 그 옛날 오리배를 타고 데이트하던 추억이 서린 데이트 코스이자 지금도 변함없이 사랑받는 전주 사람들의 휴식처이다. 연꽃 철이 되면 약 10만㎡에 이르는 너른 연못을 가득 메운 연꽃 사이를 가로지르는 현수교를 걸으며 "예쁘다, 예뻐!"를 연발하게 되는 연꽃 출사지이기도 하다. 무료로 개방되며 해가 진 다음에는 분위기 돋우는 음악분수도 감상할 수 있다.

국내 최초의 전통놀이 전용 문화공간

우리놀이터 마루달.

───────

◎ 전북 전주시 완산구 은행로 39(풍남동3가 47-1) ⓟ 한옥마을 공영주차장 OPEN 10:00~18:00 CLOSE 월요일, 설, 추석 ▤ 무료 ☎ 063-231-1501

- -

고누, 쌍륙, 저포놀이, 산가지, 비석치기란 무엇일까. 모두 한국 전통놀이다. 컴퓨터 게임 이름은 알아도 우리 전통놀이 이름도 모른다면 전주 한옥마을 은행로에 위치한 우리놀이터 마루달로 가보자. 아담한 마당을 품은 디귿자 형의 한옥에서 전통놀이도 하고 국악도 배우고 '오분 만에 잠이 오는 방'에서 보드게임도 즐기고 쉬었다 가자. 한 번 놀아본 이들은 의외로 너무나 재미있다고 입을 모은다.

조선왕조 500년 전라도의 행정 중심지였던

전라감영.

───────

◎ 전북 전주시 완산구 풍남문4길 27(중앙동4가 40-2) ⓟ 전용주차장 OPEN 3~10월 09:00~21:00, 11~2월 09:00~18:00 CLOSE 상시개방 ▤ 무료 ☎ 063-287-5002

- -

전주 한옥마을에서 걸어서 5분 거리에 전라감영이 있다. 조선 초기 전주에 설치된 전라감영은 1896년까지 전라남·북도를 포함하여 제주도까지 총괄하는 행정 중심지였다. 일제강점기와 한국전쟁을 거치며 전북도청이 들어섰으나 신시가지로 이전한 후 2년 10개월간의 대공사 1단계 준공식을 갖고 일반인에게 개방하고 있다. 전라감사의 집무실인 선화당, 고위 관료를 맞았던 관풍각, 감사의 가족이 살던 연신당 등 7개의 핵심건물이 1차로 복원되었으며 미디어아트, 윈도우스케이프, VR 등 첨단기술을 통해 재미있는 스토리로 접할 수 있다.

술, 알고 마시면 더 맛있다
대한민국 술테마박물관。

◎ 전북 완주군 구이면 덕천전원길 232-58(덕천리 산240-6) ⓟ 전용주차장 🕙 10:00~18:00(11~2월은 17:00까지) 🕙
월요일, 1월 1일, 설날, 추석 🎫 입장료 : 어른 2000원, 어린이 500원 / 체험 프로그램 : 하우스 맥주 만들기 1만5000원,
막걸리 발효빵 만들기 5000원 📞 063-290-3842

'인생은 짧다. 그러나 술잔을 비울 시간은 아직 충분하다'는 자칭 애주가는 물론이요, 아이와 함께라도 부
담 없이 술의 세계를 둘러볼 수 있다. 많은 종류의 술을 만나고, 술이 어떻게 만들어지는지 배울 수 있는
대한민국 술테마박물관이다. 술병 2000여 종을 층층이 쌓아둔 술병 피라미드, 목욕통만 한 함지를 비롯
해 북한산 황구렁이술 등 박물관이 소장한 술 관련 유물 5만 여 점과 전국의 명주관, 주점 재현관 등이 있
다. 특히 전주 가맥집, 주막집, 기생 등 술과 관련된 테마를 공간으로 연출한 기획전시가 참신하며 술과 떼
려야 뗄 수 없는 담배전시관도 독특하다. 술테마박물관의 하이라이트는 박물관이 엄선한 이달의 시음주를
맛보는 순간이다. 이강주, 죽력고 같은 명인주도 맛보고 송화백일주, 고택생주 등 숨은 보석 같은 맛있는
술도 발견할 수 있다. 아울러 하우스 맥주나 와인, 발효빵 만들기 강좌 프로그램도 이용할 수 있다.

내 아이에게 꿈을 찾아주세요

꿈꾸는아이。

◎ 전북 완주군 상관면 새원길 49-54(신리 615-1) ⓟ 전용주차장 (OPEN) 09:30~16:00 (CLOSE) 일요일 🎫 어른 : 3000원 / 어린이·청소년 : 반일권 2만4000원, 종일권 4만3000원(개인 체험은 토·공휴일만 가능) 📞 063-232-9912

- -

결핍이 없는 시대에 태어난 요즘 아이들이 겪는 '꿈이 없는' 고민을 푸는 실마리를 어쩌면 꿈꾸는아이에서 찾을 수 있을지도 모른다. 이곳에서는 엔터테인먼트존, 뷰티 & 공예존, IT & 코딩프로그램존, 미래창의존, 요리존에 이어 특수 직업군까지 총 34가지 직업군을 전문가와 함께 체험해본다. 반일권과 종일권을 선택할 수 있으며 반일권은 3시간 이내에 서너 가지 직업을 체험하게 된다. 가상현실 체험도 있고 요리나 마술처럼 직접 해보는 체험도 있으며 직업의 종류가 다양하므로 이것저것 시도해보다가 뜻밖의 적성을 발견할 수도 있을 것이다.

온 가족이 즐기는 실내 모험

놀토피아.

◎ 전북 완주군 고산면 대아저수로 416(소향리 162) ℗ 전용주차장 OPEN 10:00~17:00 CLOSE 월요일 🖹 1시간 이용 기준 : 어린이·청소년 6000~8000원, 어른 7000~9000원 ☎ 070-4100-1100

꿈꾸는아이에서 34가지의 직업군을 체험해본다면, 놀토피아에서는 34가지의 에너지 넘치는 모험을 즐길 수 있다. 대형 창고형 건물 1층과 2층이 클라이밍존, 스포츠존, 키즈존, 레스트존으로 나뉘어 있는데 실내라서 미세먼지 걱정이 없다. 정글짐과 볼풀이 있는 키즈존에서 노는 유아를 제외하고는 다섯 살짜리도 씩씩하게 클라이밍을 즐기는 모습을 볼 수 있고 엄마 아빠와 함께 누가 먼저 올라가나 내기를 하기도 한다. 안전요원들이 안전장비를 꼼꼼히 점검하고 지도하기 때문에 안전하며, 오픈 후부터 오후 5시까지 시간대별로 이용할 수 있다.

일제강점기 양곡창고가 복합문화공간으로

삼례문화예술촌.

◎ 전북 완주군 삼례읍 삼례역로 81-13(후정리 247-1) ⓟ 전용주차장 ⓞ 10:00~18:00 ⓒ 월요일, 설날, 추석 🎟 어른 3000원, 어린이 1000원, 전주투어패스 1일권(24시간) 5900원 ☎ 070-8915-8121

전주에 인접한 완주군은 원래 전주에 속했다. 인구 10만 명의 완주는 작지만 알찬 여행 콘텐츠가 무궁무진해 전주와 함께 묶어서 여행 코스를 짜보길 권한다. 전라북도 주요 관광지 80여 곳을 자유롭게 이용할 수 있는 전북투어패스를 이용하면 더욱 편리하다. 삼례문화예술촌은 완주 여행 계획의 필수 순례 코스. 삼례 일대는 일제 양곡수탈의 중심지로, 삼례 양곡창고는 일제강점기 호남평야의 기름진 쌀을 일본으로 보내기 위해 지었다. 이 삼례 양곡창고가 2013년 리모델링을 통해 복합문화공간으로 거듭났다. 마땅한 문화예술공간이 없던 완주에 삼례문화예술촌이 들어서며 이곳을 찾는 여행자들도 많아지고 있다. 이곳은 다양한 전시가 이루어지는 미술관, 디지털아트관, 주말 상설공연이 열리는 소극장, 목수학교를 운영하는 목공소, 책공방 북아트센터, 창고를 멋지게 리모델링한 카페 등 7개의 공간으로 구성돼 작지만 구경거리가 쏠쏠하다.

오래된 책을 만나는 아날로그 감성 공간

삼례책마을。

◎ 전북 완주군 삼례읍 삼례역로 68(후정리 293-1) ⓟ 전용주차장 ⓞⓟⓔⓝ 북하우스 10:00~22:00, 북갤러리 10:00~18:00
ⓒⓛⓞⓢⓔ 북하우스 : 연중무휴 / 북갤러리 : 1월 1일, 설·추석 연휴 📋 커피류 3500~5000원, 티류 4000원 📞 063-291-7820

- -

강원도 영월에 있던 책 박물관이 완주군 삼례로 옮겨 새 둥지를 틀었다. 이곳 역시 일제강점기부터 1950
년대 사이에 지어진 양곡창고를 개조하여 만들었다. 정면의 북하우스는 구하기 어려운 고서가 있는 35년
역사의 고서점과 10만 권의 장서가 빽빽이 꽂혀 있는 헌책방, 카페로 이루어져 있다. 왼편의 북갤러리에
는 그 옛날 교과서에 실렸던 철수와 영이 그림 등을 만날 수 있는 상설전시관과 무인서점, 구스타프 클림
트 판화전 같은 참신한 전시가 열리는 기획전시 공간이 있다.

비비정 일몰과 함께 하는 완주 여행의 마무리

비비정예술열차。

◎ 전북 완주군 삼례읍 비비정길 73-21(후정리 139-1) ⓟ 인근 주차장 이용 ⓞⓟⓔⓝ 레스토랑 12:00~21:00, 카페갤러리
10:00~22:00 ⓒⓛⓞⓢⓔ 연중무휴 📋 입장료 : 무료 / 카페 : 커피류 4000~5500원 / 레스토랑 : 돈가스류 1만~1만2000원, 파스
타류 1만2000원~1만3000원 📞 063-211-7788

- -

언덕 위의 작은 정자 비비정 오른편으로 만경강 위 폐철교에 놓인 열차가 이색적이다. 특히 해 질 무렵 차
창 밖으로 보이는 해넘이가 꽤 근사한 분위기를 연출한다. 일제강점기 호남의 농산물을 수탈하기 위해 만
들어진 철교에 열차 4량을 끌어다 조성한 이곳을 비비정예술열차라고 부른다. 돈가스나 파스타를 즐길
수 있는 레스토랑과 할머니가 운영하는 카페, 공방도 있다.

전설적인 간장 소스에 찍어 먹는 황태구이와 가게 맥주

전일갑오(전일슈퍼).

◎ 전북 전주시 완산구 현무2길 16(경원동3가 13-12) ℗ 없음 🕒 15:00~01:30 🔒 일요일 🍴 황태포 1만1000원, 갑오징어 1만5000~3만 원, 계란말이 7000원, 병맥주 3000원 📞 063-284-0793

'가맥'이라는 새로운 장르를 개척한 전주 가맥 원조집이다. 가맥은 가게 맥주의 준말. 가게에서 사는 가격에 맥주를 마실 수 있거니와 특제 간장 소스에 보슬보슬해질 때까지 두들겨 바삭하게 구워낸 두툼한 러시아산 황태가 이 집의 대표 메뉴다. '며느리도 모르는' 주인장만의 비법이 숨어 있는 이 전설의 간장 소스는 황태구이는 물론 달걀 10개를 말아낸 뚱뚱한 달걀말이를 찍어 먹어도 맛있다. '내가 바쁘니까 손님이 스스로 맥주 갖다먹고, 소스 리필해 먹고, 과자 갖다먹고, 카드도 알아서 긁는다'는 사장님의 얘기처럼 그저 내 집처럼 편안한 분위기다. 코로나19가 진정된 후 전주의 푸근한 인심이 탄생시킨 가맥 문화를 보다 화끈하게 즐기고 싶다면 매년 8월에 사흘간 열리는 전주가맥축제를 놓치지 말자. 전일갑오, 경원상회, 임실슈퍼, 영동슈퍼 등 전주 가맥계의 터줏대감을 비롯해 20여 가맥집들이 저마다의 특제 안주를 내놓는다. 그 독특한 분위기는 직접 가서 확인하자.

허영만 화백이 인증한 진짜 전주 막걸리 맛집

서울집。

───

⊙ 전북 전주시 모래내5길 10-4(인후동2가 236-9, 모래네시장 이남심내과 옆 골목) ⊙ 14:00~21:30 ⊙ 연중무휴 ⊡ 기본 한상 3만 원(막걸리 3병) ☎ 063-251-7093

- -

전주에 여행 오는 여행자라면 누구나 전주 막걸리에 대한 환상을 품지만 그것은 아주 오래된 옛날 이야기. 돈 만 원 한 장이면 상다리가 휘어지는 신선한 안주발이 생명이었건만 요즘 전주 막걸리집은 너무 관광지 식당화가 되었다. 그 와중에 〈허영만의 백반기행〉에 '믿기지 않는 전주 막걸리 한 상'으로 소개된 인후동 모래내시장 내의 서울식당은 홍어탕 같은 가오리탕과 전라도식 맛있는 반찬이 나오는 집이다. 3만 원이라는 보기 드문 착한 가격으로 그나마 진짜 전주식 안주를 맛볼 수 있는 집이라 강추.

현지인 추천 막걸릿집

노을막걸리。

───

⊙ 전북 전주시 완산구 안터1길 18(서신동 835-7) ⓟ 전용주차장 ⊙ 14:00~24:00 ⊙ 연중무휴 ⊡ 막걸리 기본 한 주전자 2만5000원, 추가 2만 원 ☎ 063-255-9634

- -

전주 여행에서 빠질 수 없는 막걸릿집. 푸짐한 안주로 상다리가 휘청거리는데다 가격마저 착해 유명세를 떨쳤다. 그러나 전주 막걸리에 대한 환상은 실망으로 직행하기 일쑤. 그 옛날의 인심 좋고 손맛 좋던 주모들이 운영하는 막걸릿집을 찾기가 쉽지 않은 게 현실이다. 그런 의미에서 서신동 뒷골목에 위치한 노을막걸리는 기대를 어느 정도 채워주는 손맛 좋은 막걸릿집이다. 일단 이 집은 막걸리 기본 한 주전자에 2만 원대를 고수하고 있고 기본으로 깔리는 안주들이 알찬 구색인 것이 장점.

짜장도 아니고 짬뽕도 아닌 물짜장

노벨반점。

◎ 전북 전주시 완산구 풍남문2길 100(전동3가 56-4) ℗ 없음 ⏰ 11:30~18:00 🔒 둘째·넷째 주 월요일, 첫째·셋째 주 일요일 🍴 물짜장 7000원, 간짜장 6000원, 매콤잡채밥 8000원 📞 063-284-4318

허름한 노포 노벨반점의 바로 옆집, 새로 이전한 노벨반점 정문 유리창에는 〈백종원의 3대 천왕〉을 비롯해 각종 매스컴에 출연했다는 자랑이 가득하다. 이곳은 물짜장으로 유명세를 탄 중국집으로 짬뽕이라기엔 국물이 없고, 짜장이라기엔 너무 빨간 비주얼이 특징. 고기 대신 해산물을, 춘장 없이 오로지 간장으로만 간을 하고 거기에 전분 물을 부어 걸쭉하게 만들어낸다. 짬뽕과 짜장 맛이 나는 해물누룽지탕 같은 맛이랄까. 호불호가 갈릴 듯한 맛이다.

전주천 바람 맞으며 매운탕 한 뚝배기

한벽집。

◎ 전주시 완산구 전주천동로 4(교동 2-9) ℗ 전주천변 ⏰ 10:00~21:00 🔒 설, 추석 🍴 쏘가리탕 6만 원, 빠가탕 4만 5000원, 메기탕 3만6000원(2인 기준) 📞 063-284-2736

한옥마을 향교길에서 가까운 한벽루로 향하다 보면 전주천을 끼고 70년 업력의 '오모가리 매운탕' 맛집들이 쪼르르 모여 있다. '오모가리'는 오목하게 생긴 뚝배기를 전주에서 이르는 말로, 뚝배기에 쏘가리, 빠가사리, 메기, 민물새우 등과 시래기를 듬뿍 넣어 보글보글 끓여낸다. 〈허영만의 백반기행〉에도 소개된 바 있는 한벽집은 신선한 민물생선 맛도 좋지만 가을 무청을 햇볕에 말린 다음 1년 내내 숙성시켜 쫄깃한 시래기가 제대로인 집이다.

전주콩나물국밥의 본좌

현대옥 남부시장점。

⊙ 전북 전주시 완산구 풍남문2길 63(전동3가 2-242) 전주남부시장 내 ℗ 전주남부시장 주차장(1시간 무료) (OPEN) 06:00~14:00 (CLOSE) 설날, 추석 🍴 콩나물국밥 7000원, 오징어 반마리 2000원 ☎ 063-282-7214

현대옥 콩나물국밥의 원형을 맛보려면 전주남부시장 내에 있는 작은 현대옥으로 가야 한다. 바로 코앞에서 전주 아지매들이 신나게 양념을 즉석 다짐하는 모습이 오감을 자극한다. 보글보글 끓는 콩나물국밥 뚝배기에 즉석 다짐한 고추, 파, 마늘을 얹으면 신선한 즙이 국물 속에 녹아 나오는 콩나물국밥은 이 시대의 '소울푸드'라 할 만하다. 삶은 오징어를 넣으면 금상첨화. 함께 나오는 수란은 국밥 국물을 두어 수저 끼얹어 김 가루를 뿌려 먹어보자. 새벽부터 오후 2시까지만 문을 연다.

영양 만점 피순대와 최고의 국물

조점례남문피순대。

⊙ 전북 전주시 완산구 전동3가 2-198(전주남부시장 내) ℗ 전주남부시장 주차장(1시간 무료) (OPEN) 06:00~24:00 (CLOSE) 일요일 🍴 순대국밥 8000원, 피순대 1만3000원~1만8000원 ☎ 063-232-5006

'수제 피순대'라는 독특한 아이템으로 전주남부시장을 넘어 전국구 명성을 얻는 피순대 국밥집이다. 피순대가 든 국밥은 잡내가 전혀 느껴지지 않는 깔끔한 국물로, 해장하러 왔다가 오히려 해장술을 부른다는 평도 있다. 신선한 선지에 10여 가지 영양가 높은 채소를 섞어 돼지 내장을 채운 뒤 삶아내는 피순대는 부드럽게 씹히는 영양식으로 초고추장에 찍어 먹거나 깻잎에 싸 먹는다.

전주비빔밥의 원조로 통하는

한국집。

───────

◎ 전북 전주시 완산구 어진길 119(전동 2-1) ⓟ 한옥마을 공영주차장(기본 30분 1000원) ⏰ 09:30~21:00(브레이크 타임 16:00~17:00) 🚫 설날, 추석 🍴 전주비빔밥 1만2000원, 육회비빔밥 1만4000원, 한국집정식 2만5000원 📞 063-284-2224

··

한국집은 1952년에 문을 열어 3대째 운영 중으로, 비빔밥 맛집이 많은 전주에서도 전주비빔밥의 원조로 통한다. 2011년 미슐랭가이드 한국편에 소개되었고 〈수요미식회〉 등 다수 TV 프로그램에도 등장해 그 내공을 인정받은 바 있다. 소고기를 비롯한 모든 식재료를 국내산으로 쓰는데 특히 직접 담근 장과 비빔밥 위에 뿌리는 천연 액상 조미료의 감칠맛이 남다른 비결이라고. 사실 한국집 외에도 눈 앞에서 현란한 솜씨로 밥을 비벼주는 하숙영가마솥비빔밥, 성미당, 고궁, 가족회관 등 '맛부심' 넘치는 전주비빔밥집도 많다.

'소주각!' 초심을 잃지 않은 돼지연탄구이집

진미집。

───────

◎ 전북 전주시 완산구 노송여울2길 100(서노송동 655-14) ⓟ 노송천 공영주차장(기본 30분 600원) ⏰ 17:00~04:00 🚫 첫째·셋째 주 일요일 🍴 돼지불고기 1만 원, 양념족발 1만 원, 닭발볶음 1만5000원 📞 063-254-0460

··

전주 사람들이 부담 없이 술 한잔하고 싶을 때 찾아가는 오래된 현지인 맛집으로 김밥과 함께 싸 먹는 매콤한 돼지연탄구이가 단언컨대 '소주각!'이다. 언제 가도 같은 자리에서 양념한 돼지고기를 구워내는 모습을 볼 수 있는데 맛도, 양도, 가격도 초심을 잃지 않았다. 상추 위에 돼지고기 한 점과 새콤한 깍두기, 김밥을 얹어서 상추쌈으로 먹는데 이 세 가지 조화가 오묘한 맛의 세계로 인도한다.

가성비 끝판왕인 전주 백반 맛집

한국식당。

◎ 전북 전주시 완산구 전라감영로 48-1 (중앙동4가 34) ⓟ 전용주차장 ⓞⓟⓔⓝ 11:00~20:00 ⓒⓛⓞⓢⓔ 설, 추석 🖥 백반정식 8000원, 홍어탕 1만4000원, 소불고기 1만4000원 ☎ 063-284-6932

. . . .

옛날 전북도청이 있던 때 그 근처엔 백반 맛집이 많았다. 공무원들이 애용하는 백반집이라면 일단 믿고 들어갈 만하다. 현재는 두어 군데만 남아있는데 그 가운데 한국식당은 지금 들러도 가성비에 놀랄 만한 백반집이다. 2인분을 주문하면 20여 가지의 푸짐한 반찬이 식탁 위에 깔리는데 하이라이트는 찌개 두 가지와 제육볶음이 나올 때다. 8000원이라는 저렴한 가격에 이 같은 밥상을 받아볼 수 있는 곳이 얼마나 남아 있을까. 비싼 전주비빔밥도 좋지만 개인적으로 전주 백반도 강추한다.

수제 초코파이 붐을 일으킨 70여 년 전통 빵집

PNB풍년제과。

◎ 전북 전주시 완산구 팔달로 180(경원동1가 40-5) ⓟ 맞은편 주차장(1만 원 구입 시 1시간 무료) ⓞⓟⓔⓝ 08:00~22:00 ⓒⓛⓞⓢⓔ 연중무휴 🖥 우리밀 수제 초코파이(10개) 2만3000원, 땅콩전병 1만 원 ☎ 063-285-6666

전주에서 학교에 다닌 이들에게 PNB풍년제과는 추억의 한 자락이다. 맛있는 빵과 우유가 있는 만남의 장소이자 부모님께 드릴 전병을 고르던 빵집. 1951년 개업한 후 한때 부침은 겪었지만, 수제 초코파이로 당당하게 부활해 이제는 여행자들 손에 초코파이가 가득 든 빵 봉투를 들게 만들었다. 요즘에는 오리지널 초코파이 외에도 화이트 초콜릿, 바나나, 딸기, 녹차, 복분자, 크림치즈까지 다양한 파이 구색을 갖추고 있다. 아류 초코파이가 많지만 PNB풍년제과가 오리지널로 통한다.

푸짐하고 저렴한 맛집

원조화심순두부 본점.

───────

◎ 전북 완주군 소양면 전진로 1051(화심리 532-1) ⓟ 전용주차장 🕐 08:30~21:00 🕐 설·추석 전날과 당일 🍽 화심순
두부찌개 8000원, 두부돈가스 1만500원 ☎ 063-243-8268

· ·

완주군 소양면 화심리에 위치한 화심순두부는 이미 1980년대부터 대학생들의 MT 장소로 유명했다. 가정집
에서 가마솥에 순두부를 끓이고 모두부를 만들어 팔았던 시절, 푸짐하고 저렴했던 이 집 두부는 또한 전주
대학생들의 추억이기도 하다. 지금은 많은 체인을 거느린 기업으로 성장했지만, 여전히 화심리 본점에 가
면 그 두부를 맛볼 수 있다. 여럿이 가면 돼지고기에 바지락이 함께 들어간 순두부찌개에 생두부와 겉절이
를 추가로 주문해 먹는다. 디저트로는 화심순두부에만 있는 콩도넛과 콩아이스크림을 지나칠 수 없다.

비비정마을의 농가 레스토랑 & 카페

비비정레스토랑.

───────

◎ 전북 완주군 삼례읍 비비정길 26(삼례리 768) ⓟ 전용주차장 🕐 화~금요일 11:30~16:30, 토·일요일 11:30~19:30 🕐
월요일 🍽 불고기 주물럭(1인) 1만3000원, 버섯전골(1인) 1만3000원, 홍어탕(1인) 1만5000원 ☎ 063-291-8609

· ·

조선시대에 지어진 비비정이라는 아담한 정자가 있어 이 음식점에도 '비비정'이라는 이름이 붙었다. 레스토
랑이라고 부르지만 농가 맛집이다. 마을 할머니들이 직접 재배한 친환경 채소로 차린 시골 밥상을 받을 수
있다. 메뉴는 홍어탕, 불고기 주물럭, 버섯전골 세 가지로 호박죽, 다양한 계절 나물무침과 겉절이, 생선찜
과 보쌈 등 10여 가지 반찬이 오른다. 할머니 손맛으로 조리한 음식에는 화학조미료를 쓰지 않으며 직접 우
려낸 육수로 맛을 낸다. 모두 2인분부터 주문할 수 있다.

전주 타르트의 정석

듀숑。

◎ 전북 전주시 완산구 전주객사3길 26-7(고사동 427-6) ⓟ 없음 ⓞ 11:30~21:30 ⓒ 월요일 🍽 타르트류 5500~5800원, 으으세트 8700원, 으으으세트 9900원 ☎ 063-231-4220

바삭한 파이지와 찰랑찰랑하고 부드러운 필링이 조화로운 타르트는 마다할 사람이 없을 것 같은 고급 디저트. 쌉쌀한 커피 한 잔에 타르트 하나면 온종일 쌓인 스트레스를 훌훌 털어버릴 수 있을 것 같다. 맛있는 타르트 하면 떠오르는 것은 마카오의 로드스토우 에그타르트와 이제는 없어졌지만, 이태원에 있던 타르틴의 타르트. 전주에도 '타르트의 정석'이라는 자부심 뿜뿜한 타르트 가게 듀숑이 있다. 이미 〈배틀트립〉, 〈수요미식회〉 등에도 소개된바, 전주의 타르트 마니아라면 이 집을 첫째로 꼽는다. 듀숑의 다양한 타르트들은 크림과 그 위에 얹는 필링의 조합을 고려해 각기 다르게 만드는데 특히 무화과철에나 맛볼 수 있는 무화과타르트와 청포도타르트가 유명하다. 비주얼도 비주얼이려니와 듬뿍 올린 신선한 과일과 바삭한 파이지의 조합이 일품이다. 타르트 하나에 아메리카노 한 잔으로 구성된 으으세트나 타르트 하나에 에이드 한 잔이 나오는 으으으세트로 주문하면 보다 좋은 가성비를 즐길 수 있다.

디저트가 맛있는 객리단길 베이커리 카페

폴스베이커리.

───

◎ 전북 전주시 완산구 전주객사1길 81(다가동4가 119-1) ⓟ 없음 ⓞⱣ 12:00~22:30 ⓒⱢ 연중무휴 ☰ 슈크림크루아상 3800원, 빵오쇼콜라 3800원, 에그타르트 2500원 ☎ 010-5658-8105

┈┈┈┈┈┈┈┈┈┈┈┈┈┈┈┈┈┈┈┈┈┈┈┈┈┈┈┈┈┈┈

객리단길 골목 2층 주택을 개조한 베이커리 카페로 맛있는 디저트를 인기를 얻고 있다. 문을 연 지 오래 되지 않았지만 맛있는 디저트로 인기를 얻고 있다. 1층에도 먹을 수 있는 몇 개의 의자가 있긴 하지만 2층 옛 양옥집 테라스 쪽 의자에 앉으면 골목을 내려다보는 특별한 느낌을 준다. 디저트 종류가 그리 많지 않기 때문에 조금 늦게 가면 이미 소진되어 맛보지 못할 수도 있다. 크루아상, 까눌레, 스콘, 앙버터, 팡도르, 팡드쇼콜라 등 구색이다. 빵 종류는 많은 편은 아니지만, 오밀조밀 있을 건 다 있다.

한옥 고택과 어우러진 모던한 감각

두베 카페.

───

◎ 전북 완주군 소양면 송광수만로 472-23(대흥리 371) ⓟ 전용주차장 ⓞⱣ 10:00~18:00(토 · 일요일은 18:30까지) ⓒⱢ 연중무휴 ☰ 레드벨벳 케이크 8500원, 말차크럼블크림라테 8500원, 소양미숫페너 9000원 ☎ 063-243-5222

┈┈┈┈┈┈┈┈┈┈┈┈┈┈┈┈┈┈┈┈┈┈┈┈┈┈┈┈┈┈┈

전주에서 차로 30분 거리로, 전주 사람들이 바람도 쐬고 커피도 마시는 전주 근교 카페다. '두베'는 이 카페에서 키우는 귀염둥이인 하얀 토종 삽살개의 이름. 아늑한 산의 품에 폭 파묻힌 소양면 오성한옥마을 내 130년 된 한옥 스테이인 소양 고택과 함께 운영하는데 모던한 감각이 돋보이는 두베 카페와 이질감을 주면서도 묘하게 잘 어울린다. 탁 트인 공간감과 한옥 목재를 센스 있게 배치한 인테리어 감각도 눈여겨 볼 만하고 춥지 않은 날에는 야외 데크 테이블에 앉아 풍경을 즐기는 것도 좋다.

SNS를 달구는 완주의 핫플

산속등대 。

◎ 전북 완주군 소양면 원암로 82(해월리 362) ⓟ 전용주차장 OPEN 10:00~19:00 CLOSE 수요일 🎫 어른 8000원, 어린이 5000원 ☏ 063-245-2456

이곳은 1980년대 지어진 폐 제지공장 부지 약 2만6000㎡(8000평)에 체험관, 미술관, 카페, 공연장, 야외 풀장 등을 조성한 복합문화공간이다. 고개를 한참 꺾고 올려다보게 되는 제지공장의 높은 굴뚝은 빨간 등 대로 변신했고 옆에는 고래가 헤엄치고 있다. 그래서 산속등대다. 특히 마음을 '닦고 조이고 기름칠'할 수 있는 인더스트리얼 인테리어가 돋보이는 카페 앞이 최고의 포토존. 특히 어른의 출입이 제한된 어뮤즈월드 에서 아이들은 상상력을 발휘할 수 있는 다섯 가지 테마의 다양한 체험을 하게 된다. 아이에겐 체험의 즐거 움을, 부모에겐 모처럼 여유로운 시간을 선사할 것이다.

자연이 작품이 된 건축가의 내공

아원.

───────

⊙ 전북 완주군 소양면 송광수만로 516-7(대흥리 356) ⓟ 전용주차장 🕐 12:00~16:00 📅 연중무휴 🎫 입장료 1만 원, 핸드드립커피 2000원(10세 이하 출입 제한) 📞 063-241-8195

- -

아원은 두베 카페 위쪽에 자리하고 있다. 근처 호숫가의 오스갤러리도 함께 운영하는 대표는 이미 1980년 대부터 탁월한 건축 감각으로 인정받았던 건축가. 노출 콘크리트 기법으로 건축한 모던한 갤러리, 그리고 250년 된 한옥과 빼어난 풍경을 한 작품처럼 감상하게 하는 독특한 고택 공간을 함께 즐길 수 있는데 문화공간 이용료로 입장료를 대신하며, 핸드드립커피를 저렴한 가격으로 마실 수 있다. 갤러리 안팎으로 '민족의 함성' 작가 강용면의 작품들을 볼 수 있고 장중한 음악이 분위기를 압도한다.

물탱크 전망대가 이색적인 언덕 위 카페

비비낙안.

───────

⊙ 전북 완주군 삼례읍 비비정길 26(삼례리 1478-93) ⓟ 전용주차장 🕐 10:00~21:30 📅 연중무휴 🍹 아메리카노 4000원, 유기농 토마토쥬스 5000원, 감잎차 5000원 📞 063-291-8608

- -

비비정레스토랑에서 옆으로 난 계단을 오르면 언덕에 카페 비비낙안이 있다. 약간 높은 위치라 완주 읍내 너머 전주 시가지 풍경까지 한눈에 들어오는 탁 트인 뷰가 일품이다. 뜰에 있는 커다란 물탱크 전망대 위에 오르면 보다 멀리 주변 경치를 감상할 수 있다. 이 물탱크는 아래편 비비정레스토랑 앞에 있는 등록문화재인 삼례양수장에서 물을 퍼 올려 익산 등으로 보내던 설비. 카페 자체보다는 여유로운 앞뜰의 분위기가 좋아 셀프 웨딩이나 야외 결혼식 장소로도 인기 있다.

100년 묵은 고택에서의 하룻밤

학인당。

───────

◎ 전북 전주시 완산구 향교길 45(교동 105-4) ☎ 063-284-9929 ⌂ hagindang.modoo.at

걷고, 구경하고, 먹으며 즐긴 전주한옥마을. 그 하이라이트는 전통한옥에서 묵어 보는 것이다. 한옥마을 내에 위치한 학인당은 한옥마을의 한옥 가운데서도 가장 오래된 터줏대감이자 민가 중 유일하게 문화재로 지정된 곳이다. 본채, 사랑채를 비롯해 3개의 별당이 있으며 본채를 대관한 투숙객 4인 이상에 한해 사전 예약 시 종부의 한정식 조찬이 제공된다. 드라마 〈미스터 션샤인〉의 촬영지이도 하며 단청 체험, 국악 체험, 한복 체험 등 다양한 전통 체험 프로그램도 운영한다.

영화를 좋아하는 여행자에게 최적의 숙소

전주영화호텔。

───────

◎ 전북 전주시 완산구 전주객사2길 28-27(고사동 462-4) Ⓟ 전용주차장 ☎ 063-230-5000 ⌂ www.yeonghwahotel.com

올해 22회를 맞이하는 전주국제영화제는 매년 5월 영화의 거리에서 열린다. 영화 마니아라면 이곳에서도 가깝고 1층에 카페 겸 영화도서관이 있는 전주영화호텔에서의 하룻밤은 어떨까. 1895년에 제작된 세계 최초의 영화 〈열차의 도착〉을 비롯한 영상 자료와 영화 관련 서적, 영화 잡지 등 수만 점이 비치된 영화도서관에서 커피 한 잔 마시며 시간을 보내자.

동락원。

◎ 전북 전주시 완산구 은행로 33-6(풍남동3가 44) ☎
010-4951-9300

최명희문학관 근처에 있어 전주한옥마을을 여행
할 때 편리하다. 한옥마을에 한옥 숙소는 많지만
그 가운데서도 동락원은 고졸한 옛 고택의 맛이
살아 있고 너른 뜰이 있는 정갈한 한옥으로 한옥
고유의 운치가 있어 추천할 만하다.

라한호텔 전주。

◎ 전북 전주시 완산구 기린대로 85(풍남동3가 26-5) ☎
063-232-7000

전주한옥마을 바로 앞에 자리하고 있기 때문에
체크인하고 바로 한옥마을을 여행하기 편리하다.
한옥뷰가 내려다보이는 객실과 야외 루프탑 수영
장이 인기 있다.

대명여관。

◎ 전북 전주시 완산구 풍남문4길 25-10(중앙동4가 31-
33) ☎ 063-286-2122

1969년부터 운영하던 오래된 여관을 모던한 감각
으로 리모델링하여 단순한 숙소가 아닌 복합문화
공간으로 탄생시켰다. 작은 전시관인 대명아트와
카페가 있으며 작지만 깔끔한 욕실을 구비한 8개
의 객실을 운영한다.

24게스트하우스 전주점。

◎ 전북 전주시 완산구 현무3길 56(중노송동 498-17) ☎
0507-1333-1616

관광지와 멀지 않을 것, 깔끔할 것, 조식이 있으면
좋고 가격까지 저렴하면 금상첨화. 이 모든 기준
을 충족시키는 게스트하우스. 한옥마을까지는
1.3km 거리라 운동 삼아 걸어볼 만한데 무엇보다
도 운영자의 친절함에 높은 점수를 줄 만하다.

PART 15

군산

일제강점기 수탈의 역사를 안고 있는 항구도시 군산은 그 역사나 도시의 분위기가 어쩐지 전남 목포와 많이 닮았다. 상당수의 근대문화유산과 함께 시간이 정지된 듯 예스럽고 고즈넉한 분위기를 자아내 영화 감독들이 사랑하는 영화 촬영지이기도 하다. 여기에 선유대교 개통과 스카이선라인 개장으로 고군산군도가 급부상하면서 군산 여행의 즐거움을 더한다.

걸어서 돌아보기 딱 좋은 군산 원도심

시간여행마을。

📍 군산내항 - 군산근대역사박물관 - 호남관세박물관 - 군산근대건축관 - 진포해양테마공원 - 해망굴 - 초원사진관 - 신흥동 일본식 가옥 - 군산항쟁관 - 동국사 Ⓟ 군산근대역사박물관 주차장

항구를 낀 곡창지대였기에 여느 도시에 비해서도 심한 수탈의 역사를 겪었던 군산은 이제 일제강점기의 근대문화유산이라는 테마를 성공적으로 잘 살린 도시로 손꼽히고 있다. 군산 여행 리스트에는 대체로 일제강점기의 건축물과 영화 촬영지가 오른다. 이런 코스를 엮어서 걷다 보면 자연스럽게 장미동, 신흥동, 월명동을 중심으로 한 원도심을 둘러보게 된다. 군산근대역사박물관이 있는 군산항에서부터 대부분의 근대문화유산과 명소가 걸어서 20분 거리 안에 있기 때문에 차가 없어도 쉬엄쉬엄 걸으며 볼 수 있다. 좀 더 재미를 더하려면 걸어서 10분 거리에 있는 명소로만 구성되어 있어서 시간적으로나 거리상으로 부담 없는 스탬프투어를 추천한다. 진짜 리얼한 즐거움은 축제에 참여해서 1930년의 어느 날 밤으로 타임슬립해보는 일이다. 패션 1930's 디자인경진대회나 군산문화재야행, 군산시간여행축제가 열리며 우리를 100여 년 전 시간 속으로 데리고 간다.

군산의 동피랑으로 거듭나는 말랭이마을
신흥동 근대마을.

◎ 전북 군산시 월명로 516(신흥동) ℗ 전용주차장

신흥동 일본식 가옥이나 동국사가 있는 근대문화유산 거리가 조성된 신흥동은 군산에서도 규모를 갖춘 일본 건축물들이 꽤 남아있는 편. 반면 먹고살기 힘들었던 일제강점기 조선인들은 비탈진 산 위쪽에 옹기 종기 모여 살았다. 말랭이마을이라고 불리던 이 마을은 도시재생 사업을 통해 신흥동 근대마을이라는 이름으로 거듭나고 있다. 낡은 집들을 철거하는 대신 추억의 골목이자 복합 예술 공간이 될 이곳은 마치 동피랑을 떠올리게 하는 벽화골목과 정겨운 포토존으로 군산의 핫스팟이 될 듯하다. 소설여행 게스트하우스에서 올려다보면 바로 그곳이며 월명공원으로 이어진다.

군산 근대역사 탐방의 첫 시작

군산근대역사박물관。

⊙ 전북 군산시 해망로 240(장미동 1-67) ⓟ 전용주차장 ⊙ᴘᴇɴ 09:00~18:00(11~2월은 17:00까지) ⊙ᴄʟᴏꜱᴇ 월요일, 1월 1일 🎫 박물관 통합권 : 어른 3000원, 어린이 1000원 / 박물관 : 어른 2000원, 어린이 500원 ☎ 063-454-7870

군산항에 인접해 있는 군산근대역사박물관은 군산에 산재한 근대문화유산 관련한 코스 중에 첫 번째로 들러보면 좋다. 근대역사 스탬프투어의 첫 도장을 찍는 곳으로 해양물류역사관, 어린이박물관, 근대생활관, 근대자료 규장각실 등을 갖추고 있다. 특히 3층에 있는 근대생활관은 1930년대 일제강점기 군산의 모습을 드라마세트장처럼 재현해 흥미롭다. 모던 걸, 모던 보이가 되어 인력거에 앉아 사진도 찍고, 장년층이라면 역전의 명수 군산상고 야구부에 관한 전시물을 보면서 추억에 잠기게 될 것이다.

일제강점기 조선은행의 변신

군산근대건축관。

⊙ 전북 군산시 해망로 214(장미동 23-1) ⓟ 군산근대역사박물관이나 진포해양테마공원 주차장 ⊙ᴘᴇɴ 09:00~18:00(11~2월은 17:00까지) ⊙ᴄʟᴏꜱᴇ 월요일, 1월 1일 🎫 박물관 통합권 : 어른 3000원, 어린이 1000원 / 건축관 : 어른 500원, 어린이 200원 ☎ 063-446-9811

1922년에 세워진 조선은행 건물을 군산 근대 건축물에 대한 자료를 한데 모은 건축관으로 쓰고 있다. 군산의 근대 건축물 미니어처가 전시되어 있고, 채만식의 소설 《탁류》에서 고태수가 다니던 곳으로 묘사된 은행 지점장실과 금고실도 볼 수 있다. 로비에 설치된 바닥 스크린으로 군산 근대역사를 볼 수 있으며 은행 내부도 볼 수 있다.

멋진 근대 건축물 속 박물관

호남관세박물관.

───

◎ 전북 군산시 해망로 244-7(장미동 49-38) ℗ 전용주차장 ⏰ 3~10월 10:00~18:00(11~2월은 17:00까지) 🚫 월요일
🎫 무료 📞 063-454-7880

- -

개인적으로 군산에서 만나는 근대 건축물 가운데 가장 예쁘다고 생각하는 것이 호남관세박물관 건물이다. 빨간 벽돌과 석재로 지어진 이 단층 건물은 1908년에 독일인이 설계하고 벨기에의 벽돌을 수입해 유럽 양식으로 축조한 것으로 알려져 있다. 일제강점기에 낮에는 세관, 밤에는 파티 장소로 쓰이기도 했다. 이후 군산세관, 전시관을 거쳐 현재는 박물관으로 재탄생했다. 시대별로 정리한 세관 관련 자료와 마약 은닉 수법을 재현한 자료는 물론이고 명품 핸드백과 멸종 위기 호랑이 박제 등 압수품도 흥미롭다.

현존하는 국내 유일의 일본식 사찰

동국사.

───

◎ 전북 군산시 동국사길 16(금광동 135-1) ℗ 일제강점기 군산역사관 주차장(동국사 골목) ⏰ 09:00~17:00 🚫 상시개방 🎫 무료 📞 063-462-5366

- -

일제강점기에 지어진 일본식 사찰 가운데 유일하게 남아있다. 1913년 일본 승려 우치다가 창건한 동국사 대웅전은 화려한 단청이 특징인 우리나라의 사찰과 다르게 모노 톤이 두드러지며 내부에는 보물인 소조석가여래삼존상을 모시고 있다. 앞마당에는 군산 시민들의 성금으로 건립한 평화의 소녀상과 일본 조동종 스님들이 과거의 반성을 담아 세운 참사문비가 앞뒤로 있어 두 나라의 역사에 대해 다시금 생각해보게 한다.

일제강점기 전형적인 일본인 유지의 집

신흥동 일본식 가옥。

⊙ 전북 군산시 구영1길 17(신흥동 58-2) Ⓟ 없음 OPEN 09:00~18:00 CLOSE 월요일 🎫 무료 ☎ 063-454-3337

일본인 유지 히로쓰가 지은 집이라 '히로쓰 가옥'이라고 불렸던 이 일본식 가옥은 국가등록문화재이자 영화 〈타짜〉, 〈장군의 아들〉, 〈바람의 파이터〉의 촬영지로 널리 알려져 있다. 일본 본토에서 보는 일본 가옥 느낌을 고스란히 간직하고 있으며 일본식 정원이 잘 보존되어 있다. 예전에는 신발을 벗고 삐걱거리는 마루를 걸어 각 방을 둘러볼 수 있었으나 현재는 문화재 보호를 위해 1년에 1~2회 실내를 개방한다. 매년 8월에 열리는 군산문화재야행 때 들른다면 해설을 곁들여 실내를 관람할 수 있다.

가슴 저린 짧은 사랑을 기억하는

초원사진관。

⊙ 전북 군산시 구영2길 12-1(신창동 1-5) Ⓟ 없음 OPEN 10:00~18:00(11~2월은 17:00까지) CLOSE 월요일, 1월 1일 🎫 무료 ☎ 063-445-6879

초원사진관은 1988년에 개봉한 한석규, 심은하 주연의 영화 〈8월의 크리스마스〉의 주 무대가 된 곳이다. 초원사진관에는 의외로 당시 영화 관람 세대가 아닌 20대 여행자들이 주를 이룬다. 영화 〈8월의 크리스마스〉에서 정원(한석규 분)이 운영하던 사진관으로 등장했으며, 사진관 속에 영화 속 장면과 오래된 소품들을 전시해 놓았다. 30여 년 전에 개봉했던 영화의 세트장이 이처럼 잘 유지되는 곳도 드물거니와 여행자들이 이토록 끊임없이 찾아주는 곳도 드물지 않을까 싶다.

추억 놀이터가 된 오래된 철길

경암동 철길.

◎ 전북 군산시 경촌4길 14(경암동 539-4) ⓟ 이마트 군산점이나 철길 근처 골목

좁은 철로를 사이에 두고 나지막한 집들이 다닥다닥 붙어 있던 예전의 경암동 철길을 기억하는지. 소박한 생활의 때가 묻어 아날로그 정취를 물씬 풍기던 경암동 철길을 배경으로 황정민 주연의 〈남자가 사랑할 때〉와 백지영의 뮤직비디오가 촬영되기도 했다. 경암동 철길보다도 더 폭이 좁은 태국의 매크롱 철길시장은 여전히 현재 진행형인데 이곳은 이미 몇 년 전부터 완전히 그 모습을 바꾸었다. 지금 이곳엔 교복을 빌리면 스냅 사진을 찍어주는 대여점과 예스러움을 콘셉트로 주전부리나 소품을 파는 가게들이 부쩍 늘었다. 가족끼리, 친구끼리, 연인끼리 교복을 입고 선로에 서서 사진을 찍고 '쫀디기'를 구워 먹거나 달고나 체험을 하면서 추억을 만든다. 오래전부터 이곳을 들르던 입장에서는 옛날이 그리울지 몰라도, 추억 놀이터가 된 현재 여행자의 발길은 더욱 잦아진다. 5년 후의 경암동 철길은 또 어떤 모습일까 자못 궁금해진다.

최무선 장군의 진포대첩을 기념하는 해양공원

진포해양테마공원.

◎ 전북 군산시 내항2길 32(장미동 1-4) ⓟ 전용주차장 ⓞ 09:00~18:00(동절기는 17:00까지) ⓒ 월요일 ◉ 요금 : 어른 500원, 어린이 200원, 박물관 통합권 : 어른 3000원, 어린이 1000원 ☏ 063-445-4472

고려 말 최무선 장군이 함포를 만들어 왜선 500여 척을 물리쳤던 진포대첩을 기념하는 해양테마공원이다. 군산항을 배경으로 장갑차, 자주포, 전투기 등 장비가 전시되어 있어 전쟁기념관 같은 분위기를 풍긴다. 퇴역 함정인 위봉함은 그 내부에 진포대첩 모형과 최무선 장군이 만든 화포, 당시에 쓰였던 무기를 비롯해 군함 병영 생활에 관한 전시물을 전시해두었다. 아이들에게 인기를 끄는 것은 진포대첩을 가상으로 체험해보는 VR 체험으로, 통합권이 있으면 무료로 입장할 수 있다.

아이와 가볼 만한 테디베어 나라

군산테디베어박물관.

◎ 전북 군산시 구영7길 37(월명동 6-2) ⓟ 전용주차장 ⓞ 10:00~19:00 ⓒ 연중무휴 ◉ 어른 1만 원, 어린이 8000원 ☏ 063-446-9000

아이와 함께 군산을 여행한다면 근대역사 탐방은 아이에겐 좀 지루할지도 모른다. 이런 때 아이와 함께 가볼 만한 곳으로 테디베어박물관이 있다. 여느 테디베어박물관처럼 테디베어로 연출한 세계의 문화와 명화나 조각 작품을 만날 수 있다. 다른 도시의 테디베어박물관과 다른 점이 있다면 군산의 역사를 테디베어로 연출했다는 점이다. 또 근대풍 의상이나 교복, 생활한복을 대여하기도 하고, 아이들을 위한 만들기 체험 프로그램도 갖추고 있다.

섬 아닌 섬이 되어 가뿐한 나들이 코스로 부상한

고군산군도。

◎ 전북 군산시 옥도면 대장도리 ℗ 장자도 공영주차장(소형 기본 30분 1000원, 이후 10분마다 300원 / 고군산군도 내 상점 또는 숙소 1만 원 이상 이용 후 영수증 제출 시 2시간 무료) ▤ 입장료 무료

16개의 유인도와 47개의 무인도로 이루어진 섬 전체를 통틀어 고군산군도라고 한다. 새만금방조제가 신시도를 지나게 되면서 신시도−무녀도−선유도−장자도−대장도를 잇는 다리들이 놓여 차량으로 여행이 가능해지자 이곳에 밀물처럼 인파가 몰리기 시작했다. 가족 나들이나 데이트 코스 코스로 이곳을 찾는다면 무녀도의 마을버스 카페에서 쥐똥섬을 감상하며 수제버거 먹기, 선유도의 해변에서 놀거나 ATV 타고 한 바퀴 돌기, 마무리는 장자도 언덕 위의 하얀 카페에서 일몰을 감상하며 크림라떼 한 잔. 직접 발로 누비면서 몸으로 이 섬들의 아름다움을 체험하고 싶다면 선유도, 장자도, 대장도를 이어 걷는 고군산길 트레킹, 선유도 망주봉, 장자도 할매바위 등반이나 해상낚시공원 낚시, 대장도 대장봉 오르기 등 다양한 꺼리가 있다. 특히 해발 142m인 대장도 대장봉에서 바라보는 고군산군도의 환상적인 풍경은 이곳 섬들을 찾아갈 가장 중요한 이유 중 하나로 꼽는다.

돼지고기 고명을 수북이 얹은 전국구 짬뽕

복성루。

◎ 전북 군산시 월명로 382(미원동 332) ℗ 공영주차장(30m 거리) ⏰ 10:00~16:00 ⏰ 일요일 🍜 물짜장 1만 원, 짬뽕 9000원, 짜장면 6000원 📞 063-445-8412

- -

40여 년 전통의 중국집으로 해산물과 돼지고기 고명을 수북하게 얹어주는 짬뽕이 전국적으로 유명하다. 언제 가도 대체로 긴 대기 줄은 각오해야 하는데 테이블 회전은 빨라 대기 시간은 생각보다 짧은 편이다. 진하고 얼큰한 국물이 일품인 짬뽕은 물론이고 달걀 프라이와 오이채를 얹은 면과 소스가 따로 나오는 물 짜장도 인기다. 물짜장은 새우와 전복 등 해산물과 고기가 듬뿍 든 울면 같은 느낌으로, 맵지 않아 부담 없이 먹을 수 있다.

해장하러 왔다가 술을 부르는 물메기탕

선미집。

◎ 전북 군산시 양안로 47(조촌동 743-12) ℗ 가게 앞 ⏰ 10:00~20:00 ⏰ 일요일 🍲 물메기탕 9000원, 다슬기탕 9000 원, 공기밥 1000원 📞 063-452-5375

- -

아는 사람만 아는 현지인 맛집으로 반 건조한 물메기로 끓여내는 물메기탕 맛집이다. 반 건조했기 때문에 흐물흐물 씹을 것도 없이 목을 넘어가는 곰치국(미거지탕)과는 또 다른 식감으로 맑은 육수 위에 미나리 와 청양고추를 듬뿍 얹어 매콤하면서도 시원한 맛이 일품이다. 해장하러 왔다가 술을 부르는 소주각인 물 메기탕은 가격도 비교적 착한 편. 생김에 양념장을 얹어 싸먹는 밥도 맛있고 가짓수는 많지 않지만 반찬 도 입에 잘 맞는다.

바다 별미로 채운 한상을 받을 수 있는

한주옥。

◎ 전북 군산시 구영2길 31(영화동 15-11) ⓟ 없음 🕐 11:00~21:00 🕐 설날, 추석 🍽 꽃게장정식 2만2000원, 꽃게장백반 1만7000원, 대하장정식 1만7000원 📞 063-443-3812

항구도시 군산에는 바다에서 나는 해산물을 이용한 별미로 유명한 음식점들이 많다. 한주옥은 꽃게장을 메인으로 생선탕, 생선회, 아귀찜, 대하장 등 별미를 한상 푸짐하게 받을 수 있는 해산물 맛집이다. 꽃게장 정식은 꽃게장과 생선탕, 생선회, 아귀찜이 제공되며, 꽃게장백반은 정식에서 아귀찜이 빠진다. 대하를 좋아한다면 대하장정식을 선택할 수도 있다. 따끈한 돌솥밥에 감칠맛 나는 음식을 곁들이다 보면 밥도둑이 따로 없다.

엄마의 손맛이 그리울 때 가면 좋은

진주집。

◎ 전북 군산시 구영5길 110(영화동 18-72) ⓟ 없음 🕐 11:00~23:00 🕐 일요일 🍽 갈비김치찌개 9000원, 고등어찌개 8000원, 제육볶음(소) 1만6000원 📞 063-442-5965

노포의 진한 아우라를 풍기는 진주집은 투박하지만 진국인 현지인 맛집이다. 영화동의 구도심 골목에 위치하며 신발 벗고 방에 앉아 엄마의 집밥을 한 상 받는 듯하다. 메뉴는 갈치찌개, 고등어찌개, 제육볶음, 갈비김치찌개 등 다양하다. 주위 테이블을 둘러보니 테이블마다 다른 메뉴를 먹고 있다. 짐작건대 모든 메뉴가 골고루 맛있는 듯하다. 부대찌개의 햄을 제외하면 모두 국내산 재료만 쓰며 반찬도 하나같이 정겨운 엄마의 손맛이다. 세련되진 않았지만, 군산에 갈 때마다 들르고 싶은 맛집이다.

선유도에서 물회가 맛있는 집

서해회식당。

———

◎ 전북 군산시 옥도면 선유북길 93(선유도리 295) ℗ 공영주차장 🕘 09:00~20:00(토 · 일요일은 21:00) 🔒 둘째, 넷째 주 수요일 🍴 물회 1만5000원, 회덮밥 1만3000원, 막회 4만 원 📞 063-462-5090

· ·

'선유도에서 물회를 가장 맛있게 하는 집'으로 현지인이 추천한 맛집이다. 검색도 안 되고 맛집 정보도 별로 없는 선유도에서 가볍게 한 끼를 해결하고 싶을 때 들르면 좋다. 물회를 주문하니 노란 양푼에 살얼음이 동동 뜬 육수에 회가 담겨 나온다. 새콤달콤하고 시원한 육수는 파인애플, 무, 양파를 갈아서 3일간 숙성시켜 쓴다고. 오독오독한 식감의 해삼과 소라, 회도 푸짐하게 들어있다. 함께 나오는 소면은 물론 밥도 말아 먹는다. 식당 벽면에는 〈무한도전〉 팀과 드라마 〈질투의 역사〉 팀이 남긴 사인이 붙어 있다.

서해 바다를 감상하며 푸짐하고 신선한 해물정식을

물고기자리。

———

◎ 전북 군산시 비응남로 5(비응도동 89-4) ℗ 전용주차장 🕘 10:30~22:00(명절 당일 12:00 오픈) 🔒 연중무휴 🍴 탕정식 스페셜 3만 원, 스페셜코스 6만 원, 탕정식 2만5000원 📞 063-463-1784

· ·

새만금방조제가 시작되는 비응항에는 횟집이 즐비한데 그 중 수십 가지 곁들이 반찬이 잘 나오는 탕정식과 회정식으로 유명한 집이다. 각종 유해균을 차단하는 1급수 청정해수를 사용해 안심하고 먹을 수 있는 회는 여름 농어, 가을 도미, 그리고 사계절 대광어가 나오는데 숙성시켜 차지고 쫄깃한 맛이 좋다. 서해안 횟집 특유의 다양한 곁들이 반찬만으로도 미리 배가 부를 수 있으므로 속도 조절을 잘해야 한다. 서해 바다 일몰을 감상하며 신선한 회를 먹고 싶다면 해 질 무렵 창가 자리에 앉을 것.

문화 카페로 변신한 폐 농협창고

카페 미곡창고。

◎ 전북 군산시 구암3.1로 253(구암동 409-1) ℗ 전용주차장 🕙 10:00~22:00 🕙 연중무휴 🍽 미곡아메리카노 5500원, 라떼만다린 6500원, 흥국찰식빵 6000원 📞 063-465-3007

미곡창고라는 이름에서 짐작하듯 100여 평의 폐 농협창고를 멋스러운 카페 겸 문화공간으로 재생한 카페다. 커피, 베이커리, 문화전문가가 모여 새로운 콘텐츠를 만들어가는 협동조합으로 전시와 공연도 열린다. 콜롬비아, 과테말라 등 남미와 에티오피아 커피 농장을 직접 방문해 엄선한 스페셜티 생두로 내린 핸드드립과 유기농 밀, 무항생제 계란, 프랑스 밀가루 등을 재료로 갓 구운 신선한 빵이 맛있다. 와인의 발효방식을 응용해 벌크통에 생두를 장시간 발효 숙성한 무산소 커피 등 색다른 커피도 맛볼 수 있다.

국내에서 가장 오래된 빵집

이성당。

◎ 전북 군산시 중앙로 177(중앙로1가 12-2) ⓟ 맞은편 공영주차장 ⓞⓟⓔⓝ 08:00~22:00(동절기는 21:00까지) ⓒⓛⓞⓢⓔ 비정기적 휴무(인스타그램에 공지), 설날, 추석 🍞 단팥빵 1800원, 야채빵 2200원 📞 063-445-2772

- -

1945년에 오픈해 국내에서 가장 오래된 빵집으로 널리 알려져 있으며 단팥빵과 야채빵이 명물로 손꼽힌 다. 이성당의 단팥빵이 오랜 세월 사랑받는 이유는 쌀가루를 섞은 담백한 반죽과 터질 듯 꽉 찬 팥소 덕분. 양배추의 아삭함이 살아 있는 야채빵도 단팥빵 다음으로 인기가 많다. 왼편에는 각종 전통적인 빵이 진열된 오리지널 이성당이, 오른편 신관에는 새로운 빵 메뉴들이 진열되어 있으며 2층에는 구입한 빵을 커피와 함께 먹을 수 있는 카페가 있다. 주말이나 성수기에는 대기 줄이 길게 이어진다.

쥐똥섬 풍광을 감상하며 수제버거를

무녀2구 마을버스。

◎ 전북 군산시 옥도면 무녀도리 산10-14 ⓟ 전용주차장 ⓞⓟⓔⓝ 09:00~19:00 ⓒⓛⓞⓢⓔ 연중무휴 🍔 수제버거 9000원, 커피류 4000~5500원, 사이드 메뉴 3500~4000원 📞 010-7669-1176

- -

오토 캠핑장 외에는 여행자의 발길을 모을만한 개성을 발견할 수 없던 무녀도가 외국 스쿨버스를 개조한 수제버거 카페로 북적댄다. 노란 스쿨버스를 이용해 조성한 오토 캠핑장도 이미 있지만 이 버스카페가 이토록 사람들을 불러들이는 것은 쥐똥섬 풍광 때문이리라. 무녀도 앞바다의 쥐똥섬은 물이 빠지면 걸어 들어갈 수 있는 아주 작은 섬. 카페로 개조한 버스에 앉아 쥐똥섬을 바라보며 수제버거를 먹는 것은 자못 낭만적인 느낌을 준다.

개화기 감성 물씬한 레트로 카페

군산과자조합。

◎ 전북 군산시 구영5길 68(신창동 48-4) ℗ 전용주차장 OPEN 09:30~22:00(토·일요일은 09:00부터) CLOSE 연중무휴 🍴
1939 스페셜 밀크티 아이스 6500원, 말차라떼 6500원 📞 063-446-1939

· ·

레트로풍의 간판부터 포토존이다. 문을 열고 들어가니 붉은 전구 조명 아래 드러난 삼각 지붕 구조와 나무 기둥, 그리고 개화기 감성 물씬한 앤틱 가구와 소품, 거기에 축음기에서 나오는 듯한 올드 뮤직까지 곁들여져 마치 개화기 시절로 되돌아간 듯한 느낌을 준다. 1939년에 빵과 디저트를 만들던 제과 제빵점이었던 옛 군산과자조합의 정체성을 고스란히 살린 카페로 구움 과자와 얼그레이 홍차의 향긋함을 살린 밀크티가 시그니처 메뉴. 군산의 1930년대 감성을 느껴보고 싶다면 방문 필수.

카페로 변신한 100년 역사의 군산세관창고

인문학창고 정담 & 카페 먹방이와친구들。

◎ 전북 군산시 해망로 244-7(장미동 49-38) ℗ 군산세관 주차장 OPEN 월~금요일 11:00~19:00, 토·일요일 10:00~19:00
CLOSE 연중무휴 🍴 황제아메리카노 4500원, 군산곡물 조리퐁쉐이크 6500원, 먹방이빵 2000원 📞 0507-1314-1908

· ·

호남관세박물관과 현 군산세관 사이에 있는 인문학 카페이다. 1908년 지어진 이후 밀수품 보관창고로 사용됐던 군산세관창고를 리모델링해 연 이곳에서는 인문학 강좌와 음악회를 열고 지역에서 생산된 디자인 소품이나 가공품을 판매한다. 카페에서 보는 '먹방이' 캐릭터는 1900년대 초 세관사로 부임한 주인을 따라 프랑스에서 건너온 프렌치 불도그를 모델로 했으며, 카페의 마스코트 역할을 하고 있다.

쌀창고를 개조한 빈티지 무드 카페

틈。

───────

◎ 전북 군산시 구영6길 125-1(영화동 11-9) ℗ 전용주차장 ⓞⓟⓔⓝ 10:00~21:00 ⓒⓛⓞⓢⓔ 연중무휴 🍴 아인슈페너 5500원, 피칸찰떡바 6000원, 앙버터+아메리카노 2잔 1만2000원 ☎ 010-5662-0840

· ·

빨간 벽돌 위로 뻗어 나간 울창한 담쟁이 넝쿨과 무성한 잎으로 그늘을 만드는 나무. 넝쿨 사이로 쨍한 코발트블루의 문이 폭 파묻힌 듯 나그네를 유혹한다. 슬그머니 안을 들여다보고 싶게 만드는 예쁜 카페는 쌀창고를 개조해 만든 빈티지 무드의 카페 틈이다. 내부에는 오래된 타자기와 옛날 잡지, LP 레코드 등 빈티지한 소품을 배치해 차분하고 편안하다. 카페 안쪽 문으로 나가면 요즘 SNS에서 핫한 일본 느낌의 정원이 있다. 둥그런 거울에 비친 모습을 셀카로 담아보자. 정원을 지나면 저녁부터 이자카야로 변신하는 공간이 나온다.

다다미방에서 차를 마시며 쉬어가는

미즈커피。

───────

◎ 전북 군산시 해망로 232(장미동 18-2) ℗ 군산근대역사박물관 주차장 ⓞⓟⓔⓝ 월~금요일 10:00~19:00(토요일은 22:00, 일요일은 21:00까지) ⓒⓛⓞⓢⓔ 연중무휴 🍴 아메리카노 4000원, 아이스 아메리카노 4500원 ☎ 063-445-1930

· ·

군산근대역사박물관 바로 옆에 위치한 카페로 1930년대 무역회사로 사용하던 미즈상사 건물을 이전, 개축해 북카페로 운영하고 있다. 원목 테이블과 의자를 세팅해 내추럴한 분위기로 꾸민 1층에는 일제강점기 교실 모습을 재현한 미니어처가 눈길을 끈다. 손님들은 대부분 차를 들고 2층으로 올라가 다다미방에 앉아 시간을 보내곤 한다. 《탁류》를 쓴 채만식 작가에 대한 이야기와 그에 관련된 책을 읽으면서 쉬어가기 좋다.

군산에서 커피가 가장 맛있는 로스터리 카페

카페 산타로사。

◎ 전북 군산시 한밭로 76-12(나운동 248-15) ℗ 전용주차장 🕙 10:00~22:00 🕙 연중무휴 🍴 에스프레소 메뉴 5000~7000원, 핸드드립 6500~2만1000원 📞 063-464-4991

. . . .

군산에서 제대로 로스팅한 커피 맛을 볼 수 있는 전문적인 카페로 통한다. 군산 시민들이 애용하는 은파 호수공원 변에 자리하고 있어서 아름다운 호수 전망을 감상하며 커피 한잔하기 좋다. 1층에는 세계 커피 산지의 원두가 든 나무통이 가득한데 이곳에서 늘 커피를 볶는다. 볶은 지 15일 이내의 스페셜티 원두로 내린 산지별 스트레이트 커피를 핸드드립으로 즐길 수 있다.

일제강점기 양조장이 카페로 변신한

바나나팩토리。

◎ 전북 군산시 개정면 번영로 461(아동리 248-3) ℗ 전용주차장 🕙 12:00~21:00(금·토요일은 22:00까지) 🕙 월요일 🍴 핸드드립 5000~5500원, 라떼류 6500원, 와플류 6000~7000원 📞 063-452-9479

. . . .

군산근대역사박물관에서 10km쯤 떨어진 개정면에 자리한 카페다. 일제강점기 양조장을 카페로 개보수해 산속에 있는 별장 느낌이 물씬한 목조 주택이다. 내부 조명은 많이 어둑한 편이고 창밖 풍경은 고즈넉하다. 잔잔한 분위기를 선호한다면 단골로 삼을 만하다. 핸드드립이나 사이폰 방식 중 취향대로 선택할 수 있는 스페셜티 커피와 와플과 각종 과일에 생크림과 아이스크림을 얹은 과일와플이 가성비 좋은 디저트로 인기. 최근 내부 리모델링 중으로 어떤 모습으로 변신할지 기대되는 곳.

장자도 언덕 위의 뷰 카페

카페 라파르。

CAFE LA PHARE

◎ 전북 군산시 옥도면 장자도2길 31(장자도리 23) ℗ 장자도 공영주차장(1만 원 이상 구매 시 2시간 무료) ⏰
11:00~19:30(토·일요일은 10:00부터) 🚫 연중무휴 ☕ 한라봉크림라테 7000원, 아메리카노 5000원, 카페라테 5500원
📞 070-8813-8800

대장도로 향하는 장자도 언덕에 우뚝 선 하얀 3층 미니 카페 라파르는 상전벽해인 장자도의 오늘을 말해
준다. 카페 건물 자체가 10여 명이 앉으면 꽉 찰 정도로 좁아 실내보다는 야외 벤치에 앉는 것을 추천한
다. 왼편으로는 장자도 해상낚시공원이, 오른편으로는 대장도와 대장봉이 보이는데 대장봉을 오른 후 따
뜻한 차 한 잔이 그리울 때 들르기도 좋다. 짚파라솔 아래 야외 벤치 앉아 달달한 크림라테 한 잔 마시며
해넘이를 감상하노라면 마치 소행성 B612에서 하루에 40번씩 해넘이를 지켜보던 어린 왕자가 된 느낌
이다.

소설여행.

◎ 전북 군산시 월명로 516-1(신흥동 58-15) ☎ 063-446-9466 🏠 noveltour.modoo.at

월명터널 옆에 위치한 아날로그 감성이 물씬한 일본식 목조 건물이다. 1927년에 지은 적산 가옥의 형태를 그대로 유지하고 세월의 흔적이 물씬한 원목 가구와 앤티크 소품으로 게스트하우스와 카페를 꾸몄다. 소박하고 여유로운 동네 정취도 좋고 친구랑 밤새 이야기꽃을 피우기 좋은 아늑한 분위기이다. 이 집이 편안한지 보금자리를 삼은 길냥이들과 놀 수 있고 책을 읽으며 쉬기 좋은 카페가 있어 금상첨화.

다호 게스트하우스.

◎ 전북 군산시 구영7길 101(영화동 22-5) ☎ 010-9725-8810

이성당에서 건너편 골목으로 걸어가면 다호 게스트하우스를 어렵지 않게 찾을 수 있다. 일본 가옥을 리모델링하여 모던한 개별 욕실을 갖춘 9개의 객실을 운영한다. 커다란 호랑가시나무가 있는 예쁜 정원이 있고 공용으로 사용할 수 있는 주방 공간이 있어 간단한 셀프 조식이 가능하다.

여미랑.

◎ 전북 군산시 구영6길 13(월명동 16-8) ☎ 063-442-1027

월명동에 조성한 군산시 근대역사경관지구는 1930년대 군산의 생활 모습을 복원한 공간. 이곳에 숙소로 운영하는 여미랑은 정원을 중심에 두고 5개 동에 28개의 일본식 다다미방을 갖추었다. 원래는 고우당이라는 이름으로 운영했으며 단지 내에 카페와 음식점이 있다.

PART 16

고창·부안

선운사에 가면 '선운사에 가신 적이 있나요~'로 시작되는 송
창식의 노래를, 학원농장 청보리밭에 가면 '보리밭 사잇길로
걸어가면~'을 절로 흥얼거리게 된다. 누구나 시인이라도 된
양 낭만이라는 것이 폭발하는 고창에서 차로 30분쯤이면 닿
는 부안까지 연결해서 여행 계획을 짜보자. 가진 것에 비해
사실 제대로 알려진 것이 적은 '생거(生居) 부안'의 매력에 깜
짝 놀랄지도 모른다.

건강한 먹을거리가 있는 자연 속 농원

상하농원。

◎ 전북 고창군 상하면 상하농원길 11-23(자룡리 산1-2) ⓟ 전용주차장 (OPEN) 09:30~21:00 (CLOSE) 연중무휴(식당과 카페는 개별 휴무) 🎫 입장권 : 어른 8000원, 어린이 5000원 / 체험 프로그램 : 1인당 1만5000원 📞 1522-3698

우리에게 친숙한 상하목장 우유는 고창군 상하면의 상하농원에서 생산된다. 상하농원은 매일유업에서 운영하는 약 10만㎡ 규모 농원으로, 농수산업과 제조업, 서비스업이 복합된 농촌 체험형 테마파크. 농원에서는 정직하게 먹을거리를 생산하고 햄 공방, 과일 공방, 빵 공방, 발효 공방에서 가공품을 만들며, 카페와 레스토랑에서 이 식자재를 이용해 음식을 조리한다. 우유와 치즈가 만들어지는 과정을 견학할 수 있으며 여러 체험 프로그램도 마련돼 있다. 아이와 함께 이곳을 찾는다면 소시지나 밀크 빵 만드는 체험 프로그램에 참여해보자. 또 미니돼지, 토끼, 양 등 작은 동물을 키우는 동물농장이 있어 우유 주기 체험도 할 수 있다. 자연 속에서 체험과 식사와 카페, 숙박, 쇼핑까지 원스톱으로 해결하는 공간이라 인접한 파머스빌리지에 머물면서 느긋하게 1박 2일을 즐겨도 좋겠다.

청보리밭 사잇길 산책
학원농장.

◎ 전북 고창군 공음면 학원농장길 158-6(선동리 산119-1) ℗ 전용주차장 🏠 농장 : 상시 / 직영식당 : 09:00~18:20 🏠
상시개방 🎫 무료 ☎ 063-564-9897

- -

끝없이 펼쳐진 초록 물결의 향연. 고창 학원농장은 고창 출신인 진의종 전 국무총리가 1960년대 초부터 개간한 야산이었다. 이후 경관 농업이 본격화되면서 영화와 드라마 촬영지로 명성을 얻었고 고창 여행에서 빠질 수 없는 필수 코스가 되었다. 봄날의 청보리부터 시작해 해바라기, 황화코스모스, 백일홍, 메밀꽃 등 계절을 달리해서 피는 꽃이 농장을 아름답게 물들인다. 〈수요미식회〉에 소개된 보리새싹비빔밥을 맛볼 수 있는 농장 직영식당과 보리나라 학원농장에서 생산된 특산물을 판매하는 기프트숍 & 카페가 있다.

외침을 방어하는 전초기지
고창읍성.

◎ 전북 고창군 고창읍 읍내리 126 ℗ 전용주차장 🏠 09:00~22:00 🏠 상시개방 🎫 어른 3000원, 어린이 1500원 ☎
063-560-8067

- -

어린 시절 한때를 고창에서 보낸 적이 있다. 조선시대 만들어진 자연석 성곽을 다들 모양성이라 불렀다. 모양성의 다른 이름이 고창읍성이다. 조선 단종 원년(1453년)에 왜적의 침입에 대비해 돌을 쌓아 만들었다는 탄탄한 석성은 지금도 굳건한 모습을 유지하고 있다. 성곽 내부에는 관아와 우물, 연못 등이 있었으나 임진왜란을 거치며 소실되었다. 1970년대에 공북루(북문), 진서루(서문), 등양루(동문), 동헌, 객사, 내아, 옥사 등을 복원했다.

유네스코 세계문화유산 고창 고인돌

고인돌 유적 & 죽림선사마을 & 고창고인돌박물관.

📍 전북 고창군 고창읍 고인돌공원길 74(도산리 676) ⓟ 전용주차장 🏛 고창고인돌박물관 09:00~18:00(11~2월은 17:00 까지) 🚫 월요일, 1월 1일 🎫 입장료 : 어른 3000원, 어린이 1000원 / 모로모로 열차 : 어른 1000원, 어린이 500원 📞 063-560-8666

청동기시대의 대표적인 유적인 고창 고인돌은 2000년에 강화, 화순과 함께 유네스코 세계문화유산으로 등재되었다. 고인돌과 관련한 고창의 가볼 곳으로는 고인돌 유적과 죽림선사마을 그리고 고창고인돌박물 관과 고인돌공원이 있다. 그 가운데서도 우리나라에서 가장 큰 규모의 고인돌 군락인 죽림리 고인돌 유적 은 1.5km 반경 안에 탁자식, 바둑판식, 개석식 등 다양한 스타일의 고인돌 440여 기가 모여 있다. 고인돌 박물관과 고인돌공원은 인접해 있지만 세계문화유산인 고인돌 유적과 체험장이 있는 죽림선사마을은 걷 기엔 좀 먼 위치에 떨어져 있다. 이럴 땐 하루 7회 운행하는 모로모로 열차를 타자. 죽림선사마을에는 아 이들이 선사시대를 체험해볼 수 있도록 돌을 갈아 돌칼이나 화살촉을 만드는 체험이 있다.

낭만적인 1500년 고찰

선운사。

◎ 전북 고창군 아산면 선운사로 250(삼인리 500) ℗ 유료주차장(2000원) ⏰ 05:00~20:00 🎫 어른 4000원, 어린이 1000원 ☎ 063-561-1422

- -

백제 위덕왕 24년(577)에 창건한 선운사는 묘하게 낭만적인 이미지로 다가온다. 꽃등이라도 매단 듯 선운사 경내를 환히 밝히는 8월의 배롱나무꽃, 붉은 융단이라도 깔아놓은 듯한 9월의 꽃무릇, 500년 된 동백나무 숲에서 피어나는 4월의 동백꽃 때문이리라. 대웅전 뒤편의 동백나무 숲 외에도 선운천 건너편 절벽의 덩굴식물인 송악과 도솔암 오르는 길의 장사송까지, 선운사는 세 종류의 천연기념물을 품고 있다. 국내 차나무 자생의 북방한계선인 선운사 일대는 작설차 맛이 각별하기로 유명하다.

자연의 위대한 힘을 경험할 수 있는

운곡람사르습지。

◎ 운곡습지 탐방안내소 : 전북 고창군 고창읍 송암길 170-64(죽림리 667-1) ℗ 고창고인돌박물관 주차장 ⏰ 상시개방 📅 연중무휴 🎫 무료 ☎ 063-564-7076

- -

1980년대 영광원자력발전소에 의해 운곡댐이 건설되며 커다란 저수지가 생겼다. 이로 인해 운곡리와 용계리가 수몰되고 30여 년간 사람의 발길이 끊기면서 자연적으로 원시 생태계가 형성된 것이 운곡람사르습지다. 4개의 탐방 코스가 조성돼 있으나 그 가운데 비교적 짧은 1코스(3.6km. 왕복 1시간 40분가량)는 아이와 함께 가볼 만하다. 초입에 고창고인돌군이 있고 최종 목적지인 운곡람사르습지 생태공원에 이르면 인근에서 무게 300t에 달하는 동양 최대의 고인돌도 볼 수 있다.

판소리를 집대성한 신재효를 만나는 곳
판소리박물관 & 신재효 고택。

◎ 전북 고창군 고창읍 동리로 100(읍내리 241-1) ⓟ 전용주차장 ⊙ 판소리박물관 : 09:00~17:00(동절기는 16:00까지)
⊙ 월요일, 1월 1일, 설날, 추석 ⊟ 무료 ☎ 063-560-2710

고창읍성에 간다면 바로 앞에 있는 신재효 고택과 판소리박물관도 들러보자. 신재효는 그 자신이 소리꾼
은 아니었지만 판소리에 조예가 남다른 귀명창이었다. 신재효 고택은 그가 수많은 명창을 길러내고 여섯
마당의 판소리를 집대성한 곳이다. 현재 남아있는 것은 6칸짜리 초가집 한 채 뿐으로, 안에는 판소리 공부
하는 제자들을 모형으로 표현했다. 유네스코 세계무형유산으로 지정된 판소리에 관한 보다 자세한 내용
은 고택 옆에 있는 판소리박물관에서 확인해볼 것.

책과 함께 즐길 수 있는 세상의 모든 것
책마을해리。

◎ 전북 고창군 해리면 월봉성산길 88(라성리 614) ⓟ 학교 내 주차장 ⊙ 금~월요일 10:00~18:00 ⊙ 화~목요일, 공휴
일 ⊟ 1인 1책 구매는 8000원 ☎ 070-4175-0914

고창 해리면 월봉마을의 폐교를 리모델링하여 조성한 복합문화공간으로 자그마치 13만 권에 달하는 책으
로 가득 찬 책세상이다. 공간을 책으로만 빼곡히 채운 책숲을 비롯해 2만여 권에 달하는 어린이 관련 책
을 맘껏 골라 읽을 수 있는 도서관은 기본. 책 한 권을 들고 가서 다 읽을 때까지 나올 수 없는 책감옥도
있다. 또한 스스로 기획, 취재하고 제본까지 해서 책을 만들어 보기도 하고, 여기서 만든 책을 살 수 있다.

게르마늄 온천수로 건강을 챙기는

석정휴스파.

─────

◎ 전북 고창군 고창읍 석정2로 173(석정리 733) ℗ 전용주차장 ⓞⓟⓔⓝ 온천 07:00~19:00, 실내스파 09:00~18:00 ⓒⓛⓞⓢⓔ 연중
무휴 🍴 온천 : 어른 1만1000원, 어린이 8000원 / 온천+스파 : 어른 2만~4만 원, 어린이 1만5000~3만5000원(시즌별 차
등 요금) ☎ 063-560-7500

┄┄┄

프랑스 루르드 샘물에 이어 세계에서 두 번째로 게르마늄 성분이 함유된 온천으로 인정받았다. 온천수에
함유된 게르마늄 성분은 신진대사를 활성화시키고 바이러스성 질환에 특효가 있다고 알려져 있다. 석정
휴스파에서는 이 온천수를 이용해 피로도 풀고 건강식으로 식사도 하고 치료도 겸한다. 꼭 치료 목적이
아니라도 물놀이 겸 건강을 위해 이곳을 찾는 이들도 많다.

고창갯벌축제가 열리는 국내 최대 규모의 람사르습지

만돌어촌체험마을.

─────

◎ 전북 고창군 심원면 애향갯벌로 320(만돌리 960-27) ℗ 전용주차장 ⓐ 갯벌 체험 09:00~17:00 ⓒⓛⓞⓢⓔ 연중무휴 🍴 갯
벌 체험 어른 1만2000원, 어린이 8000원, 영유아 6000원 ☎ 만돌어촌체험마을 : 063-561-0705, 람사르고창갯벌센터 :
063-560-2638

┄┄┄

국내 최대 규모의 람사르습지로 지정된 고창 갯벌 가운데 가장 규모가 큰 곳이 만돌어촌체험마을이다. 매년
8월에 고창갯벌축제가 열리는 이 갯벌은 무려 6km에 이르고 특히 바지락과 동죽이 많이 난다. 단체라면 이
조개를 모아 조개맑은탕이나 바지락칼국수를 끓여주기도 하며 염전 체험도 가능하다. 갯벌 체험 후에 차로
5분 거리에 있는 람사르고창갯벌센터에 들러 갯벌에 대해 공부까지 한다면 교육적인 효과도 좋을 것이다.

7000만 년 전 지구의 기록을 볼 수 있는 해안 절벽

채석강。

◎ 전북 부안군 변산면 격포리 301-1 ℗ 공영주차장

채석강은 해식애라고 부르는 해안 절벽과 그 아래에 깔린 파식대로 이루어져 있다. 파식대 위를 걸으며 격포항부터 격포해수욕장까지 이어지는 절벽을 가까이에서 감상하려면 물때를 맞추는 것이 필수다. 썰물 때면 바다에 잠겨 있던 비경이 모습을 드러낸다. 썰물 때 격포항 쪽에서 바다로 내려가면 바로 오른쪽에 바닷물에 깎여서 만들어진 해식동굴이 있는데 폭보다 높이가 상당히 높은 게 특징이다. 파도가 밑부분을 깎으면서 낙석들이 떨어져 오늘날 같은 모습이 되었는데 그 모양이 마치 뒤집어놓은 우리나라 지도 같다. 절벽을 타고 조금 올라가면 나타나는 이 동굴은 노을이 질 때면 사진가들의 노을 사진 명소가 된다.

부안에서 만나는 주상절리

적벽강.

⎯⎯⎯⎯⎯

◎ 전북 부안군 변산면 적벽강길 54 ⓟ 공영주차장

- -

격포해수욕장을 지나 해안도로를 따라 4분 정도 달리면 수성당 옆 적벽강에 이른다. 중국의 절경인 적벽강을 닮았다 해서 이름을 따왔다. 채석강에 비해 적벽강은 그다지 알려지지 않았으나 이곳에서는 제주도에서나 봄 직한 주상절리를 볼 수 있다. 특히 노을이 질 때 가서 보면 유난히도 붉은 빛을 띠며 존재감을 발한다. 부안의 바다가 파도와 바람에 깎여온 오랜 세월을 묵묵히 보여준다. 해변에는 몽돌이 깔려 있어 채석강과는 다른 풍경을 볼 수 있다.

서해의 수호신 개양할미 사당

수성당.

⎯⎯⎯⎯⎯

◎ 전북 부안군 변산면 적벽강길 54(격포리 산35-17) ⓟ 공영주차장

- -

적벽강에서 수성당으로 향하는 길은 데크로 연결되어 있다. 시누대 숲길을 지나면 왼편으로 변산 앞바다를 마주한 대명리조트가 보이고 곧 수성당에 이른다. 수성당은 바다의 수호신인 개양할미의 전설이 깃들어 있는 사당으로, 선사시대 이래 바다에 제사를 지내온 곳으로 알려져 있다. 사실 수성당은 알고 찾아오는 여행자들에게는 봄날의 유채꽃 사진을 찍기 좋은 명당으로 통한다. 유채꽃이 지고 난 다음에는 메밀꽃, 코스모스가 차례로 피고 천연기념물로 지정된 후박나무 군락도 있다.

자연이 스스로 가꾸어낸 습지의 아름다움

줄포만갯벌생태공원.

⊙ 전북 부안군 줄포면 생태공원로 38(우포리 513) ℗ 전용주차장 🕒 갯벌생태관 09:00~18:00(동절기는 17:00까지)
🔒 월요일, 설날, 추석 🎫 갯벌생태전시관 : 7~64세 2000원, 5~6세 어린이 1000원 / 생태보트 체험 : 중등 이상 5000
원, 초등 이하 3000원 📞 063-580-3172

늦여름, 변산반도와 고창 사이에 위치한 줄포만갯벌생태공원을 붉은 비단을 펼쳐놓은 듯 물들이는 것은
칠면초라는 염생식물이다. 칠면초 뿐만 아니라 계절마다 꽃과 갈대가 피고 지며 영화 촬영지로도 인기
있다. 2010년에 람사르습지로 등록된 이 생태공원에는 갯벌생태관을 중심으로 한 광활한 생태탐방로가
조성되어 있다. 뷰가 멋진 펜션과 캠핑장이 있고 갈대밭 사이를 누비는 생태보트 체험도 할 수 있다.

바다 맛이 집결한 수산물 천국

격포항.

⊙ 전북 부안군 변산면 격포항길 64-7(격포리 788-13) ℗ 공영주차장 🔒 격포항수산시장 : 첫째·셋째 주 수요일

싱싱한 해산물 한 접시는 서해 여행에서 빠질 수 없다. 채석강 바로 옆에 격포항이 있으니 한 끼 정도는
이곳에서 해결하자. 부안 여행에서 꼭 맛봐야 할 해산물은 주꾸미와 갑오징어, 바지락, 백합 등이다. 격포
항에는 아침마다 경매가 열리는 위판장과 수산시장, 회센터가 있다. 저렴하게 해산물을 맛보려면 격포항
수산시장을 찾자. 제철 해산물을 수산시장에서 사서 2층에서 상차림비를 지불하고 먹는 것이 가장 가성비
가 좋다. 요트 계류지 옆 데크 길은 산책 겸 해넘이를 구경하기에 그만.

소금 꽃이 만들어 낸 곰소의 존재감
곰소항。

◎ 전북 부안군 진서면 곰소리 ⓟ 공영주차장

바다를 끼고 있는 변산반도에서도 유독 어촌 느낌이 강한 곳이 곰소다. 가까운 곰소염전에서 생산되는 질좋은 소금이 있기에 젓갈 단지와 건어물시장이 존재한다고 할 수 있다. 곰소항 쪽으로 가면 젓갈시장이 늘어서 있는데 요즘엔 직접 만드는 집보다는 공장에서 생산하는 경우가 많기에 맛의 차이는 크지 않다. 부안 사람들이 조림으로 즐겨먹는 풀치를 비롯한 건어물도 저렴한 가격에 구입할 수 있고 간수 뺀 소금도 자루째 사가지고 갈 수 있다.

전나무길이 아름다운 천년 고찰
내소사。

◎ 전북 부안군 진서면 내소사로 243(석포리 268) ⓟ 내소사 주차장(기본 1시간 중소형차 1100원, 경차 500원) (OPEN) 08:00~18:00 (상시개방) 상시개방 🎟 어른 4000원, 어린이 1000원 📞 063-583-7281

내소사 일주문을 들어서면 천왕문에 이르기까지 약 600m가량이 전나무 숲길로 이어진다. 내소사는 백제 무왕(633년) 때 창건되어 약 1400년 역사를 지닌 사찰로, 대웅보전과 영산회괘불탱, 고려 동종 등 보물을 간직하고 있다. 특히 내소사를 강렬한 기억으로 남게 하는 것은 나무 빛깔과 나뭇결을 그대로 드러내는 소지 단청. 나무로 정교하게 연꽃을 새겨 넣은 대웅보전의 연화문은 우리나라 장식 문양 중에서 최고 수준을 보여준다.

작지만 알차게 바다를 즐기는 마을

모항마을.

◎ 전북 부안군 변산면 모항길 107(도청리 123) ⓟ 공영주차장 ▤ 모항갯벌체험장 어른 1만 원, 어린이 8000원 ☏ 모항갯벌체험장 063-584-7788

- -

안도현 시인의 시 〈모항으로 가는 길〉로도 알려진 모항마을은 몇 년 전만 해도 언덕 위의 나무 한 그루가 인상적인 고즈넉한 어촌이었다. 이제는 갯벌체험장과 솔숲 캠핑장을 비롯해 리조트나 펜션 같은 숙박시설들이 즐비해 여름이 되면 피서객들이 몰린다. 4월부터 10월 사이에 모항갯벌체험장을 찾으면 '가무락' 이라고 불리는 까만 모시조개를 잡을 수 있다. 또한 솔숲 사이에서 캠핑도 할 수 있고 선착장의 등대 근처에서 낚시도 즐길 수 있다.

여행자를 이끄는 노을의 마력

솔섬.

◎ 전북 부안군 변산면 변산로 3318(도청리 313-1)

- -

솔섬은 변산면 도청리 전북학생해양수련원 안쪽 해변에서 멀지 않은 곳에 있다. 솔섬은 태안 꽃지해변, 강화 석모도와 함께 최고의 노을 여행지로 손꼽힌다. 솔섬은 해변에 인접한 작은 섬으로, 썰물 때면 바닷길이 열리기 때문에 걸어서 닿을 수 있다. 하지만 솔섬의 매력은 바다에 잠겨 있을 때 해변에서 봐야 제대로 보인다. 솔섬이 노을 포인트로 소문이 나면서 전국에서 찾아오는 사진 동호인들이 늘어나 자리 경쟁도 치열하다.

현지인이 추천하는 숨은 명소

내변산。

◎ 전북 부안군 변산면 중계리 ℗ 내변산탐방지원센터(경차 1000원, 승용차 2000원) ☏ 063-582-7808

여행자들이 부안 하면 떠올리는 곳은 주로 바다 주변인 외변산이다. 그런데 부안 사람들은 안쪽 산악지대인 중계리의 내변산을 진짜배기로 친다. 부안 사람들이 즐겨 찾는 포인트는 봉래구곡과 직소폭포, 월명암과 낙조대다. 봄이면 산벚꽃이 장관을 이루는 2km가량의 봉래구곡을 따라 약 1km 내려가면 22m 절벽 아래로 떨어지는 직소폭포가 나온다. 서쪽 능선길 숲속에 작은 암자인 월명암이 있고, 걸어서 5분 거리에 낙조대가 있다.

천년 고려청자를 흥미롭게 배우는

부안청자박물관。

◎ 전북 부안군 보안면 청자로 1493(유천리 798-4) ℗ 전용주차장 ⓞ 10:00~18:00(동절기 17:00까지) ⓒ 월요일, 1월 1일, 설날, 추석 🎫 어른 3000원, 어린이 1000원 ☏ 063-580-3964

고려청자 생산의 양대 산맥으로 전남 강진 사당리 도요지와 부안 유천리 도요지를 꼽는다. 이곳에서 생산된 청자의 수요자는 주로 왕실과 귀족을 비롯한 당대 최고 지배층이었다고 한다. 2002년 군산시 비안도 앞바다에서 인양한 3000여 점의 청자도 부안 유천도요지에서 생산된 것으로, 부안청자박물관에 가면 고려상감청자 진품과 제작 과정을 디오라마와 4D입체영상으로 볼 수 있다. 야외에는 약 1000년 전 고려청자를 구워냈던 가마터를 직접 관찰할 수 있다.

약선 전문가의 건강한 장어 요리

풍천만가。

———

◎ 전북 고창군 아산면 선운사로 3(삼인리 29-35) ⓟ 전용주차장 🕐 09:00~21:00 🚪 연중무휴 🍽 장어구이 3만4000원, 장어백반정식 2만7000원, 백반정식 1만5000원 📞 063-563-3420

풍천장어는 본래 선운사를 끼고 도는 풍천(민물과 바닷물이 합쳐지는 지형)에서 잡은 장어를 말하지만, 현재 자연산은 거의 잡히지 않는 상황이다. 요즘엔 장어를 바닷물에 가둬 사료로 찐 살을 빼는 축양 과정을 거쳐 보다 탄력 있고 쫄깃한 장어를 내놓는 장어집이 많다. 그 가운데서도 선운사 가는 길목에 위치한 풍천만가는 담백하고 쫄깃한 장어와 약선 전문가인 사장님의 조리 솜씨로 평이 좋다. 밥과 함께 먹는다면 구운 소금구이와 양념구이가 함께 상에 오르는 장어백반정식이나 얼큰한 장어탕도 좋다.

착한 가격대의 건강한 한정식

퓨전한정식마실。

◎ 전북 고창군 고창읍 월암수월길 104-8(월암리 345-1) ⓟ 전용주차장 🕐 11:30~21:00(브레이크 타임 15:30~17:00) 🚪 연중무휴 🍽 기본정식 1만5000원, 마실정식 2만 원, 해미정식 2만3000원 📞 063-564-4000

가성비 좋은 퓨전 한정식을 즐길 수 있는 집이다. 자연 조미료 쓰기, 매일 음식 만들기, 매월 새로운 요리 선보이기 등을 약속하는 주인의 마인드가 일단 믿음직하다. 기본정식만 주문해도 약선보쌈과 복분자떡갈비, 된장찌개를 중심으로 집에선 쉽게 접하기 힘든 10여 가지 이상의 음식이 상에 오른다. 전채-주요리-식사 순으로 제공되며 인공 조미료를 쓰지 않아 맛이 깔끔하다. 전반적으로 집밥을 먹는 듯 담백하며, 주요리가 어떤 것이냐에 따라 정식의 종류가 달라진다.

살진 변산 바지락으로 쑤어낸 감칠맛

명인바지락죽。

──────

⊙ 전북 부안군 변산면 변산해변로 794(운산리 446-8) ⓟ 전용주차장 (OPEN) 08:40~18:40 (CLOSE) 연중무휴 🍴 인삼바지락죽 1만1000원, 바지락회비빔밥 1만2000원, 바지락회무침 2만2000~3만3000원 ☎ 063-584-7171

- -

씨알 굵은 부안 바지락으로 쑤어낸 바지락죽은 부안 여행 중 꼭 맛봐야 할 별미. 명인바지락죽은 6년산 수삼을 넣어 끓여내 바지락죽에 인삼 향이 그윽하게 감도는 것이 특징이다. 젓갈과 해초 무침 등으로 구성된 반찬도 정갈하다. 바지락 국물 자체의 감칠맛이 강하기 때문에 화학 조미료를 쓰지 않는다. 양이 좀 적게 느껴질 수 있으므로 둘 이상 간다면 매콤하게 무쳐낸 바지락회나 바지락회비빔밥과 함께 주문해보자.

영화 〈변산〉 촬영지로 유명한 작은 음식점

소우。

──────

⊙ 전북 부안군 동진면 고마제로 143(장등리 670-5) (OPEN) 11:30~20:00(브레이크 타임 15:00~17:00) (CLOSE) 연중무휴 🍴 소우소바 7000원, 소우비빔소바 8000원, 양념고기덮밥 8000원 ☎ 063-583-3346

- -

음식 맛보다는 이준익 감독의 영화 〈변산〉에서 피아노 학원으로 나와서 먼저 유명해진 것이 독특하다. 부안군청 근처에서 동진면 저수지 근처로 이전했다. 부안에서 보기 드문 인스타 감성의 식당으로 커다란 통창 너머로 저수지 뷰를 볼 수 있 수 있다. 직접 만드는 육수와 쫄깃한 면발의 소바와 불향 가득한 양념고기덮밥 등 착한 가격의 메뉴를 다양하게 갖추고 있다.

먹을수록 건강해지는 맛

신사와 호박。

◎ 전북 부안군 진서면 청자로 622-340(석포리 694) ℗ 전용주차장 🕐 12:00~20:00 🕐 비정기 휴무(전화 확인) 🍴 뽕잎 고등어구이 1만4000원, 모싯잎전 1만 원, 별미밥상 1만 원 📞 063-581-6840

한 끼를 먹어도 속이 편안하고 건강해지는 밥상을 좋아한다면 내소사 들어가는 길목에 있는 이 식당에 들러보자. 솔잎, 뽕잎, 산나물 등 자연에서 구한 식재료로 조리한 음식들이 상에 오르기 때문에 토속 약선 백반이라고 부를 만하다. 솔잎 가루를 뿌려 갓 지어내는 돌솥밥에 뽕잎 추출액에 염장해서 숙성한 고등어 된장구이, 토속 된장찌개로 구성된 뽕잎 고등어구이가 인기 메뉴로 꽃잎을 얹어 부쳐낸 모싯잎전도 별미. 함께 나오는 솔잎간장을 뜨거운 밥에 슥슥 비벼 먹으면 밥 한 공기를 더 추가하게 될 것이다.

 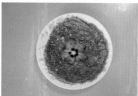 

감성으로 힐링 받는 카페

스며들다。

◎ 전북 고창군 고창읍 중앙로 269(교촌리 79-3) ℗ 전용주차장 🕐 11:00~22:00 🕐 셋째 주 월요일 🍴 커피류 3000~5000원, 에이드류 5000~6000원, 수제 차 5000~6000원 📞 063-563-9457

버석버석한 마음을 촉촉한 감성으로 힐링 받을 수 있는 아기자기한 카페. 사진과 꽃, 초록 식물로 가득한 이 카페는 카페지기의 손길이 고스란히 느껴지는 공간. 고창초등학교 옆에 있어서 찾기도 쉽고 고창 여행 중에 들러 잠시 쉬어가기 좋다. 카페 내부는 카페지기의 차분함과 고즈넉함을 닮았다. 자연 소품을 비롯한 몽실몽실 파스텔 색깔의 사진으로 가득하고 자연스럽게 말린 드라이플라워와 구석구석 초록 식물을 놓아 편안한 분위기를 연출한다.

곰소염전 인근 찐빵 카페

슬지제빵소。

◎ 전북 부안군 진서면 청자로 1076(진서리 1219-73) ℗ 전용주차장 🕙 10:00~19:00 🕙 연중무휴 🍞 크림치즈찐빵 3500원, 우유생크림찐빵 3600원, 우리밀찐빵 2000원 📞 010-3252-0059

찐빵과 커피의 조화는 얼핏 상상이 잘 되지 않는 조합이지만, 변산 곰소염전 건너편에 위치한 슬지제빵소에 가면 찐빵 베리에이션과 커피를 함께 즐길 수 있다. 변산에서 눈에 띄는 감성적인 외관의 이 카페는 아기자기한 인테리어를 구경하는 재미도 좋지만 2층 테라스에서 감상하는 곰소염전 해넘이도 근사하다. 우리 땅에서 나는 농산물만 사용해서 만든 찐빵이 유명하며, 커피뿐 아니라 부안 특산물인 뽕으로 만든 오가닉 드링크 메뉴도 갖추고 있다.

감성적인 오션뷰 카페

마르。

◎ 전북 부안군 변산면 궁항영상길 48(격포리 655-1) ℗ 전용주차장 🕙 평일 10:30~20:00, 주말 10:00~20:30 🕙 연중무휴 🍞 아메리카노 6000원, 녹차라테 7500원, 마카롱 3500원 📞 010-8819-9488

격포항에서 가까운 궁항에는 드라마 〈불멸의 이순신〉 세트장이 있다. 이 드라마세트장으로 가기 전에 바다를 내려다보며 차 한잔하며 쉬어갈 수 있는 카페 마르가 있다. 2층 집의 1층을 카페로 개조했는데 앞바다의 자그마한 소리섬과 빨간 지붕의 부안변산 요트경기장이 내려다보인다. 햇살 좋은 날 폴딩도어를 젖혀 시원하게 틴인 바다 전경을 감상하거나 파라솔과 카바나로 연출한 잔디밭 의자에 앉아 고즈넉한 여유를 즐기기 좋다.

상하농원 속 팜스테이

파머스빌리지.

◎ 전북 고창군 상하면 상하농원길 11-23(용정리 1399-2) ☏ 063-563-6611 ⌂ www.sanghafarm.co.kr

상하목장 너머에 42개의 객실을 갖춘 파머스빌리지가 있다. 편백나무, 오동나무 등 좋은 목재를 사용해 창고형으로 지은 친환경적인 호텔로, 층고가 높아 개방감을 준다. 2인실, 패밀리룸, 단체룸 등을 고루 갖추고 있어 인원수에 따라 선택의 폭이 넓으며 3인 기본인 패밀리룸은 복층 구조. 상하농원을 산책하며 여유를 즐기는 팜스테이형 숙소이며, 상하농원 입장권, 뷔페 조식, 스파까지 객실료에 포함되어 있다.

정갈한 한옥에서 하룻밤

고창읍성 한옥마을.

◎ 전북 고창군 고창읍 동리로 128(읍내리 120) ☏ 063-563-9977

고창읍성 앞에 위치한 한옥마을 숙소로 2014년 문을 열었다. 규모는 작지만 정갈하고 조용하다. 일곱 채의 기와집에 구조가 다른 11개 객실을 운영한다. 객실별 기준 인원은 모두 4인이다. 미닫이 장지문을 열면 널찍한 대청마루와 운치 있는 정원이 보인다. 욕실은 비데가 포함된 현대식이라 머무는 데 불편함이 없다. 판소리박물관과 신재효 고택도 인근이고, 해가 저문 후에는 조명을 밝힌 멋진 고창읍성을 산책하기 좋다.

인스타 감성 가득한 바닷가 통나무집

스테이 변산바람꽃.

◎ 전북 부안군 진서면 작당길 6-7(운호리 343) ⌂ stay-wf.com

통나무집 특유의 따뜻한 분위기 속에서 조용히 쉴 수 있어 이곳에 묵기 위해 부안 여행을 떠나는 여행자도
많다. 여행 사이트 '여행에 미치다'에서 감성 광고 같은 영상도 볼 수 있고 에어비앤비 추천 숙소이기도 하
다. 바다 쪽으로 튀어나온 베이창가와 나무욕조가 인증샷 포인트. 새로 리모델링한 따뜻한 느낌 물씬한 오
픈 키친에서 요리할 수 있으며 7월부터 맛으로 소문난 샌드위치와 직접 로스팅한 커피가 조식으로 제공된
다. 워낙 인기가 많은 숙소라 한 두 달 전에 미리 예약을 해야 하며 연박 우선이다.

대명리조트 변산.

◎ 전북 부안군 변산면 변산해변로 51(격포리 257) ☎
1588-4888

웬만한 국내 여행지에는 빠짐없이 들어선 대명리
조트는 따로 설명이 필요 없다. 가족 단위로 가서
묵고 즐기기에 리조트만큼 편안한 시설이 또 있
을까. 변산에서 가장 규모가 크고 널리 알려져 있
는 대표적인 숙소다. 부대시설로 아쿠아월드와
사우나, 레스토랑, 슈퍼마켓 등이 있다.

G펜션.

◎ 전북 부안군 변산면 격포로 144(격포리 260-159) ☎
010-5832-9080

격포버스터미널에서 비교적 가까운 위치에 있으
며 인근에 대형 슈퍼마켓이 있어 편리하게 이용
할 수 있다. 모던하고 깔끔한 인테리어에 야외 풀
장, 카페, 실내 바비큐장, 어린이 놀이공간이 있어
가족 여행에 최적. 숯불과 바비큐 그릴을 대여할
수 있다. 접근성과 편의성이 최대 장점이다.

PART 17

광주·담양

호남 지역의 유일한 광역시인 광주만큼 여행지로서 매력이 급상승한 도시도 드물 것이다. 양림동과 동명동을 중심으로 한 원도심의 풍부한 이야깃거리와 즐길 거리만 찾아다녀도 하루가 짧다. 광주에서 차로 20여 분 거리에 담양이 있다. 광주 사람들에게 담양은 맛집이 많은 이웃 동네에 가깝다. 여행자에겐 노거수 그늘 아래에서 국수 한 그릇 후루룩 말아먹고 평상에 누워 낮잠을 자고 싶은 초록의 도시다.

옛 이야기 가득한 양림동 한 바퀴

양림역사문화마을.

📍 양림마을이야기관 – 이장우 가옥 – 유진벨선교기념관 – 김현승 시비 – 선교사 묘역 – 우일선 선교사 사택 – 광주 수피아여자중·고교(커티스메모리얼홀, 수피아홀, 윈스브로우홀) – 오웬기념각 – 양동제일교회

📍 양림마을이야기관 : 광주시 남구 서서평길 7(양림동 202-69) ⓟ 공영주차장 🕐 09:00~18:00 🚪 월요일 📞 062-676-4486

호남 기독교 문화의 발상지로 100년 넘은 기독교 유적과 근대 건축물, 전통 문화재 고택이 자연스럽게 어우러진 유서 깊은 마을이다. 양림동은 크게 초기 광주 기독교와 관련한 양림산 주변, 펭귄마을이 있는 양림오거리 주변, 전망대가 있는 언덕 위의 사직공원 세 권역으로 나눌 수 있다. 양림역사문화마을 탐방은 양림마을이야기관에 들러 지도를 구하는 것부터 시작하는 게 좋다. 이곳에 공영주차장도 있거니와 양림동 역사에 관한 많은 정보를 접할 수 있다. 중요한 포인트를 빠뜨리지 않고 들른다면 양림동을 시계 반대 방향으로 돌아서 펭귄마을까지 둘러보게 될 것이다. 군데군데 포토존과 미술관, 예쁜 카페, 음식점과 베이커리가 콕콕 박혀 있기 때문에 마음 가는 대로, 발길 가는 대로 즐겨도 좋겠다.

정크아트로 꾸민 양림동 골목

펭귄마을。

◎ 광주시 남구 천변좌로 446번길7(양림동 201-64) ℗ 공영주차장 🏠 양림커뮤니티센터 09:00~18:00 🏠 연중무휴 📞
양림커뮤니티센터 063-607-2328

몇 년 전 화재로 소실된 한옥의 잿더미를 치우던 중 마을 주민들이 하나둘씩 오래된 물건을 들고 나와 펭
권텃밭을 꾸미기 시작하면서 조성된 것이 현재의 펭귄마을이다. 요즘 보기 힘든 옛날 물건을 좋아해주는
젊은 세대와 소위 '아재'들이 소통하는 곳이라는 스토리가 있어 아름답다. 펭귄마을에는 사실 펭귄이 없
다. 사고로 다리가 불편해 '펭귄댁'이라고 불리던 주민이 펭귄마을로 부르자고 제안했다고 한다. 광주 남
구청이 나서서 도심재생사업을 펼치며 깔끔하게 정리한 후 볼거리가 된 펭귄마을에는 젊은 여행자들이
찾아와 인증샷을 남기고 때때로 버스킹 공연과 프리마켓도 열린다. 입구에 있는 양림커뮤니티센터에 들
러 지도도 얻고, 상주하는 마을 주민의 안내를 받아 양림동 투어를 시작하기를 권한다.

매월 다른 주제로 큐레이션 되는 로컬 상품을 만날 수 있는 곳

10년후 그라운드。

⊙ 광주 남구 양촌길 1(양림동 111-16) ℗ 전용주차장 ⊙ 11:00~19:00(금·토요일은 21:00까지) ⊙ 연중무휴 ☐ 1890라테 5000원, 카페비엔나 5500원, 부여딸기요거트 6000원 ☎ 070-4763-5070

- -

타임머신을 타고 1930년대로 돌아가 경성 시대 '모던 문화'를 즐기자는 콘셉트로 운영하던 쥬스컴퍼니의 1930양림쌀롱 프로그램은 인기리에 마무리되었다. 대신 50년 된 옛 유치원 자리로 옮겨 10년 후의 삶을 고민하는 모임 공간 〈10년 후 그라운드〉가 새로 문을 열었다. 다양한 문화 행사와 특강이 열리는 복합문화공간으로 근대 무드 콘셉트의 카페1890과 다양한 로컬 상품을 만날 수 있는 여행자 라운지도 운영한다. 매달 둘째 주 토요일 11시부터 매월 다른 주제로 큐레이션 되는 가든스테이지 마켓에서는 양림동 곳곳에서 피크닉을 즐길 수 있는 피크닉 세트도 구입할 수 있다.

19세기 말 상류층 가옥

이장우 가옥。

⊙ 광주시 남구 양촌길 21(양림동 128) ⊙ 09:00~18:00 ⊙ 공휴일 ☐ 무료

- -

1899년에 지은 전통가옥으로 원형이 잘 보존되어 1989년 광주광역시 민속문화재 제1호로 지정되었다. 정낙규가 건립하고 1965년에 이장우가 매입, 현재는 동신대학교에서 관리하고 있다. 'ㄱ'자 구조로 솟을대문을 지나면 정갈하게 가꾼 일본식 정원과 대문간, 곳간채, 행랑채, 사랑채, 안채로 배치된 팔작지붕 기와집이 방문객을 맞는다. 평상시에는 대문은 닫아 놓고 있어 왼쪽의 샛문으로 들어가면 된다. 100m쯤 떨어진 최승효 가옥도 한때 개방했으나 현재는 관람할 수 없다.

광주를 한눈에 조망하는
사직공원 전망타워。

◎ 광주시 남구 사직길 49-1(사동 177) ⓟ 사직공원 주차장 🕘 09:00~18:00 🏛 상시개방 🎫 무료

- -

13.7m 높이 전망대에 오르면 양림동과 도심은 물론 광주를 둘러싼 무등산까지 시원하게 펼쳐진다. 호남신학교 쪽에서 엘리베이터를 타고 올라가거나 선교사 묘역에서 언덕을 올라가도 되고, 아니면 차로 쉽게 입구까지 진입해도 된다. 현재의 전망타워는 공모에서 뽑힌 디자인을 적용하여 원래 이 자리에 있던 팔각정을 허물고 새로 지은 것이다. 전망대는 3층 옥상으로 망원경이 놓여 있다. 현재는 코로나19 확산 예방을 위해 전망타워 운영시간을 단축했지만 정상화되면 10시까지 개방하니 광주 야경을 감상하기도 좋다.

광주 트렌드 1번지
동명동 카페거리。

◎ 광주시 동구 동명동 ⓟ 국립아시아문화전당 주차장(기본 30분 800원)

광주 동명동은 원래 도심에서 가장 가까운 고급 주택가였다. 신도심으로 거주 인구가 옮겨간 이후로는 학원이 속속 생겨나면서 학원가로 이름을 떨쳤다. 아이들을 기다리는 학부모들이 카페에서 시간을 보내곤 했다고. 몇 년 전부터 주택들을 솜씨 있게 리모델링한 카페와 레스토랑이 생겨나고 갤러리, 주점, 공연장, 게스트하우스들이 속속 들어서며 광주 최고의 핫플레이스가 되었다. 국립아시아문화전당에서 횡단보도를 건너면 바로 카페거리라 접근성도 좋고 주차도 편리하다.

국내 최대의 어린이 문화시설이 있는

국립아시아문화전당。

◎ 광주시 동구 문화전당로 38(광산동 13) ℗ 유료주차장(기본 30분 800원) ⊙ 내부 시설 개방 10:00~18:00(수·토요일은 19:00까지) ⊙ 월요일, 1월 1일 🎫 어린이문화원 체험관 : 만 3세~ 13세 5000원, 만 14세 이상 3000원 📞 1899-5566

전남도청이 무안군으로 이전한 후 그 자리에 들어선 문화시설로 규모 자체가 워낙 방대해 한눈에 파악하기 쉽지 않다. 도서관, 전시관, 예술극장, 어린이문화원을 비롯해 5.18민주화운동의 상징적인 건물인 옛 전남도청을 리모델링한 민주평화교류원, 축제와 장터가 열리기도 하는 문화광장으로 구성되어 있다. 시민들에게 가장 인기 있는 곳은 국내 최대의 어린이 문화시설로 손꼽히는 어린이문화원. 하늘마당처럼 바람쐬기 좋은 공간도 있고 인증샷을 찍고 싶은 포토존도 많다.

방직공장이 있던 마을의 컬러풀한 부활

청춘발산마을。

◎ 광주시 서구 천변좌로 12-16(양동 440-5) 📞 070-4910-0339

광주천변의 양동은 1970~1980년대에 방직공장에 근무하던 여공들로 활기 넘쳤던 마을. 1990년대 이후 방직공장의 쇠퇴로 여공들이 떠난 뒤 휑해진 마을을 현대자동차그룹과 공공프리즘이 '청춘발산마을 프로젝트'를 통해 되살리기 시작했다. 음식점, 카페, 키덜트숍, 공방, 레지던시와 미술관, 숙박시설까지 들어선 발산마을에는 이제 여행자들의 발길이 끊이지 않는다. 그중 형형색색 페인트와 재미있는 벽화로 꾸민 108계단과 고무신에 사람의 얼굴을 그린 백상옥 작가의 '발산마을을 지키는 영웅들'이 있는 담벼락이 SNS에 많이 올라와 있다.

뉴트로 감성으로 무장한 100년 전통의 시장
1913송정역시장。

◎ 광주시 광산구 송정로8번길 13(송정동 990-18) ℗ 광주송정역 주차장 또는 1913송정역시장 공영주차장 ⓞⱺᴇⁿ 11:00~23:00 ᴄʟᴏˢᴇ 연중무휴

1913년에 '매일송정역전시장'이란 이름으로 문을 열었으니 시장의 역사가 100년을 훌쩍 넘는다. 1913송정 역시장은 36개의 작은 가게들이 어깨를 맞대고 늘어선 작은 시장이다. 입구에 있는 〈수요미식회〉 맛집으로 유명한 영명국밥집부터 끄트머리 한과집까지, 가게들을 구경하며 걸어가다가 돌아오면서 반대편을 구경한다. 신발, 닭, 식육점, 양장점, 채소, 고추, 방앗간, 떡집, 제분소 등 정겨운 재래시장 상점은 그들대로, 양갱, 식빵, 수제 맥주, 꼬치, 호떡, 라면 등을 파는 신식 상점은 또 그들대로 개성이 넘친다. 그러면서도 서로 조화롭게 섞이며 요즘 유행하는 '뉴트로' 분위기를 연출한다. 상점마다 그곳을 지나쳐 간 업종을 적어 놓았고 바닥에는 그 건물의 완공 연도도 적어 놓아 공간의 스토리를 들려준다. 먹을 게 워낙 많으니 여행에 주린 배는 이곳에서 채우자.

광주 다크투어리즘의 성지

5.18자유공원。

◎ 광주시 서구 상무평화로 13(치평동 1161-6) ⓟ 전용주차장 ⏰ 09:00~18:00(동절기는 17:00까지) ⏹ 연중무휴 🎫 무료 ☎ 062-376-5183

- -

5.18민주화운동의 역사적 현장을 그냥 지나칠 수는 없다. 광주에는 5.18민주화운동과 관련한 기념공원 두 곳이 있는데 5.18기념공원과 5.18자유공원이다. 김대중컨벤션센터 맞은편에 자리하고 있는 5.18자유공원은 1980년 5월 어떤 일들이 일어났는지 관련 자료와 영상물을 통해 생생하게 전한다. 영화 〈택시운전사〉의 실존 모델이자 광주의 진실을 세계에 알린 독일 언론인 위르겐 힌츠페터에 대한 내용도 볼 수 있다. 광주시청 인근 5.18기념공원도 함께 가볼 만하다.

외날로 달리는 모노레일의 아찔한 추억

지산유원지。

◎ 광주시 동구 지호로164번길 14-10(지산동 산63-1) ⓟ 전용주차장 ⏰ 10:00~18:00(토·일요일은 09:00부터) ⏹ 우천시 🎫 리프트+모노레일 왕복 패키지 어른 1만7000원, 어린이 1만4000원 ☎ 062-221-2760

- -

광주 무등산 아래 지산유원지에 가면 심장은 벌렁, 다리는 후들거린다는 명물 모노레일이 있다. 리프트를 타고 정상에 올라가서 외날 모노레일을 탄 다음 다시 리프트를 타고 내려오는 코스다. 사실 리프트만 해도 경사가 장난이 아니라서 아래를 내려다보면 흡사 스키장 상급 코스 같은 느낌. 향로봉과 팔각정을 연결하는 외날 모노레일은 공중을 가로질러 산등성이 계곡을 따라 약 700m를 돌며 멋진 경치를 보여준다. 스릴로 말하면 전국 모노레일 중 최강이 아닐까.

담양 속 작은 유럽
메타프로방스。

◎ 전남 담양군 담양읍 깊은실길 2-17(학동리 586-1) ⓟ 전용주차장 (OPEN) 10:00~(업장 따라 다름) (CLOSE) 연중무휴 🍽 무료 ☏ 061-383-1710

유럽 테마 마을이라지만 알록달록한 페인트의 색감 때문인지 파주 프로방스 혹은 동화 속 나라 같은 느낌이 강하다. 약 13만5000㎡ 부지에 카페, 레스토랑, 옷가게, 잡화점 등이 있는데 이곳을 찾는 여행자의 관심을 끄는 것은 중앙광장의 분수나 대형 마카롱 모양의 알록달록한 조형물 앞에서 사진 찍기. 명화로 꾸민 벽을 따라 쭉 올라가 보면 그 끄트머리에 이국적인 분위기의 펜션 단지가 있다. 메타세쿼이아 가로수 길에서 바로 연결이 되거니와 죽녹원, 관방제림과도 가깝기 때문에 이곳에 숙소를 정하는 것도 좋다. 주차장 근처의 프로방스베이커리에는 프란치스코 교황이 맛본 빵으로 SNS에서 입소문 난 키스링빵이 있다.

마음을 두고 오게 되는 비밀스러운 정원

소쇄원。

◎ 전남 담양군 남면 소쇄원길 17(지곡리 123) ℗ 전용주차장 OPEN 09:00~17:00 CLOSE 연중무휴 🎟 어른 2000원, 어린이 700원 ☎ 061-381-0115

스승 조광조가 기묘사화 때 사약을 받고 죽음에 이르자 17세 제자 양산보는 이에 충격을 받아 그 길로 벼슬길을 등지고 낙향하여 소쇄원을 지었다. 소쇄원은 선비의 정취가 물씬 풍기는 한국적인 정원으로, 자연과 인공의 조화가 유려해 조선시대 민가 정원 가운데 가장 조형미가 빼어난 곳으로 손꼽히고 있다. 죽녹원과 마찬가지로 소쇄원도 언제나 북적거린다. 소쇄원의 비밀스러운 매력을 만끽하고 싶다면 인파가 몰리기 전인 이른 시간 방문하는 게 좋다. 고요한 숲에 들어온 듯한 은밀한 매력은 호젓함 속에서만 느낄 수 있다. 특히 광풍각이나 제월당에 앉아 소쇄원을 한눈에 굽어보면 그 참맛을 느낄 수 있다.

배롱나무 꽃그늘 아래 꿈결 같은 시간

명옥헌원림。

◎ 전남 담양군 고서면 산덕리 435-2 ℗ 공영주차장 _{OPEN} 상시개방 _{CLOSE} 연중무휴 ▤ 무료

배롱나무꽃이 팝콘처럼 피어나는 8월이 되면 습관처럼 명옥헌원림이 떠오른다. 개인적으로 개인 정원 가운데 가장 운치가 있는 곳으로 손꼽는다. 규모는 작지만 운치는 소쇄원을 뛰어넘는다고 생각한다. 명옥헌원림은 조선 중기인 1625년, 명곡 오희도를 기리기 위해 그의 넷째 아들인 오이정이 고서면 산덕리 후산 마을 안쪽에 조성한 개인 정원이다. 사계절 아름답지만 특히 7월에서 9월 사이 사각 연못 주위로 흐드러지게 피는 배롱나무꽃이 장관을 이룬다. 흐드러진 꽃을 내다보며 명옥헌에 앉아 담소를 나누는 여행자들을 보면 이것이 바로 담양의 멋이라는 생각이 절로 든다. 졸졸졸 흐르는 소리가 '구슬이 굴러가는 듯하다'하여 명옥헌이라는 이름을 붙이게 한 은밀하고 작은 개울도 있다.

전시 관람도 하고 대나무파이프오르간 연주도 듣고

담빛예술창고。

📍 전남 담양군 객사7길 75(객사리 9) Ⓟ 전용주차장 🕙 10:00~19:00 🕑 카페 : 연중무휴 / 전시관 : 월요일, 설, 추석 📷 전시관 입장료 무료 📞 061-383-8240

담빛예술창고는 오랫동안 방치된 곡식창고를 리모델링한 복합문화공간으로 전시와 카페를 함께 즐길 수 있다. 담빛예술창고에 도착하면 세월의 더께가 켜켜이 쌓인 빨간 벽돌 건물 두 채가 이마를 맞댄 풍경이 눈에 들어온다. '남송창고'라는 한자어가 선명한 건물은 문예카페, 왼쪽으로 이어진 건물은 전시실이다. 전시실에선 회화, 사진, 설치미술 등 다양한 전시가 열린다. 두 건물은 2층에서 서로 연결되어 있어 전시실에서 작품 감상을 하다 보면 자연스럽게 카페로 발길이 이어진다. 카페에서 댓잎 차나 커피를 마시며 쉬어가기 좋다. 카페 뒤쪽으로 나가 산책 삼아 쭉 걷다 보면 관방제림과 죽녹원, 메타세쿼이아 가로수길, 메타프로방스까지 이어진다.

천연기념물 숲길에서 쉼표 찍기

관방제림。

◎ 전남 담양군 담양읍 객사7길 37(객사리 2-6) ℗ 공영주차장 ☎ 061-380-2812

한때 '관방천'이라 불리던 담양천을 따라 푸조나무, 팽나무 등 300년이 넘은 노거수 400여 그루가 그늘을
드리우는 산책길이다. 조선시대에 홍수 피해를 막기 위해 조성한 제방 숲으로, 그 원형이 잘 보존되어 1991
년 천연기념물 제366호로 지정되었다. 다양한 높이의 나무가 그늘을 드리운 풍경이 아름다워 2004년에는
산림청이 주최한 '아름다운 숲 전국대회'에서 대상을 받았다. 아래쪽 관방천 길에는 마차형 자전거를 타는
여행자들도 많다. 인근에 담양 국수거리가 있어 출출한 속을 국수와 '댓잎찐계란'으로 달래는 재미가 있다.

담양에서 아이가 가장 좋아하는 곳

담양곤충박물관(어린이프로방스)。

◎ 전남 담양군 담양읍 깊은실길 33(학동리 672) ℗ 전용주차장 🕙 10:00~18:00 🕙 연중무휴 🍴 곤충박물관 : 어른
7500원, 어린이 1만5000원 / 물고기잡기 체험 : 3000원 ☎ 061-383-0131

곤충박물관, 어린이프로방스, 메타세쿼이아랜드 등의 다양한 이름으로 불리는 이곳은 코로나19 상황에서
철저한 관리로 인해 오히려 인기를 얻는 곳. 커다란 공룡이 있는 실내외 놀이터에서 맘껏 뛰어 놀 수 있
고, 체험관에서 곤충과 파충류를 관찰하고 만져볼 수 있으며 물고기잡기도 할 수 있거니 메타세쿼이아
길도 무료로 걸어볼 수 있으니 가성비 끝판왕이다. 예전에는 피자나 쿠키를 만드는 쿠킹클래스에 초점을
맞췄다면 요즘은 곤충박물관이 메인이 된 듯하다.

메타세쿼이아 가로수길 붐의 원조

메타세쿼이아 가로수길.

───

◎ 전남 담양군 담양읍 메타세쿼이아로 12(학동리 583-4) ℗ 공영주차장 🕐 5~8월 09:00~19:00(9~4월은 18:00까지) 🔒 설날, 추석 🎫 어른 2000원, 어린이 700원 ☎ 061-380-3149

· ·

전국에 메타세쿼이아 가로수길 명소가 많지만 가로수길 붐을 일으킨 원조 격은 담양이다. 일찍이 1972년에 가로수 시범사업의 일환으로 담양에서 순창 가는 옛 24번 국도 5km에 걸쳐 5년생 메타세쿼이아 1300그루를 심었다. 현재 나무의 평균 수령은 40년을 넘어서며 높이는 30m에 달한다. 가로수길 외에 호남기후변화체험관, 장승공원, 수변공원, 어린이프로방스 등을 포함해 '메타세쿼이아랜드'로 이름을 바꾸고 입장료를 받고 있다.

초록으로 힐링하다

죽녹원.

───

◎ 전남 담양군 담양읍 죽녹원로 119(향교리 282) ℗ 전용주차장 🕐 09:00~19:00(11~2월은 18:00까지) 🔒 연중무휴 🎫 죽녹원 : 어른 3000원, 어린이 1000원 / 죽녹원+이이남아트센터 : 어른 4000원, 어린이 2000원 ☎ 061-380-2680

· ·

죽향문화체험마을에는 담양의 대표 유적지인 소쇄원의 광풍각과 명옥헌원림, 면앙정 같은 정자를 작게 재현해 놓았다. 수년 전 〈1박 2일〉 촬영 때를 떠올리게 하는 이승기 연못도 그대로. 운수대통길을 따라가면 왼편으로 이이남아트센터가 나온다. 이곳에서는 담양의 대나무를 비롯해 동서양 거장들의 작품을 현대적 디지털 화면으로 재해석한 미디어 작품들을 감상할 수 있다.

한자리에서 만나는 대나무의 모든 것
한국대나무박물관。

◎ 전남 담양군 담양읍 죽향문화로 35(천변리 401-1) ⓟ 전용주차장 (OPEN) 09:00~18:00 (CLOSE) 연중무휴 🎫 어른 2000원, 어린이 700원 ☎ 061-380-3479

- -

담양은 대나무가 잘 자랄 수 있는 생육 조건을 가지고 있다. 실제 국내 대나무 총 재배 면적 가운데 전남 지역이 55% 이상으로, 각종 죽세공품이 만들어진 것은 자연스러운 일이었다. 한국대나무박물관은 4개의 전시실로 구성되어 있다. 대나무의 성장과정을 비롯해 대나무에 관한 모든 정보와 채상장, 참빗장 등 국가무형문화재의 작품, 생활용품 등이 전시되어 있다. 그야말로 대나무를 이용해 만들지 않은 것이 없는 정도라 놀랍고 신기하다.

느림의 미학, 아시아 최초의 슬로시티 마을
창평슬로시티 삼지내마을。

◎ 달팽이가게 : 전남 담양군 창평면 돌담길 8(창평리 631-1) ⓟ 전용주차장 (OPEN) 09:00~18:00 (CLOSE) 월요일 ☎ 061-383-3807

- -

슬로시티로 지정된 삼지내마을은 임진왜란 때 왜군에 맞서 싸운 유명한 의병장 고경명의 후손들이 세운 마을로, '삼지내 고씨' 집성촌이다. 3.6km의 구불구불한 돌담길을 따라 걷다 보면 고재선, 고정주 가옥 등 전형적인 남도 부농 고택을 만나게 되는데 대부분 개방되어 있다. 삼지내마을의 대표적인 특산품은 한과나 쌀엿. 마을 입구의 달팽이가게에서는 삼지내마을을 비롯한 담양의 다양한 슬로푸드를 구입할 수 있다. 직접 슬로푸드나 슬로아트, 전통문화 체험을 해보고 싶다면 슬로시티 사무국에 문의해보자.

돌돌 말아 먹는 시금치피자가 맛있는

카페바리에。

───────

◎ 광주시 동구 서석로7번길 14(불로동 21-9) ℗ 인근 주차장(1시간 무료) 〔OPEN〕 11:30~21:00 〔CLOSE〕 화요일 ⊟ 시금치피자 1만 9000원, 해산물 빠쉐파스타 1만8500원, 바리에 스테이크 3만9500원 ☎ 062-224-8241

- -

'광주 시금치피자'로 유명한 카페바리에는 〈수요미식회〉에서도 소개한 바 있다. 전병처럼 살짝 구워낸 얇디얇은 토르티야 위에 요구르트 소스를 깔고 시금치와 토마토, 베이컨을 얹은 후 발사믹 소스와 파마산 치즈를 뿌려 풍미를 더했다. 시금치밭을 연상시키는 비주얼이 먹기 전부터 뽀빠이 힘이 솟을 것 같은 건강한 느낌을 전한다. 피자를 돌돌 말아 먹는데 쫄깃한 도우의 식감과 소스가 묘하게 잘 어울린다.

닭발 국물이 깔끔한 국밥 맛집

영명국밥。

───────

◎ 광주시 광산구 송정로8번길 7-7(송정동 991-17) ℗ 1913송정역시장 공영주차장 〔OPEN〕 24시간 〔CLOSE〕 설날, 추석 ⊟ 모둠국밥 9000원, 암뽕순대국밥 1만 원, 찹쌀순대 8000원 ☎ 062-942-2727

- -

〈수요미식회〉에 소개된 국밥집으로 1913송정역시장 입구에 있다. 늘 웨이팅이 있지만, 회전율이 빨라서 오래 기다리지 않아도 된다. 모든 재료는 국내산만 사용한다. 닭발로 낸 육수가 무척 맑은 것이 특징. 콩나물을 듬뿍 넣어 국물이 시원하다. 모둠국밥에는 암뽕순대를 비롯해 다양한 고기와 내장 부위가 들어있으며 맛있는 김치와 깍두기를 함께 먹으면 속이 든든하다. 여럿이 간다면 암뽕순대나 수육을 곁들이면 좋다.

모둠전과 빈대떡이 맛있는 '조대 전집'

영암빈대떡。

⎯⎯⎯⎯⎯

◎ 광주시 동구 서남로33번길 4(서석동 436-9) ⏰ 17:00~02:00 📅 연중무휴 🍽 녹두빈대떡 1만5000원, 모둠전 2만7000원, 동그랑땡 1만5000원 📞 062-222-7789

조선대학교 후문에서 가까워 '조대 전집'으로 불린다. 20년 넘게 사랑받아온 현지인 맛집으로 모둠전과 빈대떡이 맛있다. 안주의 가짓수만 해도 무려 50여 가지. 이곳을 찾는 단골들이 어떤 안주를 찾든지 안 되는 안주는 없다고 봐도 무방할 듯하다. 녹두를 듬뿍 갈아 넣은 빈대떡을 비롯해 호박전, 김치전, 명태전, 고기전 등이 채반에 가득 나오는 모둠전이 인기로, 양파와 청양고추를 썰어 넣은 간장양념과 함께 먹으면 느끼한 맛을 잡아준다.

들깻가루와 미나리가 특색 있는 광주식 오리탕

영미오리탕。

⎯⎯⎯⎯⎯

◎ 광주시 북구 경양로 126(유동 102-31) Ⓟ 전용주차장 ⏰ 11:00~01:00 📅 첫째 주 월요일 🍽 오리탕(반 마리) 3만 원, 오리탕(한 마리) 5만5000원, (반마리) 3만5000원, 생로스 5만6000원 📞 062-527-0248

광주 유동에 형성되어있는 오리탕거리에서 영미오리탕처럼 사람이 북적이는 곳이 없다. 오리탕을 주문하면 미나리 한 바구니가 함께 등장한다. 영미오리탕의 특징은 들깨 수프를 방불케 할 정도로 들깻가루를 넉넉하게 넣어 진하게 끓여낸 국물. 여기에 미나리를 투하해서 함께 끓인 후 들깻가루를 섞은 초장에 찍어 먹는다. 불포화지방이 풍부한 오리고기에 들깨, 거기에 숙취에 끝판왕이라는 미나리까지 곁들이니 보양식으론 이만한 게 없다. 두 명이 먹는다면 오리 반 마리면 충분하다.

광주에서 가장 오래된 빵집

궁전제과.

◎ 광주시 동구 충장로 93-6(충장로1가 1-9) ℗ 없음 OPEN 10:00~21:30 CLOSE 설날, 추석 공룡알빵 3000원, 나비파이 2500원 📞 062-222-3477

1973년 오픈한 이래 3대에 걸쳐 꾸준히 사랑받는 광주에서 가장 오래된 빵집이다. 광주 사람뿐 아니라 여행자들도 이 빵집에 들러 꼭 맛봐야 하는 필수 선택 메뉴가 있는데 바로 '공룡알빵'이라는 애칭으로 불리는 프렌치 샌드위치. 둥근 빵을 반으로 잘라 여기에 삶은 달걀과 맛살, 피클, 오이를 넣은 샐러드를 가득 채웠다. 적당히 달콤한 맛이 감돌면서 담백하다. 식사 대용으로도 좋고 가격까지 착하다.

젊은 감각으로 재해석한 색다른 양갱

갱소년.

◎ 광주시 광산구 송정로8번길 7-4(송정동 990-1) ℗ 1913송정역시장 공영주차장 OPEN 11:00~22:00(토요일은 21:00까지) CLOSE 연중무휴 구슬양갱(24구) 2만7000원, (12구) 1만5000원, 진한 식사대용 팥콩두유 2만2000원 📞 062-942-1913

갱소년이라는 이름에 양갱의 '갱'과 '다시(更) 소년, 소녀로 돌아갈 시간'이라는 의미를 담았다. 양갱을 젊은 감각으로 재해석한 신선한 시도가 눈길을 끈다. 40년 넘게 양갱을 만들던 장인에게 비법을 전수 받고, 여기에 상큼한 생과일을 더해 색다른 양갱을 만든다. 알양갱, 양갱롤케이크, 양갱요거트 등 다양한 양갱이 호기심을 불러일으킨다. 100% 국내산 한천에 유화제와 방부제를 사용하지 않고 만든다. 구슬처럼 예쁜 다양한 맛의 알양갱과 더불어 젤리도 추가되어 선택의 폭이 넓어졌으며 감각 돋는 선물용 패키지 상품도 마련되어 있다.

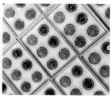

건강한 재료, 맛있는 전국구 떡

창억떡집 본점.

⊙ 광주시 북구 경열로 242(중흥동 722-4) 🕓 06:00~21:00 🕔 설날, 추석 🍽 호박인절미(1kg) 1만4000원, 구름떡(1kg) 1만9000원 📞 062-520-6000

1965년에 문을 열어 지금은 광주 전남을 대표하는 떡집으로 전국에서 택배 주문이 쏟아진다. 맛의 비결은 좋은 재료를 엄선하는 데 있다. 간척지의 좋은 햅쌀과 최상급 서리태를 엄선해 쓰며 색소나 향도 모두 천연재료만 사용한다. 간식거리로 가지고 다니며 먹을 수 있는 작은 포장이 많다. 호박인절미가 단연 인기로 단호박 특유의 달달함이 중독성을 부른다.

임금님을 위한 럭셔리 갈빗살구이

덕인관.

⊙ 전남 담양군 담양읍 죽향대로 1121(백동리 408-5) Ⓟ 전용주차장 🕓 11:00~21:00 🕔 연중무휴 🍽 명인 전통떡갈비 3만2000원, 한우 약선떡갈비 1만9000원, 대통밥 정식 2만 원 📞 061-381-7881

떡갈비는 체통 상 갈비를 손에 들고 뜯을 수 없는 임금님을 위한 궁중 요리로 알려져 있다. 덕인관 떡갈비는 한우 암소에서 발라낸 갈빗살을 다져 갖은 양념을 하여 동그랗게 만든 후 다시 갈비에 붙여 만든다. 석쇠에 초벌구이한 후 무쇠 철판 위에서 약한 불로 익혀가며 먹는데 부드럽고 쫄깃하면서도 '갈비 뜯는 맛'이 제대로 살아있다. 고급 식재료인 데다 만드는 과정도 번거롭기 때문에 가격대 역시 센 편이지만 떡갈비의 제맛은 역시 담양이 진리. 떡갈비를 주문하면 추어탕과 대통밥이 함께 나온다.

누구나 행복해지는 떡갈비 한정식집

담양애꽃。

───

◎ 전남 담양군 봉산면 죽향대로 723(기곡리 293-1) ℗ 전용주차장 ⏰ 11:20~21:00(브레이크 타임 14:30~17:00) 연중무휴 🍴 담꽃정식 1만3000원, 반반정식 1만8000원, 한우정식 2만4000원 ☎ 061-381-5788

┈┈┈┈┈┈┈┈┈┈┈┈┈┈┈┈┈┈┈┈┈┈┈┈┈┈┈┈┈

여느 떡갈비집에 비해 비교적 착한 가격에 푸짐하다. 상을 가득 채운 음식들로 누구나 행복해지는 떡갈비 한정식집이다. 기본이 되는 담꽃정식은 돼지떡갈비, 반반정식은 한우와 돼지떡갈비 두 가지 맛을 볼 수 있다. 떡갈비를 제외하면 거의 채식 위주의 건강식으로 젓가락이 고루 가는 깔끔한 상차림이다. 갓 지은 죽순 밥을 솥째 들고나와 밥을 퍼주고 누룽지를 먹을 수 있도록 물을 부어준다. 직원 아주머니들이 친절하며 대부분의 메뉴는 2인 이상 주문 가능하다.

담양 대통밥의 원조집

한상근대통밥집。

───

◎ 전남 담양군 월산면 담장로 113(화방리 428-11) ℗ 전용주차장 ⏰ 11:00~21:00(토·일요일은 10:00부터) 연중무휴 🍴 한상근 정식 2만8000원, 대통밥 정식 1만8000원, 한우떡갈비 2만5000원 ☎ 061-382-1999

┈┈┈┈┈┈┈┈┈┈┈┈┈┈┈┈┈┈┈┈┈┈┈┈┈┈┈┈┈

30여 년 동안 죽세공품을 만들어 온 한상근 대표, 누구보다 대나무에 관해 잘 알고 있는 그가 대통밥을 개발하게 된 건 자연스러운 일일 게다. 이 집의 대통밥에 유난히 대나무향이 은은하게 배어 나오는 이유는 직접 키운 대나무를 아침마다 잘라 쓰기 때문. 미리 잘라 놓으면 수분이 금방 마르기 때문에 그때그때 잘라 사용한단다. 또 대나무를 쪼개 가마솥에 4시간을 끓여 만든 대나무 육수로 밥을 짓는다. 죽순무침과 죽순장아찌, 죽순피클, 죽순된장국까지, 계절에 따라 달라지는 반찬이 푸짐하다.

맛과 양 모두 엄지 척! 숯불돼지갈비

승일식당。

⊙ 전남 담양군 담양읍 중알로 98-1(객사리 226-1) ⓟ 전용주차장 🕐 09:30~21:00 🗓 연중무휴 🍴 돼지갈비 1만7000
원, 냉면 7000원 📞 061-382-9011

- -

숯불돼지갈비 한 가지 메뉴로 성공한 돼지갈비 전문점이다. 돼지갈비를 생강, 마늘 등 양념에 푹 담갔다
가 초벌구이 한 뒤 다시 숯불에 구워 내는데 숯불향이 배인 갈비 맛이 좋다. 무엇보다 맛있는 돼지갈비 1
인분이 300g에 달해 푸짐하다. 승일식당 대표는 〈한식대첩 2〉에 전남 대표로 출전해 경연을 펼친 바 있
고, 식당도 웬만한 음식 관련 프로그램에 소개되지 않은 곳이 없을 정도다. 대기 줄이 긴 편이라 가능하면
식사시간은 피해가는 게 좋다.

관방천 나무 그늘에 앉아 국수 한 그릇

담양국수거리。

⊙ 전남 담양군 담양읍 객사3길 20 ⓟ 공영주차장 🕐 10:30~19:00 🗓 가게에 따라 휴무일이 다름 🍴 멸치국물국수
4000원, 열무비빔국수 5000원, 한방약계란(2알) 1000원 📞 061-381-9789

- -

국수 한 그릇을 먹어도 운치가 있다. 산들바람 부는 노거수 그늘에 앉아 호로록 소리 요란하게 국수 한 그
릇을 뚝딱 비우고 한약재로 삶아낸 '약계란'을 곁들인다. 관방제림을 산책하다 이곳에 들러 평상에 앉아
국수 한 그릇 먹는 재미, 그것이 담양 여행의 '소확행'이다. 이 거리엔 진우네국수, 옛날진미국수, 미소댓
잎국수 등 10여 곳에서 자기 집만의 비법으로 말아낸 국수를 팔고 있는데 어느 집이나 대체로 맛있다.

자연의 맛을 재발견하는 건강한 밥상

슬로시티약초밥상。

◎ 전남 담양군 창평면 돌담길 102(삼천리 141) ℗ 창평면사무소 주차장 🕗 08:00~20:00 🕗 연중무휴 🍴 약초밥상: 어른 1만 원, 어린이 5000원 📞 061-383-6312

· ·

약초 분야에서 장인이라 할 만한 최금옥 여사가 연 약초밥상 전문점이다. 최금옥 여사는 약초음식연구가로 천연염색 옷, 도자기에도 일가견이 있다. 슬로시티약초밥상에 들어서면 산야초박물관인가 싶을 만큼 어마어마한 종류의 효소와 약초술이 전시되어 있다. 약초밥상은 산초, 제피, 당귀, 방풍 등 몸에 좋은 약초 장아찌 36가지에 발아현미흑미밥과 된장국으로 구성된 메뉴. 약초는 직접 산과 들에서 채취했다고. 삼지내마을에 가면 돌담길 안쪽에 위치한 이 집에서 밥 한 끼 맛보기를 권한다.

푸짐한 양을 자랑하는 현지인 맛집

행복한 밥상。

◎ 광주시 서구 내방로 246번길 17 ℗ 전용주차장 🕗 09:30~22:00 🕗 연중무휴 🍴 코다리찜 3만 원, 고등어구이 1만 원 서대무침 3~4만 원 📞 062-383-5295

· ·

광주에서 믿고 가는 현지인 맛집으로 통한다. 큼직한 코다리가 세 마리쯤 얹혀 나오는 코다리찜이 대표 메뉴로 서너 명이 먹어도 될 만큼 푸짐한 양을 자랑한다. 코다리찜은 술안주로도 좋고 무엇보다도 정갈하게 나오는 다양한 반찬과 들깨 수제비, 게다가 누룽지까지 알차게 나와 엄지척 할 만한 가성비를 자랑한다. 입맛 돋게 하는 반찬들은 집밥을 먹는 듯하고 오동통하고 살진 고등어구이도 추천.

프리미엄급 대나무 디저트

담양제과.

◎ 전남 담양군 담양읍 객사4길 37-1(객사리 213-2) ⓟ 인근 골목 🕐 12:00~18:30 🔒 화~수요일 🍴 대나무티라미수 1만2000원, 대나무우유 6500원, 대나무파운드 4000원 📞 010-9489-2371

담양 특산물인 대나무를 고급스럽고 독창적으로 접목한 대나무티라미수와 대나무우유로 SNS 피드를 강타했다. 대나무티라미수는 대나무통에 댓잎이 들어간 시트와 에스프레소에 적신 시트를 층층이 쌓아 올려 고소한 티라미수의 맛과 은은한 대나무향이 어우러진다. 그 위에 댓잎가루로 모양을 내고 정갈한 포장까지 입혔다. 대나무티라미수로 문화체육관광부 장관상을 받기도 했다.

팝아티스트의 자유로운 분위기가 묻어있는

노매럴.

◎ 전남 담양군 금성면 담순로 66(대곡리 843) ⓟ 전용주차장 🕐 11:00~20:00(주말은 21:00까지) 🔒 연중무휴 🍴 아메리카노 4900원, 보틀라떼 6800~7800원, 베리꾸덕꾸덕볼 8700원 📞 010-9824-1232

팝아티스트 이언 작가가 운영하는 카페. 이언 작가는 붓을 튀겨서 표현하는 일명 붓튀김 작품을 통해 기업과 콜라보하고 개인 전시회를 활발히 열고 있다. 그러니 창고형 카페 안팎에 팝아트적인 요소가 가득한 건 매우 자연스러운 일일 게다. 미국 캘리포니아의 자유로운 분위기를 표현하고 싶었다는 이 카페의 이름은 '노매터'가 아닌 미국식 발음 '노매럴'이다. 예전에 비해 메뉴가 더욱 다양해져 요즘은 그릭요거트볼과 베이글 메뉴를 선보이고 있다.

슬로시티 삼지내마을의 한옥 카페

돌담카페.

◎ 전남 담양군 창평면 돌담길 57(삼천리 400-1) ⓟ 동네 골목 🕐 일~목요일 11:00~20:00(금요일은 18:00까지) 🕐 토요일 🍵 아메리카노 4000원, 카페라테 4500원, 돌담소금커피 5000원 📞 010-7211-9450

- -

삼지내마을의 나지막한 돌담을 끼고 돌담카페가 있다. 지은 지 오래되지 않은 한옥이지만 규모나 야외 정원이 이만하면 딱 좋다 할 만큼 아담하고 정겹다. 한옥에 젊은 감성을 더해 운치 있게 꾸몄다. 모던한 카페에서 흔히 보던 카바나조차도 한옥과 절묘하게 어우러진다. 햇살 좋은 날 야외 정원에 앉아 있으면 더할 나위 없다. 달콤함과 짭짤함, 고소함까지 한데 어우러진 '단짠단짠'의 소금커피가 인기다.

남도의 소리와 다향의 하모니

명가혜.

◎ 전남 담양군 담양읍 내다길 83(삼다리 343) ⓟ 동네 골목 🕐 13:00~19:00 🕐 월요일 🍵 죽로차 5000원, 죽로발효차(50g) 5만 원, 대나무차(20g) 2만 원, 블렌딩 코스 체험 1만 원, 다도 체험 1만 원 📞 061-381-6015

- -

삼다리 마을회관 앞에 위치한 명가혜는 담양 소리꾼인 국근섭 씨와 다도사범인 안주인 부부가 운영하는 오래된 전통찻집으로, 남도의 소리를 감상하며 차를 마실 수 있는 곳이다. 죽로차로 유명한 삼다리의 대숲에 둘러싸인 고즈넉한 분위기에서 직접 덖은 수제 차를 마시며 쉬어가자. 함께 운영하는 한옥 민박에서는 주인장의 신명 한마당이 펼쳐지기도 한다. 《한국의 아름다움을 찾아 떠난 여행》을 집필한 배우 배용준이 들러 차와 전통문화에 대한 깊은 대화를 나눈 찻집이기도 하다.

병원 아닙니다, 복합문화공간입니다

김냇과.

◎ 광주시 동구 구성로204번길 13(대인동 52-2) ☎ 062-229-3355 ⌂ www.instagram.com/kimnetgwa

30여 년간 운영하다 문을 닫은 병원 김내과가 대대적인 리모델링을 통해 복합문화공간으로 거듭났다. 산 뜻한 블루 톤으로 단장하고 '김냇과'라는 간판을 붙였다. 지하 1층은 갤러리, 1층은 카페, 2층은 도서관, 3층은 숙소, 4층은 루프탑으로 사용한다. 다양한 전시와 콘서트가 열리는 김냇과는 그냥 숙소가 아니라 덤으로 전시도 보고 책도 보고 커피도 마시며 여유를 누릴 수 있는 행복을 맛보는 공간. 객실은 다소 좁은 편이지만 군더더기 없이 깔끔하다.

동명동 고급 주택에서 하룻밤 묵어볼까

오아시타호스텔.

◎ 광주시 동구 동명로20번길 20(동명동 75-20) ☎ 010-4145-9965 ⌂ www.oasitahostel.com

광주 부촌인 동명동의 고급 주택을 개조한 호스텔이다. 동명동 카페거리 안쪽에 있어 근처에 센스를 뽐내는 맛집이나 카페가 많고 국립아시아문화전당과도 가깝다. 1인실부터 8인실 도미토리까지 인원에 맞춰 고를 수 있는 다양한 객실이 4층까지 미로처럼 이어진다. 숙소 자체가 조용한 가정집 분위기에 침구도 깔끔하다. 조식이 제공되며 내일로 티켓 소지자는 1만 원 할인된다.

페드로하우스.

◎ 광주시 서구 상무대로935번길 18-3(쌍촌동 960-6) ☎
호텔 예약 사이트 트립어드바이저나 아고다를 통해 예약

광주에 하나뿐인 보헤미안 여행자 게스트하우스
로 외국인 게스트가 많은 것이 특징이다. 1층은
카페, 2층은 게스트하우스로 백패커를 위한 숙소
분위기이다. 외국인들과 어울리기 좋아하는 여행
자라면 이런 분위기를 좋아할 듯하다.

홀리데이 인 광주.

◎ 광주시 서구 상무누리로 55(치평동 573-1) ☎ 062-
610-7000

광주 김대중컨벤션센터 맞은편에 있다. 접근성이
나 편의성을 따진다면 불편할 수도 있지만 조용
하게 머물고 싶다면 추천할 만한 숙소다. 전반적
으로 깨끗하고 정갈한 분위기. 룸 컨디션이 쾌적
하고 편의를 위한 부대시설이 잘 되어있다.

라마다플라자 광주.

◎ 광주시 서구 상무자유로 149(치평동 1283-3) ☎ 062-
717-7000

상무역에서 도보 10분 거리에 위치한 특1급 호텔
이다. 호텔급에 비해 비교적 저렴한 가격에 이용
할 수 있으며 동서양을 망라한 알찬 조식이 좋은
평가를 얻고 있다. 번화가 근처에 위치한 만큼 호
텔 주변으로 즐길 거리도 많은 편이다.

호텔 스테이53.

◎ 광주시 서구 상무연하로 6(치평동 1259-8) ☎ 062-
371-0000

상무역에서 도보 3분 거리에 위치한 호텔로 깔
끔하고 세련된 북유럽풍의 인테리어로 마감했다.
편안한 잠자리를 보장하는 침대와 좋은 룸 컨디
션을 유지하고 있으며 스타일러가 있는 객실도
있어 투숙객들의 높은 만족도를 자랑한다.

소아르。

◎ 전남 담양군 담양읍 메타프로방스3길 2(학동리 654-8) ☎ 070-4938-8700

캐주얼 감각의 호텔이다. 길 쪽에서 보면 풍선을 든 귀여운 단발머리 여자와 검고 굵은 안경을 쓴 남자가 벽에 크게 그려져 있기 때문에 찾기도 쉽다. 메타프로방스에서도 가깝거니와 가격 대비 가성비가 높은 편이다. 갤러리 느낌이 나는 넉넉한 크기의 객실은 층고가 높은 편이라 개방감이 돋보인다. 건물 1층은 카페로 커피도 마시고 무료 조식도 맛볼 수 있다. 호텔 안팎 곳곳을 개성 있는 조각 작품으로 꾸며 사진을 찍기도 좋다.

호시담。

◎ 전남 담양군 용면 추경로 375-25(쌍태리 산128-9) ☎ 010-7211-9880

담양 최고의 세련미와 감성이 돋보이는 곳으로, 빌라 개념의 6개의 독립된 객실로 이루어져 있다. 모든 객실에는 10평 정도의 개별마당과 야외 욕조가 있으며 객실은 오리지널 스칸디나비아 빈티지 가구와 디자인 소품으로 꾸며져 있다. 홈메이드 스타일 브런치가 조식으로 준비된다.

한옥에서。

◎ 전남 담양군 창평면 돌담길 88-9(삼천리 364) ☎ 061-382-3832

삼지내마을 안에 위치한 한옥 민박으로 한옥의 고즈넉한 느낌이 잘 살아있어 제대로 쉬어간다는 느낌이 든다. 구들아궁이로 방을 덥히기 때문에 아랫목이 따뜻해서 허리 지지기도 좋다. 꽤 오래된 민박집이지만 조용하고 정갈한 이부자리와 뜨락 풍경도 좋다.

PART 18

목포

목포는 가공되지 않은 원석의 느낌이다. 목포에 가면 1897년 개항 당시의 풍경 속을 거닐며 시간 여행을 하게 된다. 여행자들에겐 낯설면서도 어딘가 낯익은 도시로 묘한 향수를 불러일으키는 목포야말로 요즘 유행하는 뉴트로 스타일, 코리안 빈티지의 정수라 할 만하다. 이와 함께 업력이 50년 이상인 오래된 맛집이 많은 것도 목포로 발길을 이끈다.

색다른 앵글로 감상하는 목포의 얼굴
목포해상케이블카 & 목포스카이워크。

◎ 목포해상케이블카 : 목포시 해양대학로 240(북항승강장), 목포시 죽교동 산39-29(유달산승강장) / 목포스카이워크 :
목포시 해양대학로 59 ℗ 전용주차장 (OPEN) 월~금요일 10:00~20:00, 토·일요일 09:00~21:00 (CLOSE) 연중무휴 🎫 (일반 캐빈
왕복) 어른 2만2000원, 어린이 1만6000원/ (크리스탈 캐빈) 어른 2만7000원, 어린이 2만1000원 ☎ 목포해상케이블카
061-244-2600

목포에 가면 체험해봐야 하는 필수 코스가 있으니 바로 목포해상케이블카다. 북항과 유달산, 고하도를 잇
는 운행 거리 편도 3.23km로 국내 최장 거리를 자랑한다. 2019년 9월에 개통하자마자 인기 폭발로 한국
관광 100선에도 선정되었다. 북항과 유달산, 고하도를 잇는 해상케이블카를 타면 목포 시내는 물론 유달
산의 기암괴석, 목포의 섬들과 대교, 고하도까지 하늘에서 한눈에 굽어볼 수 있다. 바다와 산을 횡단하기
때문에 150m 높이의 바다 위에 떠있는 40여 분간이 스릴 만점의 하이라이트 구간. 목포해상케이블카 북
항승강장에서 2km쯤 거리에는 목포대교와 목포의 바다를 감상할 수 있는 길이 54m에 높이 15m인 스카
이워크가 생겨서 또 다른 즐거움을 더한다. 바다 위로 뻗은 스카이워크의 바닥은 유리와 철망으로 되어
있어서 반드시 덧신을 신고 입장해야 한다.

젊은 예술가들과 할머니들의 솜씨 자랑

서산동 시화골목 & 바보마당 예술촌.

◎ 서산동 시화골목 : 목포시 서산동 13-2, 바보마당 예술촌 : 목포시 서산동 11-8 (OPEN) 상시개방

연희네슈퍼 왼편으로 좁은 골목을 오르다 보면 알록달록 파스텔톤으로 페인팅한 예쁜 공간들이 줄을 잇는다. 이곳이 '바다가 보이는 마당'인 바보마당 예술촌이다. 낡은 주민들의 집을 목포의 작가들이 손수 페인팅해 꾸민 공간으로 미술관, 공방, 카페 등이 들어서 있다. 연희네슈퍼에서 200m쯤 언덕길을 올라가면 푸른 바다가 내려다보이는 서산동 시화골목이 나온다. 세 골목에 걸쳐 목포 작가들의 시와 동네 할머니들의 시를 그림과 함께 꾸며 골목을 오르내리면서 찬찬히 읽어 볼 수 있다. 지난 한평생을 뒤돌아보며 적어내려간 서툴지만 진솔한 할머니들의 시들과 '영감! 허벌나게 사랑허요' 같은 글이 마음에 와닿는다.

조선인 구역을 연결하는 목원동 골목길

옥단이길.

📍 목포역 - 오거리 - 노라노미술관 - 정광정혜원 - 노적봉 - 북교동성당 - 유달예술타운 - 목포벽화골목 - 목포청
년회관 - 양동교회 - 먹통시장 - 남진 생가 - 박화성 생가 터
📍 **무인카페** : 전남 목포시 차범석길23번길 3-1(북교동 192)

목포 근대역사문화공간이 일본인 구역의 근대문화유산을 돌아보는 것이라면 목원동 옥단이길은 개항 이
후 자연적으로 형성된 조선인 구역을 연결하는 구도심 골목이다. 총연장 4.6km에 목포역과 유달산 사이
에 자리 잡은 목원동의 주요 공간 20곳을 연결하며, 모두 돌아본다면 3~4시간 소요된다. 물이 귀했던 당
시 물장수였던 옥단이의 이름을 딴 이 길은 일제에 항거하는 조선인들의 골목이자 예술의 골목이다. 정광
정혜원, 노라노미술관, 북교동성당과 양동교회를 비롯해 달성아파트 뒤, 구 달성초등학교였던 유달예술타
운에서부터 시작되는 목포벽화골목까지 두루 포함한다. 목포벽화골목을 벗어나 목포청년회관(구 남교소극
장) 못 미쳐 화가가 운영하는 무인카페가 있으므로 잠시 차 한잔하고 가도 좋겠다.

120년 전 일본인 구역을 걷다

목포 근대역사문화공간.

📍 목포역 – 구 동본원사 목포별원(오거리문화센터) – 목포문화원 – 갑자옥모자점 거리 – 목포근대역사관 본관과
별관 – 이훈동 정원 – 구 목포공립심상소학교 강당(유달초등학교) 등

일제강점기 때의 목포는 오거리 구 동본원사 목포별원(1930년대 세워진 일본 사찰 법당)을 경계로 하여 일
본인 구역과 조선인 구역으로 나뉘었다. 도로 개혁을 하면서 바다를 매립하고 널찍한 신작로를 낸 곳이
일본인 구역으로 일본식 건축물이 들어서 있다. 구 일본영사관(현 목포근대역사관 본관)이나 동양척식주식
회사(현 목포근대역사관 별관) 같은 건물은 개보수하여 일제강점기의 수탈을 기억하는 공간으로 쓰이지만,
호남은행 목포지점(현 목포문화원), 목포공립 심상소학교 강당(현 유달초등학교), 목포청년회관(현 남교소극
장), 동본원사 목포별원(현 오거리문화센터) 등 등록문화재는 내부 구조를 바꿔 다른 용도로 쓰고 있어서
건축물 외관만 둘러볼 수 있다.

목포에서 가장 오래된 근대 건축물

목포근대역사관 본관。

📍 전남 목포시 영산로29번길 6(대의동 2가 1-5) ℗ 없음, 인근에 주차 🏠 09:00~18:00 🏠 월요일, 1월 1일 🎫 본관+별관 통합권 : 어른 2000원, 어린이 500원 📞 061-242-0340

목포에 현존하는 가장 오래된 근대 건축물로, 유달산 자락 높은 언덕에 붉은 벽돌의 르네상스 건축양식으로 지어졌다. 1897년 목포항이 개항되고 목포일본영사관이 설치되면서 1900년 12월에 건립되었다고 한다. 목포근대역사관 본관은 일본영사관, 목포시청, 도서관 등으로 사용되었으며 건물 외벽에는 욱일기의 상징 문양과 한국전쟁 당시 총탄이 뚫고 지나간 자리가 고스란히 남아 있어 지난했던 우리 역사를 보여준다. 내부에는 개항기 당시의 목포 거리와 일제 건축물 모형, 조선왕조의 마지막 모습, 1930년대의 신식 생활용품 등을 둘러볼 수 있다. 역사관 뒤편에는 전쟁에 대비해 뚫어 놓은 방공호가 있으며 방공호 내부는 당시 일제 강제노역을 디오라마로 연출해 놓았다. 목포근대역사관 건물 앞에는 평화의 소녀상이 신작로 방향을 향해 앉아 있어 나를 잊지 말라고 속삭이는 듯하다.

일제의 만행을 사진으로 만나는 곳
목포근대역사관 별관.

◎ 전남 목포시 번화로 18(중앙동2가 6) ⓟ 전용주차장 🕘 09:00~18:00 🚫 월요일, 1월 1일 🎫 본관+별관 통합권 : 어른 2000원, 어린이 500원 📞 061-270-8728

목포근대역사관 본관에서 150m쯤 떨어진 거리에는 옛날 동양척식주식회사 목포지점을 개보수해서 운영하는 목포근대역사관 별관이 있다. 1층에는 일제강점기 생활상에 관한 사진 자료가 있으며 2층에는 일제의 만행을 보여주는 사진들이 전시되어 있다. 잔혹한 일제 치하의 사진이 많으니 주의하라는 안내문이 붙어 있는데, 과연 처음 보는 방문객이라면 눈을 감을 정도로 참혹한 사진도 있다. 취조받고 있는 안중근 의사의 사진과 광복 당시의 사진도 있다. 본관 입장권으로 별관도 함께 둘러볼 수 있다.

영화 〈1987〉 속 구멍가게
연희네슈퍼.

◎ 전남 목포시 해안로127번길 14-2(서산동 12-89)

700만 명이 넘는 관객을 동원한 영화 〈1987〉을 본 관객이라면 목포 서산동에 위치한 연희네슈퍼를 한 번쯤 찾아보고 싶을 것이다. 1987년 6월 항쟁을 그린 이 영화에서 연희네슈퍼는 여주인공 연희(김태리)와 외삼촌(유해진)이 함께 살던 달동네 구멍가게. 가게 내부에는 어떻게 구했을까 싶은 1980년대 포장의 인디안밥이나 새우깡 같은 과자류나 연탄, 1987년에 발행한 신문 등이 진열되어 있고 달달거리는 선풍기나 뚱뚱한 브라운관 텔레비전이 놓인 방 안에도 들어가 볼 수 있었으나 현재는 문이 닫혀 있다. 대신 건너편의 연희네 의상실에서 교복도 빌려 입고 여러 가지 추억의 주전부리를 구입할 수 있다.

목포와 다도해를 한눈에 굽어보는

유달산.

◎ 전남 목포시 죽교동 산27-3 ⓟ 유달산조각공원 주차장(승용차 30분 2000원, 당일 5000원) ⓞⓟⓔⓝ 상시개방

해발 228m로 목포 사람들에겐 '삐딱 구두를 신고도 올라가는' 산으로 통하지만, 정상까지 오르자면 꽤 많은 계단과 오르막길을 올라야 한다. 유달산 정상에 서면 목포는 물론 멀리 다도해까지 보인다. 대학루, 달성각, 유선각, 소요정 등 6개의 정자의 뛰어난 전망과 노적봉, 일등바위, 얼굴바위 등 이름난 기암괴석, 이난영의 〈목포의 눈물〉 노래비, 이순신 장군의 동상, 사이렌을 대신하던 오포대 등을 만날 수 있다. 차로 이동한다면 유달산조각공원에 주차한 뒤 조각 작품도 감상하고 둘레길을 걸어보는 것도 좋다.

360도 파노라마 뷰가 펼쳐지는 곳

목포진역사공원.

◎ 전남 목포시 목포진길 14(만호동 1-56) ⓟ 전용주차장

1970년까지만 해도 영산강을 통해 나주까지 배가 오갔던 목포는 조선시대에도 세금으로 걷은 곡식을 운반하는 중요한 항로였다. 세종 21년인 1439년, 영산강 하구에 축성한 수군기지인 만호진은 고종 때인 1895년에 폐쇄되기에 이른다. 이후 120년 만에 객사와 성곽 일부를 복원하여 목포진역사공원으로 꾸며놓았다. 시원한 정자가 있고 객사 뒤편의 전망대에 오르면 목포항이 손에 잡힐 듯하고 유달산을 비롯한 목포 시내, 고하도까지 360도 파노라마로 펼쳐진다.

버라이어티한 볼거리가 가득한

갓바위문화타운.

◎ 전남 목포시 평화로 82(상동 1157) ⓟ 전용주차장 🏠 갓바위 : 상시개방 / 춤추는 바다분수 : 4~11월 20:00 이후 🏠 춤추는 바다분수 : 월요일

예전에는 배를 타고 나가야만 볼 수 있었던 갓바위는 이제 바다 위에 설치한 해상보행교로 걸어가며 만날 수 있다. 약 8000만 년 전 화산재가 굳어진 용결응회암으로 2009년 천연기념물 제500호로 지정됐다. 이 곳에서부터 삼학도 쪽으로 방향을 잡아 걷다 보면 해양유물전시관부터 옥공예전시관을 지나 삼학도의 김대중노벨평화상기념관에 이르기까지, 전시관이 줄을 잇기 때문에 이곳만 둘러봐도 하루가 금방이다. 4월 부터 11월 저녁에는 갓바위 반대편에 있는 평화광장에서 춤추는 바다분수 공연이 열린다.

인간 김대중을 만나는 공간

김대중노벨평화상기념관.

◎ 전남 목포시 삼학로92번길 68(산정동 1481) ⓟ 전용주차장 🏠 09:00~18:00 🏠 월요일, 공휴일, 1월 1일 📋 무료 ☎ 061-245-5660

김대중노벨평화상기념관은 유년부터 정계에 입문하기까지 김대중 전 대통령이 활동하던 목포에서 그를 기리기 위해 조성한 공간이다. 다섯 번의 죽을 고비를 넘기면서도 신념을 위해 평생을 바친 인간 김대중 을 사진과 포스터, 영상자료 등을 통해 만날 수 있다. 〈알쓸신잡〉에서 목포만 생각하면 마음이 아프다며 인간 김대중에 대해 애틋함을 감추지 않았던 유시민 작가의 이야기에 공감하게 될 것이다.

국내 유일의 어린이 바다 전문 과학관

목포어린이바다과학관.

─────

◎ 전남 목포시 삼학로92번길 98(산정동 1454) ⓟ 전용주차장 (OPEN) 09:00~18:00 (휴관) 월요일, 1월 1일 🎫 어른 3000원, 초등학생 1000원, 유치원생 500원 / 4D영상관 : 2000원 📞 061-242-6359

- -

호기심 가득한 아이와 함께 목포를 찾았거든 이곳에 들러보자. 삼학도 김대중노벨평화상기념관 옆에 있는 이곳에서는 깊은 바다에 무엇이 살고 있으며 얕은 바다와는 무엇이 다른지 체험으로 배울 수 있다. 아쿠아리움은 없지만, 수심별로 바다 생태계와 생물을 소개하고 있다. 신기한 심해의 열수공에 대해 알아볼 수 있고 잠수정을 타고 바다 속을 여행하는 해저탐사 VR 체험이나 수중 스쿠터 해저탐사 VR 체험이 인기 좋다.

1323년 신안선 수중 문화재를 만나는 곳

목포해양유물전시관.

─────

◎ 전남 목포시 남농로 136(용해동 8) 국립해양문화재연구소 ⓟ 전용주차장 (OPEN) 평일 : 09:00~18:00, 주말·공휴일 : 09:00~19:00(11~2월은 18:00까지) (휴관) 월요일 🎫 무료 📞 061-270-3001

- -

고려시대에 도자기나 생필품을 싣고 연안을 오가던 목선이나 한국, 일본을 오가다가 난파된 중국 무역선들의 잔해 등 수중문화재를 한자리에서 만날 수 있는 전시관이다. 한국과 세계의 배 역사실, 어린이 해양문화체험관 등은 상설관으로 운영하며 무역선의 난파 스토리와 유물 발굴 작업을 사진 자료와 영상으로 보여준다. 가장 눈길을 끄는 것은 전남 신안 해저에서 발견된 신안선과 그 유물들. 신안선은 1323년 중국에서 일본으로 항해하다 침몰한 무역선으로, 1976년 어느 어부의 그물에 중국 도자기가 걸리면서 발견되어 수심 34m 바닷속에서 건져 올렸다.

예향 목포를 대표하는 작가들을 기억하는
목포문학관.

◎ 전남 목포시 남농로 105(용해동 11-28) ℗ 전용주차장 9:00~18:00 월요일, 1월 1일 어른 2000원, 어린이 1000원 061-270-8400

인구 20만 명 안팎의 작은 항구도시인 목포는 감수성 뛰어난 예술가들이 많은 예향이다. 〈사의 찬미〉를 부른 가수 윤심덕과 현해탄에 몸을 던진 극작가 김우진이 목포 출신이다. 또 〈광장〉의 작가 최인훈, 저항 시인 김지하, 김지하가 '내 시를 읽어줄 유일한 사람'이라고 평했던 문학평론가 김현, 드라마 〈전원일기〉를 쓴 극작가이자 연출가인 차범석 등 내로라하는 인물이 많다. 목포문학관에서는 김우진, 김현, 차범석, 박화성 네 작가의 유품과 작품 세계를 둘러볼 수 있다.

이것이 진짜 남도 스타일 한 상
인동주마을.

◎ 전남 목포시 복산길12번길 5(옥암동 1041-7) ℗ 전용주차장 10:00~22:00 연중무휴 인동주마을 정식(수입 홍어) 5만4000원, 간장꽃게장 정식 3만8000원, 홍어삼합(국내산) 6만5000원 061-284-4068

전라도가 대한민국에서 음식으로 첫째가는 지역이라면 특히 전라남도는 소위 '게미'라 하는 삭힌 음식의 감칠맛이 특징. 목포 음식명인 제1호가 운영하는 인동주마을은 항균, 해독에 좋은 인동초로 담근 인동초 막걸리와 홍어삼합이 유명하다. 홍어삼합, 간장꽃게장, 새우장이 포함된 정식과 깔끔한 맛의 인동주를 곁들이면 새삼 남도에 와 있구나 하는 것을 실감하게 된다. 적당히 삭은 홍어와 기름기 도는 삶은 돼지고기, 묵은김치와 함께 먹는 홍어삼합은 삼합 입문자에게도 부담이 없다.

맷돌로 갈아낸 진짜 국내산 콩물

유달콩물。

───

◎ 전남 목포시 호남로58번길 23-1(대안동 11-5) ⓞPEN 08:00~15:00 ⓒLOSE 일요일 🍽 노랑콩국수 1만 원, 검정콩국수 1만 2000원, 돌솥비빔밥 8000원 📞 061-244-5234

〈서민갑부〉, 〈배틀트립〉 등 매스컴에 여러 차례 소개된 40여 년 전통의 콩물집으로, 오로지 국내산 콩 맛으로 승부를 본다. 콩만큼 국내산과 중국산 간 맛의 차이가 큰 식재료가 또 있을까. 콩을 푹 삶아 전기맷돌로 곱게 갈아내는데 고소하고 진한 맛이 마치 수프 같다. 국내산 노란콩(백태)과 검정콩(서리태) 두 가지로 콩물과 콩국수를 내놓는다. 둘이 간다면 주문 즉시 지어내는 가마솥 비빔밥이나 돌솥밥도 하나 곁들이자. 착한 가격에 남도식 반찬과 함께 먹기 좋다.

일일이 바른 양념 꽃게살에 밥을 비벼 먹다

장터식당。

───

◎ 전남 목포시 영산로40번길 23(중동1가 1-17) ⓟ 가게 앞 ⓞPEN 11:30~21:00(브레이크 타임 15:00~18:00) ⓒLOSE 둘째·넷째 주 월요일 🍽 꽃게살(2인) 2만7000원, 꽃게무침(2인) 2만7000원 📞 061-244-8880

양념 꽃게장이 맛있기는 하지만 꽃게 속에 든 살을 일일이 발라 먹는 일이 여간 번거로운 게 아니다. 장터식당에 가면 이런 번거로움 없이 양념 꽃게살을 즐길 수 있다. 이곳에서는 하루 60~70kg의 꽃게살을 손으로 일일이 짜낸 다음 매콤하게 양념해 내놓는다. 이 양념 꽃게살무침을 한 숟갈 크게 떠서 밥에 비벼 먹는 것이 꽃게살 비빔밥이다. 어찌 보면 잘 아는 맛이지만 목포 별미로 먹어볼 만한 메뉴다.

목포 세발낙지의 명가

독천식당。

◎ 전남 목포시 호남로64번길 3-1(호남동 10-36) ⓟ 전용주차장 🕙 10:30~21:00(브레이크 타임 15:00~17:00) 🕙 연중
무휴 🍴 낙지비빔밥 1만2000원, 갈낙탕 2만2000원, 연포탕 1만8000원 📞 061-242-6528

목포 별미 하면 빠지지 않는 세발낙지를 맛보고 싶다면 독천식당으로 가보자. 〈백종원의 3대 천왕〉에 등
장하기 이전부터 목포에서 인정받은 노포 중의 노포다. 해산물 맛의 기본은 살아있는 식재료를 써야 한다
는 것인데, 싱싱하게 살아 꿈틀거리는 낙지 수족관이 그것을 증명한다. 낙지호롱, 낙지탕탕이, 낙지볶음,
연포탕 모두 식감 자체가 탱글탱글하다. 혼밥이나 가볍게 먹고 싶다면 대접에 먹음직스럽게 담긴 낙지볶
음에 밥을 비벼 먹는 낙지비빔밥이 좋다.

'중깐'으로 유명한 70년 중화식당

중화루。

◎ 전남 목포시 영산로75번길 6(상락동2가 12-7) ⓟ 없음 🕙 10:00~22:00 🕙 월요일 🍴 중깐 7000원, 삼선짬뽕 1만
3000원, 탕수육(소) 1만9000원 📞 061-244-6525

목포역에서 걸어서 5분 거리로 1950년대 개업하여 70여 년이 지난 지금도 같은 장소에서 영업 중이다.
〈생활의 달인〉에 '중깐'과 탕수육 달인으로 소개된 바 있다. '중깐'은 '중화식당 간짜장'의 별칭으로 요리를
먹고 난 후 후식으로 부담 없이 먹을 수 있도록 양은 적은 편. 가늘게 뽑은 면과 곱게 다진 채소, 다진 고
기를 춘장에 강한 화력으로 볶은 별미다. 훈훈한 양파 기름으로 튀겨낸 탕수육과 해물을 푸짐하게 넣은
삼선짬뽕은 주인장의 추천 메뉴.

갈비탕 같은 맑은 국물에 수북한 돼지감자 뼈

해남해장국.

◎ 전남 목포시 삼학로18번길 2-2(상락동 1가 2-5) ⓟ 없음 ⓞ 07:00~22:00 ⓒ 첫째·셋째 주 화요일 🍴 돼지뼈해장국
1만 원, 전복콩나물해장국 1만 원 ☎ 061-243-0268

- -

〈백종원의 3대 천왕〉에 소개된 45년 전통의 돼지 뼈 해장국집이다. 가게에 들어서면 백종원 대표가 '전형
적인 돼지 뼈 냄새가 많이 난다'고 표현했던 맛있는 냄새가 진동한다. 양파를 많이 넣어 누린내를 잡고 개
운한 감칠맛이 나게 진하게 우린 국물은 흡사 갈비탕 같다는 평. 시래기나 감자 같은 다른 재료 없이 푹
익힌 돼지 뼈가 커다란 냉면 그릇에 가득 담겨 나온다. 뼈에 붙은 부드러운 살코기를 구석구석 뜯어먹고
골수를 빨아 먹는 것이 뼈해장국의 재미.

목포에서만 맛볼 수 있는 추억의 간식

쑥꿀레.

◎ 전남 목포시 영산로59번길 43-1(죽동 64-7) ⓟ 없음 ⓞ 11:00~21:00 ⓒ 연중무휴 🍴 쑥꿀레 5000원, 단팥죽 5000
원, 떡볶이 5000원 ☎ 061-244-7912

- -

통영에 오미사꿀빵이 있다면 목포에는 쑥꿀레가 있다. 가수 남진이 어렸을 때 즐겨 먹었다며 추천한 바
있는 쑥꿀레는 이방인에게겐 낯선 음식이지만 목포 사람들에겐 현재 진행형인 추억의 간식이다. 찹쌀가루
에 쑥을 버무려 동그랗게 빚은 경단이 묽은 조청에 담겨 나오는데 이 떡을 조청에 살살 굴린 다음 숟가락으
로 푹 떠서 먹는다. 쫄깃한 떡의 식감과 조청의 은은한 단맛이 어우러져 은근한 중독을 부른다.

앤티크한 분위기의 일본 가옥 카페

행복이가득한집.

⊙ 전남 목포시 해안로165번길 45(중앙동3가 1-3) ⓟ 없음 ⓞ 10:30~21:00 ⓒ 연중무휴 🍽 아메리카노 4000원, 로네펠트 허브차 6500원, 생과일쥬스 6500원 📞 061-247-5887

1930년대 동양척식주식회사의 사택으로 지어졌다가 일본 패망 후 나상수 씨가 매입해 나상수 가옥이라고도 불렸다. 목포근대역사관 별관 건물 맞은편에 자리하고 있으며 소유주가 달라진 지금은 카페로 운영하고 있다. 마당을 지나 카페로 들어가면 일본식 가옥에 유럽식 가구, 한국적인 다기와 소품이 한데 어우러진다. 마치 타임머신을 타고 1920년대 격변기로 되돌아간 듯한 느낌으로 모던보이, 모던걸들이 금방이라도 튀어나올 듯한 분위기다. 이제는 예전에 운영하던 간식바를 더 이상 운영하진 않지만 경성시대 다방에서 티타임을 즐기는 기분으로 들르기 좋은 곳이다.

크림치즈 바게트 하나씩 물고 목포 여행

코롬방제과.

———

◎ 전남 목포시 영산로75번길 7(무안동 1-3) ℗ 도로변 유료주차장 (OPEN) 08:00~21:00 (CLOSE) 연중무휴 📋 크림치즈 바게트 5000원, 새우 바게트 5000원, 밀크쉐이크 2500원 ☎ 061-243-2161

· ·

무려 1949년에 문을 열어 70년 업력을 자랑하는 코롬방제과는 목포 여행자라면 필수로 들러야 하는 순례 빵집이다. 방부제나 화학 첨가제를 넣지 않는다는 이 집 빵은 대체로 맛있다는 평이지만 특히 바삭한 바게트 안에 요거트향이 나는 크림치즈가 담뿍 담긴 크림치즈 바게트는 '1인 1바게트'라 할 만큼 변치 않는 인기를 자랑한다. 빵보다 대기 줄을 선 사람들이 더 많을 정도. 나오는 시간이 따로 적혀 있는데 특히 주말이라면 이 빵을 사기 위해 상시 대기는 기본이다.

소박함 속에 반짝이는 감각, 수제 디저트 카페

가비1935.

———

◎ 전남 목포시 영산로 18(대의동3가 4-4) ℗ 가게 앞이나 골목 주차 가능 (OPEN) 09:00~21:00 (CLOSE) 연중무휴 📋 카비라테 6000원, 아메리카노 3800원, 홍차슈페너 6000원 ☎ 061-242-7010

· ·

1935년에 지은 아담한 단층 일본 가옥의 뼈대만 남기고 리모델링한 수제 디저트 카페다. 그래서 이름도 가비(커피)+1935다. 포토존이 되는 나지막한 지붕 아래 전경과 좌식 테이블이 있는 실내, 그리고 그 안쪽 햇살 쏟아지는 작은 정원에 이르면 소박함 속에서도 감각이 반짝이는 엣지가 느껴진다. 이곳에서 즐길 수 있는 것은 핸드메이드 음료와 디저트다. 수제 과일청과 홍차의 베리에이션이 깊은 맛을 내는 티 종류, 양갱을 얹은 빙수, 오레오나 블루베리를 넣어 만든 푸딩 등 다른 곳에는 없는 이색 메뉴들이 사랑받는다.

창성장。

◎ 전남 목포시 해안로229번길 27-1(대의동1가 5-3) ☎ 010-3921-1500 🏠 mokpocasa1.blog.me(사이트에서 직접 예약)

- -

1963년 지어진 창성장 여관을 이국적인 감각으로 리모델링해 운영한다. 나홀로 여행자를 위한 1인실부터 3인실, 그리고 별채 등 10개의 객실이 있어 선택의 범위가 넓은 편. 이탈리아와 스페인 등 유럽 가구와 소품으로 꾸미고 조선시대 자수 작품과 이탈리아 무라노 앤티크 스탠드를 한 공간에 두는 등 경계를 두지 않는 믹스 앤 매치로 꾸며 창성장만의 독특한 개성이 엿보인다. 특히 단독 테라스가 딸린 별채는 창성장의 인테리어 콘셉트를 가장 뚜렷이 보여주는 공간.

노르웨이 게스트하우스。

◎ 전남 목포시 호남로64번길 12(대안동 3-12) ☎ 010-2712-1937

- -

목포역에서 도보 5분 거리로 목포세무서 바로 뒤에 있다. 밝은 초록의 산뜻한 외관이 먼저 눈에 띄는 이곳은 마을기업에서 운영하는 게스트하우스다. 깔끔하게 관리하는 객실은 실용적인 느낌이고 1층은 조식 카페로 운영된다. 무엇보다 객실료가 매우 착해 가성비가 높다는 평.

폰타나비치호텔。

◎ 전남 목포시 평화로 69(상동 1145-12) ☎ 061-288-7000

- -

평화광장 바로 앞에 위치한 3성급 호텔로, 탁 트인 바다 전망과 저녁의 춤추는 분수쇼를 객실에서 감상할 수 있는 점이 좋다. 호텔 외관이나 시설 면에서도 가족끼리 이용하기에 부담이 없다. 갓바위에서 가까운 위치라서 평화광장에서 갓바위까지 산책하기도 좋다.

PART 19

순천 · 보성

끝이 안 보일 정도로 광활한 갈대밭과 갯벌의 고장 순천. 1억
년 전 중생대 백악기 공룡이 살았던 공룡의 도시인 보성. 머
나먼 태곳적을 상상하게 하는 두 도시에는 유서 깊은 사찰과
대한민국 최고의 녹차밭이 있다. 게다가, '게미 있는' 남도의
손맛은 두 도시의 여행을 더욱 풍요롭게 만들 것이다.

순천의 랜드마크 국가정원 1호

순천만국가정원。

◎ 전남 순천시 국가정원1호길 47(풍덕동 600) ℗ 전용주차장 ⏰ 08:30~19:00 🚫 연중무휴 🎫 입장료 : 어른 8000원, 어린이 4000원 / 순천시 관광지 통합권(6개소) : 어른 1만2000원, 어린이 5500원 / 스카이큐브 : 어른 1만4000원, 어린이 8000원 / 관람차 : 어른 3000원, 어린이 2000원 ☎ 1577-2013

순천 풍덕동과 오천동을 아우르는 112만㎡의 방대한 부지에 조성된 정원으로, 2013년 순천만국제정원박람회가 열린 곳이다. 2015년에 국가정원 1호로 지정되었다. 안내소에서 지도를 받아 둘러보고 싶은 곳 위주로 계획을 짜보자. 차량을 가지고 간다면 서문에 차를 세우고 볼거리가 많은 동문부터 보고 서문 쪽으로 진행하는 코스를 추천. 코로나19 상황엔 모든 실내시설을 폐쇄한다. 순천만국가정원 입장권으로 순천만습지까지 관람할 수 있다.

해 질 녘 환상의 S자 물길

순천만습지。

◎ 전남 순천시 순천만길 513-25(대대동 162-2) ⓟ 공영주차장(소형 3000원, 경차 1500원) ⓞ 08:00~18:30 ⓒ 연중 무휴 🎫 입장료 : 어른 8000원, 어린이 4000원 / 통합권 : 어른 1만2000원, 어린이 5500원 ☎ 061-749-6052

세계 5대 연안습지로 꼽히는 순천만습지는 22.6㎢에 달하는 광활한 갯벌과 5.4㎢에 달하는 갈대 군락지로 이루어져 있다. 철새들의 낙원으로 겨울 흑두루미, 재두루미 등 국제적으로 보호받고 있는 철새 희귀종을 비롯해 우리나라 전체 조류의 절반 이상이 순천만습지에서 발견된다고 한다. 순천만국가정원에서 순천만습지까지는 약 7km 거리. 순천만국가정원을 보고 서문 꿈의광장 옆에서 스카이큐브를 타면 편도 4.6km의 거리를 달려 순천문학관이 있는 문학관역에 하차하게 된다. 순천문학관에서 1.3km쯤을 걸어 들어가야 순천만습지가 나온다. 도보로 20여 분 소요되므로 용산전망대에서 환상의 S자 물길과 동글동글한 갈대숲 장관을 보려면 시간을 넉넉히 잡아야 한다.

일제강점기 철도관사마을의 흔적을 찾아서

철도문화마을。

◎ 전남 순천시 자경1길 10-81(조곡동 82-165) ℗ 마을 내 도로변 주차장 ☎ 061-749-6100

일제강점기 전라선이 개통하고 철도사무국이 생긴 후 순천에도 소위 계획도시가 생겨났으니 바로 조곡동 철도문화마을이다. 철도 노동자들이 거주하는 관사를 비롯해 병원, 목욕탕, 수영장 등 생활시설이 들어서 예전에는 '관사마을'로 통했다고 한다. 대부분 도시 개발로 인해 사라지던 차에 호남철도연합과 마을 주민들이 마음을 모아 철도 테마 마을로 되살리고 있다. 기적소리 카페에서 마을 지도를 구해 철도박물관을 먼저 둘러보고 이 마을의 명소인 죽도봉에도 꼭 올라볼 것.

젊은 세대의 아지트, 순천 1호 청년몰

청춘창고。

◎ 전남 순천시 역전길 34(조곡동 139-3) ℗ 전용주차장 ⏱ 11:30~21:00 🔒 수요일 ☎ 061-746-9697

80년 넘게 정부의 양곡창고로 쓰인 공간에 22개 청년 점포가 들어서 있다. 1층에는 카페, 식당, 간식 등을 파는 푸드코트가, 2층에는 아기자기한 공방이 들어서 있다. 푸드코트에서는 큐브 스테이크나 파스타, 덮밥 등 다양한 음식을 평균 7000원대에 먹을 수 있다. 입구의 넓은 계단은 공연이나 토크쇼 진행 시 객석이 되는 곳으로, 청춘창고가 지향하는 콘셉트를 보여주며 각종 문화공연이 수시로 열린다. 같은 청년몰인 순천웃장에 비해서는 그래도 나은 편이지만 청춘창고 역시 코로나19로 인해 활기를 잃은 편. 하지만 순천역에서 걸어 5분 거리라 식사도 하고 간단한 체험도 하면서 시간을 보내기 좋다.

교복 입고 학생 놀이 '꿀잼'

순천드라마촬영장.

◎ 전남 순천시 비례골길 24(조례동 22) ℗ 전용주차장 ⏰ 09:00~18:00 📅 연중무휴 💺 입장료 : 어른 3000원, 어린이 1000원, 내일로 티켓 소지자 2500원(승용차 1000원) / 교복 체험(1시간) 3000원 ☎ 061-749-4003

순천드라마촬영장은 1960년대부터 1980년대까지 모습을 생생하게 재현해 〈제빵왕 김탁구〉를 비롯한 많은 드라마와 영화의 무대가 되었다. 1960년대 순천 읍내거리, 1970년대 서울 봉천동 달동네, 1980년대 서울 변두리 등 세 가지 테마로 구성되어 이 골목 저 골목을 누비며 볼거리가 많다. 구경만 하면 재미 반감. 이곳에서 가장 재미있게 놀 수 있는 방법은 교복을 빌려 입는 것. 교복을 입는 순간 드라마 촬영지의 구경꾼이 아니라 스스로 드라마의 주인공이 된다.

천년의 이야기를 품은 승보사찰

송광사.

◎ 전남 순천시 송광면 송광사안길 100(신평리 12) ℗ 전용주차장 ⏰ 06:00~19:00(동절기 07:00~18:00), 불일암 참배시간 08:00~16:00 💺 어른 3000원, 어린이 2000원 ☎ 061-755-0107

신라 말 혜린스님이 창건한 송광사는 보조국사를 비롯해 열여섯 국사를 배출한 승보사찰이다. 수천 명의 밥을 담을 수 있는 나무 밥통 비사리구시와 중국 금나라 때의 놋그릇인 능견난사, 천자암의 기묘한 향나무 쌍향수가 사찰의 명물로 손꼽힌다. 여유로움과 아름다움이 느껴지는 곳으로, 사찰 입구부터 능허교와 우화각, 침계루의 우아한 자태가 눈길을 끈다. 한편 법정 스님의 자취를 더듬을 수 있는 곳이기도 하다. 송광사 가는 길에 무소유길을 따라가다 보면 법정 스님이 생전에 기거했던 불일암에 다다른다.

매화와 야생차가 일품인 유네스코 세계문화유산

선암사。

◎ 전남 순천시 승주읍 선암사길 450(죽학리 802) ℗ 전용주차장 ⏰ 상시개방 🎟 어른 3000원, 어린이 1000원 📞 061-754-5247

- -

송광사와 더불어 순천을 대표하는 산사로 2018년에 유네스코 세계문화유산에 등재되었다. 선암사는 신라시대 아도화상(529년) 또는 도선국사(875년)가 창건했다고 추정된다. 주차장에서 선암사까지는 약 1km로 '전국 아름다운 숲' 대상을 받기도 한 평탄한 숲길로 이어진다. 선암사는 국내에서 손꼽히는 아름다운 산사로 영화 〈아제 아제 바라아제〉, 〈동승〉 등의 배경이 되기도 했다. 특히 천연기념물로 지정된 수령 600년의 매화나무 선암매가 유명하다. 내려가는 길에 야생차 체험관에서 차를 마시고 쉬어가도 좋겠다.

정지된 시간 속 마을

낙안읍성민속마을。

◎ 전남 순천시 낙안면 충민길 30(동내리 4376-1) ℗ 전용주차장 ⏰ 5~9월 08:30~18:30, 2~4월·10월 09:00~18:00, 1·11·12월 09:00~17:30 🚫 연중무휴 🎟 어른 4000원, 어린이 1500원 📞 061-749-8831

- -

빠른 것이 칭송받는 요즘 시대에 변하지 않아서 더욱 아름다운 마을이다. 마을 자체는 2000여 년 전 마한시대부터 형성되었으며 민속촌과 같이 인위적으로 조성한 마을이 아니라 현재도 100여 가구가 사는 실제 생활 공간이다. 낙안읍성은 조선 태조 때인 1397년에 왜군의 침입을 방어하기 위해 토성으로 쌓았다가 나중에 석성으로 개축되었다. 1.4km의 성벽 위를 걸어보아야 제대로 된 앵글로 마을 전체 풍광을 감상할 수 있다.

1억 년 전 공룡과 친구 되는

비봉공룡공원。

📍전남 보성군 득량면 공룡로 822-51(비봉리 산113) Ⓟ 전용주차장 OPEN 10:00~18:00(7·8월은 19:00까지) CLOSE 월요일 🎫
공룡공원 : 어른 6000원, 어린이 4000원 📞 1833-8777

보성 득량면에 가면 실제 비봉공룡알화석지가 있거니와, 보성비봉공룡공원은 이 화석지를 소재로 오랜
준비 과정을 거쳐 2017년 7월에 개관하였다. 비봉공룡공원은 아이들의 눈높이에 맞춰 공룡 테마로 꾸민
디노빌리지와 100여 종의 로봇 공룡을 타고 놀 수 있는 백악기파크, 환상적인 4D 공룡쇼 공연장으로 구
성되어 있다. 실제 보성 득량면에서 살았던 코리아노사우루스 보성엔시스의 화석도 만날 수 있고 공룡알
쇼와 3D 애니메이션, 워킹 공룡쇼를 감상할 수 있다. 한여름에는 워터파크도 개장한다. 이곳의 워터파크
는 수심 30cm의 유아풀부터 어린이풀, 청소년풀, 성인풀 등 수심에 따라 구분해놓아 연령에 맞는 곳을 택
해 안전하게 물놀이할 수 있다. 공룡 목걸이나 공룡 컵 만들기, 공룡 피규어 색칠하기 등 다양한 공룡 테
마의 체험 프로그램이 준비되어 있다.

기네스북에 등재된 공룡 집단 화석지
비봉공룡알화석지.

———

◎ 전남 보성군 득량면 비봉리 545-1 ℗ 마을에 주차 🏛 상시개방 🏛 연중무휴 🎫 무료

- -

득량면 비봉공룡알화석지는 세계 최고의 공룡 집단 화석지로 기네스북에서 인정을 받았다. 1억 년 전 중생대 백악기 공룡 화석지로, 1.6m에 달하는 공룡 둥지 17개와 150여 개의 공룡알과 뼈 등 다섯 곳이 모두 천연기념물로 지정되었다. 선소마을에 위치한 공룡알화석지에 가면 알에서 막 깨어난 새끼 공룡 조형물이 있고, 실제 발굴된 공룡화석이 야외에 전시되어 있다. 데크를 따라 산책하며 백악기 퇴적층을 볼 수 있으므로 비봉공룡공원과 함께 이곳에 들러보자.

19세기 중엽 풍경을 만날 수 있는
보성 강골마을.

———

◎ 전남 보성군 득량면 역전길 15-9(오봉리 874-3) ℗ 마을회관 앞 🏛 09:00~18:00 ☏ 061-853-2885

- -

득량역 추억의 거리에서 1km 거리에 있는 광주 이씨 집성촌이다. 이 마을에는 1830년대에 지어진 열화정과 전통 가옥 세 채가 중요민속문화재로 지정되어 있고 마을 구석구석에 시간이 멈춘 듯한 풍경이 고스란히 남아 있다. 지금도 겨울이면 동네 할머니들이 모여 만드는 쌀엿이 유명하며 '불편한 한옥의 하룻밤'을 기꺼이 즐길 만한 고택 숙박도 가능하다.

심해수를 사용한 워터파크

율포해수풀장。

◎ 전남 보성군 화천면 우암길 8(율포리 315-16) ℗ 전용주차장 (OPEN) 매년 7~8월경(개장 여부는 전화 문의) (CLOSE) 월요일 🖥
어른 2만5000원, 어린이 2만 원 ☎ 061-853-4243

현재는 코로나19로 인해 문을 닫고 있지만 보성 여행 중 빠뜨릴 수 없는 필수 코스로 율포해수녹차센터
가 있다. 편리한 시설과 깔끔한 관리는 물론, 지하 120m 암반 해수에 보성 찻잎을 우려낸 녹수탕과 율포
바다를 감상하며 노곤한 몸을 담글 수 있는 노천탕이 인기. 녹차 바닷물이라 피부는 보들보들, 묵은 피로
가 싹 씻겨 내려간다. 어른들을 위한 찜질방과 아이들을 위한 풀장과 탕이 따로 있고 키즈 플레이룸도 있
어서 가족 단위로 찾기 좋다. 규모는 대형 워터파크에 비하면 소박한 편이지만 보성군에서 직영하는 터라
가성비는 갑.

호텔 인피니티풀 부럽지 않은 바다 전망의 암반 해수탕

율포해수녹차센터.

◎ 전남 보성군 회천면 우암길 21(동율리 552) ⓟ 전용주차장 ⏰ 06:00~20:00 📅 연중무휴 🎫 어른 7000원, 어린이 5000원, 수영복 대여비 2000원 📞 061-853-4566

보성해수녹차탕이 2018년 9월 율포해수녹차센터로 다시 태어났다. 기존 보성해수녹차탕의 두 배 크기에 최신시설을 갖췄다. 지하 120m 암반 해수와 보성 찻잎을 우려낸 녹차탕이 메인이다. 무엇보다 좋은 건 야외 온천탕이 있어 율포 앞바다를 바라보며 따뜻한 물에 몸을 담글 수 있다는 것. 아이스방, 황옥방, 스톤테라피 등의 찜질방과 아이들도 안심하고 물놀이를 할 수 있는 수심 90cm의 풀장, 유아들을 위한 유아탕도 갖춰 가족 단위 여행객에게 제격이다. 아이를 동반한 가족을 위한 키즈플레이방이 있으며, 래시가드나 수영모는 대여해 준다.

7080 감성을 입힌 간이역

득량역 추억의 거리.

◎ 전남 보성군 득량면 역전길 28(오봉리 909-1) ⓟ 득량역 주차장

옛 간이역의 정취가 물씬 풍기는 득량역과 1970~1980년대 추억의 거리로 꾸민 역전을 보면 폐역인가 싶다. 그런데 득량역은 영호남을 잇는 열차가 하루 5회 정차하는 경전선역. 마치 타임머신을 타고 시간 이동이라도 한 듯한 느낌 때문에 여행자들이 일부러 사진 놀이하러 들르기도 한다. 코스프레축제가 열리는 5월엔 좀 떠들썩하겠지만 보통은 한적한 시골 역으로 옛 기차역의 추억도 더듬어보고, 실제로도 영업하는 다방에 들어가 커피도 한잔하며 시간을 보낼 수 있다.

국내 최고의 차 관광농원

대한다원。

◎ 전남 보성군 보성읍 녹차로 763-67(봉산리 1288-1) ℗ 전용주차장 🕒 09:00~18:00(11~2월은 17:00까지) 📅 연중무휴 🎫 어른 4000원, 7세 이상 어린이 3000원 📞 061-852-4540

1957년부터 차를 재배하기 시작한 대한다원은 국내 최대 규모이자 가장 오래된 차밭이다. 국내 유일의 차 관광농원으로 지정된 바 있다. 해발 350m 능선을 따라 일정한 간격으로 부드러운 곡선을 그리는 초록 융단을 보면 누구라도 셔터를 누르지 않을 수 없을 것. 다원의 그림 같은 풍경은 많은 영화와 드라마, 광고의 배경이 되었다. 삼나무에 둘러싸인 비탈진 차밭이 인상적인 대한다원은 제1 농장이며, 회령리 평지에 제2 농장이 따로 펼쳐져 있다. 대조적인 두 농원의 풍경도 비교해볼 겸 함께 둘러봐도 좋다. 대한다원은 국내외 관광객들의 보성 필수 코스답게 늘 사람들로 북적인다. 이곳에 들르면 차밭을 배경으로 사진을 찍고 녹차도 사고 녹차아이스크림을 맛보면서 쉬어간다.

호젓하게 차밭 풍경을 즐기고 싶을 때

초록잎다원。

◉ 전남 보성군 회천면 녹차로 613(영천리 11-4) ⓟ 전용주차장(카페) ⏰ 09:00~18:00 🗓 연중무휴 📋 녹차 4000원, 녹차아이스크림 4000원 📞 061-852-7988

초록 바람이 슬며시 볼을 간질이는 평화로움을 만나고 싶다면 관광객이 많은 대한다원보다는 한결 고즈넉한 초록잎다원에 찾아가 보자. 대한다원 제1 농장에서 5분 거리인 영천리 산비탈에 초록잎다원이 있다. 관광객들이 즐겨 찾는 농원형 차밭이 아니다 보니 호젓한 데다 전망대에 올라서서 보면 급경사의 차밭과 그 아래 영천저수지가 한눈에 들어온다. 마치 회오리치는 듯한 차밭 풍광이 걸작. 숨겨놓은 비밀 아지트처럼 초록잎다원에만 살짝 들렀다 가는 여행자도 있다. 차밭 정상에 녹차도 마시고 녹차아이스크림도 맛보며 쉬어갈 수 있는 카페 초록잎이펼치는세상이 있다. 테라스에 나가 차밭을 배경으로 '인생샷'을 건질 수 있는 곳이다.

차 문화도 배우고 차 체험도 하는
한국차박물관。

———

◎ 전남 보성군 보성읍 녹차로 775(봉산리 1197) ⓟ 전용주차장 🕙 10:00~17:00 🚫 월요일, 1월 1일, 설날, 추석 🎫 입장료 : 어른 1000원, 어린이 500원 / 차 마시기 체험 : 2000원 📞 061-852-0918

- -

대한다원을 방문할 때는 인근에 있는 한국차박물관에 먼저 들러 차에 관해 배워보는 것도 좋겠다. 차박물관에는 차에 관한 깊이 있는 내용을 디오라마와 실물, 패널로 일목요연하게 정리해 놓아 1층 차문화실과 2층 차역사실만 둘러봐도 이미 '차 박사'가 된 듯하다. 3층 차생활실에 가면 다도 지도사의 도움을 받아 차를 마셔볼 수 있고 5층 전망대로 올라가면 차밭을 한눈에 내려다볼 수 있다. 박물관 옆에는 차와 차 음식, 녹차 천연 화장품 만들기를 배울 수 있는 체험관이 있다.

소설 《태백산맥》을 위한 문학관
태백산맥문학관。

———

◎ 전남 보성군 벌교읍 홍암로 89-19(회정리 357-2) ⓟ 전용주차장 🕙 09:00~18:00(동절기는 17:00까지) 🚫 월요일, 1월 1일, 설날, 추석 🎫 어른 2000원, 어린이 1000원 📞 061-850-8653

- -

1986년 출간된 이후 무려 850만 권이 팔린 스테디셀러 《태백산맥》을 위해 설립한 문학관이다. 보성 벌교를 무대로 한 《태백산맥》은 1948년 10월의 여순사건이 진압된 후 한국전쟁이 끝날 때까지 치열하게 전개되었던 좌우익 대립을 그린 대하소설. 문학관에는 1만6500장에 달하는 작가의 육필원고와 작가의 취재수첩 등 140여 건의 자료가 전시되어 있다. 근처에 소설 속에 등장하는 무지개형 돌다리인 홍교가 있고, 그 길 중간쯤에 태백산맥 꼬막거리가 조성되어 있다.

남도의 '게미'가 제대로 살아있는 짱뚱어탕 한 그릇

대대선창집。

◎ 전남 순천시 순천만길 542(대대동 572-1) ℗ 전용주차장 ⏰ 08:30~21:00 🚫 연중무휴 🍴 짱뚱어탕(1인) 1만1000원, 짱뚱어탕 (반도가니) 5만 원, 짱뚱어전골 4만5000원 📞 061-741-3157

순천의 별미인 짱뚱어탕 맛집으로 통한다. 25년 전통의 대대선창집은 순천만습지 가는 길에 있다. 짱뚱어탕은 동네 주민들이 잡아 온 짱뚱어를 음식 재료로 사용한다. 곱게 간 짱뚱어에 들깨와 우거지, 토란대를 넣고 걸쭉하고 얼큰하게 끓여낸 것이 특징. 산초를 넣어 먹으면 맛이 배가되는데, 기운이 떨어진다 싶을 때 이 집 짱뚱어탕 한 그릇이면 보약이 따로 없다. 남도 특유의 곰삭은 20여 가지의 반찬은 모두 직접 담갔다고 한다.

깔끔한 국밥 맛이 좋은 순천아랫장 맛집

건봉국밥。

◎ 전남 순천시 장평로 65(인제동 371-1) ℗ 순천아랫장 공영주차장 ⏰ 06:00~21:00 🚫 설·추석 연휴 🍴 국밥 8000원, 머리국밥 8000원, 1인 인기세트 1만3000원 📞 061-752-0900

순천아랫장 건너편에 있는 국밥집 중 가장 유명하다. 특히 순천아랫장이 열리는 날이면 이 집 국밥으로 허기를 달래는 상인들로 북적여 이곳을 찾아 일부러 들른 여행자들도 많다. 주방이 길가로 나 있어서 펄펄 끓는 국밥 솥과 음식을 준비하는 모습을 볼 수 있다. 잡내를 잡은 머릿고기와 내장이 그릇의 절반을 차지할 정도로 푸짐하다. 블루리본서베이 2013년 레스토랑, 전남 대물림 향토음식점 등으로 선정되어 맛을 인정받고 있다. 국밥과 수육, 순대를 모둠으로 맛볼 수 있는 세트 메뉴도 인기.

14찬이 오르는 남도식 손맛

흥덕식당.

◎ 전남 순천시 역전광장3길 21(풍덕동 884-10) ⓟ 가게 옆 골목 OPEN 08:00~21:00 CLOSE 연중무휴 ▤ 백반 8000원, 정식 1만2000원, 불낙전골 1만5000원 ☏ 061-744-9208

순천역 앞에 위치한 남도식 백반집이자 택시 기사들이 추천하는 맛집이다. 모든 메뉴는 2인분 이상 주문이 가능한데 일반 백반을 주문하면 조기매운탕을 비롯해 숙성이 잘 된 갓김치, 꼬막무침, 꽁치구이, 양념게장, 가오리회무침 등 14가지 반찬과 된장국이 상 위에 오른다. 정식에는 백반 상차림에 조기매운탕 대신 불낙전골이 나온다. 흰 쌀밥에 맛있는 남도 김치 한 가지만으로도 밥 한 공기 뚝딱하는 입맛이라면 틀림없이 만족할 것.

낙안 배 크림이 가득한 '촉촉바삭배빵'의 맛

조훈모과자점.

◎ 2호점 : 전남 순천시 봉화로 46(조곡동 507-1) ⓟ 전용주차장 OPEN 08:00~22:00 CLOSE 연중무휴 ▤ 촉촉바삭배빵 4300원, 아메리카노 3800원, 아이스티 4800원 ☏ 061-755-3822

전국음식경연대회에서 '촉촉바삭배빵'으로 대상을 받은 제과점. 2호점은 카페와 함께 운영한다. 순천에서만 25년째 빵을 만들고 있는 조훈모과자점 앞에는 1994년부터 현재까지 210만 명이 넘게 다녀갔다는 팻말을 걸어 놓아 눈길을 끈다. 모든 빵은 유기농 재료를 사용해 만든다. 가장 인기 좋은 빵은 역시 '촉촉바삭배빵'. 겉은 아몬드에 카라멜을 섞은 듯 바삭하고 고소하며 속은 매실청에 낙안 배를 졸여서 만든 크림이 가득 차 있어서 씹을수록 자연의 단맛이 우러나온다.

볼카스텔라가 유명한
화월당.

◎ 전남 순천시 중앙로 90-1(남내동 76) ⓟ 없음 ⓞⓟⓔⓝ 10:00~19:00 ⓒⓛⓞⓢⓔ 연중무휴 🍴 볼카스테라(6개) 1만1400원, 찹쌀떡(1개) 1300원 ☎ 061-752-2016

1928년부터 3대째 이어온 제과점으로 〈수요미식회〉에서도 소개한 볼카스텔라가 유명하다. 사실 볼카스텔라는 대부분 예약과 택배로 빵이 소진되기 때문에 예약하지 않으면 맛을 보지 못할 가능성이 크다. 궁금증을 유발하는 볼카스텔라는 팥앙금을 싸서 둥근 볼처럼 말아놓은 카스텔라로, 박스 단위로만 판매한다. 단팥이 전체에 빵빵하게 들어있기 때문에 팥을 좋아하지 않는 사람이라면 두어 개 먹기도 힘들지 모른다.

순천에서 가장 오래된 치맥의 성지
풍미통닭.

◎ 전남 순천시 성남뒷길 3(장천동 19-16) ⓞⓟⓔⓝ 11:30~24:00 ⓒⓛⓞⓢⓔ 연중무휴 🍴 마늘통닭 2만 원, 풍미러너치정식 2만4000원, 시골통닭 1만7000원 ☎ 061-744-7041

시원한 맥주에 치킨, 소위 '치맥'이 당긴다면 찾아가야 할 통닭집이다. 업력이 35년으로 순천에서 가장 오래되었다는 풍미통닭은 마늘통닭으로 〈백종원의 3대 천왕〉에 소개되기도 한 유명한 집. 신선한 닭을 당일 아침 염지해서 바로 사용하는데, 가격에 비해 크기는 작은 편이다. 닭을 통째로 튀겨 마늘 소스를 겉에 듬뿍 바른 마늘 통닭은 오도독 소리가 나는 바삭한 껍질과 촉촉한 속살 그리고 싸하게 퍼지는 마늘 향이 특징. 여기에 마늘 소스까지 찍어 먹으면 느끼할 겨를이 없다.

꼬막정식 원조집으로 통하는

정가네원조꼬막회관.

⊙ 전남 보성군 벌교읍 조정래길 55(회정리 657) ℗ 전용주차장 _{OPEN} 09:00~21:00 _{CLOSE} 연중무휴 🍽 꼬막정식 2만 원, 꼬막회무침백반 1만 원, 꼬막무침비빔밥 1만2000원, 짱뚱어탕 1만 원 📞 061-857-9919

정가네원조꼬막회관은 방송사에서 다투어 소개한 꼬막정식 원조집. 통꼬막, 꼬막구이, 꼬막탕수육, 꼬막전, 꼬막회무침, 양념꼬막, 꼬막된장국 등 꼬막 요리가 한 상을 가득 채운다. 아쉬운 것은 참꼬막이 더욱더 귀해져서이겠지만, 살짝 데쳐서 나오는 참꼬막을 제외하고는 새꼬막이나 피조개가 대부분이라는 것. 가격은 몇 년 전보다 훌쩍 뛰었지만, 양은 오히려 줄어든 느낌이다. 간단하게 먹을 수 있는 꼬막회무침백반이나 짱뚱어탕은 혼밥 메뉴로 괜찮을 듯하다.

건강과 맛, 두 마리 토끼를 잡은 녹차 요리

특미관.

⊙ 전남 보성군 보성읍 봉화로 53(원봉리 2-1) ℗ 전용주차장 _{OPEN} 09:00~22:00 _{CLOSE} 연중무휴 🍽 녹차 모둠떡갈비 1만8000원, 녹차한우떡갈비 2만4000원, 녹차돼지양념갈비 1만2000원 📞 061-852-4545

보성의 특산물인 녹차를 이용한 맛집으로, 남도 요리 경연대회에서 대상을 받은 이력이 있다. 특히 녹차를 넣어 양념한 떡갈비 재료는 소고기와 돼지고기 중 정할 수 있다. 건강에 좋은 녹차가 테마라 물도 녹차로 대신한다. 초록색이 선명한 떡갈비는 뜨거운 돌 위에 파채와 함께 얹어서 낸다. 선짓국과 달걀찜을 포함한 반찬이 14가지 정도로 양도 푸짐하다. 녹차떡갈비 외에도 가볍게 먹을 수 있는 녹차쌈밥정식이나 녹차비빔밥도 있다.

반전을 거듭하며 매력 발산

고데레。

◎ 전남 순천시 장명5길 11(장천동 47-23) ℗ 없음 ⒪ 11:30~21:30 ⒞ 월요일(별도 휴무 시 인스타그램 공지) 🍽 고데레
(아이스) 5500원, 아인슈페너 5500원, 에스프레소 베리에이션 4000~5000원 ☎ 061-742-0072

- -

이탈리아어로 고데레(godere)는 '만끽하다'라는 뜻. 순천 뒷골목의 평범한 주택가에 뜻밖의 한옥이 한 채
서 있는데 안에 들어가면 반전에 또 반전이다. 카페 안은 한옥의 뼈대를 그대로 둔 채 화이트 타일로 바닥
을 비롯한 내부를 마감하여 환하고 깔끔하고 모던하다. 여기에 고심해 고른 흔적이 역력한 펜던트와 초록
식물로 포인트를 주었다. 에스프레소 위에 부드럽고 풍부한 생크림을 두툼하게 얹은 고데레와 아인슈페
너가 인기 메뉴. 예쁜 인테리어 덕분에 주로 여성 단골이 많다.

독보적인 크래프트비어와 로스터리 커피 맛집

순천양조장 & 브루웍스。

◎ 전남 순천시 역전길 61(조곡동 151-31) ℗ 전용주차장 ⒪ (순천양조장) 10:30~24:00, (브루웍스) 10:00~22:00 ⒞
(순천양조장) 월요일, (브루웍스) 연중무휴 (명절 당일은 13:00부터) 🍽 크레인버거 9000원, 4종 샘플러 1만2000원, 카
카오라테 6000원 ☎ 0507-1334-2545

- -

순천역에서 가까운 청춘창고 맞은편에 위치한 순천양조장&브루웍스는 순천에 여행 갈 또 하나의 이유가
된다. 규모는 물론 레트로 인더스트리얼 감성으로 꾸민 감성적이고 세련된 인테리어가 독보적인 크래프트
비어와 로스터리 커피 맛집이기 때문이다. 옛 농협 창고를 리모델링한 이곳은 '브루잉'이라는 공통분모
를 가지고 한쪽은 맥주, 한쪽은 커피를 뽑아낸다. 카페의 시그니처 메뉴는 에콰도르 카카오로 만든 카카
오라테. 순천양조장은 향토적인 이름을 단 맛있는 수제 맥주와 안주의 페어링이 인상적이다.

보성여관 관람하며 카페에서 쉬어가기
보성여관 카페.

◎ 전남 보성군 벌교읍 태백산맥길 19(벌교리 640-2) ⓟ 인근 주차장(무료) 🕐 10:00~17:00 🕐 월요일 🎫 관람료(음료 포함) : 어른 4000원, 어린이 3500원 📞 061-858-7528

. . . .

보성여관은 소설 《태백산맥》에서 '남도여관'으로 등장한 곳으로 등록문화재 제132호로 지정되어 있다. 카페는 오래되고 감성 가득한 소품들이 놓여 있어 마치 영화 속 세트장 같은 분위기를 자아낸다. 보성여관 소극장에서는 다례 체험, 음악회, 연극, 시 전시 등 독특한 프로그램을 진행하며 소설 《태백산맥》과 관련한 전시 공간과 필사 공간도 마련되어 있다. 보성여관은 별도 관람료가 있으나 음료 주문 시에는 무료로 관람 가능하다.

보성 녹차를 럭셔리하게 마시는 카페
봇재 그린다향.

◎ 전남 보성군 보성읍 녹차로 750(봉산리 1297-6) ⓟ 전용주차장 🕐 10:00~21:00 🕐 첫째 주 월요일, 설날, 추석 🎫 녹차류 3800~8000원, 커피류 3000~5000원, 녹차소프트아이스크림 3500원 📞 061-850-5955

. . . .

보성군에서 운영하는 복합문화공간인 봇재 2층에 있는 카페다. 건축미가 돋보이는 봇재는 보성이라는 작은 도시에 이런 건축물이 있을까 싶을 정도로 존재감이 강한 보성의 랜드마크다. 1층에는 보성 차의 역사를 설명해 놓은 전시관이 있고 2층 카페 맞은편에 보성에서 생산된 녹차 제품 등의 특산물을 파는 그린마켓이 있다. 그린다향은 보성에서 생산된 차를 마실 수 있는 카페로, 탁 트인 유리창 너머로 봇재다원의 전경을 감상하며 마시는 차가 운치 있다. 녹차나 녹차를 넣은 아이스크림 맛도 깔끔하다.

바구니호스텔.

◎ 전남 순천시 역전2길 4(조곡동 153-16) ☎ 061-745-8925 ⌂ www.bagunihostel.com

감각적인 건축 디자인을 선보이는 지랩(Z-LAB)에서 지은 이 멋진 호스텔 건물은 2017년 굿디자인 어워드에서 수상한 바 있다. 도미토리, 2인실, 복층 등 객실이 다양하고 여행자에 대한 섬세한 배려가 구석구석에 보인다. 재미있는 것은 체크인할 때 바구니에 수건과 노란 코인을 함께 주는데 이 코인으로 1층 카페에서 커피나 수제 맥주를 즐길 수 있다는 점이다. 정성 어린 조식도 포함되어 있으며 순천역과 버스터미널 중간쯤에 위치하여 양쪽에서 접근성이 좋다.

게스트하우스 기적소리.

◎ 전남 순천시 자경2길 10-5(조곡동 82-297) ☎ 010-8962-1936

철도를 테마로 꾸민 철도문화마을의 이색적인 숙소. 두 가지 유형이 있는데, 2인용 벙커베드가 놓여 있는 게스트하우스와 1930년대 일본식 다다미방이 있는 독채형이 그것이다. 둘이라면 게스트하우스를, 인원이 많다면 방이 세 개인 독채형이 편리하다.

호텔아이엠.

◎ 전남 순천시 역전광장1길 6(조곡동 157-22) ☎ 061-744-1571

순천역에서 걸어서 5분 거리에 있는 비즈니스호텔로 접근성이 좋다. 투스타 소형 호텔로 세련된 외관이나 룸 컨디션, 인테리어 등 순천에서 추천할 만한 숙소다. 카페와 펍이 있으며 파티하기 좋은 루프탑을 갖추고 있다. 아메리칸 스타일 조식을 3000원에 제공한다.

보성여관.

◎ 전남 보성군 벌교읍 태백산맥길 19(벌교리 640-2) 🎫 관람료 : 어른 1000원, 어린이 500원 📞 061-858-7528 ⌂ www.boseonginn.org

소설 《태백산맥》에서 '남도여관'이란 이름으로 등장한 보성여관은 1935년 일제강점기에 지어져 2004년 등록문화재로 지정되었다. 2년간의 복원 사업을 거쳐 현재는 숙박 및 다목적 문화 체험 공간으로 운영되고 있다. 7개의 객실을 운영하며 숙소로 들어가는 입구에 전시실이 있어 보성여관의 가치에 대해 상세하게 알려주고 있다. 보성여관은 꼭 숙박객이 아니라도 관람할 수 있다. 2층에는 따로 다목적 문화 체험 공간인 다다미방이 있어 오전 10시부터 오후 5시까지 둘러볼 수 있다. 매주 월요일에는 휴관한다.

제암산자연휴양림.

◎ 전남 보성군 웅치면 대산길 330(대산리 산113-1) 📞 061-852-4434

보성군이 운영하는 휴양시설로 '2018년 한국관광의 별'에 선정되었다. 해발 807m 제암산 기슭에 자리하고 있으며 숲속의 집, 숲속휴양관 등 50여 동의 숙박시설과 야영장이 있다. 객실은 깔끔하고 넓으며 여느 휴양림이 그렇듯 직접 식사를 해결할 수 있는 취사시설이 있다.

보성다비치콘도.

◎ 전남 보성군 회천면 충의로 36(동율리 528-1) 📞 061-850-1100

율포솔밭해변 뒤편에 자리해 바다 전망이 좋은 대형 콘도이다. 콘도 내에 해수녹차탕을 비롯해 매점과 카페, 식당 등 부대시설이 있다. 지은 지 나름 오래되었지만 보성에서는 가장 괜찮은 콘도로 여유로운 공간이 가족 단위로 머무르는 데 불편함이 없다.

PART 20

여수

버스커버스커의 〈여수 밤바다〉만큼 바닷가 도시로 여행자를
끌어들이는 노래가 또 있을까. 거기다 서울과 여수를 3시간
이내에 연결하는 KTX가 등장하면서 심리적인 거리도 가까워
졌다. 대부분의 여행지가 바다와 맞물려 있는 낭만적인 여수
에서 별미를 안주 삼아 한잔 기울이는 즐거움도 빠질 수 없다.

짜릿한 스릴을 즐기며 여수를 내려다보는
여수해상케이블카.

◉ **돌산탑승장(놀아정류장)** : 전남 여수시 돌산읍 돌산로 3600-1(우두리 794-89) / **자산탑승장(해야정류장)** : 전남 여수시 오동도로 116(수정동 332-55) ⓟ 돌산탑승장 전용주차장, 자산탑승장 유료주차장(10분마다 200원) ⏰ 09:30~21:30 🚫 연중무휴 🎫 크리스털 캐빈 왕복 : 어른 2만2000원, 어린이 1만7000원 / 일반 캐빈 왕복 : 어른 1만5000원, 어린이 1만1000원 📞 061-664-7301

여수해상케이블카를 타면 걸어서 오가는 여수의 유명 관광지들을 발아래로 감상할 수 있어 꼭 한 번 타볼 만하다. 하부 정류장인 자산공원(해야정류장)에서 돌산읍의 돌산공원(놀아정류장)까지 편도 1.5km로 바다 위를 날아 13분가량 내려간다. 그 반대도 가능한데 정류장마다 즐길 거리가 다르다. 하부 정류장은 엘리베이터를 타고 11층을 올라가는데 구름다리와 왼편의 일출정 정자가 있고, 상부 정류장에서는 좌측의 돌산대교부터 고소동벽화마을, 거북선대교, 오동도까지 파노라마 뷰로 감상할 수 있는 이점이 있다. 바닥이 투명 강화유리로 제작된 크리스털 캐빈은 짜릿한 스릴이 그만이다. 차를 이용할 경우 하부 정류장에는 주차비가 있고, 상부 정류장은 무료다.

'여수의 동피랑'이라 불러도 좋은

고소동 벽화마을.

◎ 전남 여수시 고소3길 13(고소동 268) ⓟ 도로변 주차 공간, 각 공영주차장

여수 여행자들이 가장 많이 찾는 쪽은 여수의 동쪽 바닷가다. 오동도와 여수엑스포해양공원, 자산공원에서 돌산공원까지 연결되는 여수해상케이블카, 진남관, 낭만포차거리가 열리는 종포해양공원, 이순신광장 등이 모두 한곳에 모여 있다. 고소동 벽화마을은 종포해양공원 뒤편으로 올려다 보이는 언덕마을로 걸어서든, 차를 타고든 경사진 골목을 따라 한참 올라가야 한다. 마을 담벼락에 그림을 그려 넣은 아기자기한 벽화거리가 생기면서 루프탑이 있는 카페 몇 군데가 SNS를 달구더니 요즘은 20여 개에 달하는 카페촌이 형성되었다. 왼편으로 거북선대교가, 오른편으로는 장군도 너머 돌산대교가 보이는 뛰어난 전망 때문에 통영 동피랑 못지않은 인기를 누리고 있다. 벽화에 이순신 장군이 등장하는 것은 여수중앙성결교회 근처에 이순신 장군과 관련한 고소대와 통제이공수군대첩비, 타루비가 있는 동네이기 때문.

노래 〈여수 밤바다〉의 정취를 고스란히 살려낸

여수낭만포차거리。

◎ 전남 여수시 중앙동 246-1 ⓟ 공영주차장 🕐 19:00~02:00(11~2월은 24:00까지) 🕐 연중무휴 🍴 해물삼합 3만 원 선, 딱새우회 3만 원 선

예전엔 밤이 되면 인적이 끊기던 종포해양공원이 형형색색의 불을 밝힌 활기찬 분위기로 바뀐 것은 2016년에 낭만포차거리가 생긴 후다. 지자체가 직접 운영하는 국내 최초 포장마차촌으로 약 100m 거리에 20여 개의 포장마차가 종포 앞바다를 바라보고 있다. 버스커버스커의 노래 〈여수 밤바다〉의 운치를 현장에서 고스란히 살려내 이제는 매스컴도 타고 줄 서는 맛집도 등장할 만큼 호황을 누리고 있다. 포차마다 메뉴는 조금씩 다르지만, 공통 메뉴는 해물삼합. 요즘은 비주얼을 갖춘 딱새우회도 등장했다. 사실 맛으로 말하자면 현지인들이 즐겨 찾는 교동시장 쪽으로 가야 맞다. 하지만 여행자들이 이곳을 찾는 것은 노래를 들으며 꿈꿔왔던 밤 바닷가의 술 한잔이기 때문 아닐까. 여름이면 흥겨운 버스킹 공연도 열린다.

공룡이 크르르~ 어린이 전용 루지 타러 가자

유월드 루지테마파크。

◎ 전남 여수시 소라면 안심산길 155(죽림리 116) ℗ 전용주차장 🕙 10:00~19:00 📅 연중무휴 🚩 루지(2회권) 어른 1만 8900원, 어린이 8000원/ 실내 파크 어른 6000원, 어린이 2만2900원 📞 061-810-6000

죽림리 유심천온천 옆에 오픈한 공룡 테마의 신상 복합테마파크다. 수도권의 테마파크만큼 큰 규모는 아니지만 주로 아이에게 눈높이를 맞춘 알찬 즐길 거리로 차별화하고 있다. 통영에서 이미 인기 폭발인 루지&리프트, 18가지 어트랙션이 있는 놀이공원인 다이노밸리, 공룡시대를 테마로 꾸민 모험존인 쥬라기 어드벤처 등으로 구성되어 있다. 특히 특수 제작된 공룡 루지를 타고 아이 혼자서 1.26km의 트랙을 달려 내려올 수 있는 어린이 전용 루지는 유월드의 자랑이다. 루지를 타고 내려오는 트랙 곳곳에 아이들이 좋아하는 움직이는 대형 로봇 공룡을 배치해 스릴을 더한다. 루지, 쥬라기 어드벤처, 다이노밸리 모두 따로 입장권을 구매해야 하므로 다양하게 즐기려면 패키지 콤보권을 구입하는 편이 낫다.

짜릿한 예술의 맛 보러 가요

여수예술랜드。

───────

◎ 전남 여수시 돌산읍 무술목길 142-1(평사리 산245) ⓟ 전용주차장 〔OPEN〕 09:00~18:00(시설마다 다름) 〔CLOSE〕 연중무휴 🖥
미디어아트 조각공원 : 어른 1만5000원, 어린이 1만 원 / AR 3D 트릭아트뮤지엄 : 어른 1만5000원, 어린이 1만 원 / 오션
스카이워크 5000원, 익스트림 공중그네 5000원 ☎ 061-665-0000

- -

인피니티풀을 갖춘 오션뷰 리조트이면서 볼거리, 즐길 거리를 가미한 소규모 테마파크다. 기본적으로 미
디어아트 조각공원과 AR 어플로 체험하는 3D 트릭아트 뮤지엄으로 구성되어 있다. 스릴로 말하자면 스
카이워크와 짚라인을 결합한 오션스카이워크와 100m 절벽 위에서 흔들거리는 익스트림 공중그네가 최
고. 하지만 입장료 외에 개별 요금을 또 내야 한다는 점이 아쉽다. 인증샷 포인트는 다낭의 골든브리지 손
다리를 연상시키는 '미다스의 손' 전망대로 주말엔 꽤 오래 대기 줄을 서야 한다.

레일을 달리며 해변과 공원까지! 3배로 쏟아지는 즐거움

여수해양레일바이크。

───────

◎ 전남 여수시 망양로 187(만흥동 141-2) ⓟ 전용주차장 〔OPEN〕 09:00~18:00(11~12월은 17:00까지) 〔CLOSE〕 연중무휴 🖥 2인승
2만6000원, 3인승 3만1000원, 4인승 3만6000원 ☎ 061-652-7882

- -

여수 동쪽 만성리 검은모래해변가에 해양레일바이크가 달린다. 터널을 지나 반환점을 돌아 나오는 왕복
3.5km 거리로 왕복 30분 정도 소요된다. 바로 옆에 공영 자전거를 빌려 자전거도로를 달릴 수 있는 만흥
공원도 있고, 아래쪽에 만성리 검은모래해변이 이어지기 때문에 함께 즐기기 좋다.

여수 곳곳을 누빈다

여수낭만버스。

◎ 여수엑스포역 건너편에서 출발 ⌂ (주간 2층 버스) 10:30~16:30(하루 6회), (야간 2층 버스) 19:30, (시간을 달리는 버스커) 매주 금·토요일 19:30~21:30 ⌂ (주간 2층 버스) 첫째·셋째 주 월요일, (야간 2층 버스) 첫째·셋째 주 월요일, 매주 금·토요일 🎫 (주간 2층 버스) 어른 5000원, 어린이 2500원, (야간 2층 버스) 어른 1만 원, 어린이 5000원, (시간을 달리는 버스커) 어른 2만 원, 어린이 1만 원 ☎ 061-692-0900 (동서관광)

. . . .

한 도시를 짧은 시간 안에 효율적으로 돌아보자면 버스 투어가 최고. 여수낭만버스를 타면 문화해설사의 안내를 들으며 도시 곳곳을 누비다가 원하는 곳에서 내리고 원하는 곳에서 다시 탑승할 수 있어서 편리하다. 여수 밤바다를 비롯한 야경을 보고 싶다면 야간 2층 버스를 타도 좋고, 낭만 버스킹이나 뮤지컬 같은 이벤트까지 즐기고 싶다면 '시간을 달리는 버스커'를 선택하면 된다.

여수에서 흰고래 벨루가를 만날 수 있는

아쿠아플라넷여수。

◎ 전남 여수시 오동도로 61-11(수정동 774-1) Ⓟ 전용주차장 ⌂ 09:30~19:00 ⌂ 연중무휴 🎫 입장권: 어른 3만2000원, 어린이 2만7000원/ 종합권: 어른 3만6500원, 어린이 3만1500원 ☎ 1833-7001

. . . .

3만4000여 마리의 해양생물을 한데 모은 초대형 규모에 6000t급 메인 수조와 아쿠아돔, 수중 터널을 갖추고 바닷속 나라를 생생하게 재현하고 있다. 이곳의 마스코트는 흰색 돌고래 벨루가. 코로나19 이전에는 벨루가 메디컬 트레이닝을 비롯해 하루 다섯 차례 공연하던 아쿠아판타지쇼 등 다양한 이벤트를 볼 수 있었으나 잠정적으로 중단한 상태. 약 60여 종 3000여 마리가 함께 생활하고 있는 대형 메인 수조 안에서 다이버가 먹이를 주는 오션라이프 만찬-대형 메인 수조 피딩은 매일 볼 수 있으며 메인 수조 상단부에서 투명보트를 타고 물고기에게 먹이를 주는 아쿠아-X보트 체험은 가능하다.

토종 동백이 아름다운 여수의 대표 섬

오동도。

◎ 전남 여수시 오동도로 242 ⓟ 공영주차장 🚌 입장료 : 무료 / 동백열차 : 어른 1000원, 어린이 500원

한번 가본 사람도 또다시 들르게 되는 여수의 대표 섬이다. 섬의 모양이 오동잎을 닮았다고 해서 오동도 라는 이름이 붙었다. 특히 2월부터 3월 사이 때를 잘 맞추면 만개한 동백꽃을 볼 수 있다. 여수엑스포역 에서 오동도 입구까지는 2km 남짓한 거리로 걷기에는 좀 무리다 싶으면 택시를 타야 한다. 오동도에 이 르는 800m 남짓 방파제는 한국의 아름다운 길 100선에 선정된 바 있다. 데크를 따라 산책삼아 걷기 좋고 동백열차를 이용하기도 한다. 정상에 등대와 전망대가 있는데 포토존으로 꾸며놓아 사진 찍기 좋다. 오동 도에 어둠이 내릴 때까지 머무른다면 오동도의 명물 춤추는 분수쇼를 감상할 수 있다.

충실하게 재현한 거북선을 만나는 곳

이순신광장。

◎ 전남 여수시 중앙동 385-6 ℗ 공영주차장 🏛 거북선 관람 09:00~22:00(11~2월은 18:00까지) 🎫 무료

이순신광장은 임진왜란 당시 거북선 세 척 중 한 척을 건조했던 전라좌수영 선소가 있던 의미 있는 자리다. 광장 한쪽에 전라좌수영을 진두지휘하던 장군의 일대기와 존재감을 뿜는 거북선을 볼 수 있다. 단순한 모형이 아니라 원형에 가깝게 재현하였으며, 내부로 들어가면 영화 〈명량〉의 한 장면을 보여주는 듯한 디오라마로 꾸며놓았으나 현재는 들어갈 수 없다.

여 수 최 고 의 일 출 을 볼 수 있 는

향일암。

◎ 전남 여수시 돌산읍 향일암로 60(돌산읍 산7) ℗ 공영주차장(최초 1시간 무료) 🏛 일출~일몰 🏛 상시개방 🎫 어른 2500원, 어린이 1000원 📞 061-641-2111

삼국시대 원효대사가 창건했다고 전해지는 향일암은 한국 4대 관음기도처 중의 하나다. 해가 뜨는 쪽을 마주하고 있기에 이름도 향일암. 일출이 장관이라 특히 새해 첫날이면 전국에서 엄청난 관광객이 몰려드는 곳이다. 주차장부터 향일암으로 향하는 길은 계단으로 가면 10분, 평평한 길로 가면 15분이라고 적혀 있는데 경사가 매우 가파르기 때문에 편한 운동화는 필수. 향일암 가는 길에 갓김치를 파는 가게에서 반찬을 구입하면 주차가 무료.

여수 식도락의 성지

41번포차。

◎ 전남 여수시 봉산남3길 17(봉산동 266-15) ⓟ 없음 (OPEN) 13:00~23:00 (CLOSE) 일요일 ☰ 삼치회 5만 원, 선어모둠(소) 5만 원, 해물삼합 5만 원 ☏ 061-642-8820

〈식객 허영만의 백반기행〉에도 소개되었거니와 전국의 내로라하는 미식가들이 여수에서 꼭 들러야 할 맛집으로 손꼽는다. 40여 년 내공으로 내놓는 선어나 제철 회, 닭발 같은 안주가 애주가들 사이에 엄청난 인기를 끌어 연등천 포장마차의 전설로 통한다. 단골들은 회로 먹기 힘든 삼치 선어회와 해물삼합을 주로 찾는데, 이곳을 처음 찾는 손님에겐 노랑가오리, 병어, 민어, 농어, 삼치 선어가 한 접시에 오르는 선어모둠을 추천한다. 잘 숙성해 비린내도 없고 부드러운 선어회는 종류에 따라 맛있게 먹는 조합이 저마다 다르다. 삼치는 단골들이 기가 막히게 맛있다고 입을 모으는 양파 간장 소스에 찍어 깻잎이나 김과 함께 싸 먹고 노랑가오리는 된장에 찍어 마늘종을 함께 얹어 먹는다. 술보다 밥이라면 해물삼합이 좋다. 전복, 제육, 관자, 오징어와 채소가 두루 올라간 것을 함께 구워 먹은 후 볶음밥으로 마무리하는 메뉴다.

'인생 회무침'으로 손꼽히는 서대회무침 맛집

구백식당。

◎ 전남 여수시 여객선터미널길 18(교동 678-15) ⓟ 없음 🕐 07:00~20:30 🈺 둘째·넷째 주 화요일 🍽 서대회 1만3000원, 금풍생이 구이 1만5000원(2인분부터) 📞 061-662-0900

. . . .

허영만 화백이 꼽은 여수 제일의 맛집으로, 샛서방고기로 알려진 금풍생이(군평선이) 구이와 함께 서대회가 유명하다. 여수에는 '서대가 엎드려 있는 개펄도 맛있다'는 우스갯소리가 있을 정도로 서대를 맛난 생선으로 친다. 구백식당의 서대회는 그냥 회가 아니라 우리에겐 회무침으로 익숙한 비주얼이다. 입안에서 살살 녹는 감칠맛 나는 서대회 최고의 비법은 1년 묵힌 막걸리 식초다. 술친구로도 두말 할 나위 없지만 커다란 대접에 참기름 한 방울 떨구고 밥과 함께 썩썩 비벼 먹으면 세상 부러울 게 없다.

여행 중에 만나는 미디어아트

아르떼뮤지엄 여수。

◎ 전남 여수시 박람회길 1 국제관 A동 3층 ⓟ 전용주차장 🕐 10:00~20:00 🈺 연중무휴 🎫 (전시 티켓) 어른 1만7000원, 어린이 1만 원, (패키지 티켓) 어른 2만 원 📞 1899-5008

. . . .

국내 최대 몰입형 미디어아트 전시관 아르떼 뮤지엄은 코엑스 'WAVE' 작품으로 유명한 디지털 디자인 컴퍼니 디스트릭트가 선보이는 몰입형 미디어아트 전시관이다. 제주점을 필두로 여수, 강릉점이 있다. 바다, 폭포, 꽃밭, 해변, 구름, 정원, 숲, 명화 등 초현실 공간에서 오감을 자극하는 웅장한 미디어아트 속에 흠뻑 몰입하며 사진도 찍다 보면 한두 시간이 금방 간다. 세 곳의 테마가 각기 다르며 패키지를 선택하면 미디어아트와 함께 15분 동안 밀크티를 마실 수 있는 카페 티 바에서 화룡점정을 찍을 수 있다.

재료 본연의 맛을 살린 깔끔한 해물삼합
교동시장 23번포차。
————

◎ 전남 여수시 교동시장1길 15-10(남산동 1324-3) ℗ 없음 🕕 18:00~24:00 🚫 둘째·넷째 주 일요일 🍴 해물삼합(소) 4만 원, 생선구이 3만 원, 볶음밥 2000원 📞 061-641-7078

- -

교동시장 포장마차촌은 삼겹살과 묵은지, 해산물 이 세 가지 음식을 한데 볶아 먹는 여수 해물삼합으로 유명하다. 그 가운데 23번포차의 해물삼합은 맛있는 전라도 김치를 포기째 함께 넣어 볶아 먹고 볶음밥으로 마무리한다. 관광지화된 낭만포차에 비해 현지인이 월등히 많은 것이 특징. 착한 가격에 낙지랑 관자가 들어가는 것도 고마운데, 굳이 23번을 찾는 이유는 이 집 묵은지 때문. 다른 양념은 일체 넣지 않고 오로지 이 묵은지로 남도의 맛을 완성한다.

〈수요미식회〉 돌게장 맛집
두꺼비게장。
————

◎ 전남 여수시 봉산남3길 12(봉산동 270-2) ℗ 전용주차장 🕕 08:30~20:30 🚫 연중무휴 🍴 돌게장백반 1만4000원, 갈치조림+게장백반 2만 원 📞 061-643-1880

- -

〈수요미식회〉에 소개된 여수 돌게장 맛집으로 언제 가도 대체로 대기 줄이 길다. 값이 비싼 꽃게에 비해 딱딱하고 몸집이 작은 돌게는 저렴하게 게장을 즐길 수 있는 서민적인 메뉴. 달달하고 매콤하면서도 짠맛이 덜한 돌게장과 양념게장. 그리고 삼삼하게 끓여낸 된장찌개에 갯벌에서 흔하게 잡히는 쏙을 이용해 담근 쏙새우장과 돌산 갓김치 등 10여 가지 반찬이 나온다. 예전에는 게장이 무한리필이었으나 이제는 한 종류로 한 번만 리필이 가능하고 가격이 크게 오른 것이 아쉽다. 그리고 모든 메뉴는 2인분 이상 가능하다.

여수 앞바다 전망이 예쁜 아담한 카페

카페듀.

◎ 전남 여수시 중앙5길 15-1(중앙동 176) ⓟ 없음 ⓞ 10:00~22:00 ⓒ 연중무휴 🖃 에스프레소 4500원, 아메리카노 5000원, 카페라테 5500원 📞 061-666-2300

- -

여수 앞바다가 한눈에 내려다보이는 높은 위치로 부산의 산복도로 같은 느낌의 고소동 벽화마을에 위치한 카페. 올 화이트 톤으로 마감한 카페 자체는 넓지 않지만, 양쪽으로 난 큰 창으로 바다 전망을 감상하는 맛이 좋은데 특히 돌산대교와 장군도가 어우러진 야경이 멋지다. 날씨 좋은 계절에는 1층 야외 테라스 좌석과 하얀 천을 두른 루프탑 자리가 인기. 특히 루프탑 자리는 인증샷의 명당이다.

루프탑이 있는 벽화마을 카페

낭만카페.

◎ 전남 여수시 고소5길11(고소동 291-1) ⓟ 없음 ⓞ 10:00~22:00 ⓒ 연중무휴 🖃 아메리카노여수 카페 5500원, 낭만 아인슈페너여수 카페 7000원, 낭만라테 6500원 📞 061-661-1188

- -

고소동 벽화마을에서 카페듀와 더불어 루프탑 카페로 꼽히는 곳이 낭만카페. 고소동이라는 동네 자체가 차를 타고도 한참 올라가는 고지대에 위치해 있어 바다를 내려다보기 딱 알맞은 입지로, 4층까지 있어 규모는 카페듀보다 큰 편이다. 커다란 통유리 너머로 시원하게 보이는 여수 바다의 전경이 펼쳐져 있고 실내 포토존과 루프탑이 있어 젊은 여행자들이 즐겨 찾는다. 루프탑 한쪽에 돌산대교가 마치 액자처럼 보이는 풍경이 있는데 이곳이 인증샷 명당.

오동도 바로 앞 5성급 호텔

엠블호텔 여수。

◎ 전남 여수시 오동도로 111(수정동 332-15) ☎ 061-660-5800 ⌂ www.mvlhotel.com/yeosu

여수항의 엠블호텔은 돛을 모티브로 하여 지은 호텔로, 이곳에서 보면 여수 앞바다가 한눈에 보인다. 낭만적인 여수 밤바다를 품은 호남권 최초의 5성급 호텔로 스페인, 아랍, 일본, 한국 네 가지 분위기의 테마 객실을 가지고 있다. 룸 컨디션은 물론 평이 좋은 호텔 내 조식과 정원, 편의점, 피트니스센터 등 편의시설이 잘 갖춰져 있다. 여수해양케이블카 하부 정류장인 자산공원이나 아쿠아플라넷, 오동도 등이 가까운 최적의 입지.

리조트 안에서만 보내도 하루가 짧은

여수예술랜드 리조트。

◎ 전남 여수시 돌산읍 무술목길 142-1(평사리 산245) ☎ 1522-2600 ⌂ www.alr.co.kr

돌산읍에 위치한 여수예술랜드 리조트는 전 객실에서 바다를 볼 수 있는 숙소로, 조각공원을 갖추고 있어 손 조형 전망대 '마이더스의 손'을 비롯한 독특한 조각 작품과 만날 수 있다. 디자인적인 요소를 가미한 럭셔리한 객실이 66㎡(20평형)의 더블룸부터 198㎡(60평형)의 펜트하우스 스위트까지 다양한 규모로 마련되어 있다. 사계절 온수풀, 푸드코트와 트릭아트뮤지엄 등도 갖추고 있어서 이 안에서만 하루를 보내도 지루함이 없을 정도.

여수베네치아호텔&리조트。

◎ 전남 여수시 오동도로 61-13(수정동 774-4) 📞 061-664-0001

엠블호텔과 더불어 오동도 권역의 랜드마크라 할 수 있다. 전 객실 바다 전망에 취사시설을 갖춘 객실과 풀빌라로 구성되어 있다. 1층은 뷔페 레스토랑이며 호텔 옥상에는 시네마풀과 핀란드식 사우나, 글램핑장과 복층 구조의 스카이라운지가 있다.

디오션리조트。

◎ 전남 여수시 소호로 295(소호동 923) 📞 1588-0377

워터파크와 야외 수영장을 갖추고 있어 아이와 함께 묵기 좋은 비교적 착한 가격대의 가족 숙소다. 오션뷰와 마운틴뷰로 나뉘며 조식이 맛있는 레스토랑과 사우나, 편의점, 카페, 패스트푸드점 등을 갖추고 있어 호텔 안에만 머물러도 웬만한 것은 다 해결할 수 있다.

폴로니아호스텔。

◎ 전남 여수시 동문로 139(공화동 343-1) 📞 061-663-0808

여수엑스포공원 정문 건너편에 있어 엑스포역에서 가깝다. 도미토리부터 침대형, 펜션형 등 다양한 유형의 객실이 있고 여행자에게 필요한 것들을 대부분 갖춰 놓았다. 층이 높은 객실일수록 뷰가 좋은데 밤에는 빅오쇼도 보인다.

카프아일랜드。

◎ 전남 여수시 망양로 192(만흥동 141-1) 📞 010-2412-4005

착한 가격에 오션뷰가 있는 숙소로 바로 옆엔 여수해양레일바이크가, 앞에는 만성리 앞바다가 시원하게 펼쳐진다. 객실 컨디션이 고급스럽다고 할 수 없으나 취사 가능하고 커피 프랜차이즈가 함께 있어 편리하게 이용할 수 있다.

PART 21

대구

대구는 한 번에 모든 곳을 돌아보기는 힘든 대도시다. 대구에는 근대문화와 근대역사를 콘셉트로 한 여행지가 많고 오래된 건축물을 특유의 감각으로 재생시킨 문화공간도 많다. 심지어 디아크처럼 공공기관 건축물도 예술 작품인 곳이다. 여기에 저절로 술을 부르는 '얼큰 화끈한' 음식들과 인증샷을 부르는 '감성 충만' 공간은 덤.

가인 김광석의 체취를 느낄 수 있는

김광석다시그리기길.

◎ 김광석스토리하우스 : 대구시 중구 동덕로8길 14-3(대봉1동 40-53) ℗ 공영주차장(최초 30분 1000원, 초과 10분당 500원) OPEN 10:00~19:00(11~3월은 18:00까지) CLOSE 월요일, 1월 1일, 설, 추석 📧 무료 📞 053-423-2017

애잔한 목소리와 환한 웃음이 트레이드마크였던 가수 김광석을 테마로 조성한 골목이다. 김광석이 어릴 때 살던 집이 방천시장 근처라 현재의 위치에 그를 기리는 길을 만든 것. 골목 입구 김광석스토리하우스를 시작으로 그를 기억하는 조형물과 노래, 벽화를 비롯해 다소 상업적인 카페와 상점들이 들어섰다. 김광석스토리하우스는 알려졌다시피 남편과 딸을 기억하며 그의 아내가 꾸민 공간. 생전 가족과 생활했던 거실을 볼 수 있으며 헌정 받았다는 마틴 기타를 비롯해 손글씨의 흔적이 남아있는 자필 악보 등을 볼 수 있었다. 그러나 2020년 7월의 화재로 인해 거실에 있던 그의 유품 대부분이 소실되었고 김광석 25주기 기일인 2021년 1월 7일에 재개장한 바 있다.

전매청 사원 아파트가 예술 공간으로

수창청춘맨숀.

◎ 대구시 중구 달성로22길 27(수창동 64-2) ⓟ 전용주차장 ⏰ 10:00~18:00 ⏰ 월요일, 설날, 추석 🚇 무료 📞 053-252-2566

1976년부터 전매청 사원 아파트로 사용되다 20년 넘게 버려진 공간이 청년 예술 창조 공간으로 변신했다. 외부 벽과 내부 구조는 그대로 살리면서 청년 작가들의 작품을 전시해 신선한 느낌을 준다. 설치 미술관 같은 분위기의 카페와 갤러리 등 3개의 동으로 구성되어 있다. 외관만 보면 전시하는 공간이 맞나 싶지만, 안으로 들어가면 톡톡 튀는 개성 강한 작품들을 볼 수 있다. 방문객들은 이곳을 작품 감상뿐 아니라 그 자체로 놀이 공간으로 즐긴다. 그만큼 사진 찍기에 좋은 배경이 많다는 뜻.

대구 여행의 밤을 책임지는

서문시장 야시장.

◎ 대구시 중구 큰장로26길 45 ⓟ 서문시장 공영주차장 ⏰ 일·월·수·목 19:00~22:00(금·토는 23:00까지) ⏰ 화요일

70여 개의 부스가 총출동해 어쩌면 전국에서도 가장 규모가 큰 야시장이라 할만한 대구 서문야시장. 코로나19 상황이라 다른 지역의 야시장들 대부분이 열리지 않는 와중에 그래도 이곳은 주말과 공휴일에 열린다. 예전보다 부스의 수는 줄었지만, 여전히 불향 돋는 구이과 철판 위에서 지져내는 육전 같은 메뉴 앞에선 줄을 길게 선다. 앉아서 먹을 수 있는 공간도 마련되어 있고 기타 연주를 라이브로 들으며 근처 가게에서 사 온 맥주와 곁들여 간단히 한잔하기도 좋다.

보름달 인증샷의 성지가 된 담배공장

대구예술발전소.

⊚ 대구시 중구 달성로22길 31-12(수창동 58-2) ⓟ 전용주차장 🅾 10:00~19:00(11~3월은 18:00까지) 🅲 월요일, 1월 1일, 설날, 추석 🎫 무료 📞 053-430-1225

국내 최초의 담배 생산 공장이었던 대구 KT&G 연초제조창의 별관창고가 복합문화공간이 되었다. 주로 예술가들을 위한 스튜디오를 제공하는 레지던시와 입주 작가들의 작품을 전시하며 시민들을 위한 예술 강좌도 열린다. 아이와 함께라면 발판 피아노, 블록을 비롯한 놀잇감이 있고 푹신한 발판이 깔려 있는 3층 키즈 스페이스를 이용하는 것도 좋다. 대구의 이런 예술 공간을 여행자들이 찾는 이유는 인증샷의 성지가 된 4층의 보름달 작품 때문. SNS상에서 유명한 포토명당이 된 지도 꽤 됐는데 아직도 사진을 찍기 위해 줄을 선다. 사실 만 권의 책이 있는 만권당에서 책을 읽거나 로비나 계단 같은 곳에 작품이 아닌 것처럼 숨어있는 작품들과 숨바꼭질하는 재미도 그 못지않다.

건축물 자체가 예술 작품!

디아크。

◎ 대구시 달성군 다사읍 강정본길 57(죽곡리 806) ℗ 전용주차장 ⑩ 10:00~18:00 ⑪ 월요일, 1월 1일 🎟 무료 ☎ 053-585-0916

외계인이 지구에 푸른 접시 하나를 사뿐히 내려놓은 듯한 건축물이 깜짝 놀랄 만큼 매혹적이다. '이런 건축물이 대구에 있다니!' 첫인상은 경탄 그 자체. 디아크는 세계적인 건축 설계가인 하니 라시드의 작품이다. 디자인에 관심이 있는 이라면 누구나 아는 그의 동생은 카림 라시드다. 형제가 각자 다른 분야에서 독보적인 세계를 구축했다니 또 한 번 놀랍다. '4대강 문화관'이라고도 불리는 디아크는 작품 'Greeting man'이 줄줄이 서서 인사를 건네는 1층 상설전시관을 비롯해 써클 영상존, 전망데크, 카페로 구성되어 있다. 특히 저녁부터 형형색색 컬러를 갈아입는 디아크와 전망데크에서 바라보는 강정 고령보의 야경이 장관이다. 〈런닝맨〉에도 소개된 이곳은 대구 시민들에겐 퀵보드나 자전거, 전동 바이크 등을 타면서 바람 쐬기 좋은 곳.

대구 근대문화 역사의 핵심 코스

근대문화골목 투어。

— — —

청라언덕 – 3.1만세운동길 – 계산성당 – 이상화 고택 – 서상돈 고택 – 구 제일교회 – 약령시한의약박물관 – 진골목
ⓟ 없음

대구의 매력은 현대적 도시의 모습과 100여 년 전 근대골목의 옛 풍경을 동시에 품고 있다는 점이다. 모던한 소품과 오래된 자개 소품을 함께 놓았을 때의 믹스 앤 매치가 신선한 매력으로 다가오는 이치라고나 할까. 근대문화유산이 풍부한 대구시 중구에서 근대골목 투어 5코스를 소개하고 있는데 가장 인기 있는 것은 2코스다. 3.1만세운동길, 계산성당, 이상화 고택과 서상돈 고택, 약전골목, 진골목으로 이어지는 1.64km의 코스는 근대와 현대가 어우러지는 매력을 잘 보여준다. 가장 먼저 할 일은 3.1만세운동길 옆에 있는 근대골목 안내센터에서 지도를 받아 들러야 할 곳을 표시하는 일이다. 이상화 고택 앞 골목, 진골목, 약전골목 등에서 축제도 열고, 작지만 알찬 공연도 열린다. 참고로 대구 시내 공영주차장은 대부분 유료로 운영된다.

가곡 〈동무생각〉 속 청라언덕

3.1만세운동길 & 청라언덕.

⟶

◎ 대구시 중구 지산동 ⓟ 없음

1919년 1000여 명의 학생이 청라언덕과 이어진 90계단을 통해 서문시장으로 나가 독립만세를 외쳤다. 90계단을 '3.1만세운동길'이라 부르는 것은 이 때문. 90계단을 오르면 '봄의 교향악이 울려 퍼지는 청라언덕 위에 백합 필 적에~'로 시작하는 〈동무생각〉 속 청라언덕이 등장한다. 청라는 푸른 담쟁이 넝쿨을 의미한다. 청라언덕에는 대구에서 선교사, 의사 등으로 활동한 스윗스, 챔니스, 블레어의 주택이 100여 년 전 모습 그대로 남아 선교박물관, 의료박물관, 교육역사박물관으로 운영된다.

항일 시인과 운동가의 자취

이상화 고택 & 서상돈 고택.

⟶

◎ 대구시 중구 서성로 6-1(계산동2가 84) ⓟ 없음 🕐 상시개방 🎫 무료 📞 계산예가 : 053-661-3323

서로 마주보고 있는 두 채의 집은 〈빼앗긴 들에도 봄은 오는가〉로 알려진 항일 시인 이상화와 빼앗긴 나라의 주권을 회복하고자 국채보상운동을 주도한 독립운동가 서상돈의 고택이다. 앞서거니 뒤서거니, 같은 동네 이웃이 역사에 남은 인물이라는 자체가 신기할 따름. 바로 옆에 한복 체험도 할 수 있는 근대문화 체험관인 계산예가가 있다. 코로나19가 시작되기 전에는 매주 토요일 오전 11시마다 이 골목에서 거리 연극 〈옛 골목은 살아있다〉가 펼쳐지며 흥겨운 분위기를 연출했었다.

조선시대 대구약령시를 만나다

약령시한의약박물관.

◎ 대구시 달구벌대로415길 49(남성로 51-1) ⓟ 전용주차장 ⏰ 09:00~18:00 ⏰ 월요일, 1월 1일, 설날, 추석 🎫 무료 📞 053-253-4729

시간이 멈춘 듯한 약재상과 한약 냄새가 감도는 한약방, 서성로의 시작인 약령서문에서 동성로 초입까지 약 700m가 약전골목이다. 조선 효종 때부터 이 약전골목에서 봄, 가을 각종 약재를 사고파는 약령시가 열렸다. 걷기만 해도 10년은 젊어진다는 이 거리에 약령시한의약박물관이 있다. 여행 중 피로를 풀 수 있는 한방족욕 체험, 한방비누 만들기 같은 재미난 프로그램을 운영하고 있으니 인터넷으로 예약해서 이용해보자.

대구 최고의 부자들이 살던 골목

진골목.

◎ 대구시 중구 진골목길 31 ⓟ 없음

경상도 사투리로 '길다'는 뜻을 가진 진골목은 약령시 안쪽으로 100m 남짓이다. 대구 최고의 부자였던 서병국, 코오롱 창업자 이원만 등이 거주해 100여 년 전부터 부촌으로 유명했다고 한다. 현재는 대부분 진골목식당, 종로숯불갈비 같은 음식점으로 바뀌었다. 쌍화차로 유명한 미도다방은 1982년 문을 연 이래 여전히 성업 중이다. 번잡한 대구 도심에서 예스러운 풍경을 오롯이 간직한 골목을 걷는 것만으로도 근사한 기분이 든다.

대구의 근대역사 배우고 공원도 산책하고

대구근대역사관 & 경상감영공원.

◎ 대구시 중구 경상감영길 67(포정동 33) ⓟ 전용주차장 ⏰ 09:00~18:00 🚫 월요일, 1월 1일, 설날, 추석 ☎ 무료 📞 053-606-6430

대구근대역사관은 일제강점기에 조선식산은행 대구지점으로 쓰였다. 지금은 대구시의 역사와 문화를 한 자리에서 둘러볼 수 있는 곳으로 자리 잡았다. 르네상스 건축양식의 역사관에는 조선식산은행실, 국채 보상운동부터 시작된 근대 대구의 모습, 1900년대 초 경상감영 모형 등을 전시해두었다. 특히 국내 굴지 의 대기업으로 성장한 삼성이 대구에서 어떻게 시작했는가에 관한 내용이 있어 흥미를 끈다. 이웃한 경상 감영공원은 조선 선조 때 경상감영이 있던 장소로 산책하기 좋은 대구 시민의 휴식처.

공구골목의 감성적인 변신

북성로 공구골목.

◎ 모루 : 대구시 중구 서성로16길 92-1 / 북성로 공구빵 : 중구 서성로14길 79 ⏰ 모루 : 10:00~18:00 / 북성로 공구빵 : 12:00~20:00 🚫 모루 : 월요일·공휴일 / 북성로 공구빵 : 월요일 💰 모루 입장료 : 무료 / 북성로 공구빵 : 공구빵 1set 4500원 📞 모루 : 모루 053-252-8649, 북성로 공구빵 010-3077-7465

북성로 기술예술융합소 모루는 북성로 기술 장인의 작업 공간을 재현하고 기술을 전승하기 위한 공간. 가 죽 공예 프로그램을 비롯해 각종 체험 프로그램도 운영한다. 근처 팩토리09 카페는 기발한 아이디어로 구 워낸 볼트와 너트, 몽키스패너 모양의 마들렌으로 유명하다. 딱딱하게만 느껴지던 공구가 우리 생활과 얼 마나 밀접한지를 깨닫게 되는 북성로 산책 후 공구빵과 커피 한 잔으로 마무리하자.

대구 최고 멋쟁이들의 아지트

향촌문화관 & 대구문학관.

◎ 대구시 중구 중앙대로 449(향촌동 9-1) ⓟ 전용주차장 (OPEN) 09:00~19:00(11~3월은 18:00까지) (CLOSE) 월요일, 1월 1일 🗺
향촌문화관 : 어른 1000원, 어린이·청소년 500원 / 대구문학관 : 무료 📞 향촌문화관 : 053-219-4555 / 대구문학관 :
053-421-1231~2 / 녹향 : 053-424-1981

향촌동을 테마로 한 전시관인 향촌문화관, 대구 출신 작가들을 만나보는 대구문학관, 대구 클래식 음
악 감상의 본산인 녹향. 이 세 공간이 한 건물 안에 있다. 김광석다시그리기길이 국내에서 유일한 대중음
악가 테마거리라면, 향촌문화관은 하나의 동네를 테마로 한 거의 유일한 전시관이 아닐까. 향촌동은 한
국전쟁 후 예술인들의 아지트이기도 했으며 1960년대 대구 최고의 상업지이기도 했다. 재미있는 자료가
많은데 여행자들이 이곳을 즐기는 방법은 직접 몸으로 체험하는 것이다. 양장점 맞춤의상이나 교복을 입
고 인증샷을 찍고, 막걸릿집 술상을 마주하고 포즈를 취한다. 대구문학관에서는 이상화, 현진건, 이창동
등 대구 출신 작가들을 만나본다. 지하의 녹향은 현재도 클래식 감상이 이루어지는 음악실로 운영되고
있다.

폐기찻길이 만든 대구 최고의 야경

아양기찻길.

◎ 대구시 동구 해동로 82(지저동 930) ℗ 기찻길 아래

금호강을 가로지르는 277m 길이의 아양철교는 2008년까지 화물 전용으로 운영했던 철교로, 현재는 카페가 있는 '아양기찻길'로 새롭게 변신했다. 대구 최고의 야경을 보여주는 포인트로, 산책 겸 들르기를 권한다. 중간중간이 유리로 되어 있어 아래쪽 강이 내려다보여 스카이워크를 걷는 듯한 느낌이 든다. 갤러리 겸 카페에서 차를 즐겨도 좋고 예쁜 야경을 즐겨도 좋겠다. 봄밤이라면 휘황한 조명 옷을 입은 인근의 십리벚꽃길도 함께 걸어보자.

대구의 남산이라 불러다오

앞산케이블카.

◎ 대구시 남구 앞산순환로 454(대명동 산227-1) ℗ 전용주차장 🕐 월~목요일 : 10:30~19:30(11~1월은 18:30, 2·10월은 19:00까지) / 금·토·일·공휴일 : 동절기 20:00, 하절기 22:00까지(※홈페이지 참조) 🕐 연중무휴 🎫 왕복 : 어른 1만500원, 어린이 7500원 📞 053-656-2994

대구를 한눈에 조망할 수 있어 대구 여행의 출발지로 상징적 의미가 크다. 그 덕분인지 의외로 동남아에서 온 외국인 관광객이 많다. 케이블카를 타려면 주차하고 10~15분가량 걸어 올라가야 하며 장애인들은 차로 통과 가능하다. 여름이라면 짙은 녹음과 청량한 공기가 있어 기분 좋게 오를 수 있다. 앞산 정상까지는 케이블카로 5분가량 소요되며, 앞산전망대에 서면 대구 도심이 한눈에 들어온다.

저절로 술을 부르는 최고의 안줏거리

똘똘이식당.

◎ 대구시 서구 달구벌대로375길 31(내당동 895-12) ℗ 공영주차장 ⏰ 08:00~23:30 연중무휴 🍽 납작만두 3000원, 오징어·가오리 무침회 1만5000~2만 원, 아나고무침회 2만~2만5000원 ☎ 053-566-5738

- -

대구에는 곱창골목, 무침회골목, 닭똥집골목 등 전문 먹자골목이 여럿 있다. 대구의 음식은 대체로 자극성이 강해 저절로 술을 부른다. 특히 애주가라면 무침회를 놓쳐서는 안 된다. 반고개무침회골목에 있는 20여 곳의 식당들, 그 중에서도 똘똘이식당은 대구 아지매들의 초장 자부심이 담뿍 담긴 맛집이다. 여러 해물과 채 썬 채소를 매콤한 소스에 무쳐내 납작만두에 싸 먹는데 젓가락을 멈출 수가 없다.

부담 없이 즐기는 서민의 영양식

안지곱창막창.

◎ 대구시 남구 대명로36길 63(대명동 872-9) ℗ 공영주차장(유료) ⏰ 10:00~02:00 첫째·셋째 주 일요일 🍽 곱창 한 바가지 1만4000원, 막창 9000원, 계란탕 3000원 ☎ 053-622-3086

- -

대구 곱창이 유명해진 것은 고령, 김천, 창녕 등 인근 도축장에서 공급하는 싸고 신선한 재료 덕분이라는데, 요즘 안지랑곱창골목에서는 재료를 공동 구매한다. 하지만 누린내를 제거하는 방법과 소스의 비법은 60여 개 식당마다 다르니 두루 맛보자. 예전에 비해 가격은 올랐지만 한 바가지(500g)에 1만4000원으로 가성비가 으뜸이다. 깔끔하고 널찍한 안지곱창막창은 막창과 계란탕이 유난히 맛있다는 평이다.

중독을 부르는 치명적인 그 맛

벙글벙글찜갈비。

⸻

◎ 대구시 중구 동덕로36길 9-12(동인동1가 322-2) ⓟ 전용주차장 🕘 09:00~22:00 🏠 설날, 추석 🍴 찜갈비(미국산) 2만 원, 한우찜갈비 3만 원, 볶음밥 2000원 📞 053-424-6881

찜갈비는 소갈비에 마늘과 고춧가루를 듬뿍 넣고 양푼째 연탄불에 올린 후 국물을 졸여 가며 먹는 매콤한 대구식 갈비찜이다. 동인동에 약 15개의 찜갈비집이 있고 원조도 따로 있지만 벙글벙글찜갈비는 음식이 자극적이지 않고 감칠맛이 좋다. 특히 백김치와 동치미, 양파초절임, 마늘, 고추가 총동원되어 찜갈비를 더욱 맛있게 먹을 수 있다. 더 매운맛도 주문할 수 있고 아이를 위한 간장양념 찜갈비도 있다.

맷돌로 갈아낸 정통 콩국수

칠성동할매콩국수。

⸻

◎ 대구시 북구 침산남로 40(노원동1가 10-1) ⓟ 전용주차장 🕘 11:10~20:20(겨울에는 18:30까지) 🏠 9~4월 일요일 휴무 🍴 콩국수 1만 원, 사리 2000원, 콩물 7000원 📞 053-422-8101

1970년대부터 운영해오는 콩국숫집으로 〈수요미식회〉에도 소개된 바 있다. 국산 콩을 갈아낸 되직한 수프 같은 콩국수에 김과 오이채를 얹었다. 독특한 것은 맷돌로 갈아낸 듯 콩 건더기가 씹힌다는 것. 곁들이로 매운 고추와 덜 매운 고추 두 가지가 올라오는데 여기에 마늘을 곁들여 된장에 찍어 먹으면 맛이 잘 어울린다. 칠성동에서 노원동으로 확장 이전하면서 가격이 약간 올랐으나 주차는 한결 편해졌다.

70여 년 전통의 대구식 따로국밥

국일따로국밥。

◎ 대구시 중구 국채보상로 571(전동 7-1) ⓟ 없음 ⓞⓟⓔⓝ 24시간 ⓒⓛⓞⓢⓔ 연중무휴 🍲 따로국밥 9000원, 특따로국밥 1만 원, 따로국수 9000원 ☎ 053-253-7623

- -

대구의 음식은 대체로 화끈한 맛이 특징이다. 국일따로국밥은 1946년에 문을 연 70여 년 전통의 집으로, 대표 메뉴인 따로국밥은 해장하기도 좋고 깍두기를 곁들여 한 끼 해결하기도 좋다. 사골과 사태에 대파와 무를 넣어 밤새도록 끓여낸 국물에 고춧가루와 마늘을 듬뿍 넣어 매콤하면서도 개운한 뒷맛이 특징. 함께 나오는 부추를 넣거나 별도로 국수사리만 추가해 먹어도 좋다. 24시간 연중무휴로 운영한다.

〈백종원의 3대 천왕〉에서 인정한 닭똥집 맛집

꼬꼬하우스。

◎ 대구시 동구 아양로 53-5(신암동 600-19) ⓟ 공영주차장 ⓞⓟⓔⓝ 11:00~24:00 ⓒⓛⓞⓢⓔ 수요일 🍲 모둠똥집 1만5000원, 닭발튀김 1만 원, 튀김똥집 1만1000원 ☎ 053-956-7851

- -

대구 평화시장 닭똥집골목에는 40여 곳의 닭똥집 가게들이 모여 있는데 그 중 꼬꼬하우스는 〈백종원의 3대천왕〉에서 소개한 바 있다. 겉은 바삭, 속은 촉촉하고 부드러운 것이 특징으로, 생맥주와 조합이 환상적이다. 바삭하게 튀겨내는 비결은 기름의 온도와 시간의 절묘한 조절에 있다고 한다. 튀김똥집, 간장똥집, 양념똥집 세 가지를 모두 맛보려면 모둠똥집을 주문하면 된다. 똥집 특유의 누린내 없이 오히려 쫄깃쫄깃 고소한 맛이 좋은데 특히 튀김똥집에 자꾸 손이 간다.

만두의 고정관념을 깬 대구의 명물 간식

미성당납작만두.

◎ 대구시 중구 명덕로 93(남산동 2267-34) ℗ 없음 ⊕ 10:30~21:00 ⊜ 월요일 🍴 납작만두 3500~4000원, 쫄
면 4500원, 우동 4000원 📞 053-255-0742

처음 납작만두를 대한 여행자들은 밀가루 반죽 두 장을 붙인 듯 희멀건한 모양에 당황할지도 모른다. 납
작만두는 속에 약간의 당면과 파만 들어 있어 만두소가 없다시피 하다. 대구 사람들은 여기에 고춧가루
와 간장 그리고 잘게 썬 파를 적당히 뿌려 먹는다. 납작만두 하나만 즐기기보다는 쫄면이나 떡볶이 같
은 매콤한 메뉴를 주문해 함께 먹는 게 일반적이다. 매콤한 음식과 함께라면 그것이 무엇이든 그 이상의
환상적인 맛의 조합을 이뤄주는 대구의 납작만두는 참 매력덩어리가 아닐 수 없다.

폭발할 듯한 크림과 팥소가 빵빵

근대골목단팥빵.

◎ 서문시장점 : 대구시 중구 큰장로26길 11-3(대신동 115-44) ℗ 서문시장 공영주차장 ⊕ 08:00~22:00 ⊜ 설날, 추석
🍴 녹차생크림단팥빵 3000원, 생크림단팥빵 3000원, 카스테라꽈배기 2700원 📞 053-256-7779

서문시장 야시장 주전부리만 해도 배가 부르지만. 빵 덕후라면 시장 입구의 근대골목단팥빵을 그냥 지나
치기 힘들다. SNS에서 '서문시장 야시장 맛집'으로 유명한 곳으로, 반으로 가르면 폭발할 듯 꽉 찬 크림
과 팥소의 비주얼이 감탄사를 부른다. 빵 자체가 천연 버터, 천일염, 천연 발효종으로 만든 웰빙빵이다. 직
접 단팥을 끓여 만든 팥소는 적당한 단맛에 팥알이 고스란히 살아 있다.

대구 로컬 커피의 자존심

커피명가 라핀카。

———

◎ 대구시 수성로 국채보상로 953-1(만촌동 421-12) ⓟ 전용주차장 OPEN 09:00~22:00 CLOSE 설날, 추석 🍴 수제 딸기케이크 7500원, 명가치노 5500원, 아메리카노 5000원 ☎ 053-743-0892

커피명가는 원두커피가 생소하던 1990년에 오픈, 직접 로스팅한 원두로 내린 맛있는 대구 로컬 커피를 알려왔다. 커피명가 라핀카는 커피명가가 만든 특별한 공간이다. 스페인어로 '농장'이라는 뜻을 가진 라핀카의 의미처럼 이곳은 커피묘목, 원두, 커피 로스터리, 카페가 한곳에 모여 작은 커피 박물관처럼 운영된다. 하우스블렌드를 비롯해 질 좋은 핸드드립 스페셜티와 에스프레소 메뉴를 고루 갖추고 있다. 특히 에스프레소에 부드러운 크림을 올린 명가치노와 수제 딸기 케이크, 단호박 케이크가 인기.

'녹차 덕후'들의 동성로 성지

오차야미테。

———

◎ 대구시 중구 중앙대로 415-1(남일동 53-6) ⓟ 없음 OPEN 12:00~21:00 CLOSE 월요일, 둘째·넷째 주 화요일 🍴 말차 5000원, 말차라테 6000원, 말차티라미수 8000원 ☎ 053-254-8782

수확한 찻잎을 시루에서 쪄 그늘에서 말린 후 거친 잎맥을 제거하고 고운 분말로 만든 것이 말차다. 녹차에 비해 맛과 향이 진한 말차는 일본인들이 유난히도 좋아하는 차다. 오차야미테는 일본 오사카에 본사를 둔 말차 전문 카페로, 대구에서도 만날 수 있다. 말차 메뉴를 주문하면 즉시 차선을 빠르게 움직여 거품을 내는 격불 과정을 거쳐 말차를 우려내는데 여기에 우유를 섞어 말차라테를 만든다. 우유가 부담스럽다면 소이라테가 무난하고 말차를 넣은 티라미수 등 사이드 메뉴도 있다.

봄고로 게스트하우스。

◎ 대구시 중구 종로 23-23(장관동 49) ℗ 전용주차장(문의) ☎ 010-6766-0264 ⌂ bomgoro.blog.me

고양이를 키우지는 않지만, 대구가 낳은 시인 이장희의 시 〈봄은 고양이로다〉를 테마로 한 게스트하우스다. 숙소 전체를 고양이에 관련한 책자와 고양이 사진으로 꾸몄으며 고양이와 함께한 유명 인사들의 사진을 붙인 각 객실도 재미있다. 약전골목 한복판인 약령시한의약박물관 바로 앞에 있어 중구에 있는 여러 근대문화 스폿으로 이동할 때 매우 편리하다.

소노 게스트하우스。

◎ 대구시 중구 명륜로 86(남산동 693-8) ☎ 053-423-7778

비즈니스호텔 겸 게스트하우스로, 도미토리는 물론 오붓하게 머물 수 있는 2인실도 갖추고 있다. 심플하지만 있을 것은 다 갖췄다. 객실 컨디션이 좋은 편이고, 여행자를 배려한 공간과 널따란 카페가 있다. 주차장이 넓으며, 대구 중심가 반월당에 위치해 도시철도로 접근성이 좋다.

노보텔앰배서더。

◎ 대구시 중구 국채보상로 611(문화동 11-1) ☎ 053-664-1101

대구에서 보기 드문 호텔 체인이자 대구에서 가장 괜찮은 호텔로 통한다. 대구의 중심인 동성로 중심에 있어서 접근성이 좋은 편이다. 대구역이나 대구지하철 1호선 중앙로역에서 걸어서 10분 거리이며 야외 수영장과 사우나 등의 편의시설이 갖춰져 있다. 객실도 비교적 큰 편이다.

PART 22

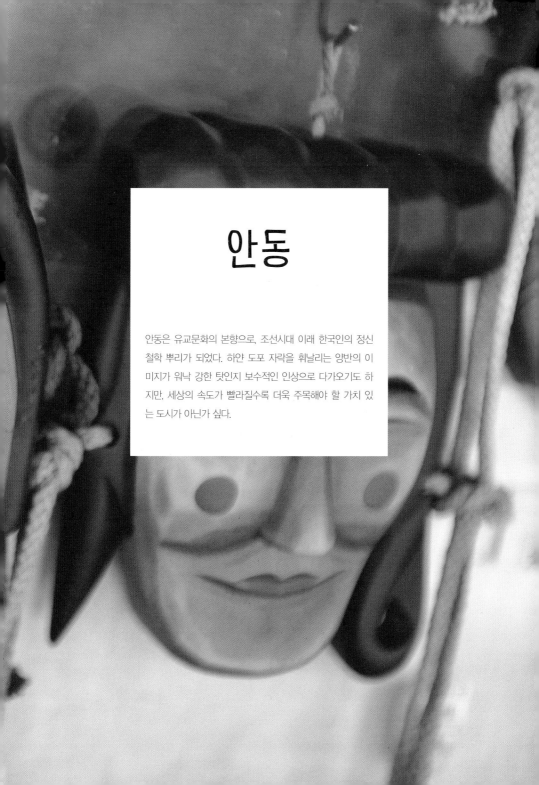

안동

안동은 유교문화의 본향으로, 조선시대 이래 한국인의 정신
철학 뿌리가 되었다. 하얀 도포 자락을 휘날리는 양반의 이
미지가 워낙 강한 탓인지 보수적인 인상으로 다가오기도 하
지만, 세상의 속도가 빨라질수록 더욱 주목해야 할 가치 있
는 도시가 아닌가 싶다.

풍산 류씨 집성촌인 안동의 랜드마크

하회마을。

◎ 경북 안동시 풍천면 전서로 206(하회리 287) ⓟ 전용주차장 OPEN 09:00~17:30(10~3월은 16:30까지) CLOSE 연중무휴 🚌 어른 5000원, 어린이 1500원 📞 054-853-0109

낙동강이 천연 해자 같이 마을을 빙 둘러 감싸 마을 이름도 하회(河回)다. 조선시대 풍산 류씨 집성촌으로 2010년에 유네스코 세계문화유산으로 지정되었다. 조선 선조 때 영의정으로 징비록을 집필한 서애 류성룡이 대표적인 풍산 류씨이며, 우리에게는 유시민 작가와 탤런트 류시원으로 더욱 친숙하다. 충효당, 양진당, 하동 고택 등 대부분이 보물이나 중요민속자료로 지정되어 있고 사적으로는 병산서원이 있다. 엘리자베스 2세 영국 여왕이 방한하면서 하회마을을 찾아 생일잔치를 치른 일이 있으며, 부시 전 미국 대통령도 방문했다. 안동역이나 안동버스터미널에서 간다면 하회마을로 가는 246번 버스가 있고 자차로 방문한다면 마을 입구에서 내려 마을로 가는 셔틀버스를 이용해야 한다.

세상의 모든 탈을 만난다

하회세계탈박물관。

───────

◎ 경북 안동시 풍천면 전서로 206(하회리 287) ⓟ 전용주차장 ⏰ 박물관 : 09:30~18:00 / 탈춤 공연: 매주 화~일요일 14:00~15:00 CLOSE 월요일 🎫 무료 📞 박물관 : 054-853-2288, 탈춤 공연 : 054-854-3664

- -

하회마을 입구에 있는 탈 박물관으로 하회별신굿탈놀이에 사용되는 탈뿐만 아니라 국내외 다양한 탈을 한 자리에서 만날 수 있다. 양반탈, 초랭이탈, 각시탈 등 당시의 신분에 따른 인물 특징을 표현한 하회탈은 원래 모두 12개였으나 현재는 9개만 전해지며, 국보로 지정된 진품들은 국립중앙박물관에 소장되어 있다. 하회마을 내 탈춤공연장에서 매일 열리던 탈춤 공연은 코로나19 상황으로 당분간 스케줄을 조절해 운영하게 된다. 70명으로 인원을 제한하고 코로나 단계에 따라 탄력적으로 공연을 운영할 예정. 이제 월요일을 제외한 주 6일 하루 한 번 공연한다.

하회마을을 한눈에 굽어보는 전망 명소

부용대。

───────

◎ 경북 안동시 광덕솔밭길 72(광덕리 16-2) ⓟ 전용주차장 ⏰ 상시개방

- -

부용대는 높이 64m의 수직 벽으로, 부용대에 오르면 하회마을을 한눈에 볼 수 있다. 그동안 부용대로 데려다주던 나룻배는 이제 운행하지 않는다. 차로 간다면 내비게이션에 '화천서원'을 찍고 이동한다. 화천서원은 류성룡 선생의 형인 류운룡 선생을 기리며 세운 서원으로, 현재 민박과 카페로 운영하고 있는데 이곳에서 부용대 정상이 가깝다. 서애 선생이 《징비록》을 집필했다고 전해지는 옥연정사와 겸암정사도 함께 둘러보자.

서원 건축의 백미

병산서원.

◎ 경북 안동시 풍천면 병산길 386(병산리 30) ⓟ 전용주차장 ⏰ 09:00~18:00(동절기는 17:00까지) 🎫 무료 ☎ 054-858-5929

유홍준 선생은 《나의 문화유산 답사기 3》에서 병산서원을 '우리나라에서 가장 아름다운 서원 건축으로 한국 건축사의 백미'라고 표현했다. 1572년 서애 류성용 선생이 풍산 읍내에 있던 풍악서당을 이곳 병산으로 옮겼으며, 서원 건축의 전형이자 주변 풍광과의 조화가 빼어나다는 평가를 받고 있다. 특히 병산을 향해 탁 트인 누마루인 만대루는 유홍준 선생의 책에서도 무려 세 페이지에 걸쳐 그 완벽함과 디테일의 아름다움에 관해 설명하고 있다. 병산서원과 쌍벽을 이루는 도산서원에 비해서도 후한 평가를 받은 셈. 병산서원은 만대루에 올라 봐야 진짜 그 맛을 알 수 있으나 현재는 문화재 보존상 올라가지 못하게 되었다. 2019년 7월에 병산서원과 도산서원을 포함해 총 9곳의 서원이 유네스코 세계문화유산으로 등재된 바 있다.

퇴계 이황 선생과 제자들이 세운 서원

도산서원。

◎ 경북 안동시 도산면 도산서원길 154(토계리 산61-1) ℗ 유료주차장(소형 2000원, 대형 4000원) 🕒 09:00~18:00(11~
2월은 17:00까지) 🔒 연중무휴 🎫 어른 1500원, 어린이 600원 ☎ 054-856-1073

1561년에 퇴계 이황 선생이 현재의 위치에 학생들의 공부방인 도산서당과 기숙사인 농운정사를 지었
다. 도산서원의 여타 건축물은 퇴계 선생 사후 4년 만에 그의 제자들이 세운 것이다. 도산서원 앞에는 안
동댐이 생긴 후 축대를 쌓아 높인 시사단의 독특한 풍경이 눈길을 끈다. 도산서원은 병산서원에 비해 아
기자기한 맛이 있다. 전교당에 걸려 있는 도산서원 현판은 한석봉의 글씨로 선조가 내려준 것이다. 《나
의 문화유산 답사기 3》에 병산서원과 도산서원을 여러 페이지에 걸쳐 비교한 내용이 있으니 일독을 권
한다. 병산서원도 그렇지만 도산서원도 접근성이 떨어진다. 하루 4회 왕래하는 576번 버스가 오후 5시경
에 끊기며, 서원까지 가는 길이 구불구불하기 때문에 늦은 시간 운전하기도 수월하지 않다.

45도 안동소주 맛이 궁금하다면

안동소주전통음식박물관.

———

📍경북 안동시 강남로 71-1(수상동 280) ℗ 전용주차장 ⏰ 09:00~17:00 🏛 연중무휴 💰 무료 📞 054-858-4541

소주는 누룩으로 발효시킨 술을 불을 때어 증류해서 만든 술로 '불사를 소(燒)'자를 쓴다. 소주는 만들 때도 불사르지만 마실 때도 입안과 목구멍이 짜르르하다. 45도 안동소주 이야기이다. 안동소주전통음식박물관은 〈알쓸신잡〉에서 소개하며 관심을 끈 바 있다. 안동소주 기능보유자이자 경북 무형문화재인 조옥화 여사가 전통을 이어간다. 옛 선조들이 안동소주를 만드는 과정, 술과 관련한 풍습, 그리고 섬세하게 재현한 안동 음식들이 전시되어 있어 이해를 돕는다. 안동소주를 맛보고 직접 구매할 수 있다.

디지털로 접하는 안동의 전통문화 콘텐츠

전통문화콘텐츠박물관.

———

📍경북 안동시 서동문로 203(동부동 447-8) ℗ 전용주차장 ⏰ 09:00~18:00 🏛 월요일, 1월 1일, 설날, 추석 💰 무료 📞 054-843-7900

오로지 디지털 콘텐츠로 안동의 문화유산을 만나는 전통문화콘텐츠박물관이다. 카드를 무선인식(RFID) 리더기에 인식시키면 사이버 안동읍성, 장원급제놀이, 월영교 달걀불놀이 등 다양한 콘텐츠의 가상현실이 눈 앞에 펼쳐진다. 화면을 따라 하회탈춤 춤사위를 배우고 이를 동영상으로 저장해 간직할 수 있고, '조선판 사랑과 영혼'으로 알려진 400여 년 전의 원이엄마를 소재로 한 애니메이션 〈미투리〉도 상영한다.

호수 위 달빛 나들이
월영교。

◎ 경북 안동시 상아동 569 ⓟ 공영주차장 🏛 상시개방

- -

안동댐 건설로 생긴 인공 호수 안동호에 놓인 387m의 다리이다. 아랫부분은 아치 트러스트 공법으로, 바닥과 난간을 목재로 마무리했으며 중간쯤에 정자 월영정을 만들었다. 여행자들이 이곳을 찾는 이유는 야경 때문. 호수길을 따라 조성된 데크 길은 안동 호반나들이길로 안동 시민들의 산책로이기도 하다. 다리 건너편에는 안동석빙고나 안동민속촌이 있어 함께 둘러볼 만하다.

고택 체험이 이루어지는 500년 한옥촌
안동군자마을。

◎ 경북 안동시 와룡면 군자리길 29(오천1리 산28-1) ⓟ 전용주차장 ⒪ 10:00~17:00 🏛 상시개방 🎫 무료 ☎ 054-852-5414

- -

군자마을은 500여 년 전 형성된 조선시대 광산 김씨 집성촌이다. 도산서원 가는 길 산자락에 20여 채 한옥 고택이 포근히 안겨 있다. 원래 이곳 고택들은 2km가량 떨어진 오천 냇가에 있었으나 1974년 안동댐이 조성되면서 수몰을 피해 현재의 위치로 이전했다. 영화 〈관상〉과 드라마 〈공주의 남자〉가 이곳에서 촬영되었으며 한석봉이 쓴 현판이 있는 정자 탁청정이 눈길을 끈다. 퇴계 이황이 현판을 쓴 후조당 등은 고택 체험 공간으로 운영하고 있다.

조선시대 생활상을 한눈에

안동시립민속박물관.

◎ 경북 안동시 민속촌길 13(성곡동 784-1) ⓟ 전용주차장 (OPEN) 09:00~18:00 (닫음) 연중무휴 🎫 어른 1000원, 어린이 300원 📞 054-821-0649

조선시대에 안동 사람들은 어떻게 살았을까? 안동시립민속박물관에서 조선시대 양반과 서민의 생활상을 만날 수 있다. 출산에서부터 장례까지, 가문의 법도를 지키는 일이 무엇보다 중요했던 안동의 유교문화는 요즘과 비교해 생각할 거리를 던진다. 건진국수와 안동식혜, 헛제삿밥처럼 현재 우리가 먹는 음식의 유래를 만날 수 있고, 까치구멍집이나 정교한 아름다움이 있는 상여를 통해 안동 양반들의 내세관을 엿볼 수 있다.

독립운동가이자 시인인 이육사와 만나다

이육사문학관.

◎ 경북 안동시 도산면 백운로 525(원천리 900) ⓟ 전용주차장 (OPEN) 09:00~18:00 (CLOSE) 월요일, 1월 1일, 설날, 추석 🎫 어른 2000원, 어린이 1000원 📞 054-852-7337

'까마득한 날에/ 하늘이 처음 열리고/ 어데 닭 우는 소리 들렸으랴'. 이육사의 시 〈광야〉는 웅장한 어조로 조국 광복을 위한 희생적 의지를 나타낸다. 1904년생 시인이자 독립운동가였던 이육사의 본명은 이원록. '이육사'라는 이름은 옥고를 치를 때 수인번호에서 따왔다고 한다. 도산서원에서 4km 거리의 이육사문학관 가는 길에는 퇴계 종택과 퇴계의 묘소도 있어 드라이브 코스로 묶어 돌아볼 만하다.

국내에서 가장 오래된 목조 건물을 만나다

봉정사。

◎ 경북 안동시 서후면 봉정사길 222(태장리 901) ⓟ 전용주차장 ⓞⓟⓔⓝ 하절기 07:00~19:00, 동절기 08:00~18:00 ⓒⓛⓞⓢⓔ 연중무휴 🎫 어른 2000원, 어린이 600원 ☎ 054-853-4181

2018년 6월, 우리나라 사찰 중 7곳이 유네스코 세계문화유산으로 등재되었다. 안동 봉정사, 영주 부석사, 공주 마곡사, 보은 법주사, 해남 대흥사, 순천 선암사가 그것이다. 그 가운데 봉정사는 국내에서 가장 오래된 목조 건물인 극락전으로 유명하다. 봉정사는 신라 문무왕 12년(672)에 의상대사가 창건한 사찰로 대웅전이 국보로 지정되어 있고, 극락전은 고려 공민왕 때 중수를 했다는 기록이 남아 있다. 영상이 아름다운 영화 〈달마가 동쪽으로 간 까닭은〉의 촬영지인 영산암도 빠뜨리면 안 된다.

썩썩 비벼 먹는 담백한 별미

맛50년헛제사밥。

◎ 경북 안동시 석주로 201(상아동 513-2) ⓟ 전용주차장 ⓞⓟⓔⓝ 11:00~20:00 ⓒⓛⓞⓢⓔ 설, 추석 🍴 헛제사밥 1만2000원, 선비상 2만 원, 안동간고등어구이 1만4000원 ☎ 054-821-2944

월영교 길 건너편에 헛제삿밥의 양대 산맥인 두 집이 있으니 맛50년헛제사밥과 까치구멍집이다. 헛제삿밥은 제상에 오르는 나물을 한데 넣고 간장으로 비벼 먹는 음식이다. 고추장이 아닌 간장만으로 비벼 재료 본연의 담백함이 살아 있다. 경상도 제사상에서만 볼 수 있는 상어고기인 돔배기에 붉은빛이 감도는 안동식혜가 디저트로 나온다. 안동에 가면 꼭 맛봐야 할 삼삼한 별미로, 꽤 맛이 있다.

담백한 건진국수와 행복한 집밥 한 상

옥동손국수。

◎ 경북 안동시 강변마을1길 91(당북동 434) ⓟ 전용주차장 _{OPEN} 11:00~22:00 _{CLOSE} 첫째·셋째 주 화요일 🖥 옥동손국수 8000원, 옥동들깨국수 9500원, 메밀묵밥 9000원 ☎ 054-855-2308

개인적으로 국수를 별로 즐기지 않는지라 큰 기대는 하지 않고 찾았다가 홀딱 반했다. 옥동손국수는 안동 건진국수가 별미. 밀가루와 콩가루를 섞어 반죽해 익혔다가 찬물에서 건져낸다. 건진국수는 기대한 만큼 담백하고 시원한 맛이고, 그보다 반찬 맛이 놀라웠다. 그야말로 엄마 손맛으로 차려내는 반찬으로, 싱싱한 배춧속을 양념장에 찍어 먹고 젓갈에 싸 먹으며 얼마나 행복하던지. '정말 잘 먹고 갑니다'라는 말이 절로 나오는 맛집이다.

'단짠'과 매콤함의 신세계

신세계찜닭。

◎ 경북 안동시 번영길 10(남문동 178-8) ⓟ 시장 공영주차장 _{OPEN} 9:30~21:30 _{CLOSE} 연중무휴 🖥 안동찜닭(중) 3만2000원, 조림닭(중) 3만2000원 ☎ 054-859-5484

큼직하게 토막 낸 닭에 채소를 숭덩숭덩 썰어 넣고 간장으로 졸여낸 안동찜닭. 여기에 매콤한 맛을 더하면 남녀노소를 막론하고 엄지를 치켜들 만한 찜닭이 완성된다. 양은 푸짐하고 술안주로도 딱 맞다. 1980년대에 배고픈 대학생들을 푸짐하게 먹이고 싶어 이것저것 넣다 보니 안동찜닭이 되었다고 한다. 안동 구시장에 즐비한 찜닭집 중 신세계찜닭이 이름난 비결은 단연 '단짠'과 매콤함에 통달한 안주인의 손맛일 것이다.

줄 서서 먹는 크림치즈빵

맘모스제과.

⌾ 경북 안동시 문화광장길 34(남부동 164-1) ⓟ 문화의거리 주차장(1만 원 이상 구매 시 1시간 무료) 🕐 08:30~21:00 🚫 설날, 추석 🍞 유자파운드 1만5000원, 밀크쉐이크 3000원 📞 054-857-6000

전국을 돌며 나름 유명하다고 줄 서는 빵을 맛보다 보면 공통점을 알게 된다. 요즘 선호하는 빵은 건강에 좋은 유기농, 천연 발효종 등을 사용하고 인공첨가물을 넣지 않은 빵, 반으로 가르면 빵 속 크림이 주르륵 흘러내리는 꽉 찬 비주얼의 빵 등이라는 것. 맘모스제과의 크림치즈빵도 찐빵만 한 크기의 빵 안에 크림치즈가 듬뿍 들어가 있다. 대기 줄을 감수해야 하지만, 출출할 때 하나쯤 들고 오물거리기 좋은 빵이다.

안동의 80년 전통 간식

버버리찰떡.

⌾ 경북 안동시 제비원로 128(옥야동 297-31) ⓟ 전용주차장 🕐 08:00~18:30 🚫 연중무휴 🍞 버버리찰떡(1개) 900원 📞 054-843-0106

버버리는 안동 사투리로 벙어리를 의미하는데 떡이 얼마나 크고 맛이 좋던지 한 입 베어 물면 말을 할 수 없다는 의미라고. 버버리찰떡은 일제강점기부터 안동 서민들의 주요 간식이자 한 끼 대용식으로 사랑받아왔다. 요즘은 개별 포장 찰떡이 흔하지만 여행 간식으로 쟁여둘 만하다.

맛있는 마들렌과 따뜻한 햇볕이 있는 곳

카페볕。

◎ 경북 안동시 태사2길 92(옥정동 5-5) Ⓟ 없음 🕚 11:00~20:30 📅 화요일 🍴 히비스유자에이드 4800원, 더티초코 5000원, 아메리카노 4000원 ☎ 070-4150-9006

- -

안동 시내 웅부공원 근처에 자리 잡은 카페볕은 옥정동 한옥 카페의 선두주자다. 외관만 보면 한옥 카페인 줄 전혀 짐작할 수 없지만, 안으로 들어서면 반전 매력이 펼쳐진다. 서까래가 그대로 드러난 카페에는 오랜 자개 가구와 트렌디한 빈티지 소품이 차분하게 어울린다. 입구에는 안동소주와 귀여운 안동사과빵 등을 진열해 안동 특산물을 알리고 있다. 2층으로 연결된 계단을 오르면 빈티지 의류와 소품을 진열해 놓은 편집샵이 있다. 차와 디저트도 즐기고 볼거리도 많은 카페.

마음을 풍요롭게 하는 한옥 북카페

구름에오프。

◎ 경북 안동시 민속촌길 190(성곡동 745) Ⓟ 전용주차장 🕚 08:00~21:00 📅 연중무휴 🍴 아메리카노 5000원, 쑥떡와플 8000원, 와플세트 1만6000원 ☎ 054-823-9001

- -

'OFF LINE, ON READING'이라는 문구를 내건 구름에오프는 안동민속촌 내 전통리조트 구름에와 함께 운영되는 한옥 북카페. 정갈한 외관의 한옥으로 내부는 화이트 톤으로 깔끔함을 강조했다. 무엇보다 벽을 가득 메운 책이 마음을 풍요롭게 한다. 커피는 신맛, 단맛, 쓴맛이 조화로운 다비도프 커피와 산미가 좋은 리브레 커피로 나누어 기호에 따라 골라 마실 수 있다. 쫀득한 찹쌀와플에 달콤하고 시원한 바닐라 맛 아이스크림이 어우러지는 쑥떡와플이 이 카페의 시그니처 메뉴다.

전통리조트 구름에.

◎ 경북 안동시 민속촌길 190(성곡동 745) 📞 054-823-9001

안동댐 건설로 인해 현재의 위치로 옮긴 고택 7채를 리모델링했다. 1600년대에 건립된 정자를 비롯해 유서 깊은 고택에서 묵을 기회. 운치 있는 객실과 현대식 욕실을 갖추었으며 안동 식자재로 정갈하게 조리한 안동식 아침 밥상을 무료로 제공한다.

풍경 게스트하우스.

◎ 경북 안동시 노하2길 19-5(노하동 659) 📞 010-9489-0683

숙소의 위치는 약간 외진 편이지만 콘텐츠와 콘셉트가 있는 젊은 감각의 게스트하우스다. 1층에 책을 읽으며 커피를 마실 수 있는 카페가 있어나 홀로 여행자들이 좋아하지만 의외로 가족 단위 여행객들의 만족도도 높다.

북촌댁.

◎ 경북 안동시 풍천면 하회북촌길 7(하회리 706) 📞 010-2228-1786

안동 여행에서 '안동의 하룻밤'에 대한 로망을 실현하고 싶다면 하회마을 내 북촌댁을 선택할 만하다. 북촌댁은 북촌 중심에 자리 잡은 가장 큰 가옥으로, 중요민속자료로 지정된 격조 높은 가옥이다. 가격대는 꽤 높은 편이다.

리첼호텔.

◎ 경북 안동시 관광단지로 346-69(성곡동 1546) 📞 054-850-9700

한옥 숙소도 좋지만 호텔의 편안함도 포기할 수 없다면, 안동 호텔 중에서 가성비가 좋은 리첼호텔에 묵어보자. 안동문화관광단지에 있는 4성급 호텔로 객실 컨디션도 좋다. 특히 한식과 양식으로 다양하게 준비된 조식 뷔페는 평이 좋다.

PART 23

경주

경주 지도를 펼치면 시내 전체에 빽빽하게 표기된 유적지의 이름만으로 감탄이 절로 나온다. 천년의 도읍지 경주는 도시 전체가 거대한 박물관이다. 그래서 유독 '아는 만큼 보이는' 곳이기도 하다. 여기에 상상력이라는 양념까지 더하면 신라의 역사가 손에 잡힐 듯 생생하게 펼쳐진다.

태양 앵무와 친구가 되어 볼까?

경주 동궁원.

◎ 경북 경주시 보문로 74-14(북군동 185-1) ⓟ 전용주차장 (OPEN) 09:30~19:00 (CLOSE) 연중무휴 ☷ 식물원 : 어른 5000원, 어린이 3000원 / 버드파크 : 어른 2만 원, 어린이 1만5000원 ☎ 054-777-7200

신라 문무왕 때 왕궁의 별궁인 동궁과 월지에 꽃과 나무를 심고 진귀한 새와 짐승을 길렀다고 전해진다. 신라 동궁과 월지를 현대적으로 재현한 경주 동궁원은 아이와 함께 동물원과 식물원을 원스톱으로 즐길 수 있는 곳이다. 버드파크는 새 둥지를 형상화한 유리 건축물로 이국적인 새와 어류, 파충류 등을 만날 수 있다. 특히 친화력 좋은 태양 앵무(썬코뉴어)가 있는 조류관을 아이들이 가장 좋아한다. 알록달록 태양 앵무가 같이 놀자는 듯 머리 위에도 앉고 어깨에도 내려앉는다. 신라의 건축물을 본뜬 유리식물원은 아열대 식물 천국으로, 초록 식물을 사계절 관람할 수 있다. 천장에 전구처럼 대롱대롱 매달려 자라는 일만 송이 토마토도 신기하다. 실제 경주개 동경이도 볼 수 있는 곳. 아이가 있다면 앙증맞은 동경이수레도 경험해 볼 만하다.

한자리에서 만나는 K-POP 100년사

한국대중음악박물관。

◎ 경북 경주시 엑스포로9(신평동 220-6) ⓟ 전용주차장 🕙 10:00~18:00 CLOSE 월·화요일 🎫 어른 9600원, 어린이 4800원 📞 054-776-5502

우리나라 최초의 유성 음반부터 최근 K-POP에 이르기까지, K-POP 100년의 버라이어티한 역사를 만날 수 있는 한국대중음악박물관은 그 방대한 자료만으로도 들러볼 가치가 충분하다. 그것도 그냥 되는대로 모아서 펼쳐놓은 것이 아니라, 대중음악과 오디오 분야의 전문 자문위원을 두고 있을 정도로 전문성이 두드러진다. 전시된 자료는 최초, 희귀 등의 테마를 기초로 한다. 1920년대 유성영화 시절 사용한 세계 최고의 음향 시스템도 갖췄다. 쉽게 찾아볼 수 없는 진귀한 자료 덕분에 일반 관람객 외 대중음악 전문가들이 즐겨 찾아온다고 한다. 특히 아이돌 관련 전시는 젊은 여행자들의 눈을 번쩍 뜨이게 하는 코너. 3층으로 올라가 귀가 녹을 만큼 빵빵한 스피커로 음악 감상을 해보자. 마무리는 지하 1층. 재미있는 사진 놀이를 위한 다양한 소품들이 준비돼 있다.

재기발랄한 감각으로 무장한 여행자 천국

황리단길.

◎ 경북 경주시 포석로 내남네거리~황남초등학교 네거리(황남동) ⓟ 노동 공영주차장

이제는 전국에 20여 개의 '~리단길'이 있어 다소 식상하게 느껴지기도 하지만, 재기발랄한 감각이 돋보이는 아기자기한 길에는 걷는 즐거움, 보는 즐거움이 가득하다. 경주 황남동에도 '황리단길'이 있다. 대릉원 근처 내남네거리 입구부터 황남초등학교 네거리까지, 약 500m 길이다. 원래 포석로로 불리는 이차선 도로변에 기존의 낡은 상가 건물을 개성적으로 리모델링한 가게들을 만날 수 있다. 인스타그램에 자주 등장하는 어서어서(서점), 배리삼릉공원(선물가게), 삼덕마켓(레트로장난감)을 비롯해 음식점, 카페, 흑백사진관 등 다양한 가게가 선보인다. 골목 안쪽으로 들어가면 황리단길 붐을 일으켰다는 홍앤리식탁이나 로스터리 카페인 로스터리 동경을 시작으로 인기 만점 가게들이 기다리고 있다. 황남주택, 템트리스, 스컹크월스 등 술집과 레스토랑은 자리를 잡을 수 없을 정도로 북적거린다. 머지않아 황남동 전체가 황리단길로 변신하게 될 듯하다.

천연기념물 부채꼴 주상절리

경주양남주상절리군.

___

◎ 경북 경주시 양남면 읍천리 405-3 ⓟ 공영주차장 🕐 주상절리 전망대 09:30~18:00 🗓 연중무휴 🎫 무료

제주도에서나 볼 법한 주상절리가 경주 바다에 펼쳐진다. 제주도처럼 수직형이 아니라 기울어지거나 누워 있는 모양인 것이 양남주상절리군의 특징이다. 천연기념물로 지정된 이 주상절리군은 지하의 뜨거운 마그마가 지각의 약한 틈을 따라 지상으로 올라오다가 식어 현재의 모양으로 굳어졌다. 양남면 읍천항과 하서항 사이 해안길 1km 남짓한 '파도소리 산책길'을 걸어보거나 읍천 마을의 벽화를 함께 둘러봐도 좋겠다.

신라 속 조선 문화를 엿볼 수 있는

경주 교촌마을.

___

◎ 경북 경주시 교촌길 39-2(교동 88-5) ⓟ 교촌마을 공영주차장

신라 신문왕 때 설립된 최초의 국립대학인 국학으로부터 고려시대의 향학을 거쳐 조선시대의 향교로 이어지는 교육적인 역사가 있기에 '교촌마을'이라 부르게 되었다. 경주향교와 최씨고택은 교촌마을의 양반 정신을 아우르는 근간이다. 최부잣집은 12대에 걸친 만석꾼 집안으로, 가난한 이웃을 도와 노블레스 오블리주 정신을 실천했다. 중요무형문화재인 교동법주와 최부잣집 상차림을 재현한 요석궁 한정식, 지역 명물 김밥 등 다양한 먹을거리가 공존한다. 한복 체험을 비롯한 다양한 전통 체험도 가능하다.

해 질 녘 더 멋진 국내 최대 목조 다리

월정교。

◎ 경북 경주시 인왕동 921-1(교동 274 일원) ⓟ 교촌마을 공영주차장

. . . .

교촌마을 옆에 동궁과 월지와 더불어 멋진 야경을 볼 수 있는 월정교가 복원됐다. 《삼국사기》에 '신라 경덕왕 때 궁궐 남쪽 문천 위에 일정교, 월정교 두 다리를 놓았다'는 기록을 토대로 지은 목조 교량이다. 원효대사가 이 다리에서 요석공주와 인연을 맺어 설총을 낳았다는 러브스토리도 전해져 오거니와 특히 해 저물 무렵 물가에 반영된 월정교 야경이 환상적이다. 다만, 510억 원을 들여 복원하며 양쪽 누각 사이에 지붕을 얹어 완성했는데 청나라 양식이 아니냐는 논란에 휩싸이기도 했다.

국내에서 가장 오래된 신라 석탑과 황룡사 터

분황사 & 황룡사지。

◎ 경북 경주시 분황로 94-11(구황동 312) ⓟ 전용주차장 (OPEN) 09:00~18:00(동절기는 17:00까지) (CLOSE) 연중무휴 🎟 어른 2000원, 어린이 1000원 📞 054-742-9922

. . . .

신라 중기에 창건한 분황사는 조선시대에 소실되었다. 현재 볼 수 있는 것은 국보 제30호인 모전석탑과 팔각형의 우물, 현재도 법회가 열리는 오래된 보광전, 그리고 황룡사지의 당간지주 등이다. 선덕여왕 때인 1400여 년 전 축조된 모전석탑은 돌을 벽돌처럼 깎아 만든 것으로 원래 규모는 9층으로 추정되나 현재는 3층만 남아 있다. 분황사 앞에는 신라의 대표 사찰이었다는 황룡사가 있던 터가 남아있다. 근처의 황룡사역사문화관에 들러 황룡사의 역사와 1/10로 재현한 9층목탑을 만나보자. 훨씬 이해가 빠를 것이다.

통일신라시대 대표적 고찰

불국사。

◎ 경북 경주시 불국로 385(진현동 산15) ℗ 전용주차장(중형차 1000원) ⒪ꜱꜱ 09:00~19:00(토·일요일은 08:00부터) ꜰꜱ 연중무휴 ▤ 어른 6000원, 어린이 3000원 ☏ 054-746-9913

다보탑, 석가탑 등 6개의 국보와 5개의 보물을 품은 토함산 불국사는 통일신라시대(528년)의 대표적인 고찰로 석굴암과 함께 유네스코 세계문화유산으로 지정되었다. 경덕왕(751년) 때의 재상 김대성이 크게 중수한 후 퇴락과 복원을 거듭하다가 1970년대에 다시 현재의 모습으로 복원하였다. 경내에는 화려한 아름다움을 자랑하는 다보탑과 완벽한 비례미를 갖춘 석가탑이 나란히 서서 절묘한 대비를 이룬다. 세계에서 가장 오래된 목판 인쇄물인 무구정광대다라니경을 만날 수 있는 불국사박물관에도 들러보자.

최고의 예술성을 갖춘 석불을 알현하는

석굴암。

◎ 경북 경주시 불국로 873-243(진현동 999) ⓟ 전용주차장(소형차 1000원, 중형차 2000원) 🕘 09:00~17:30(토·일요일은 08:00부터) 🚫 연중무휴 🎫 어른 6000원, 어린이 3000원 📞 054-746-9933

- -

유네스코 세계문화유산이자 우리나라를 대표하는 석굴 사원으로, 국보 제24호로 지정되어 있다. 불국사에서 토함산 중턱 석굴암까지 가는 7km 남짓한 길은 구불구불 험한 편인데 이 두 유적 사이를 오가는 12번 버스를 이용하면 보다 편리하다. 본존불은 유리 너머로만 볼 수 있고 사진 촬영도 금지되어 있다. 단, 부처님 오신 날 하루만 석굴 내부를 개방한다.

야경이 환상적인 신라 연못

동궁과 월지。

◎ 경북 경주시 인왕동 ⓟ 전용주차장 🕘 09:00~22:00 🚫 연중무휴 🎫 어른 3000원, 어린이 1000원 📞 054-750-8655

- -

통일신라시대 문무왕 때 조성된 우리 역사상 최초, 최대의 인공 연못으로 《삼국사기》에 그 조성 과정이 기록되어 전해진다. '안압지'라는 이름으로 불리다 1980년 연못에서 토기 파편이 발굴된 이후 '동궁과 월지'로 이름으로 바뀌었다. 이 연못에서 출토된 유물만 무려 3만여 점. 주로 왕실과 귀족들이 사용하던 생활용품으로 그 가운데 엄선한 700여 점은 국립경주박물관에서 만날 수 있다. 밤이 낮보다 아름다운 야경 명소로 연못의 반영이 환상적이다.

시공간을 초월한 듯한 능과 첨성대

대릉원 & 첨성대.

◎ 경북 경주시 황남동 ℗ 공영주차장(소형 2000원, 대형 4000원) 🕐 09:00~22:00 📅 연중무휴 🎫 어른 3000원, 어린이 1000원 📞 054-750-8650

'천년고도'라는 경주의 정체성을 가장 실감할 수 있는 유적은 대릉원이 아닐까 한다. 경주 한복판에 고스란히 보존된 1400여 년 전 신라 왕과 왕족들의 자취가 현재 경주 사람들의 삶과 조화를 이루며 시공간을 초월한 듯한 느낌을 준다. 대릉원 역시 유네스코 세계문화유산으로, 60만423㎡의 너른 평지에 천마총과 미추왕릉, 황남대총 등 23기의 무덤이 모여 있다. 유일하게 내부를 공개하고 있는 천마총에 들어가 보면 고분의 형식을 살펴볼 수 있고 가품이긴 하지만 국보로 지정된 말다래도 만날 수 있다. 길 건너편 첨성대는 천문대 혹은 제단, 해시계 등 학설이 분분한 선덕여왕 때의 유적이다. 걸어서 돌아보기엔 방대하므로 자전거나 비단벌레 전기자동차를 타면서 돌아보는 것도 방법이다.

신라 진품 유물을 한자리에서

국립경주박물관.

◎ 경북 경주시 일정로 186(인왕동 76) Ⓟ 전용주차장 ⒪ 10:00~18:00(3~12월 매주 토요일·매월 마지막주 수요일 21:00 까지 개관, 일요일·공휴일 19:00까지) ⒞ 1월 1일, 설날, 추석 ▤ 무료 ☏ 054-740-7500

기원전 57년에서 935년까지 약 천 년을 이어온 신라의 역사를 비롯해 불교미술과 관련한 국보와 보물, 동 궁과 월지에서 출토된 유물 중 엄선한 천여 점의 진품 문화재가 망라되어 있다. 특히 천마총에서 출토 된 금관이나 금제 허리띠, 금 장신구의 실물을 볼 수 있고 기와로서는 최초로 보물로 지정된 '신라의 미 소', 에밀레종으로도 불리는 성덕대왕신종 위 부조로 새겨진 비천상도 눈앞에서 볼 수 있다. 박물관 왼편 으로 아이들이 만져보고 조작하며 자연스럽게 신라를 배워가는 어린이박물관이 있다.

경주 남산에서 보물찾기

경주 남산.

◎ 경북 경주시 배동 Ⓟ 남산동 공영주차장 ⒪ 06:00~18:00 ⒞ 야간산행 금지 ▤ 무료

수년 전 유홍준 선생이 〈1박 2일〉에서 남산 7대 보물을 소개하면서 재미와 교양 두 마리 토끼를 잡았다는 호평을 받았다. 등산을 전혀 즐기지 않는 이들조차 '나도 한번 올라볼까?' 싶게 했던 경주 남산. 단 신선 암 마애보살반가상이나 남산칠불암 마애불상군 등 7개의 보물을 하루에 다 만나려면 쉬지 않고 꼬박 6시 간쯤 걸어야 한다. 반나절 정도의 일정으로 가볍게 남산을 돌아보고 싶다면 서남산의 삼릉계곡 쪽을 추천 한다.

세계문화유산 양반마을

양동마을.

───

◎ 경북 경주시 강동면 양동마을길 138-18(양동리 92) ⓟ 전용주차장 🕐 4~9월 09:00~19:00(10~3월은 18:00까지) 🎫
어른 4000원, 어린이 1500원 ☎ 054-760-7352

· ·

경주 북쪽 끄트머리 강동면에 위치한 양동마을은 안동의 하회마을과 함께 유네스코 세계문화유산으로 지
정된 양반마을이다. 500여 년 동안 월성 손씨와 여강 이씨의 양대 문벌로 이어져 내려온 이 마을은 勿자형
의 지형을 따라 양반의 기와집과 평민들이 기거하던 초가집이 보존되어 있어 조선시대 영남지방의 생활문화
를 엿볼 수 있다. 전체적으로 잘 정돈되고 깔끔한 느낌으로 변모한 이 마을엔 현재도 160여 호의 가옥에 400
여 명의 주민이 실제 거주하고 있으며 한옥 민박을 운영하거나 쌀엿, 한과, 조청 등을 직접 만들기도 한다.

통일신라시대 석탑 양식의 시초

감은사지 동서 삼층석탑.

───

◎ 경북 경주시 양북면 용당리 55-1 ⓟ 전용주차장

· ·

감은사는 통일신라 신문왕이 부왕인 문무왕의 뜻을 이어 지었으며 '아버지의 은혜에 감사한다'는 의미
를 담았다. 감은사는 소실되어 터만 남아있고 현재는 쌍둥이처럼 서 있는 국보 삼층석탑 2기를 볼 수 있
다. 13m가 넘어 거대한 느낌을 주는 단아한 이 탑들은 직선미와 균형감으로 한국 최고의 석탑으로 꼽히
는 석가탑을 비롯한 통일신라시대 석탑 양식의 시초가 되었다.

문무대왕의 수중릉

문무대왕릉.

◎ 경북 경주시 양북면 봉길리 ⓟ 전용주차장

경주시 양북면 봉길리 앞바다에 있는 문무왕 수중릉이다. 신라 문무왕은 삼국통일의 위업을 달성하고 눈을 감으며 동해의 용왕이 되어 죽어서도 나라를 지키겠다는 말을 남겼다. 문무대왕릉은 육지에서 200m 떨어진 작은 바위섬처럼 보이는 수중릉으로 남아 있다. 예전부터 영험한 곳으로 여겨진 이곳에서는 요즘에도 제를 올리는 무속인들을 흔히 볼 수 있다.

경주에서 난 식재료로 차려낸 건강한 밥상

별채반 교동쌈밥.

◎ 경북 경주시 첨성로 77(황남동 328-1) ⓟ 전용주차장 (OPEN) 11:00~21:00(브레이크 타임 16:00~17:00) (CLOSE) 명절 전날, 명절 당일 🍴 곤달비비빔밥, 육부촌육개장, 한우교동쌈밥 각 2만 원 📞 054-773-3322

신라 음식을 고증하여 개발한 메뉴로 꾸준한 인기를 얻고 있다. 별채반의 대표 메뉴인 곤달비 비빔밥은 '곤달비'라는 효능이 뛰어난 산나물 무침에 양송이, 미나리 등을 얹어 된장 소스에 비벼 먹는 밥으로 누구나 부담 없이 먹을 수 있다. 한우와 단고사리, 곤달비, 양, 곱창 등 경주 산과 들의 여섯 가지 친환경 식재료로 끓여낸 담백한 궁중식 육개장은 구수하고 담백하면서도 진한 국물이 좋다. 규모가 큰 홀이 있어서 대형 관광버스들도 수시로 드나들며 주말이나 성수기에는 대기 줄이 긴 편이다.

494

달걀지단김밥의 원조

교리김밥。

─────

◎ 교동 본점 : 경북 경주시 교촌안길 27-42(교동 69) Ⓟ 교촌마을 공영주차장 ⏰ 08:30~17:30(주말·공휴일 18:30까지)
🍴 수요일 🍚 김밥(2줄) 도시락 1만 원, 잔치국수 6500원 📞 054-772-5130

· ·

경주향교 근처에서 오래전부터 김밥과 잔치국수를 팔던 이 집은 경주 사람들이 등산길이나 산책길에 들러 김밥 한 줄에 국수 후루룩 먹고 가던 집이었다. 지금도 교리김밥은 옆구리가 터질 듯 꽉꽉 채운 달걀지단김밥과 잔치국수가 주메뉴. 달라진 것이 있다면 긴 시간 줄을 서야 한다는 것이다. 1인분 기본이 김밥 두 줄로 양이 푸짐하며, 특별한 맛이 아님에도 누구나 한 번쯤은 먹어보고 싶어 하는 미스터리한 김밥이다.

80년 전통의 두 가지 황남빵의 맛

황남빵。

─────

◎ 황남빵(본점) : 경북 경주시 태종로 783, 최영화빵(본점) : 경주시 북정로 6-1 Ⓟ 황남빵 : 전용주차장, 최영화빵 : 없음
⏰ 황남빵 : 08:00~22:00, 최영화빵 : 09:00~21:00 🍴 연중무휴 🍚 황남빵(20개) 2만 원, 최영화빵(20개) 2만 원 📞
황남빵 054-749-7000, 최영화빵 054-749-5599

· ·

황남빵은 고 최영화 씨가 일제강점기인 1939년 개발했다고 알려져 있다. 당시 가게가 황남동에 있어 황남빵이라는 이름이 붙었다고. 80여 년 4대에 걸친 역사를 자랑하는 황남빵은 현재도 기계를 사용하지 않고 수작업으로만 빵을 만든다. 인공 감미료나 방부제를 넣지 않고 국산 팥소를 쓰며, 따뜻할 때 우유랑 함께 먹으면 잘 어울린다. 대로변의 황남빵과 황리단길이나 골목에 위치한 최영화빵 모두 같은 레시피로 만든 황남빵이다. 두 가지 빵 중 어느 쪽이 맛있는지는 직접 맛보고 판단하시라.

마당에 앉아 마시는 아인슈페너

로스터리 동경。

───

◎ 경북 경주시 사정로57번길 11(사정동 23) Ⓟ 공영주차장 ⓄPEN 11:00~20:00 ⓒLOSE 연중무휴 🍽 아인슈페너 5500원, 동경크
로플 1만1000원 📞 010-6264-2638

- -

황리단길 삼덕마켓 옆 골목 안쪽에 위치한 로스터리 카페로 고려시대 경주를 일컫는 '동경'이라는 이름
을 붙였다. 마당이 있는 한옥을 개조해 소박하면서도 정감 있는 분위기로 완성했다. 자개 가구가 놓인 안
쪽에도 공간이 있어 통창을 통해 바깥 풍경을 감상하며 담소를 나누기 좋다. 툇마루나 평상 위에 놓인 둥
근 개다리소반에 커피를 올려놓고 마시는 기분도 색다르다. 가장 인기 있는 커피 메뉴는 진하게 내린 아
메리카노에 설탕과 쫀쫀한 생크림을 얹어 만든 아인슈페너.

넉넉한 공간에 다양한 메뉴를 갖춘

벤자마스카페。

───

◎ 경북 경주시 윗동천길 2(동천동 160) Ⓟ 전용주차장 ⓄPEN 10:00~24:00 ⓒLOSE 연중무휴 🍽 아메리카노 5000원, 카페라테
5000원, 벤자마스 브런치 1만 원 📞 010-3805-6967

- -

경주에서 가장 큰 규모의 카페다. 세 동의 건물로 나뉘어 있으며 커피와 음료 위주의 카페, 디저트와 피
자, 파스타, 빙수 등 가장 많은 메뉴를 갖춘 라운지, 브런치가 메인인 브런치 카페로 구성되어 있다. 브런
치는 비교적 가벼운 프렌치토스트부터 차돌박이샐러드까지 다양하며 시간대에 따라 서빙되는 메뉴가 다
르다. 주차장이 넓고 널따란 잔디밭이 있어서 봄가을에 가면 아이들도 뛰놀 수 있는 공간이 넉넉하다.

베니키아 스위스로젠호텔.

⊙ 경북 경주시 보문로 465-37(신평동 242-19) ☎ 054-748-4848

가족여행 시 숙소로 편리하다. 보문단지 내에 있는 3성급 호텔로 합리적인 객실료로 이용하기 좋다. 깔끔한 룸 컨디션과 야외풀장, 레스토랑과 세미뷔페로 나오는 유료 조식도 가성비가 좋다.

황남관.

⊙ 경북 경주시 포석로 1038(황남동 325-6) ☎ 054-620-5000

〈알쓸신잡〉 경주 편에서 멤버들이 대화의 꽃을 피우던 장소로 등장했다. 경주 시내의 주요 관광지를 다 걸어서 다닐 만한 황남동고분군 근처에 있어 편리하다. 라궁호텔의 객실료가 부담스럽다면 황남관이 좋은 선택.

풍뎅이호스텔.

⊙ 경북 경주시 태종로699번길 14(노서동 162-35) ☎ 010-8422-7865

경주시외버스터미널과 고속버스터미널 바로 뒤편에 자리 잡아 버스를 이용해 경주에 도착한 여행자에겐 최상의 위치. 오래된 여관을 깔끔한 감각으로 고쳤으며, 여행자에게 필요한 것만 갖춰 군더더기 없는 심플함이 돋보인다.

블루보트 게스트하우스.

⊙ 경북 경주시 원화로 252-1(황오동 125-2) ☎ 010-2188-9049

경주역 근처라 기차 여행자가 이용하기 편리한 게스트하우스로 객실료도 2만 원대로 저렴한 편이다. 외관은 다소 허름하지만, 내부로 들어가면 반전이라 할 만큼 아늑하고 깨끗하다. 무료 조식이 제공되며 평도 좋은 편이다.

PART 24

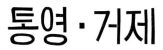

통영·거제

사시사철 해산물이 펄떡이고, 경상도 속 전라도인가 할 만큼
별미가 넘치는 통영. 하늘, 땅, 섬과 바다를 모두 만끽하는 곳
이기도 하다. '자다가도 일어나 바다로 가고 싶은 곳'이라던
시인 백석의 마음이 고스란히 전해진다. 한편, 거제는 통영과
신거제대교로 연결된다. 낚시인들에겐 사시사철 고기가 잡히
는 곳, 여행자들에겐 다양한 방법으로 바다를 즐기는 곳이다.
통영과 거제, 두 지역은 코발트블루로 기억되는 여행지다.

한 번은 절대 충분하지 않다

스카이라인루지통영.

◎ 경남 통영시 발개로 178(도남동 319-3) ⓟ 전용주차장 🕙 10:00~18:00(토·일요일은 19:00까지 🚫 연중무휴 🎫 루지&스카이라이드 콤보 2회 2만7000원, 아동 동반권 1회당 4000원 📞 1522-2468

스카이라인루지통영은 개장한 지 2년이 넘었지만, 여전히 인기 상종가를 달리며 통영 여행의 필수 코스로 자리 잡았다. 특수 제작된 카트를 타고 경사면을 내려오는 스포츠로, 동계올림픽 종목인 루지와도 비슷하다. 남녀노소 불문, 작동법도 쉽고 누구나 쉽게 운전할 수 있어 아이와 함께 즐겨도 좋은 놀이기구다. 루지 핸들을 앞으로 밀면 가고, 몸쪽으로 잡아당기면 서는데 속도가 붙으면 시속 15km까지도 나온다. 트랙은 총 1.5km로 10분 이내에 하부 역사에 도착하기 때문에 아쉬운 마음이 든다. 그래서 통영 루지의 슬로건이 'Once is never enough(한 번은 절대 충분하지 않다)'이다. 키 85~110cm의 어린이는 보호자와 동반해야 한다. 루지 운행 중 사진을 찍으면 위험하므로 도착점에서 찍어주는 사진을 구매하길 추천한다.

통영 최강의 스릴

통영어드벤처타워.

◎ 경남 통영시 발개로 172-12(도남동 317) ⓟ 전용주차장 OPEN 10:00~17:00(토·일요일은 09:30부터) CLOSE 연중무휴 ▤ 어른 1만9000원, 어린이 1만2000원 ☏ 1544-3303

통영어드벤처타워는 3층 규모의 거대한 육각체 안에 초급, 중급, 상급 난이도의 90여 개 익사이팅 코스가 거미줄처럼 얽혀있다. 위에서 내려다보면 커다란 육각형 큐브 같은 느낌으로 최상단까지 올라가면 번지점프하듯 한 번에 내려올 수 있다. 두 개의 튼튼한 안전 고리를 이용해서 이동하기 때문에 체중을 얹어도 충분히 안전하다. 하지만 즐겁게 성취감을 느끼는 이가 있는가 하면 겁이 많은 이는 우느라 한 발짝을 떼지 못하기도 한다. 이 모든 코스를 이용하는데 1시간 정도가 걸리며 키와 체중에 제한이 있다.

360도 파노라마로 만나는 한려수도

통영케이블카.

◎ 경남 통영시 발개로 205(도남동 340-1) ⓟ 전용주차장 OPEN (4·9월) 09:30~17:00(10~3월은 16:00, 5~8월은 18:00까지) CLOSE 둘째·넷째 주 월요일 ▤ 왕복 어른 1만4000원, 어린이 1만 원 ☏ 1544-3303

1975m 길이로, 수년간 국내 최장 길이 케이블카로 군림했다. 이제는 이보다 긴 케이블카가 속속 등장하고 있지만, 전망만큼은 최고다. 상부 역사에는 매점과 스카이워크가 있고, 여기에서 전망대까지는 계단으로 연결되어 있다. 신선대, 통영항 전망대를 비롯한 다양한 각도의 전망대와 망원경이 있다. 해발 461m인 미륵산 정상까지는 왕복 30분 거리로, 탑승 대기시간과 미륵산 등반 시간을 고려해야 한다. 디피랑 티켓은 50%, 통영루지 티켓은 2000원을 할인받을 수 있으므로 만약 이곳들을 먼저 다녀왔다면 티켓을 꼭 제시하자.

전국 최초 벽화마을

동피랑 벽화마을。

◎ 경남 통영시 동피랑1길 6-18(태평동 118-1) ⓟ 강구안문화마당 옆 주차장

통영에 가서 동피랑 벽화마을에 가보지 않은 여행자가 있을까? 동피랑 벽화마을이 여전히 핫한 여행지인 것은 2년마다 바뀌는 벽화 덕분이다. 동피랑 벽화마을은 좁은 골목이 거미줄처럼 얽혀 있기 때문에 골목 마다 마치 낯선 곳에 온 듯 새로운 풍경이 펼쳐진다. 특히 해 질 무렵 동피랑 벽화마을에 올라 강구안 쪽 을 내려다보면 오목한 바다를 품고 올망졸망 들어선 항남동의 풍경이 언제 봐도 마음을 사로잡는다. 동포 루와 동피랑 전망대가 따로 있으니 확 트인 전망을 원한다면 올라봐도 좋겠다. 이제 동피랑 마을에는 한 해 100만 명이 넘는 여행객이 몰려든다. 초창기보다 북적거리고 관광지화된 감은 있으나 전국 최초 벽화 마을이라는 브랜딩은 타의 추종을 불허한다.

느긋하게 산책하기 좋은 마을
서피랑마을。

⌖ 경남 통영시 충렬로 22(서호동 8-2) Ⓟ 공영주차장

강구안을 사이에 두고 동쪽에 동피랑이 있다면 서쪽에는 서피랑이 있다. 동피랑이 사람들로 북적이는 핫
플레이스라면, 서피랑은 느긋하게 산책하기 좋은 곳이다. 골목 곳곳에 박경리 선생의 인생이 스며있는 문
학 산책길로, 99계단에 이르면 박경리 선생의 글귀가 적혀 있다. 99계단은 1980년대까지 선원들이 조업
을 마치고 돌아와 술 한 잔 기울이던 곳으로 피아노계단과 함께 포토존으로 손꼽힌다. 동피랑에 동포루가
있다면, 서피랑 언덕에도 조선시대 왜구 침입을 감시하기 위한 서포루가 있다. 서포루 마루에 올라앉아
오밀조밀한 강구안 전망을 감상하는 맛 또한 각별하다. 동피랑과 마주하고 있지만, 전혀 다른 뷰를 보여
주는 곳으로, 서피랑 풍경에 더 후한 점수를 주는 이들도 많다.

국보 건축물과 12공방을 함께 만나는 곳

삼도수군통제영.

───

◎ 경남 통영시 세병로 27(문화동 62) ℗ 유료주차장(30분 500원, 초과 10분당 200원(2시간까지)) ⊙ 09:00~18:00(11~2월은 17:00까지) ⊙ 연중무휴 ◉ 어른 3000원, 어린이 1000원 ℡ 055-645-3805

잘 알려진 이야기지만 통영이라는 도시 이름은 통제영에서 비롯했다. 통제영은 삼도수군통제영의 약칭으로 경상, 전라, 충청 삼도의 수군을 지휘하던 본영이다. 이 통제영은 일제에 의해 대부분이 헐린 아픈 역사를 지니고 있다. 이에 통영시에서 13년간 관아시설 26동과 12공방을 복원한 것이 현재의 통영 삼도수군통제영이다. 세병관을 비롯해 나전칠기, 대장간, 말안장, 말총 등을 만드는 공방을 둘러볼 수 있고 조선 수군복 체험도 할 수 있다.

통영의 낭만적 풍경을 만드는

강구안문화마당.

───

◎ 경남 통영시 통영해안로 328(중앙동 236) ℗ 유료주차장(30분 500원, 초과 10분당 200원(2시간까지)) ⊙ 09:00~18:00(11~2월은 17:00까지) ⊙ 첫째·셋째 주 월요일, 설날, 추석 ◉ 조선군선 관람료 : 어른 2000원, 어린이 700원

통영을 '동양의 나폴리'라고 말하는 상투적인 표현을 별로 좋아하지 않는다. 굳이 나폴리에 비유하지 않아도 통영 그 자체로 충분히 아름답다. 특히 강구안문화마당에서 맞이하는 저녁 풍경은 서정적인 감상에 젖게 한다. 안쪽으로 오목하게 들어간 강구안은 조선시대 피항 장소였다고. 강구안 앞바다에는 거북선과 판옥선이 떠 있는데 내부에 당시 배의 모습을 재현하고 있어 둘러볼 수 있다. 이곳부터 세병관을 잇는 250m 구간은 통제영거리로 조성될 예정이다. 강구안문화마당 앞으로는 충무김밥집과 꿀빵집이 즐비하다.

통영 바다를 통째로 옮긴 시장

중앙시장 & 서호시장.

⊙ 중앙시장 : 경남 통영시 중앙시장1길 14-16(중앙동 38-4), 서호시장 : 경남 통영시 새터길 42-7(서호동 177-417) ℗ 유료주차장(30분 500원, 초과 10분당 200원(2시간까지)) ⏱ 08:30~21:30 📅 연중무휴

별미가 많은 통영에서는 매 끼니 무엇을 먹을까가 고민이다. 군침 넘어가는 먹을거리가 많아도 너무 많기 때문이다. 그중에서도 빠뜨릴 수 없는 게 싱싱한 회. 강구안문화마당에 인접한 중앙시장이나 통영항 위판장 근처의 서호시장에는 펄떡이는 활어가 넘쳐난다. 인원수에 따라 3만 원이나 5만 원어치만 사도 바구니에 넘치게 얹어주는 덤도 여행자의 마음을 흐뭇하게 한다. 사시사철 신선한 해산물이 가득한 통영의 곳간인 두 시장이야말로 회, 다찌 안주, 해물탕, 생선구이, 해물비빔밥 같은 통영 별미의 원천이 아닐까 싶다. 최고로 신선한 횟감을 사고 싶거든 아침 일찍 들르는 걸 추천한다. 밤새 고기 잡은 배가 새벽에 들어오기 때문에 진짜배기는 아침이나 오전에 대부분 거래가 끝나는 때도 있기 때문이다.

조각 감상하며 쉬어가는 곳

남망산조각공원.

───────

◎ 경남 통영시 남망공원길 29(동호동 230-1) ⓟ 전용주차장 (OPEN) 상시개방 🍴 무료

- -

남망산은 해발 72m 높이로, 산보다는 언덕에 가깝다. 남망산조각공원은 강구안문화마당 인근에 통영시민
문화회관과 같이 있다. 접근성이 좋은 데다 통영 국제 야외조각 심포지엄 현장에서 제작된 15점의 조각품
을 전시하고 있어 통영 여행 중 쉴 겸 들러보기 좋다. 광화문 세종대왕상을 제작한 김영원 작가의 '허공의
중심'과 베네수엘라 소토의 키네틱 아트 작품 등 눈길을 끄는 작품들도 많다. 동피랑만큼 멋진 뷰는 아니
지만, 바다 풍경도 내려다보인다.

동양 최초의 바다 밑 터널

해저터널.

───────

◎ 경남 통영시 도천길 1(당동 1-3) ⓟ 공영주차장 (OPEN) 상시개방 🍴 무료

- -

483m 길이의 통영 해저터널은 1932년에 만든 동양 최초의 해저터널이다. 일제강점기 지어진 침탈 기반
시설 중 하나이기도 하다. 예전에는 통영과 미륵도를 연결하는 주요 연결로였지만 충무교와 통영대교가
개통하면서 이제는 걸어서 돌아보는 관광지가 되었다. 내부는 통영 관광 명소를 소개하는 패널로 꾸몄으
며 왕복 30분이면 충분히 돌아볼 수 있다.

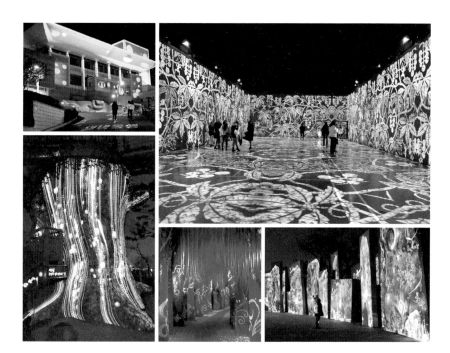

알록달록 환상적인 통영의 밤을 경험할 수 있는

디피랑。

◎ 경남 통영시 남망공원길 29(동호동 230-1) ⓟ 전용주차장 ⓞⓟⓔⓝ 19:00~24:00(10~2월은 22:00까지) ⓒⓛⓞⓢⓔ 연중무휴 🎫 어른 1만5000원, 어린이 1만 원 📞 055-642-3804

볼거리, 먹을거리가 넘쳐나는 통영이지만 밤엔 강구안 야경을 감상하는 것 말고는 딱히 갈 곳이 없었던 것도 사실. 이젠 어둠이 내린 후엔 남망산 조각공원에 올라가 보자. 2020년 10월에 개장한 디피랑이 있으니까. 디피랑은 디지털과 언덕을 뜻하는 피랑을 합쳐 만든 이름. 반짝이숲, 3면 빛의 잔치, 빛의 오케스트라 등 마치 몬스터들이 살고 있는 던전(Dungeon) 동굴 속에라도 들어간 듯한 환상적인 체험을 하게 된다. 매표소에서 라이트볼을 구입해 동백나무에 꽃을 피우게 하고, 나무가 방귀를 뀌게 하며 직접 참여하면 디피랑을 200% 즐길 수 있다. 당일 통영미륵산케이블카, 어드벤처타워, 욕지섬 모노레일, 통영 VR존을 이용했다면 50% 할인. 관람 시간은 40분에서 한 시간 정도가 소요된다.

'낭만적 민족주의자' 윤이상을 기억하는 곳

윤이상기념공원.

◎ 경남 통영시 중앙로 27(도천동 148) ℗ 전용주차장 〈OPEN〉 09:00~18:00 〈CLOSE〉 월요일, 1월 1일, 설날, 추석 🎫 무료 ☎ 055-644-1210

통영에서 작곡가 윤이상만큼이나 평가가 엇갈리는 인물이 또 있을까 싶다. 정치적인 이유로 지탄받기도 하지만 유럽의 음악 평론가들에 의해 '유럽에 현존하는 5대 작곡가'로 선정된 바 있는 음악적 업적만큼은 누구도 이의를 제기하기 힘들 것이다. 윤이상기념관은 그의 생가터에 조성되었다. 기념관에는 국내외에서 작곡한 150여 곡의 리스트를 비롯해 그가 쓰던 바이올린이 전시되어 있고 옆 건물인 베를린하우스에는 그의 서재와 응접실을 재현해 두었다. 윤이상의 유해는 통영국제음악당에서 안식하고 있다.

시인 유치환의 사랑과 문학

청마문학관.

◎ 경남 통영시 망일1길 82(정량동 863-1) ℗ 전용주차장 〈OPEN〉 09:00~18:00(동절기는 17:00까지) 〈CLOSE〉 월요일, 1월 1일, 설날, 추석 🎫 어른 1500원, 어린이 1000원 ☎ 055-650-2660

예술가에게 있어서 사랑은 창작의 원천인지도 모른다. 피카소가 7명의 여인을 사랑할 때마다 창작열을 불사르며 무려 5만여 점의 작품을 남긴 것처럼 말이다. 청마는 한국 현대시사에서 〈깃발〉 등 강인한 시 세계를 보여준 허무 의지의 시인으로 불린다. 그런 그가 유부남이면서 시인 이영도를 20년간 짝사랑하며 수백 통의 연애편지를 보냈다. 편지를 모은 연시집 《사랑하였으므로 행복하였네라》를 보면 감성 충만 로맨틱 그 자체다. 청마문학관에는 그의 유품 100여 점과 문헌 자료가 전시되어 있으며 생가도 복원되어 있다.

코발트블루 화가의 미술관
전혁림미술관。

───────

◎ 경남 통영시 봉수1길 10(봉평동) ⓟ 전용주차장 〔OPEN〕 10:00~18:00 〔CLOSE〕 월요일 🎫 무료 📞 055-645-7349

- -

사람들이 일반적으로 가장 좋아하는 컬러가 블루라고 한다. 통영에는 '코발트블루의 화가'라고 불리는 전혁림 화백의 미술관이 그가 살던 봉평동에 있다. 전혁림 화백은 짙은 코발트블루 톤의 반추상적 유화 작품을 다수 남겼다. 전혁림미술관은 도자 타일로 외벽을 장식해 이국적인 느낌으로 다가온다. 미술관 3층에는 그의 작품과 함께 유품이 전시되어 있다. 화백의 아들로 역시 같은 길을 걷고 있는 전영근 화백의 작품도 함께 볼 수 있다. 별관에는 카페와 아트숍이 있다.

막강한 존재감의 작은 책방
봄날의책방。

───────

◎ 경남 통영시 봉수1길 6-1(봉평동 188-23) ⓟ 없음 〔OPEN〕 수~토요일 10:30~18:30, 일요일 13:30~18:00 〔CLOSE〕 화요일 📞 070-7795-0531

- -

전혁림미술관 들어가는 길에 자리한 아담하고 예쁜 책방 겸 아트숍이다. 출판사 '남해의 봄날'이 운영하며 통영이 배출한 작가와 젊은 예술가들의 작품을 비롯해 에코백 같은 굿즈도 판매한다. 노랑, 파랑 등 파스텔 톤으로 단장한 책방 벽에는 백석, 박경리, 김춘수, 윤이상 등 통영이 배출한 예술가를 그린 펜화 초상과 글이 장식되어 있다. 내부에는 작가의 방, 예술가의 방 등 테마에 맞는 책이 진열되어 있고 독서의 팁이 적힌 메모가 있어 책을 고르는 데 도움을 준다.

통영 최고의 일몰

달아전망대。

◎ 경남 통영시 산양읍 산양일주로 1115(연화리 114-1) ⓟ 달아공원 주차장(1시간 기준 경차 500원, 소·중형차 1100원(카드 결제 전용))

- -

통영 남쪽의 미륵도 해안을 일주하는 23km의 산양일주로 중간쯤에 있는 달아전망대는 통영 최고의 일몰을 자랑하는 스폿으로 알려져 있다. 전망대를 향해 걸어 올라가다 보면 관해정 정자를 지나 약간 언덕진 곳에 데크로 조성한 전망대가 나온다. 이곳에서 보면 가까이 연대도, 학림도를 비롯해 멀리 연화도와 욕지도가 점점이 다도해를 이룬다. 요즘에는 바다 쪽의 나뭇가지가 무성해지면서 시야를 가리므로 오히려 탁 트인 시야를 보장하는 주차장 쪽에서 보는 것을 추천한다.

《토지》의 작가 박경리를 만나다

박경리기념관。

◎ 경남 통영시 산양읍 산양중앙로 173(신전리 1429-9) ⓟ 전용주차장 🕘 09:00~18:00 🚫 월요일, 1월 1일 🎫 무료 📞 055-650-2541

- -

우리 문학사에 한 획을 그은 박경리 작가의 대하소설 《토지》. 20권을 다 독파한 직후 뿌듯함은 아직도 잊지 못한다. 박경리기념관은 소설의 감동을 마음에 간직한 이라면 꼭 들러야 할 작가의 기념관이다. 박경리 작가는 통영에서 태어났으며, 통영이 자신의 예술 세계에 깊은 영향을 미쳤다고 이야기해 왔다. 박경리기념관에서 그의 친필 원고와 유품을 만날 수 있다. 기념관 앞에는 '버리고 갈 것만 남아서 참 홀가분하다'고 했던 작가의 동상이 있고 계단을 오르면 박경리공원과 통영이 한눈에 내려다보이는 묘소로 이어진다.

동시에 두 섬을 여행하다

만지도 & 연대도。

📍 (연명항) 통영시 산양읍 연명길 30 Ⓟ 전용주차장 🕗 08:30~17:00(11~3월은 16:00까지) 🕗 연중무휴 📖 (왕복 기준) 어른 1만500원, 어린이 7000원 📞 055-643-3433

통영은 유인도와 무인도를 합해 600개에 가까운 크고 작은 섬을 품고 있다. 만지도와 연대도는 통영에서 배로 15~20분 소요되는 가까운 섬이다. 2015년에 두 섬 사이에 출렁다리가 연결되어 두 섬을 한 번에 여행할 수 있다. 만지도연대도 유람선은 연화리에 있는 연명 선착장에서 출발한다. 만지도 선착장에 내려 해안데크길을 걷거나 출렁다리를 건너 연대도까지 돌아본다. 전복 양식을 하는 만지도 마을에서는 전복 해물라면이나 전복버터구이를 맛보는 것도 좋다. 5부 능선을 따라 걷는 2.3km의 연대도 지겟길은 트래킹 코스로 인기.

탁 트인 전망과 쉼이 있는 공원

이순신공원。

◎ 경남 통영시 멘데해안길 205(장량동 683) ⓟ 유료주차장(승용차 10분 이내 무료, 30분 500원, 1시간 1100원) OPEN 상시 개방 ◧ 무료

· ·

강구안문화마당에서 2km 남짓 거리로 차가 없다면 망설일 수도 있지만, 꼭 한 번은 가보기를 권한다. 일단 시원하게 트인 전망이 좋고 꽃이라도 만개한 봄날이라면 이보다 더 좋을 수가 없다. 한산도 방향을 가리키는 이순신 장군의 동상과 임진왜란 때 사용했던 천자총통 대포로 배치해놓아 한산대첩 당시의 실전 상황을 상상하게 한다. 무엇보다 한적한 바다를 마주 보는 벤치에 앉아 무념무상으로 쉬어가기 좋고 사진발도 잘 받는다.

버라이어티한 즐길 거리와 별미로 무장한 섬

욕지도。

◎ 삼덕욕지 여객선터미널 : 경남 통영시 산양읍 원항1길 3(삼덕리 372-10) ⓟ 전용주차장 OPEN 06:45~15:30 CLOSE 연중무휴 ◧ 왕복 승선료 : 어른 1만5200원, 어린이 7600원, 승용차 4만4000원 (모노레일 왕복) 어른 1만5000원, 어린이 1만3000원 ☎ 영동해운 : 055-643-8973

· ·

요즘 욕지도는 인기 액티비티로 떠오른 모노레일과 출렁다리를 찾는 여행자들의 발길이 끊이지 않는다. 통영에서 욕지도로 가는 배편은 많은데 그중 삼덕항에서 하루 7항차 출항하는 영동해운을 이용하면 편리하다. 교통편이 불편해 차를 가지고 들어가면 편리한데 마감이 빨리 되기 때문에 서둘러서 예약해야 한다. 욕지도 별미는 부패하기 쉬워 신선한 회로 먹기 힘든 고등어회로 꼭 맛보기 강추.

47년 만에 임시 개방하는 바다의 청와대

저도(청해대).

————

◎ 거제저도해상유람선 : 경남 거제시 장목면 거제북로 2633-15(송진포리 121-11) ℗ 전용주차장 🕙 월~일요일 10:20, 14:20 출항 🎫 어른 2만1000원(홈페이지 예약 시 1만 9000원), 만2세~초등학생 1만5000원 📞 055-636-7033

· ·

1972년부터 역대 대통령 해상별장으로 이용됐던 거제 저도가 47년만인 2019년 9월부터 일반인들에게 개방되었다. 하루 2회만 운항하며 승선 인원이 채워지지 않으면 취소될 수도 있으므로 늦어도 사흘 전에는 전화나 인터넷으로 승선권을 예약하자. 궁농항을 출발한 배는 거제대교를 관망하며 저도에 도착한다. 1시간 30분 동안 대통령 별장과 군사시설을 제외한 탐방로와 해변 등을 산책하다 보면 사슴 가족을 만나기도 한다. 봄에는 벚꽃, 겨울에는 동백꽃을 볼 수 있다.

기억 속의 쿠크다스 광고로 남은 섬

소매물도.

————

◎ (매물도해운) 경남 거제시 남부면 저구해안길 60 (저구리 216-11) ℗ 전용주차장 🕙 배편: (저구항-소매물도) 08:30~15:30(1일 4회), (소매물도-저구항) 09:30~16:15(1일 4회) 🗓 연중무휴 🎫 왕복 (어른) 주말 2만7300원, 평일 2만5000원, (어린이) 평일 1만2500원, 주말 1만3700원 📞 (매물도해운) 055-0051

30여 년 전 과자 광고 배경으로 등장한 소매물도는 세월이 흐른 지금도 여전히 로망의 섬이다. 통영시에 속해 있지만, 거제시에서 더욱더 가까운 이 섬은 거제 저구항에서 편도 50분 소요된다. 망태봉에 올라 감상하는 등대섬과 바다에 점점이 떠 있는 남쪽 바다의 섬들이 빚어내는 비경이 압권이다. 하루에 두 번 바닷길이 열릴 때 자갈길인 열목개를 걸어 등대섬까지 오르려면 물때를 잘 맞춰야 한다.

거제에서 가까운 동백섬

장사도해상공원 까멜리아.

───

◎ 경남 거제시 남부면 근포1길 71 근포항 ⓟ 전용주차장 🚢 평일 10:00~15:00(1일 2회), 주말 09:30~15:00(1일 3회) 🚢 연중무휴 🚢 (승선료) 어른 1만3000원, 어린이 1만1000원 (거제도팡팡 할인요금)/ (장사도 입장권) 어른 1만500원, 어린이 5000원 📞 (장사도팡팡) 055-634-0060

- -

거제도 남단에서 서쪽으로 1km 거리에 있어 행정구역상 통영이지만 근포항에서는 10분 거리로 훨씬 가깝고 승선료도 더 저렴하다. 근포항에서 출발하여 장사도해상공원까지 10분 거리로 장사도에서 2시간을 머물다가 다시 근포항까지 돌아오는 데까지 총 2시간 20분이 소요된다. 드라마 〈별에서 온 그대〉의 촬영지로 선풍적인 인기를 끌었던 장사도. 동백나무를 비롯한 1,000여 종의 다양한 식물들과 자연미가 돋보이는 20여 개의 코스가 있어 표지판을 보고 방향을 따라 걸으면 섬 전체를 알차게 구경할 수 있다.

집념으로 완성한 바닷가 작은 성

매미성.

───

◎ 경남 거제시 장목면 복항길(대금리 21-5) ⓟ 전용주차장

- -

매미성은 바닷가에 있는 아담한 중세 유럽의 성을 보는 듯한 착각에 빠지게 되는 곳이다. 이곳이 매미섬이 된 사연이 있다. 이 땅의 주인이 2003년 불어 닥친 태풍 '매미'로 인해 농지가 한순간에 초토화되는 것을 본 이후 자연재해로부터 농작물을 지키기 위해 15년 동안 손수 성을 쌓았다고 한다. 인간의 집념도 놀랍거니와 성 위에서 바라보는 기막힌 풍광도 놀랍다. 〈미운 우리 새끼〉에도 소개되어 더욱 더 많은 사람이 찾는 이곳은 마을 안에 위치해 있으니 최대한 다녀가지 않은 듯 배려하는 것이 기본.

바람 제대로 맞을 수 있는 풍차 언덕
바람의 언덕。

◎ 경남 거제시 남부면 갈곶리 산14-47 ℗ (바람의언덕 주차장) 하루 3000원 🕐 상시개방 🎫 무료

도장포 마을 언덕에는 늘 바람을 맞고 있는 '바람의 언덕'이 있다. 원래는 염소가 풀을 뜯던 낮은 언덕이었으나 어느덧 거제 대표 관광지가 되었다. 바람이 있는 언덕에는 풍차가 제격으로 저마다 기념사진을 남기는 포인트다. 숲으로 난 계단을 따라 올라가면 동백숲이 나오고 아래로는 도장포마을이 내려다보인다. 바람의 언덕 포토존은 풍차 뒤에 있는 벤치. 항구와 도장포 마을 전체가 사진에 담긴다.

국내 최대 규모의 돔형 유리온실
거제식물원 정글돔。

◎ 경남 거제시 거제남서로 3595(서정리 974-3) 🕐 09:30~18:00(동절기는 17:00까지) 🔒 월요일, 1월 1일, 설, 추석 🎫 어른 5000원, 어린이 3000원

국내 최대 규모인 돔형 유리온실인 정글돔은 삼각형 유리 7500장을 붙여 완성한 독특한 외관을 가지고 있다. 어마어마해 보이는 외관에 비해 내부는 생각보다 작은 편. 300여 종 1만 그루에 달하는 열대 식물들 사이에서 타잔이라도 튀어나올 듯한 정글 분위기로 수직정원과 인공폭포, 스카이워크 등이 있어 열대 수목을 가까이에서 관람할 수 있다. 온실이니만큼 내부가 습하다는 점도 염두에 둘 것.

다크투어리즘 명소와 모노레일

거제포로수용소유적공원 & 거제관광모노레일。

◎ 경남 거제시 계룡로 61(고현동 362) ⓟ 전용주차장(승용차 3시간 2000원) 🏠 **거제포로수용소 :** 09:00~19:00(11~2월은 18:00까지), **모노레일 :** 09:00~17:00(5~8월 19:00, 동절기 16:00까지) **짚라인 :** 09:00~18:00(동절기는 17:00까지) 🏠 넷째 주 월요일 🎟 입장료 : 어른 7000원, 어린이 3000원 / 모노레일 왕복 : 어른 1만2000원, 어린이 8000원 / 통합요금 : 어른 1만4000원, 어린이 9000원, 짚라인 어른 1만5000원, 어린이 1만3000원 📞 055-639-8125

거제포로수용소유적공원은 국내 다크투어리즘의 대표적인 관광지이다. 불과 70여 년 전인 1950년대 이곳의 참상을 알게 된다면 현재 우리가 누리는 평화로움에 새삼 감사하게 될 것이다. 일부 남아 있는 막사에는 당시 포로들의 생활상을 디오라마로 고스란히 재현하였고 생생한 사진과 기록도 볼 수 있다. 어두운 마음은 이 유적공원과 거제 계룡산을 잇는 모노레일에 몸을 실으며 잠시 떨쳐낼 수 있다. 30분쯤 숲 사이를 아슬아슬하게 달리는 모노레일을 타고 계룡산전망대에 오르면 발아래로 내려다보이는 거제의 전망과 포토존, 돌로 지은 폐 초소가 나온다. 상행 30분, 하행 20분, 상부 전망대 관람 30분 등 총 1시간 30분 정도 소요되므로 시간을 넉넉히 잡아야 한다.

돌고래, 흰고래와 생생한 교감

거제씨월드。

◎ 경남 거제시 일운면 지세포해안로 15(소동리 478-1) Ⓟ 전용주차장 ⓞⓟⓔⓝ 10:00~18:00 🗓 연중무휴 🎫 어른 2만9000
원, 어린이 1만9000원, 돌핀·벨루가 교감 체험 6~7만 원, 돌핀·벨루가 아쿠아 체험 12~14만 원 ☎ 055-682-1551

- -

범고래와 인간의 교감을 그린 영화 〈프리윌리〉를 보며 눈물을 적셔본 적이 있다면 다섯 살 아이만큼 영리
하다는 고래와의 교감을 꿈꿔봤을지 모르겠다. 국내 최고의 돌고래 테마파크인 거제씨월드에서 어릴 적
소망을 실현해보자. 거제씨월드는 흰고래 벨루가, 돌고래가 있으며, 돌고래와 교감하는 여러 체험 행사를
연령별로 운영한다. 갇힌 동물을 보면 어쩐지 마음이 편치 않지만, 조련사들이 최선을 다해 잘 보살피리
라는 믿음을 가져보게 된다.

몽돌로 듣는 ASMR 사운드

학동몽돌해변。

◎ 경남 거제시 동부면 학동리 Ⓟ 전용주차장

- -

학동몽돌해변에 가면 1.2km쯤 깔린 동글동글한 몽돌을 보는 재미 외에도 가만히 파도에 몽돌 구르는 소
리를 귀 기울여 들어보곤 한다. '도르륵 도르륵' 몽돌 구르는 소리가 ASMR 사운드처럼 마음을 편안하게
해준다. 해변에는 미국에 사는 아이가 가지고 갔던 두 개의 몽돌이 제자리로 되돌아온 사연을 담은 두 개
의 몽돌과 하트 조형물이 있어 자연 보호의 마음을 되새기는 포토존이 되고 있다. 넉넉한 주차장에 숙소
나 먹거리촌도 형성되어 있어 잠시 머물다 가기 좋다.

맹종죽 숲을 다양하게 즐기는

맹종죽테마파크.

———

◎ 경남 거제시 하청면 거제북로 700(실전리 880-3) ℗ 전용주차장 ⓞ 09:00~18:00(11~2월 17:30까지) 🏠 연중무휴 🖳
입장료 : 어른 4000원, 어린이 2000원 / 모험의 숲 : 어린이 5000원 📞 055-637-0067

....

거제 북쪽 칠천도가 마주 보이는 맹종죽테마공원은 저렴한 입장료에 비해 가성비가 좋은 곳이다. 맹종죽을 이용한 즐길 거리를 다양하게 갖췄다. 초록 그늘을 드리우는 대숲에서 대나무 침대에 누워보며 잠시 쉬어 가기도 좋지만, 아이와 함께라면 안쪽에 있는 모험의 숲 체험장에서 에너지를 발산할 기회를 주자. 아이뿐 아니라 어른들을 위한 난도 높은 체험 코스도 있고 서바이벌 게임도 즐길 수 있다.

커플들을 줄서게 하는 동굴 포토존

근포마을 땅굴.

———

◎ 경남 거제시 저구리 450-1 ℗ 전용주차장 ⓞ 상시개방

거제에서도 외진 저구리 근포마을 뒤편 바닷가에 5개의 땅굴이 있어서 SNS에 인증샷이 올라오며 금세 소문난 필수 인증샷 순례지가 되었다. 이 땅굴들은 일제강점기 때 파놓았던 곳으로 1941년 일본군이 보진지 용도로 굴착하다 해방 후 방치된 것. 이 중 3개의 땅굴이 포토존으로, 조형미가 있는 3번 동굴이 가장 인기. 한 컷의 사진을 위해 의외로 많은 커플들이 대기줄을 선다. 주차장에서 근포마을 가는 길의 액자형 포토존도 좋고 아늑한 해변을 끼고 있는 바다 풍경도 예쁘다.

바닷가 노란 수선화밭

공곶이.

───

◎ 경남 거제시 일운면 와현리 87 ℗ 마을 주차장 (OPEN) 상시개방 (CLOSE) 무료 ☏ 055-681-1520

- -

해마다 3월 중순을 넘어서면 공곶이 수선화가 슬며시 떠오른다. 공곶이는 천주교 신자들이 찾는 순례지이기도 한데 이곳의 수선화는 3월 중순부터 4월 중순까지 볼 수 있기에 때를 잘 맞춰야 한다. 주차장에서 마을로 접어들면 바로 왼편에 급경사인 공곶이 가는 길이 나오고 다시 300m쯤 되는 좁은 돌계단을 내려가야 한다. 사실 오르내리기는 무척 수고스럽지만, 바다를 배경으로 노랗게 피어 있는 수선화밭 풍경은 고생을 보상해준다. 입장료도 없으니 무인판매 하는 1000원짜리 수선화 한 다발을 사서 돌아오면 적어도 며칠은 행복할 것이다.

명불허전! 거제 대표 관광지

거제해금강.

───

◎ 해금강유람선 : 경남 거제시 남부면 해금강로 270(갈곶리 85-1) ℗ 전용주차장 (OPEN) 시기에 따라 달라짐 (CLOSE) 연중무휴
🎫 평일 : 어른 1만3000원, 어린이 7000원 / 주말 : 어른 1만4000원, 어린이 8000원 ☏ 1577-6951

- -

한때 거제 하면 해금강이었고 거제에 가면 해금강유람선을 타는 게 필수 코스였다. 지금은 다른 여행지에 밀려난 감이 없지 않지만 그래도 거제해금강은 여전히 명불허전 관광지다. 해금강을 구경하려면 유람선을 타야 하는데 해금강유람선을 이용하면 된다. 이 선사는 해금강만 도는 코스와 외도까지 묶어서 운항하는 코스를 운영한다. 해금강 선상 관광은 50분 정도 배를 타고 우제봉, 신선대, 십자동굴, 촛대바위 등을 돌아본다. 외도까지 돌아보고 싶다면 여기에 외도 상륙 관광 2시간을 포함해 왕복 2시간 50분을 잡으면 된다.

섬 전체가 식물원인 한국의 파라다이스

외도 보타니아。

———

◎ 외도 운항 선사(선사별 홈페이지에서 확인) Ⓟ 외도 운항 선사 전용주차장 🕘 09:00~17:30 🕘 연중무휴 💳 입장료 : 어른 1만1000원, 어린이 5000원 / 승선료 어른 1만7000원, 어린이 1만2000원 선(비수기 주말 기준) 📞 055-681-4541

구조라해수욕장의 동남쪽에 있는 외도 보타니아는 연간 100만 명이 찾고 이미 2000만 명이 다녀갔다는 거제 최고의 관광지. 30여 년에 걸쳐 땀으로 일군 외도는 비너스가든, 벤베누토 정원을 비롯해 6개의 테마 정원과 지중해풍의 건축물, 아름다운 조형물이 어우러지며 독보적인 매력을 자랑한다. 외도로 향하는 배편을 운영하는 유람선사는 모두 7개나 되며 선착장, 운행 시간, 요즘이 각각 다르다. 외도 보타니아 홈페이지에서 선사별로 비교해보고 티켓 예매도 할 수 있다. 요즘은 외도와 해금강을 묶은 코스가 인기로, 외도에서는 1시간 30분, 해금강 선상 관광은 20분 정도 할애한다.

비포장도로 끝 보석 같은 풍경

여차홍포해안도로전망대。

◎ 경남 거제시 남부면 다포리 산38-145 ⓟ 전용주차장 (OPEN) 상시개방

. . . .

구불구불 복잡한 리아스식 해안을 가진 거제도에서 가장 극적인 풍광을 만드는 곳이 거제 최남단인 남부면 일대다. 쪽빛 바다 위에 점점이 떠 있는 섬 풍경은 누구나 최고로 꼽는 전망으로 거제 남쪽의 여차~홍포해안도로전망대에서 이 보석 같은 풍경을 볼 수 있다. 다만 전망대에 가기 전 2km쯤은 매우 덜컹거리는 비포장도로라 느긋한 마음으로 운전해야 한다. 전망대 데크 위에 서면 대병대도, 소병대도, 매물도, 소매물도 등이 한눈에 들어온다. 안개가 끼거나 해 질 무렵의 신비스러움은 여행자의 마음을 사로잡는다.

진짜 동백섬이란 이런 것

지심도。

◎ 지세포항 : 거제시 일운면 지세포해안로 89-19 / 장승포항 : 거제시 장승포로 56-29(지심도터미널) (OPEN) 지세포항 출항 : 08:45~16:45(하루 5회) / 장승포항 출항 : 평일 08:30~16:30(하루 5회, 주말·공휴일은 하루 9회) 🚢 왕복 승선료(공통) 어른 1만4000원, 어린이 7000원 ☎ 지세포항 : 055-682-5572, 장승포항 0507-1444-6007

. . . .

장사도 동백섬으로 유명하지만, 동백나무로 말하면 거제시 동쪽 끝 지심도가 지존이라 할 만하다. 동백꽃은 12월 초부터 4월 하순까지 볼 수 있으며 3월 중순 이후 절정을 이룬다. 지심도는 일제강점기 군의 요새로 활용된 까닭에 지금도 일본군이 만든 포진지, 탄약고 등을 볼 수 있다. 지심도 유람선은 장승포항 지심도터미널과 지세포항 두 군데서 탈 수 있다. 승선료도 같고 소요 시간도 비슷하니 비교해보고 자신의 위치와 가까운 곳을 선택하자.

입이 딱 벌어지는 해산물의 비주얼

워터프론트。

◎ 경남 통영시 중앙시장4길 17-3(태평동 443) ⏰ 11:00~23:00 📅 연중무휴 🍽 해산물 바스켓(2~3인분) 12만 원, 해육공 바비큐 12만 원 📞 0507-1336-9969

- -

루프탑에서 강구안 풍경을 감상하며 비주얼 갑인 푸짐한 해산물을 즐길 수 있는 독특한 카페 겸 해산물 레스토랑이다. 카페로서 음료만 마셔도 되지만 누가 뭐래도 이 집의 시그니처 메뉴는 랍스터 두 마리에 딱새우, 가리비, 홍합 등을 함께 쪄낸 해산물 바스켓과 굴,소라, 가리비 등 해산물과 돼지목살, 메추리 등을 바비큐해 먹는 해육공BBQ. 편히 누워서 망중한을 즐길 수 있는 데크존과 레트로 무드로 꾸민 실내 등 포토존도 한가득.

현지인이 추천하는 다찌집

대추나무。

◎ 경남 통영시 항남1길 15-7(항남동 101-2) 🅿 공영주차장 ⏰ 18:00~24:00(월요일은 17:00부터) 📅 비정기 휴무 🍽 2인 6만 원 📞 055-641-3877

- -

TV 프로그램에서 추천했던 모 다찌집이 유명하긴 했으나, 요즘 초심을 잃은 듯하다는 평이 주를 이룬다. 그래도 대추나무집은 아직은 현지인의 추천을 믿고 갈만한 다찌집이다. 그날그날 시장에 나온 해산물에 따라 안주가 바뀌는데 꽤 푸짐하다. 기본 2인 기본 6만 원으로 다른 다찌집에 비하면 저렴한 편. 얼음 가득 담긴 양동이에 담겨 나오는 술병의 개수는 약간씩 달라지는 듯하다. 주말에는 예약하는 것이 안전하다.

천연 어간장으로 감칠맛을 돋운 멍게비빔밥

멍게가。

◎ 경남 통영시 동충4길 25(항남동 239-42) ℗ 없음 (OPEN) 11:00~20:00(브레이크 타임 15:00~16:30) (CLOSE) 월요일 🍴 멍게비빔밥 1만 원, 해초비빔밥 1만 원, 멍게비빔밥세트 1만3000원 ☎ 055-644-7774

- -

통영은 전국 멍게 생산량의 약 70%를 차지한다. 멍게비빔밥은 통영에서 꼭 맛봐야 할 음식으로 첫손에 꼽힌다. 멍게가는 〈수요미식회〉에 소개된 멍게 요리 전문점으로, 모든 음식은 조미료 대신 찹쌀 어간장이나 합자젓국이라고 부르는 홍합엑기스로 감칠맛을 낸다. 멍게로 담근 젓갈은 그 자체로 밥반찬이다. 멍게가 멍게비빔밥은 해초와 함께 얹어서 깔끔한 비주얼. 세트로 주문하면 멍게비빔밥에 샐러드, 회무침, 충무김밥 반찬이 따라 나온다. 멍게 자체의 바다향을 즐기고 싶다면 고추장을 넣지 않고 비벼 먹는 것 강추.

통영의 봄맛, 도다리쑥국의 명가

분소식당。

◎ 경남 통영시 통영 해안로 207(서호동 177-430) ℗ 가게 앞 또는 건너편 공영주차장 (OPEN) 06:00~15:00 (CLOSE) 둘째·넷째 주 화요일 🍴 도다리쑥국 1만5000원, 복국 1만2000원, 멍게비빔밥 1만2000원 ☎ 055-644-0495

- -

이른 봄날, 통영에서 도다리쑥국을 맛본 사람이라면 봄철마다 도다리쑥국을 떠올리며 입맛을 다실지 모른다. 가자미의 일종인 도다리는 지방이 적고 단백질이 많은 생선으로 맛이 담백하다. 도다리쑥국은 오동통한 도다리 한 마리와 어린 쑥을 넣어 깔끔하게 끓여낸다. 봄철 별미인 도다리쑥국이 없을 때는 〈알쓸신잡〉에 소개된 복국으로 대부분 대신하는데 콩나물과 졸복만 넣어 시원한 맛이 일품. 통영항여객선터미널 건너편에 있어서 찾기 쉬우나 문을 빨리 닫는 편이다.

참기름장에 찍어 먹는 신선한 맛의 김밥

명가충무김밥.

◎ 경남 통영시 통영해안로 339(중앙동 54-20) ⓟ 공영주차장(30분 500원, 초과 10분당 200원(2시간까지)) ⓞⓟⓔⓝ 06:30~20:30 ⓒⓛⓞⓢⓔ 연중무휴 🍱 1인분 5500원 📞 055-644-0072

충무김밥은 통영에 가면 누구나 한 번쯤 먹고 돌아오는 향토음식이다. 김밥은 모든 재료를 한꺼번에 김에 말아 먹는 것이라는 고정관념을 깬 음식이기도 하다. 강구안문화마당 앞쪽에 충무김밥집이 줄지어 있고 원조도 따로 있지만, 개인적으로 가장 맛있다고 생각하는 집은 명가충무김밥이다. 시골에서 공수한 순수 국내산 재료만 쓰는데 그 맛은 먹어보면 저절로 고개를 끄덕일 만하다. 섞박지와 오징어무침도 맛있지만 참기름에 찍어서 함께 먹으면 그야말로 신세계. 좋은 재료의 신선함이 그대로 전해져온다.

담백하고 달콤한 통영 대표 간식

오미사꿀빵.

◎ 경남 통영시 충렬로 14-18(항남동 270-21) ⓟ 없음 ⓞⓟⓔⓝ 08:30~16:00 ⓒⓛⓞⓢⓔ 연중무휴 🍞 꿀빵 9000원 📞 055-645-3230

밀가루 반죽 안에 팥소를 넣고 튀겨 물엿으로 코팅한 꿀빵은 오직 통영에서만 맛볼 수 있는 50여 년 전통 간식이다. 부드러운 식감과 적당한 단맛에 자꾸 손이 간다. 180℃의 온도로 일정하게 튀겨내 기름을 쏙 뺀 덕분에 느끼하지 않고 담백하다. 아들이 운영하는 분점이 따로 있으나 통영적십자병원 근처 본점의 꿀빵이 훨씬 담백하다. 오전에 문을 열어 11시경이면 매진되니 본점 꿀빵을 맛보고 싶다면 문 열자마자 들르는 것이 상책이다.

자연산 해산물이 쉴새없이 나오는 회 마니아의 성지

울산다찌.

───

◎ 경남 통영시 미수해안로 157(봉평동 447) ℗ 전용주차장 🕒 12:00~22:00 📅 연중무휴 🍽 다찌 기본상 9만 원, 다찌 큰상 12만 원 ☎ 0507-1401-1350

- -

전주에 가면 막걸리집을 들러야 하듯 통영에 가면 다찌집 순례는 필수다. 3대째 내려오는 30년 전통의 울산다찌는 물보라다찌나 대추나무와는 또 다른 레벨을 보여주는 회 마니아들의 성지. 자연산 회와 해녀들이 당일 잡은 해산물이 끝도 없이 올라온다. 신선한 안주만 오르다 보니 소주가 물처럼 달달하다. 다만 단점이 있다면, 테이블에 빈틈이 있으면 다른 접시가 곧바로 채워지기 때문에 배불러서 짜증난다는 것과 한 상 가득한 사진을 한 번에 찍을 수 없다는 점.

영양 만점의 서민적인 한 끼

원조시락국.

───

◎ 경남 통영시 새터길 12-10(서호동 177-408) ℗ 공영주차장 🕒 04:30~18:00 📅 연중무휴 🍽 시락국밥 6000원 ☎ 055-646-5973

- -

시락국은 장어 머리만 모아 15시간 푹 고아 만든 진한 국물에 시래기의 통영식 사투리인 '시락'을 넣은 간단한 국이다. 아무리 먹어도 속이 편안한 구수한 국물과 졸깃한 무시래기 건더기가 조화를 이룬다. 10여 가지의 반찬은 냉장 상태를 유지하는 스테인리스 반찬통에 나란히 갖춰져 있어 필요한 만큼 덜어 먹을 수 있는 뷔페 스타일. 부추, 청양고추, 김 가루와 특제 양념장을 넣으면 더욱 풍부한 맛을 즐길 수 있다. 언제 가도 변함없는 맛이라 신뢰가 가는 맛집으로 한 끼 정도는 포함시켜도 후회 없을 듯.

거제 해녀의 테왁에서 건져올린 밥상

강성횟집.

———

◎ 경남 거제시 일운면 지세포해안로 204(지세포리 371) ℗ 전용주차장 ⊙ 11:00~22:00 ▣ 연중무휴 ▤ 달인해녀물회 1만5000원, 성게비빔밥 1만8000원, 강성스페셜 12만~20만 원 ☏ 055-681-6289

- -

거제 해녀갑부로 〈서민갑부〉 프로그램에 소개된 지세포리 해안가의 횟집으로, 2호점까지 있다. 안주인 스스로가 해녀이자 선주로 해녀의 테왁 속을 탈탈 털어낸 듯한 해산물 그대로 상에 올린다. 여럿이 가면 자연산 모둠회, 자연산 전복, 성게알, 소라, 돌멍게, 꽃멍게, 개불이나 해삼, 바윗굴, 돌문어, 튀김 등이 포함된 '강성스페셜'을 주로 선택한다. 단품 메뉴로는 과일 육수에 매실진액으로 맛을 낸 물회가 자극적이긴 하지만 맛있고, 방앗간에서 짠 고소한 참기름이 포인트인 성게비빔밥도 무난하다.

푸짐한 모둠 생선구이에 군침 넘어가는

우리들회식당.

———

◎ 경남 거제시 일운면 지세포4길 11(일운면사무소 옆) ℗ 전용주차장 ⊙ 10:00~20:30(브레이크 타임 15:30~17:00) ▣ 연중무휴 ▤ 생선구이 모둠정식 1만2000원, 고등어구이 1만 원, 거제도 굴정식 2만 원, 물회 1만2000원 ☏ 063-681-0775

기름을 살짝 두르고 철판에 노릇하게 구워낸 두툼한 갈치, 고등어, 볼락, 가자미구이. 거기에 깔끔한 나물 반찬과 성게미역국. 생선구이를 좋아하는 취향이라면 이 식당에 들러 봐도 좋겠다. 생선 유통업에 종사하다가 생선구이집으로 전환했다는 이곳 사장님은 그래선지 생선도 아낌없이 푸짐하게 접시에 올린다. 생선구이의 재료는 그때그때 달라지며 고등어만 국산이고 나머지는 수입산이다. 일운면사무소 옆에 있다.

미식가가 엄지 척하는 외포 대구탕집

외포등대횟집。

◎ 경남 거제시 장목면 외포5길 68(외포리 131-17) ⓟ 일운면 주민자치센터 주차장 ⏰ 10:00~22:00 🚫 연중무휴 🍽 대구탕 1만5000원, 대구 코스 요리 1인 3만 원 📞 055-636-6426, 010-4581-6426

- -

대구 집산지인 외포 위판장 옆으로 10여 곳의 대구탕집이 있는데 그 가운데서도 미식가 리스트에서 빠지지 않는 맛집이다. 위판장이 바로 코앞이라 재료의 신선도는 따질 것도 없다. 이 집이 유독 유명한 이유는 생대구만을 사용한다는 데 있다. 무도 없이 오로지 대구의 신선도만으로 승부를 본다. 요즘은 대구탕 외에도 대구회, 대구전, 대구김치말이찜 등과 물메기회무침까지 포함된 코스 요리도 두 가지로 내놓는다.

마음껏 리필하는 게장백반

예이제게장백반。

◎ 경남 거제시 장승로 101-1(장승포동 537-2) ⓟ 장승포여객선터미널 주차장 ⏰ 09:00~21:00 🚫 연중무휴 🍽 게장백반 1만5000원, 어린이 6000원 📞 055-681-1445

- -

따뜻한 쌀밥에 짭조름한 간장게장의 살을 발라 먹다 보면 이래서 밥도둑이구나 싶다. 예전의 위치에서 100m쯤 이동해 장승포여객선터미널 앞으로 이전한 예이제게장백반은 적당한 가격에 돌게로 담근 간장게장, 양념게장, 간장새우를 비롯해 불볼락구이와 충무김밥에 성게미역국까지 즐길 수 있다. 리필 코너를 두어 대부분을 마음껏 가져다 먹는다. 물론 꽃게장과 비교할 수는 없지만, 이 가격에 이만하면 가성비 좋은 한 끼라는 것이 포인트.

굴 덕후라면 꼭 들러야 할

원조거제굴구이.

───────

◎ 경남 거제시 거제면 거제남서로 3854(내간리 977-5) ℗ 전용주차장 (OPEN) 10:30~20:30(매년 10~3월까지) (CLOSE) 4~9월
🍽 굴 코스(2인) 4만 원, 굴구이 3만 원, 굴튀김 2만 원 ☎ 055-632-4200

· ·

워낙 굴을 좋아하는 굴 마니아인데 10월에서 3월 사이에 거제에 간다면 이 집은 필수 코스다. 그 외의 계
절엔 열지 않기 때문이다. 굴 양식장을 하면서 굴이 가장 맛있는 때를 택해 1년에 절반만 식당을 연다. 굴
구이나 굴튀김 등 단품 메뉴도 있지만 이곳에 오면 대부분 굴구이, 굴탕수육, 굴튀김, 굴죽 등에 가리비와
미나리무침이 포함된 굴코스를 주문한다. 굴이라는 한 가지 식재료로 다양한 맛을 즐길 수 있다. 새로 리
모델링한 내부는 예전보다 훨씬 넓고 쾌적하다.

한국식 핫도그를 요리로 레벨업하다

바람의핫도그 본점.

───────

◎ 경남 거제시 남부면 다대5길 13(다대리 424) ℗ 전용주차장 (OPEN) 월~금요일 09:30~18:00, 토·일요일 09:00~19:00 (CLOSE)
연중무휴 🍽 스파이시훅 5500원, 스몰베이컨 5500원, 크림치즈훅 6000원 ☎ 055-641-9911

· ·

거제 관광 명소인 바람의 언덕 입구에서 시작한 작은 핫도그 가게가 이제는 여러 개의 체인점을 거느린
대형 쿠킹카페가 되었다. 본점은 다대리 바닷가에 있는데 멀리서 봐도 눈에 확 띄는 노란색 건물이다. 바
람의 핫도그가 독특한 건 소시지에 밀가루옷을 입혀 튀겨낸 한국식 핫도그에 대한 선입견을 깨고 다양한
토핑과 소스를 얹어 요리로 레벨업하는 데 성공했다는 점. 바람의 유자꿀빵, 바람의 꼬소빵 등 새로운 메
뉴도 속속 등장하고 있으며, 바람의 언덕에 가면 본점 20% 할인권이 있으니 꼭 챙겨 와서 할인 받자.

폐관된 우체국을 개조한 구조라 신상 갬성 분식집

바람곶우체국。

◎ 경남 거제시 일운면 구조라리4길 23(구조라리 415-2) ⓟ 전용주차장 (OPEN) 11:00~19:00 (CLOSE) 화요일 🍴 호래기해장짬뽕우동 1만 원, 바다담은꽃게박스 2만7000원, 통갈비스테이크박스 2만9000원 📞 055-681-7891

폐관된 우체국을 리모델링해서 우체국박물관을 만들 것 같은데 알고 보면 분식집이라는 게 반전이다. 분식집일 뿐 아니라 여행자들을 위한 물품 보관함이 있는 여행자플랫폼이기도 하다. 키오스크로 주문을 하고 음식이 나올 때까지 알차게 업사이클링한 1층부터 루프탑까지 둘러보자. 각 공간의 인테리어 콘셉트가 달라서 보는 재미가 있다. 우체통을 떠올리는 레드 컬러로 포인트로 우체국을 상징하는 제비 로고가 들어간 에코백이나 티셔츠, 거제와 관련된 엽서 세트도 판매한다. 신상 메뉴로 생긴 해장튀김수제우동도 인기.

비밀요새 같은 바닷가 카페

미스티크。

◎ 경남 통영시 산양읍 산양일주로 1215-52(연화리 194) ⓟ 전용주차장 (OPEN) 10:30~19:00(토·일요일은 19:30까지) (CLOSE) 수요일 🍴 아메리카노 5000원, 딸기라테 6500원, 멜란지모카 6500원 📞 055-646-9046

산양일주로를 달리다가 작은 도로를 타고 내려가면 그 안쪽에 반전처럼 푸른 바다와 요새 같은 하얀 건물이 나타난다. 주차장 쪽에서 보면 'MYSTIQUE'라고 적힌 하얀 벽면만 보일 뿐 그 안을 짐작할 수 없어 호기심을 자아낸다. '비밀스러움'을 뜻하는 상호와 잘 맞아 떨어지는 미스티크는 펜션을 겸한 카페다. 바다로 향한 미니멀한 하얀 단층 건물로 루프탑이 있는 이 카페는 화이트 대리석 느낌의 테이블과 기하학적인 펜던트 조명이 딱 맞아떨어지는 깔끔함을 보여준다. 햇살 좋은 날에는 카바나를 드리운 루프탑이 인기다.

멍게 양식장이 모던시크한 카페로 변신

카페 배양장.

◎ 경남 통영시 산양읍 함박길 51(풍화리 1431-1) ⓟ 전용주차장 🕐 11:00~19:00 🕐 화요일 🍽 아인슈페너 6500원, 밀크
티 6500원 ☎ 010-4406-6330

실제 멍게 양식장을 모던 콘셉트로 개조한 카페 배양장은 통영 시내에서도 마음먹고 가야 하는 산양읍에
있다. 한쪽은 현재도 멍게 양식장으로 쓰고 있어 배양장과 카페라는 이질적인 두 요소의 만남이 독특하
다. 바닷바람에 빛바랜 외관과 달리 좁고 긴 철제 테이블을 놓아 모던시크하게 꾸민 내부가 반전의 묘미.
옛 배양장 모습이 남아있는 루프탑 한쪽에도 테이블이 있고 만곡진 바다 옆에도 멋진 철제 테이블이 놓여
있어 따뜻한 날 바다 멍~하기 좋다.

인스타 감성 넘치는 동피랑 카페

포지티브즈통영.

◎ 경남 통영시 중앙시장4길 6-33(동호동 136) ⓟ 공영주차장 🕐 11:00~19:00 🕐 목요일 🍽 청포도타르트 6000원, 감
고커피 6500원, 아보카도치즈플레이트 1만3000원 ☎ 010-4182-3715

포지티브즈통영 카페를 찾는 것은 마치 숨은 정원을 찾는 느낌이다. 골목 뒤쪽의 노란 색 바람의 핫도그를
찾으면 그 옆쪽 계단을 올라가야 한다. 소꿉놀이를 하다 만 듯한 내추럴한 정원을 지나면 안쪽에 카페가 있
다. 화이트톤 베이스에 따뜻한 감성의 원목 가구, 그리고 은은한 조명이 바랜 듯하지만 세련미 넘치고 편안
한 분위기라 청포도 타르트를 곁들여 커피 한 잔의 여유를 즐기기 좋은 공간이다. 특히 햇살 좋은 날 초록
초록한 정원에서 사진 찍기 좋은 여심 저격 포토존 카페로 유명하다.

매미성 가는 길의 오션뷰 로스터리 카페

시방리 카페。

───

◎ 경남 거제시 장목면 옥포대첩로 1216(시방리 608-2) ⓟ 전용주차장 ⓄⓅᴱᴺ 10:00~22:00 ⓒ 연중무휴 🖥 로스팅 아메리카노 5000원, 오늘의커피 6500원, 게랑드아인슈페너 6500원 ☎ 0507-1342-9239

· ·

거제 북쪽 장목면, 매미성 가는 길가에 생긴 로스터리 카페다. 통유리창을 통해 시원하게 펼쳐진 거제 바다 뷰를 감상할 수 있고 4층 루프탑의 거울 포토존이 SNS에서 인기를 끌었다. 시방리라는 카페 이름이 자못 웃음을 자아내는데 알고 보면 시방리에 위치해 있기 때문에 붙은 이름. 직접 로스팅하는 커피와 함께 즐길 수 있는 요즘 대세인 브라운치즈 크로플과 티라미수 위에 매미성을 형상화한 매미성 티라미수는 이곳의 시그니처 디저트로 매장에서 직접 만든다.

화보 같은 인생샷을 건지는 피크닉 놀이터

바테。

───

◎ 경남 거제시 일운면 지세포3길 28-5(지세포리 967) ⓟ 전용주차장 ⓄⓅᴱᴺ 11:00~16:00 ⓒ 화~목요일 🖥 오두막 대여: 평일 6만 원, 주말 8만 원 ☎ 010-9775-5939

· ·

약 2만6446㎡ 규모 유실수 농장 일부에 다섯 개의 나무오두막을 세웠다. 지세포 마을 안쪽에 깊숙이 자리 잡은 바테는 전국 어디서도 보기 힘든 독특한 콘셉트의 피크닉 전용 셀프 놀이터다. 이곳에 오는 이들은 오두막을 빌려 피크닉이나 프라이빗 파티를 즐기고 자기만의 콘셉트가 담긴 스냅사진을 남기기 위해 의상과 장식 소품을 미리 준비한다. 워낙 인기가 있는 곳이라 사전예약제로 운영되고 있으며 인스타그램을 통해 예약해야 한다.

플랜테리어 카페의 결정판

외도널서리。

◎ 경남 거제시 일운면 구조라로4길 21(구조라리 415-12) ℗ 외도널서리 주차장으로 검색(90분 무료) 🕐 11:00~18:30
(토·일요일은 10:00~19:00까지) 📅 연중무휴 🍽 널서리커피 8000원, 구조라에이드 8500원, 몽돌쇼콜라 1만 원 📞
055-682-4541

구조라해수욕장 옆 골목에 외도보타니아에서 운영하는 온실 카페. 녹색 프레임에 개방감 있는 유리창,
내추럴한 목재 구조에 실내를 꽉 채운 초록식물이 압도적이다. 메뉴는 예전에 비해 한층 다양하고 독특해
졌는데 구조라에이드와 널서리 커피 그리고 거제 몽돌을 모티브로 만든 몽돌 디저트가 시그니처 메뉴. 사
진을 찍지 않고는 배길 수 없는 비주얼 폭발의 디저트와 음료들로 SNS를 뜨겁게 달군다.

만족도 200%의 가성비 호텔

호텔 피어48。

◎ 경남 통영시 정동3길 48(정량동 1373-1) 📞 0507-1470-2225 🏠 tyhotelpier48.modoo.at

강구안이나 남망산에서도 가까워 위치도 좋고 깔끔하고 가격도 착한 데다 친절하기까지 해서 통영 가성
비 호텔로 통한다. 모던한 인테리어로 꾸민 객실은 침대가 놓인 방과 온돌방이 있으니 취향에 따라 선택
하자. 어느 객실을 선택하나 조식으로 에그마요샌드위치 + 과일 + 카페 음료로 구성된 맛 좋은 샌드위치
박스를 제공한다. 8층에 있는 휴게실과 루프탑으로 올라가서 조식을 먹어보자. 오션뷰가 썩 좋은 편은 아
니지만 다른 장점들이 단점을 상쇄하고도 남는다.

통영 최고의 바다 전망 호텔

스탠포드호텔앤리조트 통영.

⊙ 경남 통영시 도남로 347(도남동 660) ☎ 055-725-0000 🏠 www.stanfordtongyeong.com

오랜 세월 통영의 숙소로 사랑받아온 금호통영마리나리조트에 인접한 세련된 숙소이다. 무엇보다 시원한 바다 전망이 압권이며, 세련된 인테리어와 루프탑 인피니티풀, 해수사우나, 와인바, 펍, 조식 뷔페 등 다양한 시설을 갖추었다. 호텔 안에서 다양한 서비스를 누리기만 해도 힐링이 되는 4성급 호텔로 호텔형과 리조트형, 프라이빗 빌라가 있다. 단, 리조트형에 묵어도 취사는 할 수 없다.

강구안 전망을 즐기는 숙소

브라운도트 통영.

⊙ 경남 통영시 동충4길 53(항남동 110) ☎ 055-725-0000

가성비가 좋은 숙소로 여행자들이 가장 빈번하게 오가는 항남동 중앙시장과 통영항여객선터미널 근처에 있어 입지가 좋다. 디자인 회사에서 지은 덕분인지 외관이 세련되어 부티크호텔 느낌을 준다. 2018년 여름에 오픈해 룸 컨디션도 좋은 편이고 객실도 감각적으로 꾸몄다. 7층에는 아이가 이용할 수 있는 키즈풀과 바다를 감상하며 조식을 먹을 수 있는 테라스가 있어 기분 좋은 통영의 아침을 만들 수 있다.

미스티크。

◎ 경남 통영시 산양읍 산양일주로 1215-52(연화리 194)
📞 055-646-9046

바다 전망이 좋은 카페 미스티크가 있는 펜션이
다. 카페에서 짐작하듯 감각적이고 모던한 인테
리어에 카페와 독립되어 있어 한적한 시간을 즐
길 수 있다. 전용수영장이 있는 풀빌라와 노천탕
이 있는 룸으로 구성되어 있다.

앤쵸비호텔。

◎ 경남 통영시 동호로 56(정량동 1376-1) 📞 055-642-
6000

멸치 업체 오너가 운영하는 호텔이라 앤쵸비라는
이름을 붙였다. 지은 지 꽤 되었지만 베니키아 선
정 최우수 호텔 가맹점상을 받을 만큼 숙소 관리
가 잘 되어 있다. 가격대도 저렴한 편으로 동호항
앞바다가 한눈에 보이는 위치다.

금호통영마리나리조트。

◎ 경남 통영시 큰발개1길 33(도남동 645) 📞 055-643-
8000

탁 트인 바다 전망이 뛰어난 충무마리나리조트는
통영이 충무였던 시절에 최고의 전성기를 구가했
다. 세월이 많이 흐른 지금, 인테리어가 훌륭하다
고 할 수는 없지만, 가족끼리나 단체로 숙박할 때
이만한 가성비도 드물다.

슬로비 게스트하우스。

◎ 경남 통영시 산양읍 풍화일주로 1609-14(남평리
1312-1) 📞 010-3943-1178

미륵도에 위치한 게스트하우스로 직접 묵어본 여
행자들의 평이 좋다. 친절한 호스트와 깔끔하게
관리되는 룸 컨디션, 그리고 직접 만들어주는 정
성 들인 카페 조식이 맛있다. 옥상에서 별을 볼
수 있으며 픽업 서비스를 해준다.

대명리조트 거제마리나。

◎ 경남 거제시 일운면 거제대로 266(소동리 115) ☏
055-638-3055

거제의 랜드마크라 할 수 있는 대형 회원제 리조
트로 시원하게 트인 지세포 앞바다의 뷰가 좋다.
취사가 가능한 콘도형과 취사 불가한 클린형이
있고 워터파크인 오션베이와 마리나 시설도 갖추
고 있어 요트투어도 즐길 수 있다.

거제생각속의집。

◎ 경남 거제시 동부면 거제남서로 2791-1(오송리 309-
3) ☏ 010-6342-3055

모던한 외관과 푸른 바다의 조화로움이 마음을
끈다. 화이트 톤의 깔끔하고 화사한 인테리어 마
감과 히노키 욕조가 있어 휴식하기 좋다. 바비큐
세트를 주문할 수 있으며 잔디밭에 어린이용 티
피 텐트와 해먹, 캠핑 의자를 비치해 두었다.

한화리조트 거제벨버디어。

◎ 경남 거제시 장목면 거제북로 2501-40(농소리 25) ☏
1670-9977

저도 해상유람선을 타면 바다 끝에 자리한 풍광
좋은 이 리조트를 볼 수 있다. 규모도 크고 시설
이나 인테리어가 고급스럽고 모던하다. 특히 아
이를 동반한 가족이 좋아할 만한 키즈 카페와 놀
이공간, 뽀로로 캐릭터룸이 인기.

스테이캄 게스트하우스。

◎ 경남 거제시 일운면 구조라로4길 5(구조라리 392-1)
☏ 010-2570-6655

SNS에서 거제 구조라해수욕장 근처의 '루프탑이
있는 감성 카페 겸 게스트하우스'로 알려져 있다.
붉은 2층 벽돌집을 감각적으로 리모델링해 1층은
카페, 2층은 게스트하우스, 3층은 일몰 뷰가 좋은
루프탑이 있다. 조식은 유료로 제공된다.

PART 25

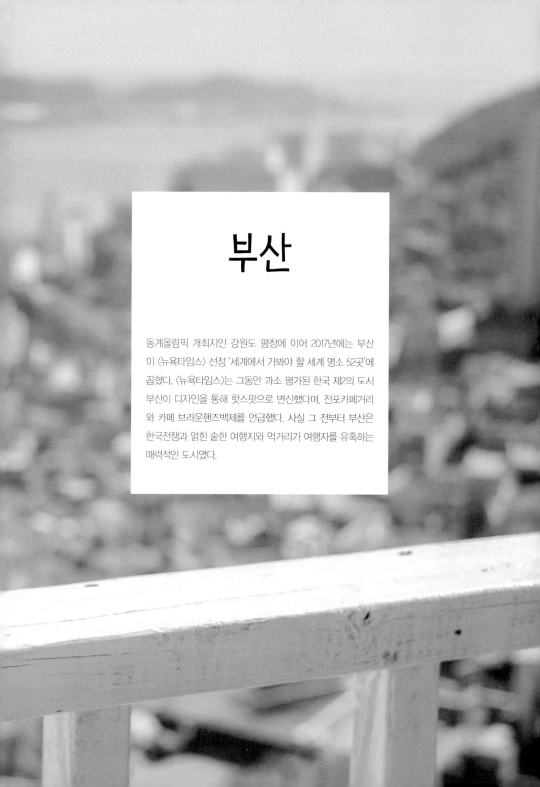

부산

동계올림픽 개최지인 강원도 평창에 이어 2017년에는 부산이 〈뉴욕타임스〉 선정 '세계에서 가봐야 할 세계 명소 52곳'에 꼽혔다. 〈뉴욕타임스〉는 그동안 과소 평가된 한국 제2의 도시 부산이 디자인을 통해 핫스팟으로 변신했다며, 전포카페거리와 카페 브라운핸즈백제를 언급했다. 사실 그 전부터 부산은 한국전쟁과 얽힌 숱한 여행지와 먹거리가 여행자를 유혹하는 매력적인 도시였다.

해상케이블카와 스카이워크로 부활한 명소

송도해상케이블카 & 송도해수욕장.

◎ 부산시 서구 송도해변로 171(암남동 124-1) ℗ 송도해수욕장 공영주차장(10분당 300원), 송도해상케이블카 주차장(케이블카 이용 시 2시간 무료) 🕐 송도해상케이블카 09:00~20:00 📅 연중무휴 🎫 에어 크루즈 왕복 : 어른 1만5000원, 어린이 1만1000원 / 크리스털 크루즈 왕복 : 어른 2만 원, 어린이 1만5000원 📞 051-247-9900

국내 최초의 공설해수욕장이었던 예전의 송도를 떠올려보면 요즘의 송도는 마치 타임머신이라도 타고 시공간을 훌쩍 뛰어넘은 듯한 풍경으로 다가온다. 하늘에는 쉴 새 없이 해상케이블카가 날고, 뭍에는 유리를 깔아 스릴을 더한 스카이워크가 있다. 그리고 멀지 않은 곳에는 송도용궁구름다리가 또 생겼다. 그중 짜릿함으로 말하자면 해상케이블카를 꼽을 수 있다. 송도해수욕장 동쪽 송림공원에서 서쪽 암남공원까지 1.62km, 80여 미터 바다 위를 가로질러 가는데 발아래가 유리로 되어 있는 크리스털 캐빈에 타야 제맛이다. 송도해수욕장과 해안둘레길, 영도와 남항대교, 기암절벽을 한눈에 담다 보면 암남공원 정상에 있는 스카이파크에 다다른다. 이곳에는 경비행기 탄 어린왕자, 개인적인 기록을 저장해두면 좋을 타임캡슐 등 조형물이 많아 사진 찍느라 시간 가는 줄 모른다.

레일 위에서 해운대 바다 절경을 즐기는 두 가지 방법

해운대 블루라인 파크.

◎ **미포정거장** : 부산시 해운대구 중동 948-1 / **청사포정거장** : 중동 555-2 ⓟ 미포정거장& 송정정거장 이용 시 2시간 무료 ⓞⓟⓔⓝ 09:30~19:00 ⓒⓛⓞⓢⓔⓓ 연중무휴 🚊 **해운대 해변열차** : 1회 이용권 7000원 / **해운대 스카이캡슐** : 편도 1~2인승 3만 원 📞 051-701-5548

해운대를 여행한다면 이제 필수 코스로 꼽아야 하는 곳으로 해운대 블루라인파크가 있다. 해운대 해변열 차와 스카이캡슐을 타고 바다를 감상하는 낭만적인 체험을 할 수 있기 때문. 해운대 미포에서 청사포—송 정에 이르는 약 5km 구간의 동해남부선 옛 철길을 개발해 운행하고 있으며 그 옆길은 데크로 된 산책로 로 조성했다. 해변열차와 스카이캡슐을 동시에 이용하려면 미포나 청사포정거장에 있는 매표소로 가야 한다. 미포, 달맞이터널, 청사포, 다릿돌전망대, 구덕포, 송정 등 6개 정거장에서 승하차할 수 있는 해변열 차에 비해 스카이캡슐은 오로지 미포와 청사포정거장에서만 탑승이 가능하기 때문이다. 1층에서 매표하 고 해변열차는 1층에서 탑승, 스카이캡슐은 2층에서 탑승한다. 요금이나 주차장 무료 이용에 관한 내용도 천차만별이기 때문에 블루라인 파크를 방문하기 전에 꼼꼼히 비교해서 선택하자.

무지개 색깔로 단장한 부산의 베네치아

장림포구.

◎ 부산시 사구 장림로93번길 71(장림동 1092) ⓟ 전용주차장

본래 바닷물을 끓여 만드는 자염을 생산하고 김 양식을 하던 어민들이 이용하던 창고였던 곳에 알록달록하게 컬러를 입히고 다듬어 조성한 사하구의 관광 테마 거리. 장림포구는 바다와 낙동강 하구가 합류하는 지점으로 작은 어선이나 낚싯배가 정박하는 포인트이기도 하다. 이곳에 즐비한 컬러풀한 창고들이 마치 베네치아 같다 해서 '부산의 베네치아'라는 의미로 '부네치아'라고 부르기도 한다. 햇살 좋은 날 사진찍기도 좋은 공간으로 2층의 뾰족지붕을 얹은 예쁜 집들은 카페나 공방, 혹은 음식점.

다리 건너 송도의 오션뷰를 조망하다

송도 용궁구름다리.

◎ 부산시 서구 암남동 산193 ⓟ 전용주차장 ◉ 09:00~18:00(10~2월은 17:00까지) ◉ 첫째·셋째 주 월요일, 설·추석 당일 🎫 7세 이상 1000원 ☎ 051-240-4081

송도 용궁구름다리는 원래 송림공원에서 거북섬을 연결했던 예전 송도구름다리에서 약간 위치를 변경해 암남공원에서 무인도인 동섬을 이어 18년만인 2020년 완공했다. 주차장에 주차하고 나서 가파른 계단을 한참 오른 후 다리로 입장할 수 있는데 동섬 상부를 빙 둘러 걸으며 360°로 송도와 해수욕장, 바다를 감상할 수 있다. 원래는 무료로 시범 운영하다가 2021년부터 유료화했는데 '글쎄? 이 정도의 뷰를 위해 굳이 유료화를 했어야 했나' 하고 고개를 갸우뚱하게 되는 것도 사실.

사람 냄새 물씬 풍기는 옛 골목의 추억

초량이바구길。

⌖ 브라운핸즈백제 – 담장갤러리 – 이바구정거장 – 168계단(168모노레일) – 김민부전망대 – 이바구공작소 – 스카이웨이 전망대 – 유치환의 우체통
◎ 부산시 동구 초량상로 49 ⓟ 공영주차장

부산역 건너편의 초량동은 부산 최초의 산복도로가 생겨난 곳이다. 한국전쟁 당시 부산으로 몰려든 피난민들이 산등성이에 판자촌을 형성하면서 초량동 산복도로마을 등 여러 마을이 생겨났다. 초량이바구길은 골목의 원형을 보존하면서 지역성과 역사성을 살려 특색 있게 조성한 테마형 골목길이다. 초량동이바구길 답사는 카페 브라운핸즈백제(옛 백제병원)부터 시작한다. 구석구석 볼거리가 많지만 드라마 〈쇼핑왕 루이〉의 촬영지이기도 한 168계단을 오르내리는 모노레일, 〈기다리는 마음〉을 지은 김민부 시인의 전망대, 산복도로 생활자료관인 이바구공작소, 유치환 시인의 우체통은 꼭 들러야 할 포인트. 각 포인트는 부산항과 부산항대교, 마린시티 등 부산이 한눈에 내려다보이는 시원한 전망을 자랑한다.

알록달록 레고를 닮은 마을

감천문화마을。

◎ 부산시 사하구 감내2로 203(감천동 1-14) ℗ 감천초등학교 공영주차장 ⚙ 시설물 개방 09:00~18:00(11~2월은 17:00 까지) ☏ 051-204-1444

'미로미로 골목길 프로젝트'가 진행되던 불과 몇 년 전만 해도 현재의 동네 모습은 상상하기 어려웠다. 골목을 오르내리며 구석구석에 숨은 작품을 찾는 재미가 쏠쏠했던 마을이 외국 여행자도 즐겨 찾는 글로벌 관광지로 탈바꿈하는 데는 그리 오랜 시간이 걸리지 않았다. 하늘마루가 이 마을 최고의 전망. 바다를 품은 산등성이를 따라 알록달록한 레고로 만든 듯한 집들이 오밀조밀하게 들어서 마치 해외 엽서에서나 봄직한 풍광을 연출한다. 입구부터 안쪽 골목까지 기념품점, 카페, 주전부리 가게가 즐비하고 인증샷을 찍는 국내외 여행자들이 평일에도 넘쳐난다. 특히 마을을 내려다보고 앉아 있는 어린왕자와 사막여우 조형물에 이르면, 사진 한 장을 찍기 위해 긴 줄을 늘어선 모습을 볼 수 있다.

부산 길거리 음식과 구제 패션의 성지

국제시장。

———

◎ 부산시 중구 중구로28 ⓟ 도로변 유료주차장 (OPEN) 09:00~20:00 (CLOSE) 첫째·셋째 주 일요일

여행자들에게 국제시장과 깡통시장의 구별은 몇 번을 가도 쉽지 않다. 공산품과 생필품을 파는 남포동의 6개 구역을 국제시장이라고 하는데 부산에서는 부평깡통시장까지 통틀어 국제시장으로 통한다고. 어쨌거나 국제시장은 목욕탕 의자에 앉아서 먹는 비빔당면부터 팥빙수, 정구지찌짐 같은 길거리 음식의 성지이거니와 영화 〈국제시장〉의 꽃분이네로, 빈티지 패션을 추구하는 멋쟁이들에겐 구제시장으로 기억된다. 모름지기 시장의 재미는 특별히 무엇을 사지 않더라도 이리 기웃 저리 기웃하며 입맛 당기는 주전부리 먹는 소확행이 최고. 그런 의미에서 국제시장은 여행자에게도 최고의 여행지임엔 틀림없다.

놀면서 바다를 배운다

국립해양박물관。

———

◎ 부산시 영도구 해양로301번길 45(동삼동 1125-39) ⓟ 전용주차장 (OPEN) 09:00~18:00(토·일요일은 19:00까지) (CLOSE) 월요일 🎫 무료(4D 영상관, 유료 특별전시 제외) ☎ 051-309-1900

해양생물부터 항해 선박까지, 바다에 관한 모든 것을 아이 눈높이에서 체험할 수 있는 국립박물관이다. 커다란 사발을 연상케 하는 박물관 건물은 한국건축대상에서 우수상을 받은 작품으로, 국내외 1만4000여 점의 방대한 유물을 보유하고 있다. 2층에는 어린이박물관이 있어 아이의 눈높이에 맞춘 동화나 만들기 체험을 할 수 있으며, 바다 생물을 직접 만져볼 수 있는 터치풀도 마련되어 있다.

부산 대표 명물시장과 국내 최초 야시장

부평깡통시장 & 깡통야시장。

◎ 부산시 중구 부평1길 48(부평동2가 16) ℗ 공영주차장 OPEN 시장 08:00~20:00, 야시장 19:30~23:30 CLOSE 연중무휴 ☎ 051-243-1128

부평시장이 소위 '깡통시장'으로 불린 건 한국전쟁 당시 미군부대에서 흘러나온 통조림이 거래된 까닭이다. 한편 일본인들이 한국을 떠나며 헐값에 넘긴 곳들이 대를 잇는 어묵 가게가 되었다. 그래서 부평시장에는 아직도 통조림 제품이나 어묵 가게들이 골목을 이루고 있다. 부평깡통시장에 가면 '깡통골목할매'의 유부주머니와 팥죽은 꼭 먹어줘야 한다. 밤에는 코로나19 상황에도 불구하고 대구 서문야시장처럼 여전히 야시장이 선다. 연기로 그을리고, 지글지글 끓이고, 볶는 조리 과정을 눈앞에서 보는 재미에 맛도 좋은 야시장이 건재해서 그나마 다행이다.

오이소! 보이소! 사이소!

자갈치시장。

◎ 부산시 중구 자갈치해안로 52(남포동4가 37-1) ℗ 전용주차장 OPEN 02:00~22:00 CLOSE 연중무휴 ☎ 051-245-2594

부산의 시장 가운데서 가장 존재감이 두드러지는 시장이다. '오이소! 보이소! 사이소!'라는 슬로건으로도 유명하고, 한국전쟁을 거치며 억척스러워질 수밖에 없던 '자갈치 아지매'들의 생활력도 자갈치시장의 중요한 부분을 형성한다. 시장은 크게 난전과 현대식의 시장 건물로 나뉜다. 회를 먹고 싶다면 자갈치시장 건물로, 싱싱한 생선과 해산물을 구입하고 싶다면 난전을 택하자. 생선구이나 연탄불에 구워주는 꼼장어(먹장어)에 소주 한잔 기울이는 맛은 난전의 또 다른 매력이다.

씨앗호떡의 발상지

비프광장.

───────

◎ 부산시 중구 비프광장로 4(남포동6가 110-1) ℗ 인근 공영주차장 ☎ 부산 중구청 051-600-4000

- -

부산국제영화제(Busan International Film Festival)가 개최된 곳이라 비프(BIFF)광장이라고 부른다. 일제강점기 때부터 극장이 생겨나 영화의 거리를 형성했고, 1960년대에는 극장의 수가 20여 개에 달했다고 한다. 이런 이유로 부산국제영화제도 자연스럽게 비프광장에서 시작했다. 영화제는 현재 해운대 센텀시티의 전용 극장으로 장소를 옮겨 개최하고 있다. 비프광장에 가면 영화제를 상징하는 조형물이나 스타들의 핸드프린팅이 새겨진 바닥을 볼 수 있는데 이보다 여행자들에게 더 잘 알려진 것은 씨앗호떡이다.

종이 향기 가득한 오래된 골목

보수동 책방골목.

───────

◎ 부산시 중구 책방골목길 16(보수동1가 119-1) ℗ 없음 ⒪ 09:00~19:00 ⒞ 첫째·셋째 주 화요일, 설·추석 연휴, 1월 1일 ☎ 보수동 책방골목 문화관 051-743-7650

- -

독서 인구가 감소하면서 서점은 사양 산업이 되어 가고 있다. 1960~1970년대에 부산을 대표하던 보수동 책방골목도 추억 속에서나 가끔 꺼내 보는 그런 공간이 되지 않을까 우려했다. 참 다행히도 종이 냄새 가득한 헌책방 40여 곳이 여전히 성업 중이다. 빳빳한 새 책의 느낌도 좋지만, 채석강처럼 첩첩이 쌓인 책의 탑 속에서 발견하는 나만의 책이라니! 카페에 앉아 내가 고른 책을 뒤적이는 즐거움도 잊지 말자.

몸으로 영화를 체험하는 박물관

부산영화체험박물관.

◎ 부산시 중구 대청로126번길 12(동광동3가 41-4) ⓟ 전용주차장 ⓞᴘᴇɴ 10:00~18:00 ⓒʟᴏsᴇ 연중무휴 🖥 영화체험박물관 : 어른 1만 원, 어린이 7000원 / 트릭아이뮤지엄 : 어른 8000원, 어린이 6000원 / 통합권 : 어른 1만2000원, 어린이 9000원 ☏ 051-715-4200

- -

단순한 영화박물관이 아니다. 부산영화체험박물관은 최첨단 영상 촬영 기법을 통해 영화를 몸으로 체험하는 곳이다. 먼저 체험자 등록 코너에서 얼굴과 이름을 등록하고 무선주파수인식(RFID) 카드를 만든다. 이후 3D 영상을 관람하며 체험을 시작한다. 다양한 영상 체험을 즐길 수 있는데 특히 시공간을 초월하는 '타임슬라이스 이펙트'를 이용해 나만의 영상을 만드는 코너가 인기 있다. 트릭아이뮤지엄도 한 공간에서 즐길 수 있다.

부산의 대통령 관저를 둘러보는

임시수도기념관.

◎ 부산시 서구 임시수도기념로 45(부민동3가 22) ⓟ 전용주차장 ⓞᴘᴇɴ 09:00~18:00 ⓒʟᴏsᴇ 월요일, 1월 1일 🖥 무료 ☏ 051-244-6345

- -

1950년 한국전쟁이 일어난 후 3년간 부산은 대통령이 머물며 업무를 보던 임시 수도였다. 부산 임시수도 정부청사는 현재 동아대학교 석당박물관으로 쓰이고 있기 때문에 그 당시의 대통령 관저나 생활사가 궁금하다면 약 300m 거리에 있는 임시수도기념관에 찾을 일이다. 이곳에는 이승만 전 대통령 내외가 입던 한복이나 가구들을 볼 수 있으며 서재에 이르면 흠칫 놀랄 정도로 리얼한 이 전 대통령의 밀랍인형을 만난다. 뒤편의 전시관에서는 1950년대 당시의 생활사를 흥미롭게 둘러볼 수 있다.

공구상가의 트렌디한 변신

전포카페거리.

⊙ 부산시 부산진구 동천로 92(전포동 668-1) ⓟ 유료주차장

철물점과 공구상가들이 밀집한 전포동 뒷골목에 2010년 전후로 개성 있는 카페와 식당들이 문을 열면서 전포카페거리로 이름이 났다. 이곳은 뉴욕타임스에서 '2017년 꼭 가봐야 할 세계 명소'로 선정한 거리이 기도 하다. 일본식 카레 요리로 유명한 모루식당을 비롯해 트렌디한 음식점과 디저트 카페, SNS에서 핫한 포토존이 있어 여행자들 사이에 폭발적인 인기를 끌었으나 이곳 역시 코로나19 쇼크를 피해갈 수 없는 듯. 예전보다 활기는 잃었으나 여전히 이 거리를 찾는 여행자는 많다.

해운대 최고의 백만 불짜리 야경

더베이101.

⊙ 부산시 해운대구 동백로 52(우동 747-7) ⓟ 전용주차장 ⓞⓟⓔⓝ 더베이101 08:00~23:00, 카페 사이드(1층) 08:00~22:00
ⓒⓛⓞⓢⓔ 연중무휴 ☏ 더베이 : 051-726-8888

마린시티의 휘황한 야경이 눈앞에 파노라마로 펼쳐지는 더베이101은 확실히 낮보다 밤이 예쁘다. 동백공원에 있는 건축물 자체도 멋지지만, 해 질 무렵 조명을 밝히면 환상적인 설치 작품 같은 무드를 연출한다. 마치 홍콩 여행을 하는 듯한 기분은 덤. 내부에는 카페와 식당, 잡화점이 있지만 뭐니 뭐니 해도 야외 펍에서 피시 앤 칩스에 맥주 한잔을 즐기며 감상하는 야경이 최고. 업장마다 영업시간이 다르므로 확인하자.

문화공간으로 재탄생한 강철 공장

F1963。

◎ 부산시 수영구 구락로123번길 20(망미동 475-1) ⓞⓟⓔⓝ 09:00~21:00 ⓒⓛⓞⓢⓔ 연중무휴 ☎ 051-756-1963

밤에 보는 광안대교는 꼭 보석으로 뜬 정교한 레이스 같다. 광안대교의 메인 케이블을 제작한 회사가 바로 고려제강이다. 고려제강 기념관에 가면 산업용 와이어와 관련한 알찬 내용을 직접 확인할 수 있거니와 바로 옆에 인상적인 복합문화공간이 있어 들러볼 만하다. F1963은 고려제강의 와이어로프 공장을 리모델링한 복합문화공간이다. 'F1963'이라는 암호 같은 이름은 고려제강이 망미동에 처음 공장(Factory)을 지은 1963년을 의미한다. 이 안에는 드넓은 예스24의 플래그십 스토어와 카페 테라로사, 프리미엄 막걸리 브랜드인 복순도가, 체코 맥주 펍인 프라하993 등 개성 있는 공간이 자리하고 있다. 코로나19 상황이라 잠시 영업을 하지 않고 있지만 특히 따뜻한 커피와 차가운 철판의 오묘한 랑데부를 인상적으로 풀어놓은 테라로사에서 책을 읽노라면 소확행이 따로 없다.

이국적인 바닷가 마을

흰여울문화마을 & 절영해안산책로。

📍 부산시 영도구 영선동4가 1044-6 Ⓟ 유료주차장(10분당 200원) 🏠 흰여울안내소 : 평일 17:00, 주말 18:00까지 📞 051-419-4067

바다를 굽어보는 절벽 위 집들이 자못 이국적인 이 작은 마을이 현재와 같이 아기자기한 모습을 갖추게 된 것은 2011년경. 바로 옆에서 파도가 철썩이는 절영해안산책로를 끼고 걷다 보면 중간쯤에 흰여울문화 마을에 오르는 가파른 계단이 나온다. 고양이들이 나른한 햇볕을 쬐며 노니는 카페와 '점빵'이라 부르는 작은 가게를 지나고 담벼락에 낯익은 〈변호인〉의 대사가 보이면 그곳이 흰여울안내소다. 안내 리플렛이나 소소한 잡화를 팔기도 하는 이 안내소의 특별한 풍경은 바다 쪽으로 난 창을 통해 사진을 찍는 여행자들이다. 〈알쓸신잡〉에서도 소개되었지만, 이 마을은 연예인 강다니엘이 살던 마을이라 그의 흔적을 찾아 '강다니엘 투어'를 하는 여행자들도 많다.

조선소 역사에 예술을 입히다

깡깡이예술마을。

📍 깡깡이 안내센터 – (구)다나카조선소 – 깡깡이 생활문화센터 마을박물관 – 깡깡이 아지매벽화
◎ 부산시 영도구 대평로27번길 8-8 ℗ 인근 공터 이용 📞 깡깡이예술마을사업단 051-418-1863

깡깡이예술마을은 우리나라 최초의 근대식 조선소인 다나카조선소가 세워진 대평동에 '예술'을 입힌 마을이다. '깡깡이'라는 재미있는 이름은 과거 수리조선소에서 녹슨 배의 표면을 벗겨 내던 망치질 소리에서 유래했다. 마을 탐방은 깡깡이 안내센터에서부터 시작하자. 이곳에는 선장 유니폼을 입고 직접 키를 잡아보는 선박 체험을 할 수 있다. 다음은 다나카조선소로 동선이 이어진다. 깡깡이 생활문화센터에 선박 관련 물건들을 전시한 마을박물관이 있다. 반환점은 아파트 벽면에 그린 깡깡이 아지매벽화. 독일 그라피티 아티스트 핸드릭 바이키르히의 '우리 모두의 어머니'로 삼자. 대형 벽화는 깡깡이마을의 랜드마크로, 민락 어민활어직판장에서도 어부의 초상이 그려진 벽화를 만날 수 있다.

즐길거리 넘치는 감성 어촌마을
청사포 마을 산책.

◎ 청사포다릿돌전망대~푸른모래 청사포 버스정류장~청사포 고양이마을 ⓟ 공영주차장 혹은 바닷길 주차선

부산 현지인들에게 청사포는 조개구이나 장어구이를 즐기기 위해 찾던 어촌 마을. 쌍둥이 등대를 배경으로 한 야경 또한 낭만적이라 야경 사진이나 일출 사진을 찍기 좋은 해운대 명소이기도 하다. 번화한 해운대 해수욕장과 인접해 있지만 청사포 쪽으로 오면 갑자기 소박한 어촌 느낌이 나는 것도 좋았는데, 요즘은 유러피언 감성의 예쁜 카페도 많이 생겨서 드라이브 겸 데이트 명소로도 알려져 있다. 청사포정거장에서 조금만 걸어 내려오면 전망대 겸 청사포의 옛 사진도 구경하면서 마을버스를 기다리는 감성 정류장이 있다. 수민이네 조개구이에서 청사포58번길을 따라 해변가 방향으로 내려오면 벽화골목과 길고양이 급식소이자 반려동물 가구나 소품을 판매하는 고양이발자국이라는 가게가 있다. 이곳이 청사포 고양이마을이다. 아직 대만 허우퉁 마을이나 일본 아이노시마섬처럼 활성화된 것은 아니지만 머지않아 소위 '시고르자브종 고영희씨(시골 잡종 고양이)'를 보러 청사포를 찾게 될지도 모른다.

자유분방한 예술가들의 창작 공간

아트인오리.

⎯⎯⎯

◎ 부산시 기장군 장안읍 대룡3길 12(오리 243) ⓟ 전용주차장 🛒 피자 만들기 체험 2만3000원 📞 피자 체험 예약(월~금 요일 예약 필수) 010-2250-3861

· ·

농촌에 예술을 입힌 '오솔길 프로젝트'의 작품들이 아트인오리로 가는 약 300m 골목 곳곳에서 여행자를 맞는다. 기장의 작은 시골 마을 전체가 작은 갤러리로 변모한 대룡마을 안쪽에 예술가들의 작업 공간인 아트인오리가 있다. 이곳에는 조각, 회화 등을 전공하는 여섯 명의 작가가 상주하는 갤러리 겸 작업실이 있다. 주말에만 여는 국수집과 간이 화덕피자집, 그리고 소박한 매력의 무인카페가 있다. 아이와 함께 들른다면 미리 예약해서 피자 만들기 체험을 하는 것도 좋다.

드라마보다 더 유명한 촬영세트장

죽성성당.

⎯⎯⎯

◎ 부산시 기장군 기장읍 죽성리 134-7 ⓟ 인근 공터 이용

· ·

작은 어촌마을인 죽성리 바닷가 바위 위에 한 폭의 그림처럼 서 있는 죽성성당은 드라마 〈드림〉의 세트장 이라서 '드림성당'으로도 불린다. 드라마는 그다지 흥행하지 못했지만, 빨간색 지붕이 연분홍빛으로 바랜 성당은 지금도 찾는 이가 많다. 초창기 때의 풍경과 달라지긴 했지만, 여전히 이곳은 인증샷이나 셀프 웨딩의 명당. 성당 내부에 캘리그라피 작품을 전시해두기도 하는데 큰 볼거리는 없는 편이다.

부산 최고의 럭셔리 플레이스

아난티코브.

◎ 부산시 기장군 기장읍 기장해안로 268-31(시랑리 704) ℗ 유료주차장(1시간 3000원, 초과 10분당 500원) 📞 051-604-7000

연면적 약 20만㎡의 대규모 리조트로 2017년 문을 열었다. 기장 바닷가에 자리 잡고 있으며, 상업 공간인 아난티타운과 회원 전용 숙소인 펜트하우스, 호텔 힐튼부산이 있다. 펜트하우스와 힐튼부산은 건물과 주차장도 다르고 로비도 찾기 어려워 초행길이라면 헤맬 수 있다. 숙소로 이용하지 않고 단지 아난티코브를 이용하고 싶다면 수영장과 스파 시설을 이용할 수 있는 약 6600㎡ 규모의 워터하우스와 약 1652㎡ 규모의 서점 이터널저니 그리고 다양한 실내외 카페와 식당가를 이용할 수 있다. 또한 광장에서는 다양한 로컬 브랜드 마켓 등 이벤트가 열리고 나만의 케이크 만들기, 소리 일기장 만들기, 북앤 플레이 등 어린이를 위한 키즈 프로그램도 운영한다. 햇볕 좋은 날에는 바닷가의 야외 카페에서 시간을 보내도 좋고 바닷가 산책도 하며 여유를 즐기기 좋다.

소원을 이루어주는 곳

해동용궁사。

📍 부산시 기장군 기장읍 용궁길 86(시랑리 416-3) Ⓟ 전용주차장 OPEN 05:00~일몰 📞 051-722-7744

고려시대 공민왕의 왕사였던 나옹 혜근이 창건하였으니 역사가 700년이 넘는다. 바닷가 암석 위에 지은 절이라 풍광이 독특하다. '한 가지 소원을 꼭 이루는 해동용궁사'라는 입구의 글귀에서 짐작하듯 간절한 소원을 빌러 오는 이가 많다. 코와 배를 만지면 아들을 낳는다는 손때 묻은 득남불, 건강하게 오래 살게 한다는 108장수계단, 수능시험을 잘 치게 해주는 학업성취불 등이 있으며 외국인 여행자들도 많이 들른다.

속풀이 해장국엔 재첩국이 최고

할매재첩국。

📍 부산시 수영구 광남로120번길 8(광안동 198-1) Ⓟ 전용주차장 OPEN 06:00~21:30(일요일은 21:00까지) CLOSE 설, 추석 🍽 재첩정식 9000원, 재첩진국 1만3000원, 재첩덮밥 1만3000원 📞 051-751-7658

손톱 만한 민물조개인 재첩은 섬진강과 낙동강에서 많이 잡힌다. 간장에 좋은 필수 아미노산의 일종인 메티오닌이 풍부하고 해독작용을 돕는 타우린이 풍부하기 때문에 재첩국은 보통 해장하기 좋은 음식으로 통한다. 멀건 국물처럼 보이면서도 시원한 맛이 일품인 재첩국은 보통 해독에 좋은 부추를 팍팍 썰어 넣어 끓인다. 광안리 해수욕장 뒷편에 위치한 할매재첩국은 간밤 달린 위장을 위해 찾으면 좋은 집. 진한 재첩 국물에 나물과 비벼 먹을 수 있는 양푼을 주는데 전체적으로 건강한 집밥 맛이 나고 먹고 나면 개운하게 속이 풀린다.

연탄불에 구워 먹는 60년 전통의 소곱창집

백화양곱창.

◎ 부산시 중구 자갈치로23번길 6(남포동6가 32) ℗ 공영주차장 12:00~24:00 첫째·셋째·다섯째 주 일요일
양곱창 3만 5000원, 양(모둠) 3만 원, 볶음밥 1만 2000원 051-245-0105

연탄불에 구워 먹는 60년 전통의 소곱창집이다. 백화양곱창 내에는 저마다의 비법을 자랑하는 10여 개의 곱창 가게들이 모여 있다. 메뉴로는 마늘과 소금으로 밑간을 한 소금구이와 빨갛게 양념을 한 양념구이 두 가지가 있다. 양곱창이 푸짐하고 신선해 맛깔스럽다. 양곱창을 먹은 후에는 갖은양념을 넣어 밥을 볶아주는데, 즉석에서 구운 김에 싸 먹으면 풍미가 있다. 곱창을 듬뿍 넣어 볶은 양곱창 볶음밥만 따로 먹을 수 있다. 다만 연탄불에 굽기 때문에 눈이 맵다.

일본 뒷골목 감성의 카레 식당

모루식당.

◎ 부산시 부산진구 서전로38번길 37(전포1동 680-20) ℗ 공영주차장 11:00~20:00(브레이크 타임 15:00~16:30)
일·월요일 새우크림카레 8000원, 오늘의 특선, 8000원, 반반카레 9000원 010-3676-6949

도쿄 뒷골목의 아주 작은 식당 같은 느낌으로, 겉보기에 작은데 안에 들어가면 더 작다. 카레 하나로 승부하는 이 작은 카레 식당이 이제는 전국 각지에서 인기를 끌고 있다. 아기자기한 일본풍 소품이 이국적이다. 1층과 2층 다 합해서 고작 열 명 남짓 앉을 수 있지만 그것이 오히려 친근하게 느껴진다. 카레는 부드럽고 달콤하다. 골고루 먹고 싶다면 반반카레에 새우튀김 2개, 치킨가라아게, 감자크로켓 등 메뉴를 곁들이면 된다.

부산 상해거리 속 명물 중국집

홍성방。

─────

📍 부산시 동구 중앙대로179번길 16(초량동 571) ⓟ 전용주차장 🕐 11:00~21:30 🔒 설날, 추석 🍽 만두 8000원, 새우볶음밥 8000원, 점심 특선(1인) 1만5000원 📞 051-467-5398

· ·

부산역 건너편 상해거리에 1971년 문을 연 홍성방은 부산 사람들에게 어릴 적 추억의 맛으로 기억되는 곳. 본래는 작은 만두 전문점이었는데 현재는 신관까지 확장해서 운영하고 있다. 육즙 가득한 만두가 맛있기로 유명하다. 속에 고기와 채소를 야무지게 채워 넣어 푸짐하고 겉은 바삭하다. 코스 요리를 심플하게 구성한 점심 특선 메뉴는 유산슬, 깐풍기, 탕수육, 각종 채소볶음과 짜장면 등으로 구성된 세 코스 중에서 고르면 된다. 중국 요리를 조금씩 다양하게 맛볼 수 있기에 가성비가 좋아 인기.

대를 이어 운영하는 개금동 밀면

개금밀면。

─────

📍 부산시 부산진구 가야대로482번길 9-4(개금동 171-34) ⓟ 시장 앞 공영주차장 🕐 11:00~21:00 🔒 설날, 추석 🍽 물밀면·비빔밀면 7500원, 만두 4000원 📞 051-892-3466

· ·

개금시장 입구 골목의 개금밀면은 이전의 노포를 떠올릴 수 없을 만큼 대대적인 리모델링을 했다. 예전엔 오로지 물밀면과 비빔밀면 두 가지뿐으로, 맛으로 승부하는 집이었다. 아들이 이어받은 지금은 비빔면에 회무침 고명을 따로 주문할 수 있도록 해 회냉면처럼 먹을 수 있고 만두 메뉴도 갖춰 구색이 다양해졌다. 그러나 예전 노포 시절의 쫄깃한 노란 면발과 감칠맛 나는 육수가 그립기도 하다.

고정관념을 깨는 옛 포항식 물회

포항물회일번지。

———

◎ 부산시 영도구 절영로35번길 6(남항동1가 103) ℗ 전용주차장 🕚 11:00~21:00 🕚 연중무휴 🍽 물회 1만 원, 한치물회 (소) 1만 원, 매운탕 1만 원 ☎ 051-412-5052

- -

착한 가격에 옛 포항식 물회를 맛볼 수 있는 현지인 맛집이다. 어선 세 척을 소유하고 있는 선주가 운영하 며 자연산 활어회나 물회를 내놓는다. 이 집의 대표 메뉴는 기본 물회로, 부산 사람들이 '빨간고기'라고 부 르는 눈볼대를 잘게 썰어 올린다. 채소 위에 횟감과 다짐을 얹은 비주얼이 회무침과 흡사하다. 이것을 비 벼 상추에 싸 먹고, 물과 식초, 설탕을 입맛에 맞게 넣어 밥을 말아 먹는다.

싱싱한 해산물에 전복죽까지

연화리해녀촌。

———

◎ 부산시 기장군 기장읍 연화1길 169(연화리 148-1) ℗ 전용주차장 🕘 09:00~18:00 🕘 수요일 🍽 해물모둠 3만~5만 원, 전복죽(2인) 2만 원, 문어숙회 2만 원 ☎ 문씨할매집 010-2551-2427

- -

작은 섬 죽도가 바라보이는 기장 연화리 바닷가에 조성된 해산물 포장마차촌이다. 23곳의 포장마차가 자 리 잡고 있는데 한 포장마차당 간판이 세 개씩 붙어 있는 게 특이하다. 세 가구가 포장마차 하나씩 할당받 아 운영하기 때문. 서너 명이 가면 해물모둠 대 사이즈와 전복죽 2인분 정도 주문하면 딱 좋다. 돌멍게, 전 복, 뿔소라 등 10여 가지 넘게 쟁반에 담겨 나온다. 대부분 해녀가 당일 아침에 물질한 자연산이며 전복만 양식이라 한다. 어느 집이나 구색은 비슷한데 특히 문씨할매집 전복죽이 맛있다는 평. 전기가 들어오지 않으므로 계산은 현금이나 계좌이체만 가능하니 참고할 것.

부산에서 꼭 맛봐야 할 떡볶이 1호

이가네떡볶이。

———

◎ 부산시 중구 부평1길 40(부평동2가 17) ⓟ 전용주차장 🕐 10:00~17:00 🔒 일요일 휴무 🍽 떡볶이튀김세트 4000원, 떡볶이(1인분) 4000원, 튀김(1인분) 4000원 ☎ 051-245-0413

- -

군고구마 장사부터 시작해서 20여 년간 외길을 걸어온 이가네떡볶이는 부산에서 꼭 맛봐야 할 떡볶이 1순위로 손꼽힌다. 〈백종원의 3대 천왕〉에서 우승한 이 집의 떡볶이는 고추장 대신 고춧가루를 쓰며 물 대신 무를 푹 끓여서 나온 즙으로 양념을 만드는 것으로 유명하다. 그래서 텁텁하지 않고 깔끔한 맛이 난다. 무말랭이가 고들고들하게 씹히는 것도 독특하고 무엇보다 당일 아침 뽑아낸 가래떡의 쫄깃쫄깃한 식감이 중독성 있다.

어묵의 고급화로 돌풍을 일으킨

삼진어묵。

———

◎ 부산시 영도구 태종로99번길 36(봉래동2가 39-1) ⓟ 전용주차장 🕐 09:00~19:00 🔒 연중무휴 🍽 체험코스: 말이어묵 코스 1만5000원, 주중체험 코스 2만 원 ☎ 051-412-5468

- -

1953년 영도구 봉래동에 자리 잡은 후 3대에 걸쳐 이어온 국내에서 가장 오래된 어묵 브랜드다. 2013년 국내 최초로 어묵 베이커리를 오픈해 전국적인 돌풍을 일으켰다. 삼진어묵 맛의 비결은 높은 어육 함량과 잘 치대 탱글탱글한 식감을 유지하는 데 있다. 기본 어묵 외에 매운 고추나 맛살, 치즈 등 색다른 재료를 섞은 스페셜 어묵 등 다양한 맛을 선보인다. 2층에 어묵 전시관이 있고 예약 시 어묵이나 어묵 피자 등을 만드는 체험을 할 수 있다.

부산에서 즐기는 중국식 만두

신발원。

◎ 부산시 동구 대영로243번길 62(초량1동 561-1) Ⓟ 공영주차장 🕐 11:00~20:00 🔒 화요일 🍽 고기만두(1인분) 5000원, 군만두 6000원, 마라만두 6000원 📞 051-467-0177

· ·

〈백종원의 3대 천왕〉에 출연하기 전부터 육즙 가득한 고기만두로 워낙 유명했다. 60여 년 전통의 중국식 만둣집으로 초량동 상해거리에 있다. 다양한 만두와 중국에서 간단한 아침 식사로 흔하게 먹는 콩국, 짭짤한 중국식 식빵인 커빙을 비롯해 월병, 공갈빵 등 다양한 메뉴를 갖추고 있다. 테이블이 세 개뿐으로 가게가 매우 좁아 언제 가도 긴 대기 줄을 감수해야 한다. 음식 포장은 길게 기다리지 않아도 되니 테이크아웃 하는 게 편리하다.

WBC에서 우승한 바리스타의 커피가 있는

모모스커피。

◎ 부산시 금정구 오시게로 20(부곡동 873-98) Ⓟ 없음 🕐 09:00~18:00 🔒 설, 추석 🍽 에스프레소 5500원, 아메리카노 5500원, 라테 6000원 📞 051-512-7034

· ·

온천장 카페로 알려져 있는 모모스커피는 2019년 미국 보스턴에서 열린 월드 바리스타 챔피언십에서 한국인 최초로 우승한 전주연 바리스타의 커피를 맛볼 수 있는 카페. 〈유키즈〉에서 테라로사 김용덕 대표가 스페셜티 커피가 맛있다고 손꼽은 곳이기도 하다. 모모스커피에는 5000원대부터 2만 원에 가까운 파나마 게이샤에 이르기까지 스페셜티 원두로 내린 커피가 있으므로, 핸드드립 커피의 미묘한 향을 즐길 수 있는 사람이라면 더욱 만족도가 높을 것이다. 특히 대나무숲이 바로 보이는 별관이 운치 있다.

서면의 유럽풍 햇살 맛집 카페

스페이스앤무드。

◎ 부산시 부산진구 새싹로 22-1(부전동 396-14), 13층 ⓟ 전용주차장 (OPEN) 10:00~22:00 (CLOSE) 연중무휴 🖩 에스프레소 5000원, 라테 5500원, 패션후르츠망고 6000원 ☏ 051-915-1155

서면은 부산의 젊은이들에겐 친구를 만나거나 데이트 코스로 익숙한 동네로 여행자들에겐 전포 카페 거리로 잘 알려져 있다. 이 서면에 요즘 여심을 저격하는 핫한 유럽풍 카페가 있으니 스페이스앤무드가 그곳이다. 카페에 들어서면 햇살이 차르르 들어오는 아치형의 격자 무늬 창에 높은 층고, 그리고 우아한 샹들리에와 고급스러운 소재의 가구가 한눈에 들어오며 우와! 하는 감탄사를 연발하게 된다. 어느 곳을 찍어도 인테리어 화보 같은 분위기로, 특히 하얀 회전형 계단은 인증샷 필수 포인트. 계단을 따라 내려가면 전시해놓은 입생로랑이나 셀린느, 겐조 등 패션 브랜드의 그릇과 찻잔을 만나게 된다. 음료와 브런치를 즐길 수 있으며 밤에는 와인바로 변신한다. 서면역 9번 출구에서 가장 가까우며 건물 13층에 있다.

기장을 핫플레이스로 만든 '힙한' 카페

웨이브온。

◎ 부산시 기장군 장안읍 해맞이로 286(월내리 553) ℗ 전용주차장 ⏰ 11:00~24:00 ⏳ 연중무휴 🍽 고소 통밀라테 7000원, 풀문 커피 7000원, 그린라이티 에이드 7500원 ☎ 051-727-1660

기장이 부산에서 가장 힙한 곳으로 부상하는 데 있어 가장 큰 역할을 한 카페. 임랑해수욕장을 온몸으로 껴안은 듯 느껴지는 멋진 건축물은 곽희수 건축가의 작품으로, 한국건축문화대상 대통령상을 받았다. 통유리창, 기댈 수 있는 빈백, 타프나 파라솔, 루프탑 등 바다를 만끽하는 모든 방법을 총동원하고 있다. 주말이면 오로지 이 카페로 향하는 차량 행렬로 도로가 몸살을 앓을 정도. 도착해서도 줄 서서 주문해야 한다. 제대로 즐기고 싶다면 한적한 평일에 방문하는 것을 추천한다.

일본 느낌이 이국적인 수제 우유 카페

초량1941。

◎ 부산시 동구 망양로 533-5(초량동 845) ℗ 전용주차장 ⏰ 11:00~19:00(토·일요일은 20:30까지) ⏳ 연중무휴 🍽 커피바닐라우유 6000원, 생강우유 6000원, 초량파르페 9500원 ☎ 051-462-7774

초량 이바구길 끄트머리로, 뒤쪽엔 바로 산이 있는 고지대에 숨은 듯 위치해 있어서 찾기가 쉽지 않다. 그럼에도 불구하고 1940년대 일본 가옥을 개조해 만든 이국적이고 개성 있는 카페라 발길이 끊이지 않는다. 일본 느낌 충만한 가구와 소품으로 꾸민 카페 내부도 좋고 햇살 좋은 날엔 야외석이 인기. 벚꽃, 동백, 단풍 등 호기심 가는 우유 맛과 앙팡(호빵), 모나카, 도라야끼 같은 지극히 일본적인 디저트를 맛볼 수 있는 수제 우유 전문 카페다. 바로 앞에 초량845 식당에서 식사를 하고 이 카페를 들르기 좋다.

세월이 만들어낸 리얼 빈티지 무드
브라운핸즈백제。

◎ 부산시 동구 중앙대로209번길 16(초량동 467) ⓟ 인근 유료주차장 ⏰ 10:00~22:00 🔒 연중무휴 ☕ 에스프레소 4800원, 아메리카노 5300원, 생카라멜라테 6500원 ☎ 051-464-0332

- - - - - - - - - - - - - - - -

일제강점기인 1922년에 지어져 100년이 가까운 역사를 지닌 붉은 벽돌의 이 건축물은 그 자체로 등록문화재. 국내 최초의 근대식 종합병원인 백제병원으로 운영되다가 병원이 문을 닫은 후 우여곡절 끝에 디자인 회사 브라운핸즈의 손길로 부활했다. 분위기와 더불어 자타가 공인하는 맛있는 커피까지, 두 마리 토끼를 확실히 잡았다.

사무용품 회사의 감각적인 변신
신기산업 & 신기숲 & 신기잡화점。

◎ 부산시 영도구 와치로51번길 2(청학동 148-203) ⓟ 전용주차장 ⏰ 신기산업 : 11:00~23:00 / 신기숲 : 12:00~23:00 / 신기잡화점 : 13:00~21:00 🔒 연중무휴 ☕ 신기라테 7000원, 아메리카노 5500원, 에스프레소 5500원 ☎ 070-8230-1116

- - - - - - - - - - - - - - - -

방울과 철제 사무용품을 제조하는 신기산업의 회사와 공장을 멋지게 리모델링한 곳이다. 카페 이름도 회사 이름을 그대로 쓰고 있다. 영도 앞바다가 보이는 청학동의 높은 지대에 있으며 1·2층은 카페로, 3층은 사무실로, 4층은 루프탑 공간으로 사용하고 있다. 루프탑에 올라가면 왼쪽엔 부산항대교, 오른쪽엔 부산항 부두가 보이는데 높은 위치에서 내려다보는 탁 트인 바다가 시원한 느낌을 준다. 신기산업의 방울을 비롯한 빈티지한 소품들을 살 수 있는 신기잡화점이 있고, 걸어서 3분 거리에 또 하나의 카페 신기숲이 있다.

아이유의 뮤직비디오 촬영지로 알려진 일본 감성 낭낭한 카페

문화공감 수정。

◎ 부산시 동구 홍곡로 75(수정동 1010) ℗ 공영주차장 ⓞⓟⓔⓝ 10:00~17:00 ⓒⓛⓞⓢⓔ 월요일 ☎ 051-441-0004

'정란각'이라는 이름으로 불렸던 1940년대 일본식 건물로 '부산 수정동 일본식 가옥'이 정식 명칭. 제330호 등록문화재이기도 하다. 일제강점기 근대 주택 건축사와 생활사 연구에 중요한 자료적 가치가 있는 이 건물은 당시 일본인들을 대상으로 하던 요정이었으며 현재 동네 사람들이 찻집으로 운영하고 있다. 아이유의 뮤직비디오 '밤편지' 촬영지로 인스타 감성용 사진을 남기기 좋은 곳으로 알려져 있다. 실제로 이곳을 방문하면 상상보다 훨씬 아기자기하고 예쁜 공간이라는 데 놀라게 된다. 구석구석 마치 미로찾기 놀이라도 하듯 뜻밖의 공간들이 콕콕 박혀있기 때문에 집 자체의 규모에 비해 훨씬 넓게 느껴진다. 예전에는 비주얼도 예쁜 꽃차와 가성비 좋은 웰빙 쿠키를 곁들이며 망중한을 즐기는 카페를 운영했지만 현재 카페 영업은 중단하고 문화전시공간으로 바뀌었다. 차후에 셀프 카페를 운영할 예정이라 하는데 개인적으로 그동안 방문해봤던 일본 적산가옥 중 또다시 가보고 싶을 만큼 마음을 끄는 곳이다.

수영강변에서 즐기는 우아한 티타임

오후의 홍차。

───

📍부산시 수영구 민락수변로 243(민락동 336-10) 4층 ℗ 전용주차장 🕐10:30~23:00 🕐연중무휴 🍹아이스로얄밀크티 8000원, 머스캣 7500원, 아메리카노 6000원 📞 0507-1381-5115

영국 하면 떠오르는 이미지 중 하나가 애프터눈 티타임이 아닐까. 부산 수영강변에 가면 여유롭고 우아한 영국의 티타임이 부럽지 않은 홍차 전문 루프탑 카페 '오후의 홍차'가 있다. 부산다운건축상을 수상한 노출 콘크리트 건축물 자체도 멋진데 특히 해 질 무렵 홍차를 즐기며 강 건너편의 센텀시티와 광안대교를 바라보고 있노라면 행복하다, 싶은 마음이 저절로 든다. 세계 3대 홍차인 다즐링, 우바, 기문을 비롯해 가향티, 블랙티 등 다양한 홍차가 있어 미리 차향을 맡아보고 주문할 수 있다. 시그니처 메뉴는 홍찻잎을 12시간 냉침하여 맛과 향을 제대로 우려낸 로얄 밀크티.

핫한 루프탑 카페를 품은 디자인 호텔

호텔 콘트。

───

📍부산시 중구 용두산길 12(대청동2가 30-17) 📞 051-244-0088 🏠 hotelcont.com

용두산공원 입구에 있어 광복로와 자갈치시장, 국제시장, 비프광장 등 중구의 웬만한 여행지에 가기 좋다. 세련된 감각이 돋보이는 외관, 기하학적인 조명이 있는 로비, 화이트 톤으로 마감한 넓은 객실 등 전체적으로 흠 잡을 데 없다. 특히 다이닝 스위트룸은 인덕션이 놓여있어 간단한 요리도 가능하고 기다란 식탁이 있어 친구들과 작은 파티룸으로도 좋다. 8층의 루프탑 카페도 인기.

인더스트리호텔.

◎ 부산시 해운대구 구남로24번길 16(우동 542-28) ☎ 051-742-9309

깔끔하고 모던한 인테리어가 호감을 주는 비즈니스호텔이다. 해운대역에서 도보로 5분이 채 안 되는 거리에 있어 이동이 편리하다. 객실은 다소 좁은 편이지만 있을 것은 다 있고 가격대도 착한 편이다.

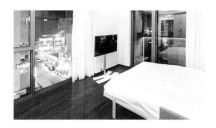

에이치에비뉴 광안리점.

◎ 부산시 수영구 민락수변리 29(민락동 181-223) ☎ 0507-1300-1340

부산 여행 중에 하룻밤쯤 보석을 가득 박은 티아라 같은 광안대교 야경을 보면서 잠들고 싶은 로망이 있을 것이다. 광안리해수욕장 주변에 광안대교 뷰 숙소가 모여 있는데 이 호텔은 뷰는 물론, 후한 평을 받는 조식과 무한리필 커피로 인기 있다.

힐튼부산.

◎ 부산시 기장군 기장읍 기장해안로 268-32(시랑리 704-1) ☎ 051-509-1111

인스타그램을 뜨겁게 달군 기장 아난티코브의 럭셔리 호텔로 비회원도 이용할 수 있다. 매년 4월부터 9월까지 오픈하는 인피니티풀은 국내 최고로 손꼽히는데 풀과 하늘과 바다가 혼연일체가 된 듯한 풍광이 압권.

켄트호텔 광안리.

◎ 부산시 수영구 광안해변로 229(광안동 192-7) ☎ 051-758-5700

켄싱턴호텔 계열로 트렌디한 마린 콘셉트로 꾸민 광안리의 랜드마크이다. 환상적인 광안대교의 뷰와 광안리의 야경을 제대로 감상할 수 있는 루프탑 스카이 데크가 압권이다. 스카이라운지에서 즐기는 티타임, 조식, 와인 파티 패키지가 있다.

대한민국
요즘
여행

개정 2판 1쇄 발행 2022년 7월 14일
개정 2판 2쇄 발행 2022년 12월 28일

지은이 옥미혜 · 서준규

발행인 양원석 **편집장** 차선화
디자인 정세화, 강소정
영업마케팅 윤우성, 박소정, 이현주, 정다은, 백승원

펴낸 곳 (주)알에이치코리아
주소 서울시 금천구 가산디지털2로 53, 20층(가산동, 한라시그마밸리)
편집문의 02-6443-8861 **도서문의** 02-6443-8800
홈페이지 http://rhk.co.kr
등록 2004년 1월 15일 제2-3726호

ISBN 978-89-255-7793-7 (13980)